国家科学技术学术著作出版基金资助出版

非 高 炉 炼 铁

张建良　刘征建　杨天钧　著

U0319001

北　京

冶 金 工 业 出 版 社

2025

内 容 提 要

本书从非高炉炼铁的热力学、动力学基础理论出发，系统叙述了直接还原和熔融还原的历史沿革和工艺特点；介绍了以 Midrex 法、HYL-Ⅲ法为代表的气体还原的直接还原方法，深入分析了近年来取得重大进展的 Energiron 法的特点和应用前景，介绍了以回转窑和转底炉工艺为代表的固体还原剂的直接还原方法，并介绍了ITmk3 和 CHARP 法的进展；从技术经济角度分析了熔融还原代表性流程：Corex 工艺、Finex 工艺、HIsmelt 工艺、CCF 工艺、DIOS 工艺、AISI 工艺、Romelt 工艺、Oxycup 工艺和 Tecnored 工艺等，详细阐述了近年来着力开发的 HIsarna 工艺。本书还收入了作者课题组在利用生物质炼铁方面研究的一些心得；并以相当篇幅介绍了与炼铁工艺相关的一些单元技术：变压吸附制氧技术、CO_2 分离捕集与封存技术、流态化技术、焦炉煤气利用技术、粉体造粒技术、环境保护和烟气脱硫技术以及煤气改质技术。

本书可供冶金、能源、化工等行业的工程技术人员以及高等院校相关专业教师、研究生和高年级本科生阅读和参考。

图书在版编目（CIP）数据

非高炉炼铁/张建良，刘征建，杨天钧著 . —北京：冶金工业出版社，2015. 3 （2025. 1 重印）

ISBN 978-7-5024-6851-4

Ⅰ. ①非…　Ⅱ. ①张…　②刘…　③杨…　Ⅲ. ①直接炼铁　Ⅳ. ①TF55

中国版本图书馆 CIP 数据核字（2015）第 045822 号

非高炉炼铁

出版发行	冶金工业出版社	电　话	(010)64027926
地　址	北京市东城区嵩祝院北巷 39 号	邮　编	100009
网　址	www. mip1953. com	电子信箱	service@ mip1953. com

责任编辑　任咏玉　张耀辉　美术编辑　彭子赫　版式设计　孙跃红
责任校对　王永欣　责任印制　禹　蕊
北京虎彩文化传播有限公司印刷
2015 年 3 月第 1 版，2025 年 1 月第 2 次印刷
787mm×1092mm　1/16；25 印张；604 千字；385 页
定价90. 00 元

投稿电话　(010)64027932　投稿信箱　tougao@ cnmip. com. cn
营销中心电话　(010)64044283
冶金工业出版社天猫旗舰店　yjgycbs. tmall. com
（本书如有印装质量问题，本社营销中心负责退换）

前　言

近年来，非高炉炼铁技术有了很大进展，这主要是因为：

（1）资源限制。国际范围内焦煤资源日益匮缺，以非焦煤为主要能源，改善钢铁工业能源结构的呼声日益高涨；与此同时，许多含铁原料难以满足大型高炉冶炼的要求，如多金属共生矿（钒钛磁铁矿、红土矿、硼铁矿等）、菱铁矿、褐铁矿、特种赤铁矿，日益恶化的资源条件推动非高炉炼铁技术向前发展。

（2）环境要求。非高炉炼铁流程不用或少用造成大量污染的炼焦和造块工艺，同时大幅度减少传统高炉 CO_2、硫化物、氮氧化物、污水的排放；与此同时，短流程（一般指废钢—电炉流程）是今后清洁化钢铁生产的重要方向，大多数工业化国家电炉钢产量已超过50%，但废钢质量恶化是制约电炉钢，尤其是纯净钢、优质钢发展的重要因素，直接还原铁（DRI/HBI）是其优质替代品，也是废钢残留有害元素的稀释剂。因此，非高炉炼铁技术的发展是实现环境友好、提升钢铁产品质量的需要。

作者在多年教学和科研工作基础上编著本书，立意在于：

（1）系统介绍非高炉炼铁的基础理论，并融入作者多年的科研成果，力求科学严谨，各种流程、工艺的介绍务求准确新颖。

（2）冶金工作者必须开阔视野才能在非高炉技术方面有所创新，因此作者结合自己科研工作的体会，专门介绍了一些相关技术：变压吸附制氧技术、CO_2分离捕集与封存技术、流态化技术、焦炉煤气利用技术、粉体造粒技术、环境保护和烟气脱硫技术以及煤气改质技术等，并收入了作者近年来在生物质炼铁技术方面研究的一些心得。

在书稿杀青之际，作者要特别感谢：

（1）20世纪末作者参加"含碳球团竖炉预还原—铁浴终还原"熔融还原流程开发与研究，后来列入国家攀登计划，并成功地在承德开展了半工业试验。此间研究工作的积累，尤其是黄典冰博士关于含碳球团和熔融还原能耗的杰出研究成果，会同孔令坛老师的研究共同出版了《熔融还原》一书（冶金工业出版社，1998 年），这次本书引用了黄典冰博士的许多论述和研究成果，在此向黄典冰博士、孔令坛老师表示衷心的感谢。

（2）作者和秦民生老师合作编著《炼铁过程的解析与模拟》一书（冶金工业出版社，1991 年），用数值模拟方法解析炼铁过程，尤其是非高炉炼铁过程；作者和刘述临老师合作编著《熔融还原技术》一书（冶金工业出版社，1991 年），比较系统地介绍了当时国内外研究成果和编著人员的心得；作者还为秦民生老师的《非高炉炼铁》一书（冶金工业出版社，1988 年）承担了收集整理资料的工作。这次本书引用了上述著作的许多论述，而秦民生老师、刘述临老师均已作古，谨在这里表示深深的怀念和崇高的谢意。

（3）本书是作者课题组多年合作的成果。第 4 章收入了徐萌博士的部分研究成果，第 9 章收入了刘征建博士的部分研究成果。这里要特别说明的是：作者与日本东北大学有山达郎教授（Prof. A. Ariyama）合作研究生物质炼铁方法，并得到日本新能源产业技术开发机构（NEDO）的支持，在此向有山达郎教授专致谢忱。这一项目的研究成果，尤其是胡正文博士的许多论述收入在第 8 章。与此同时，本书还凝聚着左海滨、国宏伟、祁成林老师的许多贡献，在此一并表示深深的感谢。

（4）焦克新博士承担本书策划、统筹和大量的编辑工作，付出了辛勤的劳动；李克江、王翠、刘兴乐、洪军、王润博、王振阳、张亚鹏、宋腾飞、李洪玮、李倩、耿巍巍、柴轶凡、于韬、于文涛等研究生同学参与了许多资料收集、翻译和编辑工作。同学们多次召开读书会、研讨会，许多思想的火花为本书增加了光彩，对于同学们的辛勤劳动，在此专致谢忱。

（5）20 世纪 80 年代，作者师从德国亚琛工业大学古登纳教授（Prof. Dr. -ing. H. W. Gudenau），开始接触非高炉炼铁技术，此后经常互访交流，尤其是 2013 年他访问中国和 2014 年作者访问德国，交换了许多宝贵的资料并进行了深入讨论，受益匪浅；与此同时，蒂森钢铁公司科塔斯博士（Dr. -ing. B. Korthas）提供了许多宝贵的建议，在这里也表示深深的感谢。

　　本书编著过程中得到孔令坛老师、王筱留老师的指导，刘云彩、李维国、王维兴等专家提供了宝贵的资料，在此一并表示诚挚的感谢。

　　感谢国家自然科学基金资助项目《基于金属化球团法处理钢厂含锌铁回收料关键技术研究》（U1260202）对本书的支持。

　　由于水平所限，书中不足之处，恳请广大读者批评指正。

杨天钧　谨识
2014 年 10 月

目　　录

1 绪　　论

1.1　非高炉炼铁方法的意义

铁是一种非常重要的金属，2013 年全球粗钢总产量达到 16.07 亿吨，全球生铁产量为 11.65 亿吨。然而 2013 年全球非高炉工艺生铁产量约 7719 万吨，占全球生铁产量的 6.3%[1]。高炉工艺的主要原理人们在中世纪就已经知道，但直到近 100 年来它才有很大发展，尤其最近几十年发展更快[2]。现代化高炉是一种效率极高的冶炼设备。确保大型高炉顺行、无故障操作的一个重要条件是，原料和燃料应具有竖炉所要求的良好冶金性能。为确保良好的透气性和煤气在高炉中的分布，矿石必须有较大的粒度。然而，今天所生产的大部分矿石是精矿粉，它在竖炉使用之前必须造块——烧结或造球；煤不能直接用作高炉的主要燃料，除非转变为高级的冶金焦炭[3]。精矿粉的造块和煤的焦化是昂贵的过程，产生的费用相当于生铁生产成本的 15%~20%，同时烧结厂和焦化厂还严重地污染环境。况且，矿石的还原工序所消耗的能量要占钢铁生产总能耗的 65% 左右。因此，如果能研究出一种不需要造块和焦化工艺的方法将是技术上的重大突破[4]。

高炉炼铁目前已达到十分完善的程度。例如，现代高炉的容积不断大型化，出现 4000m³ 以上的超大型高炉，年产量可达 300~500 万吨。近年来广泛采用的精料、高风温、高压、富氧、喷煤、计算机控制等先进技术，已使高炉成为在热工和反应动力学方面很有成效的生产装置。现代高炉的作业率确实令人惊叹，焦比（全焦操作）低于 450kg/t，生产率可达 2.5t/(m³·d)。如果回收高炉煤气的能量（低热值高炉煤气的热损失为 30%），则高炉的能量利用率是很高的。在过去的 25 年中，高炉所取得的进步主要是更好地了解了炉内发生的各种过程的原理[3]。

然而，也不难指出高炉过程所固有的一些缺点[5]：

（1）煤气和炉料逆流运动的高炉过程需要高质量的人造炉料，即铁精矿要被加工成烧结矿或球团矿，煤要炼成焦炭，而含 20% CO 的低热值炉顶煤气是由优质焦炭产生的。

（2）由于加热空气和除尘，需要建设大量辅助设备。因此，由烧结、炼焦、热风炉、高炉等组成的炼铁系统是一个复杂、庞大的生产系统，需要巨额投资，且工艺流程长，原料、燃料必须经过反复加热、冷却和加工，能耗和生产成本比较高。

（3）高炉流程进行经济生产要求的规模较大，生产的灵活性较差。

而高炉本身作为一个反应器也具有以下缺点：

（1）冶炼过程是在单个反应器中进行，逆流热交换、煤气还原、焦炭燃烧、煤气的产生和渣铁分离等所有过程都发生在这个反应器中，除了加料和排放渣铁外，缺少调节和控制手段。

（2）物料的向下运动是不规则的，煤气在通过浆糊状的软熔带时尤其困难。

（3）改变工艺参数后若干小时才会看到变化，即高炉过程的滞后性，使这一过程难以控制。

高炉炼铁作为炼铁生产的主体，经过长时间的发展，其技术已经非常成熟。但由于对冶金焦的强烈依赖导致其对那些缺乏焦煤资源的地区影响格外突出。随着焦煤资源的日渐贫乏，冶金焦的价格越来越高。与之相反，蕴藏丰富的廉价非焦煤资源在炼铁生产中却得不到充分的利用。为了降低炼铁成本，人们一直在孜孜不倦地寻求以其他燃料代替冶金焦的途径，其中煤粉喷吹、重油喷吹、天然气喷吹以及塑料喷吹等都是较为有效的措施。但这些措施的效果毕竟是有限度的，不可能从根本上解决问题[6]。

为了摆脱焦煤资源短缺对发展的羁绊，适应日益提高的环境保护要求，降低钢铁生产能耗，以非结焦煤为能源的非高炉炼铁技术，或称为非焦炼铁技术，成为钢铁界的研究热点。使炼铁生产彻底摆脱对冶金焦的依赖是开发非高炉炼铁技术的根本动力。历史上曾经出现过为数众多的非高炉炼铁流程，但这些流程大多数未能实现工业化。在那些实现了工业化的流程中也有很多未能经受住时间的考验，在激烈的竞争中逐渐衰落甚至消失，如电高炉、电矮身竖炉和粒铁法。经过数万年的发展，至今已经形成了以直接还原和熔融还原为主体的现代化非高炉炼铁工业体系[7]。

尽管到目前为止，传统的高炉—转炉流程在钢铁生产中仍占最重要地位，还没有任何一种方法能够取代高炉炼铁，但非高炉炼铁技术已是钢铁工业持续发展、实现节能减排、环境友好发展的前沿技术之一[8]。铁矿石直接还原与熔融还原是非高炉炼铁方法的两大课题，也成为炼铁冶金技术上的新工艺。

1.1.1　直接还原法

直接还原法是指铁矿石在低于熔化温度情况下还原生产海绵铁的炼铁生产过程，其产品称为直接还原铁，也称海绵铁。由于是低温还原，得到的直接还原铁未能充分渗碳，因而含碳较低（小于 2%）。矿石中的脉石成分（SiO_2、Al_2O_3、CaO、MgO）既不能熔化造渣脱除也不能被还原，因而直接还原铁几乎保留了铁矿石中的全部脉石杂质[9]。

从含碳低这一特点来看，直接还原铁具有钢的性质，而实际上它也多是作为废钢代用品使用的。然而直接还原铁由于含脉石杂质较多并不具有成品钢的作用，从钢铁冶炼的最基本原理氧化—还原过程分析，直接还原法只有直接把铁矿石炼成钢的一步法特征，这就是"直接还原"一词的来由。此词是相对于传统的钢铁生产流程（高炉—氧气转炉流程）而言，传统流程是把铁矿石过度还原（渗碳）成生铁，再把生铁中碳氧化，精炼成钢的"二步法"。这里"直接还原"一词与高炉用碳还原氧化铁的直接还原反应是概念完全不同的两个专有术语[10]。

实际生产中直接还原铁仍需要电炉精炼成钢，但电炉精炼的作用主要是熔化脱除杂质和调整钢的成分，而不是氧脱碳。由于可以通过直接还原—电炉串联生产成钢，就出现了新的钢铁冶金生产工艺流程。

1.1.2　熔融还原法

熔融还原法是指一切不用高炉冶炼液态生铁的方法。发展熔融还原法的目的在于取代目前的高炉炼铁方法，但它仅是把高炉过程在另外一个不用焦炭的反应器中完成，基本不改变目前的钢铁生产的主要流程。

　　最初开发熔融还原法是期望寻求一种理想的全新炼铁方法，既不用昂贵短缺的焦炭以省去炼焦厂的庞大基建费用，又不用矿粉造块而免除烧结球团工序，并且没有污染。但是实际发展过程中更为实际的考虑逐步代替了理想的愿望，现在认为凡不以焦炭为主要能源而以煤炭为主要能源，虽使用烧结球团的非高炉炼铁法都属于熔融还原的范畴。与直接还原不同之处是熔融还原的发展目标只是代替焦炭高炉炼铁，其产品则是与高炉铁水性质相近的液态生铁。图 1-1 示出各种钢铁生产流程的还原—氧化过程[11,12]。

　　各种直接还原法与熔融还原法的基本特征及其与高炉法的区别可用 Rist 图加以表示（图 1-2）。因为各种方法使用的一次能源不同，可用一个统一的热耗 Q 表示 Rist 图的纵坐标，如用夺取一个氧原子需要能耗值 Q_0 作为纵坐标，由此而得到的 Rist 线斜率 M 为生产一个 Fe 原子的热耗，则吨铁产品热耗可用下式计算：

$$Q_P = \frac{w(\mathrm{Fe})_P}{56} M \times 1000 \quad \mathrm{kJ/t}$$

式中　　$w(\mathrm{Fe})_P$——各种方法产品的含铁量，%；

　　　　　M——Rist 线斜率（每摩尔铁的热耗），

　　　　　　　　kJ/mol。

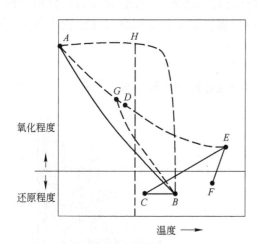

图 1-1　各种钢铁生产流程的还原—氧化过程

A—铁矿石；*B*—高炉出炉铁水；*C*—装入炼钢炉的铁水；

D—海绵铁；*E*—出炉钢水；*F*—成品钢；*G*—预还原矿石；

A-B—高炉过程；*C-E*—氧气转炉炼钢过程；*A-G*—预还原；

A-D—直接还原；*D-E*—电炉炼钢；*G-B*—终还原；

A-G-B—二步法熔融还原；*A-H-B*—一步法熔融还原

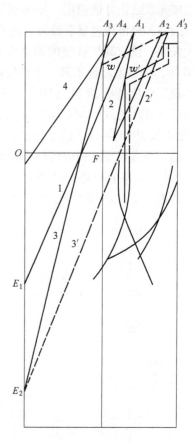

图 1-2　Rist 图

　　图 1-2 表明：高炉法与二步熔融还原法的基本原理相同，可用同一 Rist 法表示（线1）；气体还原只相当于高炉法炉身预还原过程，故出现于第一象限（线 2）；如气体还原法的煤气回收利用，则 Rist 线不受热力学条件限制（线 2′）；一步熔融还原法和回转窑法类似，有后期燃烧；虽然矿石中 FeO 都是用固体碳还原，但煤气成分不受热力学条件限制，因而可用线 3 表示，其燃料比则用折线平均斜率（线 3′）表示；电炉法没有燃烧反应，因此列于第四象限（线 4）。

1.2 非高炉炼铁方法的发展及现状

1.2.1 直接还原技术概况

在炼铁生产的发展过程中，最早出现的方法是直接还原法。在当时的历史条件下（中国约 2000 年前，欧洲约 600 年前），由于设备简单和技术水平低，只能在较低温度下用碳还原铁矿石，产出的只能是固体海绵铁，也称为块炼铁，在我国最早出现于战国时代（公元前 6 世纪）。由于铁和杂质相互混合，得到的海绵铁只能锻打成型，并要经过多次反复锻打才可排出部分杂质，从而提高强度。显然这种生产过程效率低，质量也得不到保证。随着科学技术和装备水平的提高，世界上出现了高炉炼铁法。高炉法的产品是生铁，必须加工成熟铁或钢才能应用，即出现了二步法。高炉炼铁取代原始的直接还原冶金方法，使生产效率和经济效益显著改善，这是钢铁冶金技术上的重大进步。然而，随着钢铁工业的巨大发展，供应高炉合格的冶金焦炭日益紧张，于是直接还原的工艺又重新提出。早在 1870 年，英国就出现了第一个直接还原法专利，之后又出现过上百种直接还原方案，但真正实现工业化是从 20 世纪 50 年代开始的。1957 年，墨西哥建成第一座用还原气体生产的样板厂（HYL 法），1960 年加拿大 Stelco 钢铁公司和德国 Lurgi 公司联合开发成功的 SL-RN 法以及 1966 年投产的米德兰法（Midrex），确立了工业规模直接还原铁（DRI）发展的道路，使直接还原铁得到迅速发展[13]。

1.2.1.1 世界直接还原铁产量增长情况

数据显示，自 20 世纪 70 年代以来，世界直接还原铁产量一直呈上升趋势，见图 1-3。

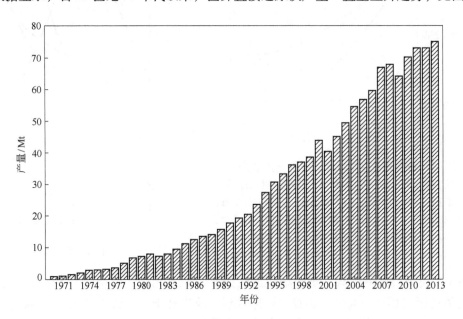

图 1-3 世界直接还原铁产量变化

1970 年世界直接还原铁产量为 79 万吨，而到 2005 年达到 5687 万吨，在这期间，只有 1982 年和 2001 年出现了负增长。20 世纪 80~90 年代，直接还原技术和产量有了突飞猛进的发展，80 年代中期，全世界直接还原铁产量突破 1000 万吨；90 年代初，产量突破

2000万吨，到1995年，产量突破3000万吨的水平；又仅仅时隔5年，到2000年，其产量达到了4378万吨，突破了4000万吨的大关；2001年，国际钢铁价格经历了数年的低迷，达到了最低点，废钢价格也降低到历史最低水平，导致作为废钢替代品的直接还原铁价格也一路下跌，而欧美市场天然气价格的暴涨又加剧了这一趋势；2002年亚洲经济复苏，带动了直接还原铁价格的上扬，直接还原铁产量也超过4500万吨；2004年全世界直接还原铁产量为5460万吨，比2003年增长了500多万吨，增长率超过了10%；2005年产量达到5687万吨，达到历史新高，但增长幅度较小，仅比2004年增长2.38%，低于近几年增长水平；2012年产量达到7402万吨。近三年来，各种直接还原工艺产量占总产量的比重变化不大，具体数据见表1-1。

表1-1 各种直接还原工艺产量占总产量比重 （%）

工艺名称	2010年	2011年	2012年
Midrex	59.70	60.50	60.50
HYL/Energiron	14.10	15.20	15.80
Other Gas	0.50	0.70	0.70
Coal-based	25.70	23.60	23.00

1.2.1.2 世界直接还原铁生产地区、国家分布情况

根据Midrex提供的资料，近几年世界直接还原铁各地区产量变化情况见图1-4。到2012年底，世界上有直接还原铁生产设施的国家有24个，总计约200台（套），产能超过7402万吨，其中有23个国家在生产直接还原铁，并且最近几年不断有新的直接还原铁生产设施投产。2012年世界直接还原铁产量最大的地区为中东/北非地区，其产量为2719万吨；亚洲/大洋洲地区列第二，产量为2346万吨；拉丁美洲（包括墨西哥和加勒比海）地区列第三，产量为1516万吨；前苏联/东欧地区列第四，产量为524万吨。各个地区的产量相比前三年都呈现了不同程度的增长。

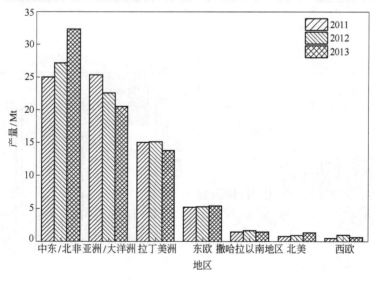

图1-4 近几年世界DRI分布区产量变化

表 1-2 列出了近几年世界直接还原铁主要生产国家（中国除外）的产量变化情况。从表 1-2 可以看出，印度在最近 6 年一直是世界最大的直接还原铁生产国，其 2012 年产量为 2005 万吨，占世界直接还原铁总量的 27.09%。2012 年伊朗与沙特阿拉伯直接还原铁产量为 1158 万吨和 566 万吨，分别排在第 2 位和第 3 位，墨西哥、俄罗斯和委内瑞拉分别列 4～6 位（2012 年中国直接还原铁产量没有具体的统计数据）。2012 年印度、伊朗、沙特阿拉伯和墨西哥 4 个国家的直接还原铁产量达到了 4288 万吨，占世界直接还原铁产量的 57.93%。2012 年世界直接还原铁主要生产国产量排序见图 1-5，近几年世界直接还原铁主要生产国产量变化见图 1-6。

表 1-2 近几年世界直接还原铁主要生产国家产量变化情况　　　　　（Mt）

国 家	2006 年	2007 年	2008 年	2009 年	2010 年	2011 年	2012 年
印 度	14.74	19.06	21.2	22.03	23.42	21.97	20.05
伊 朗	6.85	7.44	7.46	8.2	9.35	10.37	11.58
沙特阿拉伯	3.58	4.34	4.97	5.03	5.51	5.81	5.66
墨西哥	6.17	6.26	6.01	4.15	5.37	5.85	5.59
俄罗斯	3.28	3.41	4.56	4.67	4.79	5.2	5.24
委内瑞拉	8.61	7.71	6.87	5.61	3.79	4.47	4.61
特立尼达和多巴哥	2.08	3.47	2.78	1.99	3.08	3.03	3.25
埃 及	3.1	2.79	2.64	2.91	2.86	2.97	2.84
马来西亚	1.54	1.84	1.94	2.3	2.39	2.16	2.81
阿根廷	1.95	1.81	1.86	0.81	1.57	1.68	1.61
南 非	1.75	1.74	1.18	1.39	1.12	1.41	1.57
印度尼西亚	1.2	1.32	1.21	1.12	1.27	1.23	1.23
加拿大	0.45	0.91	0.69	0.34	0.6	0.7	0.84
中 国	0.41	0.60	0.18	0.08	—	—	—
全球合计	59.70	67.12	67.95	64.43	70.28	73.21	74.02

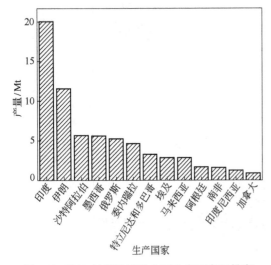

图 1-5 2012 年世界 DRI 主要生产国产量排序

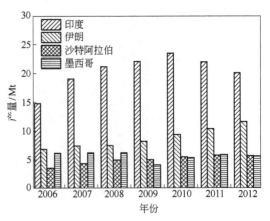

图 1-6 近几年世界 DRI 主要生产国产量变化

1.2.1.3 世界直接还原铁贸易情况

近几年，世界 DRI/HBI 贸易量一直比较活跃，增长较快。2010 年世界直接还原铁贸易量为 14.02 万吨；2011 年为 14.03 万吨，比 2010 年略有增加；2012 年又增加到 14.67 万吨，贸易量占总产量的 19.82%。2005 年以前，世界直接还原铁贸易以船运为主，但最近几年陆运贸易比例增加。2010~2012 年海上贸易量分别为 6.61 万吨、6.49 万吨、8.48 万吨；陆路贸易量分别为 7.42 万吨、7.55 万吨、6.27 万吨，其中 2012 年陆路贸易量又降低了。全世界直接还原铁贸易量的增加，说明全世界直接还原铁产品用户需求量在增加。直接还原铁生产地区在满足本地区需要的同时，也在不断地向其他地区输出直接还原铁产品，以满足更多直接还原铁产品用户的需求，同时也是为了给自己带来更多的利润。世界直接还原铁贸易变化情况见图 1-7 和图 1-8。

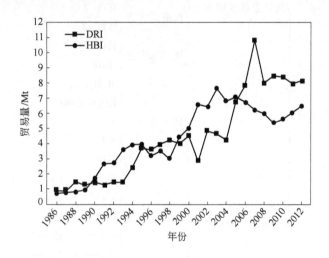

图 1-7　世界 DRI/HBI 贸易量变化情况

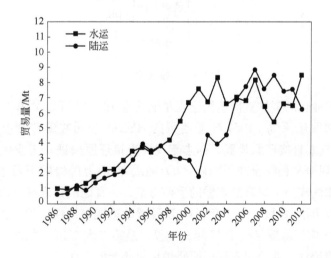

图 1-8　世界直接还原铁贸易方式变化情况

1.2.1.4　直接还原工艺发展过程

自从 1770 年英国出现了第一个直接还原法专利之后，已有几百种直接还原方法在世界上出现，但伴随着工业技术的进步，一些方法逐渐被淘汰。目前在世界上可进行工业规模生产的直接还原方法有十几种，进行直接还原法炼铁的生产工厂有百余家。目前这些直接还原法按照使用能源可分为气基、煤基和电热三类，而按照主体设备则分为竖炉、反应罐、流化床、回转窑、转底炉和电热竖炉等，见图1-9。当前最主要的直接还原流程是Midrex法和HYL-Ⅲ法，其生产工艺和实际产量在直接还原流程中占主导地位，两者均属于气基竖炉直接还原流程。

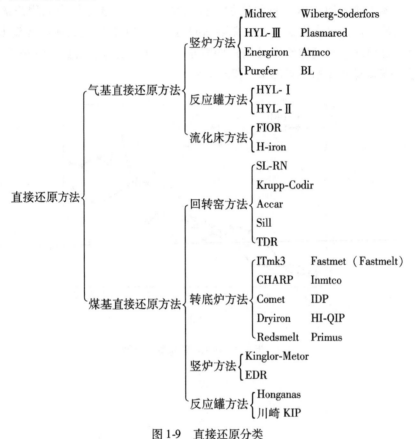

图1-9 直接还原分类

第一个实现工业化的竖炉直接还原流程是瑞典在1932年开发的Wiberg流程，其使用焦炭气化的方法制取还原气。1957年墨西哥的HYLSA公司在蒙特利投产了第一座年产95000t的HYL法气基直接还原装置，标志着现代直接还原法进入工业化的开始。在1967年和1969年，墨西哥又相继投产了两座20万吨级和30万吨级的HYL法直接还原铁厂，从此气基直接还原法成为了非高炉炼铁的重要力量，一直延续到现在。由于竖炉工艺原理被普遍接受，1979年，HYLSA将一套HYL法装置改造成连续性竖炉，并定名为HYL-Ⅲ。目前，HYL-Ⅲ流程应用范围仅次于Midrex流程，是第二大直接还原铁流程，实现了大型化。例如，阿联酋钢铁工业公司直接还原竖炉单机年产能200万吨，埃及Suez钢公司直接还原竖炉单机年产能190~220万吨，纽柯钢公司计划建设年产250万吨的直接还原竖炉。

Midland-Ross公司于20世纪60年代开发了Midrex直接还原铁生产工艺，它是气基直接还原技术的重大进步。当时其采用合理的连续性竖炉作业方式取代HYL法非连续性的罐式操作，到 1973 年 Midrex 法铁产量已超过 HYL 法，成为最大的直接还原铁流程。1969 年，第一套 Midrex 装置在美国的俄勒冈波特兰建成，之后其迅速在世界范围内推广，到 2004 年底世界上有 51 套 Midrex 设备建成。在其后的发展过程中，Midrex 在技术上有了许多改进，如竖炉加大、现场重整、热回收率提高、催化剂的改进及热淬的应用等。Midrex 在直接还原竖炉技术上一直保持领先地位，因为其原料具有很大的灵活性，竖炉的生产率高，流程可以选择，产品质量好，能源利用率高等。

流化床法在气基直接还原流程中也占有重要地位。第一套流化床 H-iron 投产后，其日产达到 50t，到 1962 年开始有日产 120t 的 H-iron 的设备投入使用。在 1979 年，运用 HIB 法的流化床流程实现了更大规模的工业生产，年产 100 万吨。FIOR 法的工业化对流化床直接还原产生巨大影响。FIOR 流程于 1976 年在委内瑞拉建成，年产 40 万吨海绵铁，由于其产品海绵铁是粉状，为了便于储存、运输和使用，所以就采用热压块工艺将其加工成块状，团块的性能优良，从此热压块工艺也被应用于一些竖炉流程。

煤基直接还原流程以回转窑流程为代表，在 20 世纪 30 年代就出现了用回转窑炼铁生产回转窑铁水和粒铁的工艺。1931 年，生产铁水的 Basset 法开发成功；1934 年，生产粒铁的 Krupp-Renn 法在德国马德堡投入生产。后来通过缩短回转窑冶炼过程、取消炉内熔炼部分等措施，解决了该流程中出现的大量技术问题，回转窑便转向海绵铁的生产，逐渐形成现代化煤基直接还原工艺。1970 年在新西兰，第一套年产 19 万吨的 SL-RN 回转窑还原设备投产。1973 年在南非，运用 Codir 法的直接还原回转窑投产，年产海绵铁 15 万吨，该工艺的特点是由窑头喷入大量还原煤，对改善窑内温度分布和还原条件起到重要作用。此后又有 Accar 法成功投产，该法在技术上的特点主要是完善了炉内气氛控制手段。回转窑直接还原经常用于特殊目的，最常见的是钢铁厂工业粉尘处理，如日本住友重工的 SDR 法，住友金属的 SPM 法和川崎钢铁公司的川崎法等。回转窑还可用于复合矿的综合回收。我国在 20 世纪 80 年代初进行了利用回转窑综合回收钒钛磁铁矿的工业试验，并建立了一个示范厂。

2012 年，煤基法回转窑直接还原铁产量占全球总产量约 25%，比例基本稳定。其主要问题是单机生产能力难以大型化（＜20 万吨）。除了已统计的大型回转窑之外，印度尚有数百条 1~3 万吨/年的回转窑在运行。

除上述工艺外，近年来转底炉工艺得到了长足的发展，已经开发出众多的新的工艺流程。日本神户制钢株式会社和美国米德雷克斯（Midrex）公司联合开发的 Fastmelt 工艺，将铁粉或钢厂废料、煤粉和黏结剂混合造球，干燥后在转底炉式炉内进行还原，用以生产直接还原铁或热压块，以用作炼钢炉炉料，或加入浸入式电炉熔成铁水后作为炼钢用原料。世界上首个商业化的 Fastmelt 工厂，于 2000 年在日本新日铁投产，产能为 19 万吨/年。

Inmetco 工艺由德国曼内斯曼德马克公司开发，基本方法是将含碳球团装入转底炉还原成金属化直接还原铁，但在装料、烧嘴形式、炉温分布、金属料收集和运输设备，以及高温废气热量利用等方面有其特点。日本新日铁株式会社君津厂于 2000 年用 Inmetco 法建成了年生产能力 18 万吨的直接还原铁生产线。

Comet 工艺由比利时钢铁能源中心开发并进行试验，后卢森堡阿尔贝德公司所属比利时马尔蒂姆钢铁公司用于实际生产，但此法生产率低，难以适应大规模生产要求。

ITmk3 工艺是日本神户钢铁公司和美国 Midrex 公司联合开发的第三代煤基炼铁技术。它采用环形铁矿粉和粉煤处理与高炉生铁同样质量的铁块，能量效率和环境状况良好，比高炉少产 20% 的 CO。神户钢铁公司于 1996 年开始研究开发，并在加古川进行了中试，后计划在美国建设年产 50 万吨的商用设备。

HI-QIP（High Quality Iron Pebble）工艺由 JFE（原川崎钢铁公司）开发，是在转底炉内采用煤粉还原铁矿粉生产高质量粒铁的直接还原工艺。由于其直接采用矿粉和煤粉，所以其投资少、成本低且产品质量高，金属化率可接近 100%，拟建设 50 万吨规模的工业生产设备。

1.2.2 熔融还原技术的产生与发展

熔融还原法是直接还原法的逻辑发展，其主要的作用是取代典型的高炉炼铁法以解决焦炭不足的问题。但其发展也有自身的困难。熔融还原法是高温生产，需要大量氧气或电能，能耗较高，技术工艺及设备有待改进完善，除 20 世纪 20 年代矿热电炉冶炼生铁进入工业生产外，以后发展的一些有别于矿热电炉炼铁的熔融还原法，如 Stora 法、Sturzeberg 法等都未取得成功。20 世纪 60 年代以后熔融还原的研究又兴起高潮，开发了多种熔融还原的方法，但是均处于试验研究阶段。1968 年瑞典冶金学家 Eketorp 将这类非高炉冶铁法定名为熔融还原法（Smelting Reduction Processes）[11,14,15]。

熔融还原按照有无预还原单元而区分为一步法和二步法。现在已有的方法中，俄罗斯的液态还原属于一步法，而其他方法均为二步法。按照主体能源的种类分为煤基流程、焦基流程和电热流程。Corex 法属于前者，而电热炉和等离子炉属于后者。按照熔炼炉形式又有铁浴炉、竖炉、煤基流化床、电弧炉、等离子炉等区别。欧钢联将上述的不同熔融还原划分为三段式、二段式、一段式和电热四种类型。所谓三段式，是预还原部分为还原段，熔炼制气的设备中含有制气段和煤气转化段，即在制气炉的上半部分中存在焦炭柱或煤炭固定床，在此处可将 CO_2 和 H_2O 转化为 CO 和 H_2。二段式则没有煤气转化段[16~18]。

在 20 世纪 60 年代，出现了一步熔融还原法，希望冶炼过程在一个反应器中进行，达到终还原。但实际上，一步法工艺未能达到半工业试验阶段，其主要原因是耐火材料受到 FeO 的侵蚀非常严重。到 20 世纪 70 年代，国际上出现了利用电能进行熔融还原工艺的技术，先后开发出了 Inred、Elred 和 Plasmamelt 等工艺，利用电能来补充终还原所需要的能量[19~21]。到 20 世纪 80 年代，出现了以煤为基础的二步熔融还原法，如美国、日本、德国等开发出的 Corex、DIOS、AISI、HIsmelt、Romelt 等工艺。到目前为止，Corex 工艺实现了工业化生产，如中国宝钢的 Corex C-3000 已经于 2007 年开始运行；DIOS、AISI 等工艺都已经进入了半工业阶段[22,23]。

1.3 我国非高炉炼铁技术概况

1.3.1 我国直接还原技术发展概况

我国对直接还原技术进行大量的开发研究始于 20 世纪 50 年代，并于 20 世纪末实现了 DRI 的工业化生产，但由于受到资源限制以及市场需求的影响，直接还原技术在我国发展极为缓慢，到 2007 年一直未突破 60 万吨，影响了我国钢铁工业的健康发展[10]。

截止到 2014 年，我国建成 5 个回转窑直接还原厂（天津钢管、富蕴金山矿业、密云、鲁中、喀左）。天津钢管公司曾取得良好的生产指标，单机产能 15 万吨/年，使用 TFe 为 68% 球团时，产品 TFe 含量大于 94.0%，金属化率大于 93.0%，S、P 含量小于 0.015%，煤耗（褐煤）900~950kg/t，尾气余热发电。由于直接还原铁用铁精矿价格偏高，导致我国回转窑直接还原厂处于全面亏损停产状态。2008 年以后我国的直接还原铁都来源于隧道窑，据估计，我国已建成及在建的隧道窑 200 余座，产能超 200 万吨/年，遍布于全国各地。近年来，多数隧道窑未生产，2013 年我国直接还原铁产量仅 30~40 万吨。能耗、环保问题是隧道窑法的主要问题[24]。

我国现已建成转底炉多座，并投产运行。根据处理原料不同，其分为三类：（1）含有害元素铁粉尘的回收利用；（2）复合矿的综合利用；（3）生产预还原炉料。但是转底炉法产品（直接还原铁）的使用经济性有待于验证。

我国尚没有直接还原竖炉的工业化生产装置（缺乏天然气资源和高品位块矿、球团），目前多个单位在筹划建设中。在煤制气方法的选择、煤种的选择、竖炉工艺的选择、煤制气与竖炉的衔接、煤气的加热及相关装备等方面的问题有待深入研究和探讨。

中国发展直接还原铁的重大作用和意义主要体现在[25~28]：（1）废钢短缺是影响中国钢铁工业发展、降低吨钢能耗、调整钢铁产品结构的重要因素。中国自产废钢在短时期内无法满足钢铁生产的需要，进口废钢不仅价格昂贵，且数量、质量均难以满足生产需求。发展直接还原铁生产，以直接还原铁替代废钢是解决中国废钢不足的最佳途径。（2）中国钢铁生产主要采用传统的高炉—转炉流程，电炉钢的产量仅占粗钢总产量的 15%，改善钢铁产品结构和能源结构，摆脱焦煤资源对钢铁生产发展的羁绊，发展直接还原铁是重要途径。（3）钢铁产品的升级换代和产品结构的调整需纯净的铁，直接还原铁是生产优质钢、纯净钢的重要原材料。（4）装备制造业生产急需优质纯净钢铸锻件坯料，优质纯净钢铸锻件坯料生产和供应不足是影响中国装备制造业快速发展的重要因素。发展直接还原铁，以直接还原铁为原料，生产优质纯净钢铸锻件坯料，将有力促进中国装备制造业的发展。（5）发展直接还原铁是钢铁工业发展节能减排的重要途径。

由于缺少天然气，我国的直接还原技术全部采用煤基隧道窑罐式法或煤基回转窑法。DRI 生产厂家超过 60 家，但年产能力大于 5 万吨的只有天津钢管还原铁厂、新疆金山矿冶等 4 家，年总产能约 120~150 万吨。

目前我国直接还原技术发展出现的问题是：

（1）生产规模小。

（2）缺乏稳定的原料供应渠道。直接还原铁生产必须使用高品质的原料，通常生产要求含铁原料中的 $w(TFe) > 68.5\%$，$w(SiO_2) < 3.5\%$。然而我国缺乏适合直接还原铁生产所用的高品位铁矿石资源，以进口块矿或球团为原料的企业将直接面对国际市场矿石价格不断上涨的挑战和供应困难，这使得原料问题显得更加突出和重要。原料供应渠道不畅、来源不稳定是严重影响我国直接还原企业生产的重要原因。因此，建立稳定畅通的原料工艺渠道是我国发展直接还原铁的当务之急。

（3）气基直接还原发展缓慢。气基的竖炉还原工艺具有还原速度快、产品质量稳定、自动化程度高、单机产能大等优点，而我国受天然气资源的限制，气基直接还原工艺发展缓慢。但是随着中国天然气资源的开发、焦炭工业的改造整合及焦炉煤气的集中回收利用、煤制气技术的成熟，中国一些地区具备了发展气基直接还原的条件。尤其是煤制气技术，已经成为化工行业的常规技术，从而为气基直接还原生产采用可实现大规模生产的气基竖炉工艺提供了条件。

1.3.2 我国熔融还原技术发展概况

我国熔融还原技术的开发研究也是起源于 20 世纪 50 年代，当时就开始了旋涡炉熔融还原、转炉铁浴熔融还原（当时称转炉煤基直接炼钢）的开发研究，并进行了工业性试验。在 20 世纪 80 年代与世界同步进行了熔融还原技术的开发研究，先后进行了大量的基础性研究以及以煤为能源的流化床—竖炉、铁浴法熔融还原、铁浴法生产含铬铁水、含碳球团竖炉预还原—竖炉等的工艺开发。含碳球团竖炉预还原—竖炉工艺被列入国家攀登计划（B），并在承德进行了半工业性试验，取得了良好的效果。但因当时中国焦炭供应充足且价格低廉、高炉技术成熟、对新技术开发投资力度不足等原因，熔融还原技术开发研究未能持续，也未形成成熟的实用技术[11,12,29]。

近年来由于焦炭供应紧张，价格上涨，人们环保意识的提高，熔融还原再次成为钢铁工业发展的热点。宝钢引进建设的 Corex 法 C-3000 于 2007 年 11 月投入使用，此外沙钢、莱钢等企业也纷纷计划或筹建熔融还原装置；首钢参股与澳大利亚合作开发 HIsmelt 熔融还原法，但由于其试验尚未取得明确结论，首钢京唐钢铁公司未采用 HIsmelt 工艺。同时，国内许多钢铁企业亟待寻求摆脱焦煤对生产的羁绊、环境友好、投资省、发展不受国家限制的钢铁生产工艺技术，熔融还原技术成为首选[11]。

国家发改委和科技部将节能、环保型钢铁冶炼新工艺的开发和研究列为国家重点科技研究方向，国内众多科研院所、大学、大型钢铁企业投入研究开发工作，可以预计在不久的将来，中国自有知识产权的熔融还原技术将实现工业化生产。

参 考 文 献

[1] 张寿荣. 进入 21 世纪后中国炼铁工业的发展及存在的问题[J]. 炼铁, 2012, 31(1): 1~6.

[2] 杨天钧, 张建良, 国宏伟. 以科学发展观指导实现低消耗, 低排放, 高效益的低碳炼铁[J]. 炼铁, 2012, 4: 3.

[3] 徐匡迪. 低碳经济与钢铁工业[J]. 钢铁, 2010(3): 1~12.

[4] 杨天钧, 张建良. 我国炼铁生产的方向: 高效节能环保低成本[J]. 炼铁, 2014(3): 1~11.

[5] 秦民生. 非高炉炼铁（直接还原与熔融还原）[M]. 北京: 冶金工业出版社, 1988.

[6] 储满生, 赵庆杰. 中国发展非高炉炼铁的现状及展望[J]. 中国冶金, 2008(9): 1~9.

[7] 唐恩, 周强, 翟兴华, 等. 适合我国发展的非高炉炼铁技术[J]. 炼铁, 2007(4): 59~62.

[8] 王维兴. 高炉炼铁与非高炉炼铁的能耗比较[J]. 炼铁, 2011(1): 59~61.

[9] 周渝生, 钱晖, 张友平, 等. 非高炉炼铁技术的发展方向和策略[J]. 世界钢铁, 2009(1): 1~8.

[10] 范晓慧, 邱冠周, 姜涛, 等. 我国直接还原铁生产的现状与发展前景[J]. 炼铁, 2002(3): 53~55.

[11] 董发科. 熔融还原工艺及发展[J]. 低碳世界, 2014(11): 333~334.

[12] 牟慧妍. 熔融还原炼铁新工艺的发展[J]. 钢铁, 1992(2): 59~64.

[13] 马绫香. 世界直接还原铁现状与发展[J]. 冶金管理, 2006(2): 47~50.

［14］岑宪. 几种常用熔融还原工艺的综合分析评价［J］. 烧结球团, 2009(4)：36.

［15］王定武. 熔融还原炼铁工艺的新进展［J］. 冶金管理, 2006(1)：44～45, 48.

［16］范彦军. Corex 熔融还原炼铁技术的探讨［J］. 冶金丛刊, 2006(4)：41～43.

［17］周渝生. 煤基熔融还原炼铁新工艺开发现状评述［J］. 钢铁, 2005(11)：1～8.

［18］张绍贤, 强文华, 李前明. Finex 熔融还原炼铁技术［J］. 炼铁, 2005(4)：49～52.

［19］胡俊鸽, 王赫男. 熔融还原工艺发展现状与评析［J］. 冶金信息导刊, 2004(3)：16, 17～20.

［20］王定武. 熔融还原炼铁技术的新发展［J］. 中国冶金, 2003(5)：37～40.

［21］张汉泉, 朱德庆. 熔融还原的现状及今后的发展方向［J］. 钢铁研究, 2001(5)：59～62.

［22］张寿荣. 关于高炉炼铁工艺和熔融还原炼铁工艺的评述［J］. 炼铁, 1995(1)：45～48.

［23］邹有武. 国外熔融还原炼铁技术的开发概况［J］. 鞍钢技术, 1989(1)：1～6.

［24］王兆才, 陈双印, 储满生, 等. 煤制气-竖炉生产直接还原铁浅析［J］. 中国冶金, 2013(1)：20～25, 35.

［25］胡俊鸽, 吴美庆, 毛艳丽. 直接还原炼铁技术的最新发展［J］. 钢铁研究, 2006(2)：53～57.

［26］刘征建, 杨广庆, 薛庆国, 等. 钒钛磁铁矿含碳球团转底炉直接还原实验研究［J］. 过程工程学报, 2009, (S1)：51～55.

［27］汪怡. 国内直接还原与熔融还原技术的发展［J］. 科技资讯, 2008(34)：243.

［28］张汉泉, 朱德庆. 直接还原的现状与发展［J］. 钢铁研究, 2002(2)：51～54.

［29］杜挺. 我国熔融还原技术的研究与开发［J］. 钢铁, 1993(9)：82～85.

2 非高炉炼铁基础

2.1 非高炉炼铁方法的技术经济指标

直接还原与熔融还原方法的种类繁多，常用一些统一的技术经济指标来考核和评价它们的生产效果。

主要的生产指标为：

（1）利用系数：与高炉有效利用系数定义相同，即每立方米有效反应器容积每昼夜生产出的产品的质量数（一般以吨计量），即：

$$\eta_V = \frac{P}{V}$$

式中　　η_V——有效容积利用系数，$t/(m^3 \cdot d)$；

　　　　P——每昼夜还原出产品的质量数，t/d；

　　　　V——反应器的有效容积，m^3。

（2）单位容积出铁率：每立方米反应器容积每昼夜产出的产品中金属铁的质量。因为非高炉炼铁法的产品含铁量有很大差别，因此用此指标来作为利用系数的补充，以说明金属铁产出的效率高低。

$$\eta_{V,Fe} = \frac{P_{Fe}}{V}$$

式中　　$\eta_{V,Fe}$——单位容积出铁率，$t/(m^3 \cdot d)$；

　　　　P_{Fe}——每昼夜还原产品中的全铁质量数，t/d。

（3）作业强度：每立方米反应器断面积上每天的产量，用此指标衡量反应器操作强度。值得注意的是，计算回转窑作业强度时，应按其最大纵断面积即直径和窑长的乘积计算。

主要的产品质量指标为：

（1）产品还原度：即还原过程中总的失氧率，它与氧化度互补。一般而言，按全部铁结合成 Fe_2O_3 时，氧化度视为 100%，则

$$R = (1 - \Omega) \times 100\% = \left(1 - \frac{1.5w(Fe^{3+}) + w(Fe^{2+})}{1.5w(TFe)}\right) \times 100\%$$

式中　　R——还原度，$\%$；

　　　　Ω——氧化度，$\%$；

　　$w(Fe^{3+})$——三价铁质量分数，$\%$；

　　$w(Fe^{2+})$——二价铁质量分数，$\%$；

　　$w(TFe)$——全铁质量分数，$\%$。

（2）产品金属化率：产品中金属铁量与全铁量之比，用以表示矿石中氧化铁被还原成金属铁的程度。

$$M = \frac{w(\text{MFe})}{w(\text{TFe})} \times 100\%$$

式中　M——金属化率，%；

$w(\text{MFe})$——金属铁质量分数，%。

矿石失氧率与还原度及金属化率的关系见图 2-1。

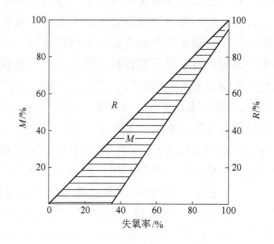

图 2-1　矿石失氧率与还原度及金属化率的关系

M—金属化率（%）（图中阴影部分）；R—还原度（%）

主要的能量利用指标为：

（1）煤气利用率：还原生成物气体与参与反应的气体之比称为煤气利用率（%）。

$$\eta_{\text{g}} = \frac{\varphi(\text{CO}_2) + \varphi(\text{H}_2\text{O})}{\varphi(\text{CO}) + \varphi(\text{H}_2) + \varphi(\text{CO}_2) + \varphi(\text{H}_2\text{O})}$$

此指标表示煤气化学能得到利用的程度，而 CO 及 H_2 的利用率分别表示为：

$$\eta_{\text{H}_2} = \frac{\varphi(\text{H}_2\text{O})}{\varphi(\text{H}_2) + \varphi(\text{H}_2\text{O})}$$

$$\eta_{\text{CO}} = \frac{\varphi(\text{CO}_2)}{\varphi(\text{CO}) + \varphi(\text{CO}_2)}$$

式中　$\varphi(\text{H}_2)$，$\varphi(\text{CO})$，$\varphi(\text{CO}_2)$，$\varphi(\text{H}_2\text{O})$——分别表示相应成分的体积分数，%。

煤气利用率也常用于表示煤气的质量，此时 η_{g} 也可称为煤气氧化度，而氧化度愈高则煤气质量愈差。

（2）工艺过程使用的一次能源的总热值（Q）：直接还原与熔融还原法中使用多种燃料，无法用统一的燃料比来表示能量的消耗水平，因此把工艺过程使用的一次能源的总热值作为评价各种方法的能耗指标。这里所谓过程一次能源，是指不同非高炉炼铁法中，输入的用于反应过程的化学消耗、能量消耗、流化运载需要以及加工裂解煤气的热耗，但不包括动力能耗。过程的副产品中带出的能量如不能回收并用于工艺本身以降低总能耗,通常也不应考虑。

2.2 非高炉炼铁方法使用的原燃料

2.2.1 含铁原料

2.2.1.1 含铁品位

直接还原用的铁矿石,对含铁品位提出了很高要求,这倒不是含铁品位会对直接还原工艺有重大影响,其实,含铁品位高低对大多数直接还原方法的操作状况及消耗指标并不具有重要作用。主要的原因在于直接还原产品大多用于电炉炼钢,而炼钢电炉对直接还原铁的脉石含量有严格要求。因为矿石中脉石在直接还原方法中不能脱除,而全部保留在产品海绵铁中,这样就给电炉炼钢带来严重的危害,如电耗增加、生产率降低及炉衬寿命缩短。所以一般要求铁矿石中,酸性脉石含量小于3%,最高不超过5%;对矿石中 S 及 P 的要求不大严格,因为直接还原过程中都有一定的脱 S 率,而且在电炉炼钢中 S、P 杂质都不难脱除。但是属于煤气回收的直接还原流程,对 S 有较严格的要求,因为吸收 S 之后的煤气,对回收煤气使用的重整催化剂有毒害作用。矿石中含有 CaO 是希望的成分,但会对球团的性质有不良的影响;矿石含 MgO 较高通常也是希望的,因为 MgO 可提高矿石软化温度,并对烧结球团有改善还原性和提高强度的作用。Cu 的危害在于污染电炉钢的品质,因为在直接还原过程中,Cu 全部进入海绵铁中;Zn 和碱金属对竖炉过程极为有害,因为 Zn 能在竖炉中形成积累性循环(和在高炉中相同),当然在回转窑中,Zn 会脱除大部分而不致造成操作故障。铁矿石中水分及烧损量(CO_2)是不希望的,因为在直接还原过程中会增加有效热量消耗。

表 2-1 示出一般希望应用的典型直接还原铁矿的化学成分。

表 2-1　直接还原使用的铁矿成分　　　　　　　　　　　　　　(%)

项　目	期望成分	典型成分			
		回转窑	竖　炉	反应罐	流态化
Fe	66 ~ 69	54 ~ 69	65 ~ 68	66 ~ 67	64
SiO_2	1.5 ~ 2.5	0.6 ~ 5.0	0.7 ~ 3.6	1.3 ~ 1.4	2.2
Al_2O_3	0.3 ~ 0.5	0.2 ~ 4.2	0.3 ~ 1.9	0.8 ~ 1.0	1.5
CaO	0.4 ~ 1.0	0.04 ~ 1.0	0.02 ~ 1.6	0.5 ~ 1.8	0.02
MgO	0.01 ~ 1.0	0.04 ~ 3.0	0.02 ~ 0.3	0.10 ~ 0.75	0.6
P_2O_5	0.04	0.005 ~ 1.4	0.1 ~ 0.13	0.07 ~ 0.56	0.23
TiO_2	0.025	0.05 ~ 14	0.03 ~ 0.42	—	—
MnO	2	0.03 ~ 0.6	0.02 ~ 2.6	—	0.03
S	0.01	0.001 ~ 1.034	0.001 ~ 0.009	0.007 ~ 0.15	0.024
碱金属	0.02	0.158 ~ 0.52	0.02 ~ 0.17	—	—
自由水分	3	0.05 ~ 4.5	0.3 ~ 3.8	—	—

2.2.1.2 物理性质

由于反应器形状及炉料运动状态各异，各种直接还原法使用的原燃料的粒度及强度要求有较大差异。

（1）粒度。包括粒度大小及粒度均匀性两个方面，此两方面对矿石还原速度、炉料透气性以及炉料顺利运动都有重要作用。回转窑没有透气性的问题，因此对粒度均匀性无明确要求；竖炉及反应罐既要求适中粒度又要求均匀性；流态化对粒度均匀性要求十分严格。

图2-2 示出各种直接还原法使用的矿石粒度及其范围。

（2）强度。表2-2 列出强度检查的指标。起初人们认为直接还原对矿石强度要求不高，但多年来的实践证明，良好的强度是竖炉及回转窑操作正常的必要条件。矿石低温强度应经受住运载装卸时的破坏力，使之产生最少入炉粉末，并与还原温度下高温强度相联系。

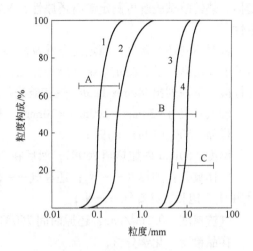

图2-2　各种直接还原法使用的矿石粒度

A—流态化法：44μm（19%）~4.76mm（84%）；
B—回转窑法：块矿25~50mm，球团9.5~16mm；
C—竖炉法：块矿6~32mm，球团9.5~16mm；
1—磁铁矿；2—细粒赤铁矿；3—分类矿；4—球团

表2-2　回转窑及竖炉用铁矿石粒度及强度指标

粒度标准及强度指标		回转窑		竖炉	
		希望值	典型值	希望值	典型值
块矿 ASTM 标准/%	+6mm	≥80	95	≥80	79~85
	−595μm	≤10	5	≤10	10~11
球团 ASTM 标准/%	+6mm	≥92	78~93	≥92	6~92
	−600μm	≤5	3~5	≤5	4~6
耐压强度/kg·球$^{-1}$（$D_P = 13 \times 9.5$mm）		≥100	218~313	≥200	171~566

（3）热膨胀性。竖炉对球团矿热膨胀性十分敏感，因为其可能导致竖炉下料不顺的严重操作故障。因此膨胀率超过20%的球团矿不能单独在竖炉中使用。

2.2.1.3 冶金性能

铁矿石的冶金性能包括还原性、软化温度及热转鼓试验指数。

还原反应是直接还原法中最重要的化学反应，还原速率是决定直接还原法生产率最重要的因素。因此，直接还原通常只使用还原性好的球团矿及块矿为原料，还原性不良的烧结矿一般不用作直接还原法的原料。矿石软化温度决定了直接还原法的操作温度，因为直接还原反应器绝对不允许发生炉料之间或炉料与炉墙之间的粘连。一般直接还原法的操作温度要低于矿石软化温度至少100℃，因此软化温度对直接还原法来说是一个十分重要的性能指标。矿石高温强度及热稳定性对于维持直接还原过程的正常操作也是十分必要的，它反映矿石在加热状态下的破裂倾向，这两个性质对于直接还原顺利作业也是十分重要的指标。热转鼓试验既可测定矿石还原性，又能鉴定对直接还原十分重要的高温强度及热稳定性。

针对不同还原条件，测定还原性及高温强度的方法也有差别，直接还原法使用的铁矿石不能套用高炉矿石测定冶金性能的标准方法，应该另行制定。目前尚无统一的鉴定方法和标准。下面列出 Midrex-Linder 热转鼓法的试验条件及标准：

转鼓：尺寸 130mm × 200mm × 20mm；转速 10r/min；

样品：500g（10mm × 19mm）；

温度：50min 内加热至 760℃，然后在 760℃维持 300min；

气体成分：加热气——N_2；还原气——55% H_2，36% CO，5% CO_2，4% CH_4；在 26℃时用 H_2O 饱和；冷却气——N_2；

气流速度：0.1m^3/min；还原时间 760℃下 300min；

样品检验：化学分析；

考查指标及典型数值：+3.36mm 的金属化率 91% ~95%；

热破裂性：-3.36mm 为 3%。

2.2.2　燃料与还原剂

在直接还原反应过程中，能源消耗于两个方面，一是用作夺取矿石含氧量的还原剂，二是提供还原所需的热量。

气体还原法中使用的煤气称为冶金还原煤气。它兼有夺取矿石氧量的还原剂及提供反映热量的燃料热载体两个作用，这两个作用对煤气的质量要求有时存在矛盾，兼顾两个作用则一般要求冶金还原煤气氧化度低，CH_4 及 H_2S 含量少，适量的 N_2 及一定的温度。根据还原方法不同，对还原煤气的上述要求也存在很大差异。例如，竖炉要求氧化度在 1% ~2% 以下，含 N_2 量为 10% ~40%，CH_4 小于 2%，温度在 900 ~1100℃之间；而反应罐法氧化度高达 7% ~8%，CH_4 为 5%；对于流态化法则氧化度更高，而含 N_2 量最高为 60%。煤气中 H_2S 含量决定于煤气处理过程。用镍触媒裂化煤气，必须预先把 H_2S 脱除到 0.0002% 以下，以防触媒中毒，不经触媒处理的煤气，其含 S 量决定于生铁的质量要求，一般可达 0.15% 以下。

符合上述要求的天然煤气是不存在的，因此需要用各种天然能源进行改制。一般而言，可以用气体燃料、液体燃料和固体燃料为一次能源，人工制造冶金还原煤气，最多使用的是天然气，其次是焦炉煤气、丁烷气（即液化石油气）、石脑油和重油。这些都是气体还原法的一次能源，其典型成分列于表 2-3。由表中数据可见，它们都含有大量碳氢化合物，过高的碳氢化合物也会对还原过程造成危害。煤气转化反应的主要目的是把碳氢化合物分解成能很好利用的 H_2 及 CO。

表 2-3　气体还原法一次能源典型成分

项　目	天然气	焦炉煤气	丁烷气	石脑油	重　油
CH_4/%	93.30	30.00			
C_2H_6/%	2.30				
C_3H_8/%	0.20		5.00		

项　目	天然气	焦炉煤气	丁烷气	石脑油	重　油
$C_4H_{10}/\%$	0.15		50.10		
$C_4H_8/\%$			28.30		
$H_2/\%$		55.00			
$CO/\%$		6.00			
$CO_2/\%$		3.00			
$N_2/\%$	0.04	6.00			
H/C 原子比	4.60	5.90	2.40	1.10	0.80
低发热值/$MJ \cdot kg^{-1}$	5.87	77.14	45.60	54.40	32.75
相对密度	0.60	0.44	2.00	0.67	0.97

制出的冶金还原煤气成分决定于使用的燃料种类和转化方法。目前天然气和丁烷气主要用蒸汽转化法，石脑油及重油主要用部分氧化法。焦炉煤气的转化尚无定型方法，一般认为，用高炉煤气转化法较为合理。表2-4列出理论上可能得到的冶金还原煤气的成分。

表2-4　冶金还原煤气理论成分　　　　　　　　　　　　　（%）

一次能源		天然气	焦炉煤气	丁烷气	石脑油	重　油
转化方法		蒸汽转化法	高炉煤气转化法	蒸汽转化法	部分氧化法	部分氧化法
转化剂		蒸汽	高炉煤气	蒸汽	氧气（95%）	氧气（95%）
冶金还原气成分	CO	22.50	36.00	26.57	43.79	48.00
	H_2	71.50	40.00	65.69	48.00	42.80
	CO_2	1.18	25.00	2.04	1.61	2.28
	CH_4	0.96	4.10	0.88	0.13	0.15
	H_2O	3.83		4.82	5.14	5.42
	N_2	0	23.00	0	1.27	1.28

由于竖炉直接还原需要天然气，而天然气分布的局限性限制了大部分地区的使用[1]。对这种情况主要采取两种方法来解决：一种是利用电力或氧气对非焦煤或焦炭进行气化，产生供竖炉用的还原气，如 Wiberg 流程的造气炉采用电弧加热对焦炭和块状非焦煤进行气化，Plasmared 使用等离子技术对多种燃料进行气化，Finsider 流程采用氧气和非焦煤制取还原气；另一种是采用外加热的方法将竖炉内气流降至极低的水平，从而可将非焦煤作为还原剂混入炉料，而不致有透气性恶化带来的问题，如 Kinglor-Metor。

目前，煤制气—竖炉直接还原技术备受关注，业内专家和企业普遍认为，该技术将成为我国直接还原铁生产的主要途径。但是，该技术涉及诸如煤制气方法的选择、煤制气与竖炉的衔接、煤气的加热技术及加热过程"析碳"反应的控制、投资等问题，常常受到困扰，发展过程步履艰难[2]。多年的积累，使用煤制气作还原剂的 Midrex 和 HYL/HYL Energiron 方法已经工业化，这样就为进一步研究经济适用的煤制气工艺以及与直接还原工艺的结合，打下了更好的基础。目前，Midrex 公司和达涅利公司正在对各种成熟煤制气工艺的经济性进行比较，有望不久即可出台相关结果[3]。

固体还原法中能源的两个作用（还原剂与燃料）是可以分开的，并由两种要求不同的燃料提供。用作燃烧放热的能源可以是煤气、燃油及煤炭。回转窑中，对燃料的要求是能产生长火焰，以便均匀加热回转窑的全长，对此气体和液体燃料都能很好满足；固体燃料则以烟煤为宜，含挥发分少的无烟煤不适用，褐煤因含水分太高及发热值低也不适用。

用作还原剂的煤要求具有高的反应性，即煤中 C 与 CO_2 反应速度要很快：

$$C + CO_2 = 2CO$$

目前对煤的反应性尚无统一的标准与统一的测定方法，一般用在 CO_2 气流中于一定温度和时间条件下进行反应，以失重值作为反应性的相对指标。

无论用于还原的煤还是用于燃烧的煤，对其灰分熔点都有严格要求，低熔点灰分能使炉料和炉墙渣化粘连，造成固体还原法操作故障。灰熔点的测定，需要在还原气氛下测定其变形、软化、聚球及流变四点温度，一般要求软化温度应高于固体还原法操作温度 50 ~ 100℃。回转窑法要求使用煤的灰分熔点高于 1150℃。

煤的灰分应小于 25%，硫含量应不大于 0.8%。

对煤的强度及热稳定性，除固体竖炉法（如 K-M 法）外，未提出要求。燃烧用煤应磨成 −0.075mm（−200 目）的煤粉，回转窑还原煤常常使用 0 ~ 3mm 的粒度。

2.3 含碳球团及其还原机理

含碳球团是指由铁矿粉配以低挥发分的煤粉和适当的黏结剂，经充分混合后造球或压球，成为一种含碳的铁矿粉小球（Iron Ore Ball Containing Carbon）或含碳的铁矿粉冷压团块（Iron Ore Briquette Containing Carbon），一般统称为含碳球团（IBC）。这里简要介绍含碳球团还原机理研究的概况。

关于含碳球团还原机理，人们早期研究的是固-固相还原机理，然后研究更多的是二步还原机理。

2.3.1 固-固还原机理

关于固-固还原机理，即铁矿粉和炭粉的混合物的还原机理，20 世纪 30 年代伊始，就有大量研究[4~11]，但因含碳球团还原过程的复杂性，迄今人们仍无法彻底了解该还原过程所涉及的各种反应的具体作用及程度。早期的研究[4,5,9,10]都试图在排除含碳球团中 CO 对铁氧化物的还原作用的条件下，探索所谓的直接还原动力学过程。在这个所谓的直接还原过程中，人们假设含碳球团中的碳直接去还原铁氧化物并产生 CO 和少量 CO_2。其化学反应式如下：

$$Fe_xO_y + C = Fe_xO_{y-1} + CO$$

$$2Fe_xO_y + C = 2Fe_xO_{y-1} + CO_2$$

当含碳球团的还原反应刚开始时，在炭颗粒和铁矿粉接触处的直接还原是可能的。此时铁矿粉表面与炭颗粒相接触处的氧被去除，形成 CO 和 CO_2，同时在这些接触处产生孤立的金属铁质点，随着还原过程的进行，这些孤立的金属铁质点不断长大，相互连接，然后形成一连续的金属铁壳覆盖在那些尚未还原的铁矿粉内部的铁氧化物核心的外围。如果还原反应进一步进行，碳原子则需通过在还原产生的金属铁壳中的扩散才能达到金属和铁氧化物交界面。在此交界面的还原反应相对于碳在金属铁产物层内的扩散速度而言，可以认为是很快的。基于这种观点，早期的研究者[4,10]认为，碳在产物层中的扩散速度，是含碳球团的总还原速度的限制性环节。

早期的研究者[4,10]意识到，只有当铁氧化物和碳的反应产物 CO 和 CO_2 一产生，就立即被排除出还原体系，这时的反应才算是真正的直接还原。鲍科勒（Baukloh）等人在 2.67Pa（2×10^{-2}mmHg）的真空度下，进行了 700~1100℃ 的直接还原，并称在他们的试验中克服了气体产物的影响。阿科劳夫（Arkhraov）等人[9]报道了在 0.133Pa（1×10^{-3} mmHg）和 1000~1050℃ 时的直接还原研究结果。1961 年尤恩（Yun）在 0.013Pa（1×10^{-4}mmHg）时，进行了 700~1100℃ 条件下用石墨碳还原 Fe_2O_3 的试验研究。在如此高的真空度下，气体产物对还原过程的影响应该是很小的。在这样的条件下，尤恩（Yun）[10]用固-固反应的动力学模型分析了他的试验数据。

针对以上情况，不同的研究者提出了以下各种直接还原过程模型。这些模型实际上是未反应核模型的特殊形式，它们对于拟合某种特殊条件下的直接还原过程是很有用的。这些模型[9~11]分别为：

$$\left[1 - (1-f)^{\frac{1}{3}}\right]^2 = \frac{kt}{r^2} \tag{2-1}$$

$$1 - \frac{2}{3}f - (1-f)^{\frac{2}{3}} = \frac{kt}{r^2} \tag{2-2}$$

$$\frac{z - \left[1 + (z-1)f\right]^{\frac{2}{3}} - (z-1)(1-f)^{\frac{2}{3}}}{2(z-1)} = \frac{kt}{r^2} \tag{2-3}$$

式中　　r——铁矿粉的初始半径；

　　　　f——t 时刻的反应分数；

　　　　z——最终产物（Fe）和其原始铁氧化物的体积比，对于 Fe_2O_3，$z = 0.47$。

以上模型的假设条件是：铁矿粉在还原过程中一直保持球状；碳原子在金属铁产物层中的扩散服从菲克（Fick）定律；碳原子在金属铁产物层中作单向扩散。在模型（2-1）和模型（2-2）中还假设了铁矿粉的当量半径在还原过程中保持不变，模型（2-1）中假定铁氧化物的颗粒为假想的平板状，而模型（2-3）是在模型（2-2）的基础上考虑了铁氧化物还原前后的体积变化而推导出来的。但就模拟碳还原铁氧化物过程中单纯的固-固反应过程而言，模型（2-1）和模型（2-2）的模拟结果和模型（2-3）的模拟结果是相当的[12]。用以上模型可以很好地描述铁矿粉和炭粉之间的固-固还原过程[6,7,10]。

2.3.2　二步还原机理

在实际的含碳球团还原过程中，其气相产物 CO 和 CO_2 并不能像以上试验所控制的条件那样，立即被排除出还原体系。此外，就其总体还原过程而言，含碳球团中 CO 的存在也是有利的，因此在还原过程中不必刻意去排除该还原体系中的 CO。为此，人们不再刻意研究含碳球团中单一的固-固反应，即直接还原，而是着眼于研究含碳球团的总体还原过程，包括气-固还原。

关于金属氧化物和碳的混合物的加热还原特征，早在 1927 年博登斯特因（Bodenstein)[13] 就提出了其原则性的机理。随后博登斯特因的观点被引用来解释铁氧化物的还原过程[7,8,14~16]，提出了铁氧化物还原的二步还原机理，即

$$Fe_xO_y + C \stackrel{\hspace{1cm}}{=\!=\!=} Fe_xO_{y-1} + CO \tag{2-4}$$

$$Fe_xO_y + CO \stackrel{\hspace{1cm}}{=\!=\!=} Fe_xO_{y-1} + CO_2 \tag{2-5}$$

$$C + CO_2 \stackrel{\hspace{1cm}}{=\!=\!=} 2CO \tag{2-6}$$

根据二步还原机理[14~20]，在惰性气氛中，铁氧化物和炭粉直接的固-固反应（反应 (2-4)）表现为启动作用，进而产生气体产物 CO 和 CO₂，对铁矿粉和炭粉之间的还原起到媒介作用。相对于气-固还原（反应 (2-5) 和反应 (2-6)）速度而言，固-固反应（反应 (2-4)）的作用显得微不足道[14~16,21,22]。从以 CO 还原铁氧化物和碳的气化反应过程[21,22] 的动力学的研究结果来看，碳的气化反应速度较慢。因此，按经典的观点，碳的气化反应是铁矿粉和炭粉混合体加热还原过程的限制性环节。这就是传统的二步还原机理。

根据上述原理，许多研究者测定了碳还原铁氧化物反应的表观活化能。卡洛斯（Carlors）等[23] 研究了用半焦作还原剂制成的含碳球团的还原过程。他们的试验结果表明，用半焦还原磁铁矿粉时，其表观活化能为 159.2kJ/mol，而半焦还原赤铁矿粉时表观活化能为 126~239kJ/mol。拉罗（Rao）[24] 用纯石墨碳作还原剂时，测得的表观活化能为 301kJ/mol。弗鲁汉（Fruehan）[25] 以木炭、半焦、焦炭等含碳原料作还原剂时，测得的表观活化能为 293~335kJ/mol。亚伯拉罕（M. C. Abraham）[12] 以石墨作为还原剂，所测得的表观活化能为 134kJ/mol。由此可见，不同的研究者所测定的含碳球团的还原活化能相差较大。

但在实际过程中，碳还原铁氧化物的速度是否一定受控于碳的气化反应，还得视具体的反应条件而定。弗鲁汉（Fruehan）[25] 认为，当反应温度低于 1100℃ 时，碳还原铁氧化物的速度受控于碳的气化反应速度，而当反应温度高于 1200℃ 时，碳还原铁氧化物的速度则受 CO 还原铁氧化物的速度和碳的气化反应速度综合控制。

科怡（Kohi）和马因斯克（Marincek）[26] 研究了各种铁氧化物和石墨碳的混合物在 1000~1200℃ 下用氮气保护时的还原过程。在石墨碳还原 Fe₂O₃ 和 Fe₃O₄ 的过程中没有发现孕育期。但在石墨碳还原浮氏体过程中，存在一个明显的孕育期。用石墨碳还原浮氏体，开始时处于孕育期，还原速度较慢，过了孕育期后，还原速度急剧加快。科怡（Kohi）认为，这种现象是因还原过程中产生的金属铁对碳的气化反应起催化作用所致。阿科劳夫（Arkhraov）和勃格斯罗斯基（Bogoslouski）[27] 也发现在碳还原赤铁矿和磁铁矿过程中，当出现金属铁晶粒之前，其还原速度较慢。科怡（Kohi）和英格尔（Engel）[28] 发现，在孕育期内，还原失氧量的多少，取决于浮氏体的含氧量。

奥特苏卡（Otsuka）和库尼（Kunii）[29] 通过研究发现，在惰性气氛中，在 1050~1150℃ 的温度范围内，用石墨碳还原铁氧化物的过程存在两个阶段：第一阶段是由碳的气化反应所产生的 CO，将 Fe₂O₃ 和 Fe₃O₄ 还原成浮氏体；第二阶段是浮氏体的还原。后一阶段的还原过程有明显的自动催化现象，其还原速度和矿粉的粒度有明显的关系。当还原度小于 20% 时，还原活化能在 250~290kJ/mol 之间；当还原度大于 60% 时，还原活化能在 63~84kJ/mol 之间。吉斯（Ghish）和蒂瓦里（Tiwari）[30] 也发现当还原度大于 50% 时，其还原活化能为 77kJ/mol。斯因瓦桑（Srinivasan）和拉希里（Lahiri）在测定含碳球团还原过程的还原活化能时，将还原过程分成了三个阶段，他们的试验结果是：当还原度小于

20%时，还原活化能为417.0kJ/mol；当还原度为60%时，还原活化能为286.0kJ/mol；当还原度为80%时，还原活化能为56.1kJ/mol。

1977年，弗鲁汉（Fruehan）[28]研究了用木炭、半焦和焦炭在900~1200℃下于惰性气氛中还原Fe_2O_3和浮氏体的还原速度。在该研究中，弗鲁汉测定了压力、铁氧化物的粒度和含碳物质的粒度对还原过程的影响，以及还原过程中气体产物的变化过程。通过试验，弗鲁汉发现：

（1）总体的还原速度受控于碳的气化反应速度。

（2）CO还原Fe_2O_3和浮氏体的速度较快，还原过程的气体产物CO_2/CO还原相应的铁氧化物时的反应热力学平衡。

（3）还原反应的第一阶段（碳将Fe_2O_3还原成浮氏体阶段）的还原速度较快，原因是在该阶段中CO_2/CO比的值较高，促进了碳的气化反应。

1971年，雷伊（Ree）和塔特（Tate）[31]研究了在1000~1200℃下，磁铁矿-无烟煤球团在N_2气流、N_2-CO混合气流和N_2-CO_2混合气流中的还原过程。其研究结果表明，球团内的磁铁矿粉颗粒的还原过程，具有"未反应核"的特征，同时矿粉粒度越小，配碳量越高，还原速度越快。此外，雷伊和塔特还发现在N_2-CO_2的气流中还原时，球团中心的还原度较球团中其他部分高得多。这说明气流中的CO_2对含碳球团的还原过程具有氧化作用。

北京科技大学黄典冰博士[29]通过试验研究了含碳球团在N_2保护下的还原过程，考察了还原过程中气相产物的C/O比，以及还原过程中金属化率和残余碳沿试样半径方向的分布情况。该研究通过对还原后的试样解剖，发现了一种重要的现象，即还原后的试样内部的金属化率高于其外部的金属化率，而其内部的残碳量则低于其外部的残碳量，如图2-3及图2-4所示。这说明尽管含碳球团的还原过程属于吸热过程，但球团内的传热速度却不是含碳球团还原过程的限制性环节。因为如果球团内的传热速度是含碳球团还原过程的限制性环节，试验结果应是还原后的试样内部的金属化率低于其外部的金属化率，而其内部的残碳量高于其外部的残碳量，但试验结果正相反。此外，该研究还有如下创新的发现：

（1）含碳球团还原过程中，从Fe_2O_3还原到Fe_3O_4阶段，其还原速度受控于碳的气化

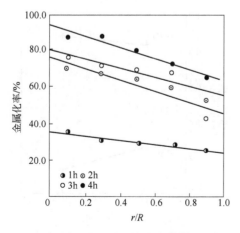

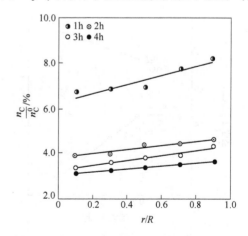

图2-3 N_2中温度为1100℃时含碳球团还原过程中其金属化率沿试样半径方向的变化情况

图2-4 N_2中温度为1100℃时含碳球团还原过程中其残碳量沿试样半径方向的变化情况

反应速度，而从 Fe_3O_4 到金属 Fe 阶段，则受碳的气化反应速度以及 CO 还原铁氧化物的速度的综合控制。

（2）在惰性气体保护下，含碳球团还原过程的气体产物中 C/O 比总是小于 1.0，这说明含碳球团的还原过程，不单表现为直接还原，同时间接还原也起一定作用。亚伯拉罕（M. C. Abraham）[12] 及斯因瓦桑（Srinivasan）[32] 用气体分析方法研究了碳还原铁氧化物的过程，也证明了这一现象，如图 2-5 及图 2-6 所示。

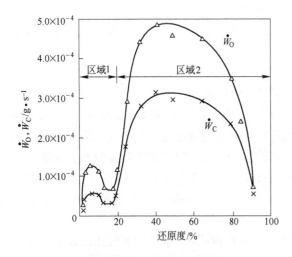

图 2-5　碳还原铁氧化物过程中失碳速度和
失氧速度与还原度的关系

（还原条件：温度 1200~1400K，N_2 保护）[30]

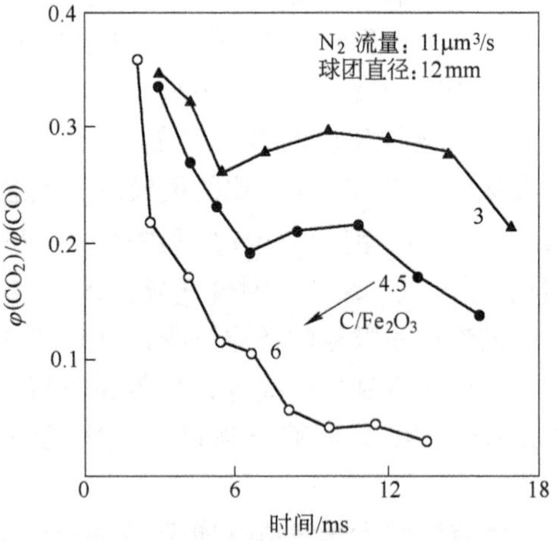

图 2-6　碳还原铁氧化物过程中气体产物的
CO_2/CO 比值随还原过程的变化情况

（还原条件：温度 1295K，N_2 保护）[25]

（3）含碳球团在惰性气氛中还原时，直接还原的比例随着还原温度和含碳球团中的配碳比的提高而增加。

（4）含碳球团还原过程的气体产物中的 CO_2/CO 比值，与还原反应温度及含碳球团中的配碳量有关。如果还原温度一定，CO_2/CO 比值随含碳球团内的配碳量的增高而降低，如果含碳球团中配碳量一定，CO_2/CO 比值就随还原温度的提高而降低，如图 2-7 及图 2-8 所示。

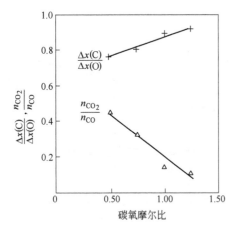

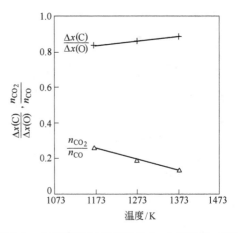

图 2-7　含碳球团在 1100℃ 的 N_2 中还原 6h 后的
$\Delta x(C)/\Delta x(O)$ 和 n_{CO_2}/n_{CO} 与试样中 C/O 比的关系

图 2-8　含碳球团在 1100℃ 的 N_2 中还原 6h 后的
$\Delta x(C)/\Delta x(O)$ 和 n_{CO_2}/n_{CO} 与还原温度的关系

2.4 产品性质及其应用

2.4.1 非高炉炼铁方法产品种类和性质

2.4.1.1 非高炉炼铁产品种类

非高炉炼铁共有四种产品：海绵铁、粒铁、液态生铁和珠铁。

海绵铁：也称直接还原铁，它是一种特性与用途都需要专门叙述的铁种，这将在后面专门论述。

粒铁（Nodule 或 Luppen）：是在半熔化状态下还原熔炼出来的产品，多由回转窑和特种电炉生产。粒铁常用品位不高的铁矿作为原料，其脉石可在水淬后磁选分离，通常含碳量不高（1%～2%）。但含 S 较高（0.1%～1%）。根据 S 的高低可分别用作高炉及电炉原料。粒铁活性不强，但露天堆放时间过长，仍会有一定程度的氧化和生锈。粒铁是良好的高炉原料，但却是一种较差的电炉炉料。

液态生铁（Smelting Reduction Iron）：由熔融还原法生产，其化学成分、物理性质与应用都与高炉铁水相似。液态生铁含 S 量不高，一般含 Si 不大于 2%，较适于作氧气转炉原料，而不适于用作铸造。

珠铁（Iron Nuggets）：近年来，一些学者把直接用铁矿粉和煤通过转底炉或第三代炼铁方法生产的产品称为珠铁。这些工艺免除了造块（烧结和球团），不用焦炭，直接得到颗粒状的生铁（即珠铁）。与传统的高炉生铁和炉渣的成分比较，明显的区别是珠铁含 Si 量较低，渣中 FeO 高于正常的高炉炉渣。

2.4.1.2 直接还原铁（DRI，Direct Reduction Iron）

直接还原铁是一种固态的低温还原铁的产品，因为还原失氧而形成的孔隙未因熔化而封闭，在显微镜下观察以其形似海绵而称之为海绵铁（Sponge Iron）。图 2-9 示出扫描电子显微镜下海绵铁的特征。

由于直接还原铁的原料多用还原性好的球团矿，还原后的产品经常也能保持球团矿的外形，所以也称这种直接还原铁为金属化球团矿（Metallized Pellets）。

直接还原铁的化学成分特点是：含 C 量低，根据其还原温度和工艺过程（使用还原剂）不同，一般直接还原铁含 C 在 0.2%～1.2% 之间，希尔法（HYL 法）可高达 1.2%～2.0%。生产过程中未经软熔的直接还原铁的另一特点是具有高的孔隙率，这是由于还原失氧而形成的。

图 2-9　显微镜下观察到的典型海绵铁

低碳含量及高孔隙率，造成直接还原铁具有很高的反应活性，在暴露于大气中时易于再氧化，即直接还原铁中的金属铁易与大气中的氧及水汽发生反应，其可能发生的再氧化反应见表 2-5。

表 2-5　可能发生的直接还原铁的再氧化反应

再氧化反应式	生成氧化物分子式	摩尔质量/g·mol⁻¹	质量组成/%			生成热/kJ·mol⁻¹	每千克直接还原铁再氧化			
							耗用		生成	
			Fe	O	H₂O		O₂/kg	H₂O/kg	热/kJ	氧化物/kg
$Fe + \frac{1}{2}O_2 = FeO$	FeO	71.847	77.70	22.30	—	−264.24	0.286	—	−4686	1.282
$3Fe + 2O_2 = Fe_3O_4$	Fe₃O₄	231.539	72.35	27.65	—	114.6	0.382	—	6652.6	1.382
$3Fe + 4H_2O = Fe_3O_4 + 4H_2$	Fe₃O₄	231.539	72.35	27.65	—	27.6	—	0.430	−164.8	1.382
$2Fe + \frac{3}{2}O_2 + H_2O = 2FeO(OH)$	FeO(OH)	88.854	62.88	27.00	10.12	−443.5	0.429	0.161	−7928.7	1.590
$Fe + \frac{1}{2}O_2 + H_2O = Fe(OH)_2$	Fe(OH)₂	89.862	62.18	17.80	20.02	585.2	0.286	0.322	10167.1	1.608
$Fe + \frac{3}{4}O_2 + \frac{3}{2}H_2O = Fe(OH)_3$	Fe(OH)₃	106.869	52.24	22.48	25.28	−803.4	0.429	0.483	−14727.7	1.912
$2Fe + \frac{3}{2}O_2 = Fe_2O_3$	Fe₂O₃	159.692	69.97	30.03	—	−823.4	0.429	—	−7347	1.429
$Fe + 2H_2O = Fe(OH)_2 + H_2$	Fe(OH)₂	89.862	62.18	17.80	20.02	337	—	0.645		1.608

大部分再氧化反应是放热反应。最重要的再氧化反应是：

$$3Fe + 2O_2 \longrightarrow Fe_3O_4 + 114.61kJ/mol$$

$$2Fe + 2H_2O + O_2 \longrightarrow 2Fe(OH)_2 + 56814kJ/mol$$

第 2 个反应按电化学腐蚀理论，是由于负极区的非极化作用而产生的：

$$2H_2O \longrightarrow 2H^+ + 2(OH)^-$$

$$2H^+ + 1/2O_2 + 2e \longrightarrow H_2O(阴极反应)$$

$$Fe \longrightarrow Fe^{2+} + 2e(阳极反应)$$

$$Fe^{2+} + 2(OH)^- = Fe(OH)_2$$

αFe(OH)₂ 与 Fe₃O₄ 组合即成为铁锈。

上述两个大量放热反应，在大气温度下反应速度很慢，当温度升高到 200℃ 以上时，反应速度明显加快。环境中湿度增大或有水分存在时，也能促进再氧化反应。当放热反应的再氧化作用激烈进行时，氧化—升温连锁效应可导致直接还原铁发生"自燃"现象，即可使铁料迅速变成红色的 Fe₂O₃，并升温到 600℃ 以上。

由于直接还原铁的活性与孔隙度和含碳量有关，孔隙率大和含碳量低时，可促进铁的反应活性。各种直接还原法制出的产品其活性有很大差别。流态化法制出的直接还原铁粉，因还原温度低，还原铁中还原形成的气孔被封闭的程度最小，又因使用高 H₂ 气体还原，故其含碳量也最低，再加上呈粉末形态，因而这种直接还原铁须经过钝化处理，即在 N₂ 气氛保护下再升温后压制成大块。竖炉及回转窑法制出的直接还原铁产品，具有中等的化学活性。反应罐法因操作温度高，产品含碳达 2% 以上，其化学反应活性最低。

直接还原铁的物理性质见表 2-6。

表 2-6 直接还原铁的物理性质

类　别	真密度/g·cm⁻³	假密度/g·cm⁻³	堆积密度/g·m⁻³
DRI 压块	5.5	5	2.7×10^2
金属化球团	5.5	3.5	1.84×10^2

堆成料堆的自然堆角，直接还原铁压块为 31°～40°，金属化球团为 28°～34°。

直接还原铁的强度，根据生产方法有很大差异。直接还原铁的强度也可用通常的转鼓试验及落下试验来考查，但尚未形成统一的试验方法。

直接还原铁的强度也与孔隙度有关，因此高温还原的直接还原铁具有较高强度。直接还原铁的强度主要是应付储运过程中的破裂，不论金属化球团还是直接还原铁压块，在储运过程中均能产生 2%～3% 的粉末，这一现象不仅造成损失，还会导致粉尘污染环境。

2.4.2 直接还原铁的处理及储运

为了避免再氧化，直接还原铁应当在还原气氛下至少冷却到 200℃ 以下再排出反应器。实际上为了更保险，大部分直接还原反应器的设计是把排料温度降低到 50℃ 以下。原则上直接还原铁也应当在产出后直接使用，以避免长期储存和长途运输。但是实践证明，只要措施适当，直接还原铁的安全储运是可以解决的。

流态化法制出的细粒直接还原铁由于活性太强，必须经过钝化处理才便于储运。回转窑法及竖炉法制出的块状直接还原铁或金属化球团矿，如需长途运输或长期储放，也需要钝化处理。钝化处理直接还原铁有两种方法：

（1）压制成大块。在 N_2 气氛中升温至 900℃，用压力机把海绵铁压制成直接还原铁块，可以有效地改善直接还原铁的抗氧化能力，这是因为加热后气孔被封闭，而加压后又减少了气孔率。表 2-7 示出金属化球团压制成铁块后的抗再氧化能力的变化。

表 2-7 压制处理前后金属化球团的抗氧化能力（大气中开放储存）

试　样		暴露时间/d	全铁/%	金属铁/%	金属化率/%
未经压制的金属化球团		0	95.04	90.06	0.948
		16	90.09	65.04	0.722
		30	86.64	53.84	0.636
压制成5kg 的块	试样 I	1	84.70	76.60	0.904
		32～37	83.20	68.20	0.819
	试样 II	0	91.70	81.60	0.890
		90	91.30	78.40	0.859

图 2-10 所示为 Midrex 竖炉使用的直接还原铁热压装置。

（2）喷涂覆盖层。在直接还原铁上喷涂一层能隔绝空气的物质，也可以有效地防止再氧化，喷涂物有焦油、木质素（一种有机物质）及水玻璃等。但是这种方法以涂在大堆储放的直接还原铁料堆上较经济和有效，而不便于应用到运输过程中的直接还原铁上。

上述两种方法都是有效的抗氧化措施，但费用都较高，约为直接还原铁生产成本的 10%～20%。

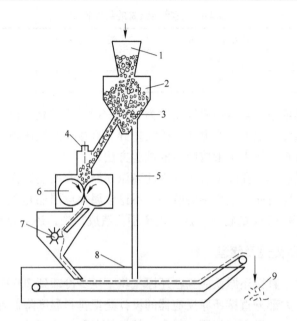

图 2-10　Midrex 竖炉使用的直接还原铁热压装置
1—竖炉出料口；2—产品中间仓；3—热直接还原铁；4—螺旋给料机；5—旁通给料管；
6—给料压块机；7—大块破碎机；8—水淬冷却槽；9—热压直接还原铁块

未经钝化处理的流态化制取的细粒直接还原铁，不能露天储放。

金属化球团的露天堆放也常常存在问题。小堆堆放有利于疏散氧化反应放热，可抑制自燃现象，因此料堆不宜高于 1.5m。但是大堆储存可减少表面暴露程度，能有效减少再氧化，所以在确保不发生"自燃"现象的条件下，又应大堆储放。图 2-11 示出大堆存放直接还原铁的效果。

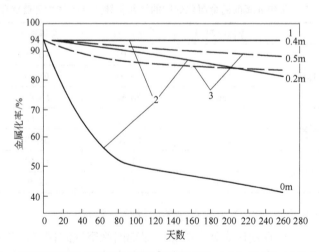

图 2-11　直接还原压块及金属化球团在室外存放（未加保护）时的金属化率
1—离堆表面距离；2—球团；3—压块

理想的直接还原铁的存放方法，是用干净而防水的密闭料仓储放。从陆上或从海上长途运输直接还原铁时，最好先把直接还原铁进行钝化压块。流态化法生产的细粉产品必须进行钝化压块处理。

无论是金属化球团还是直接还原铁压块，都可以进行海上和陆上的长途运输，但下列安全措施应予考虑：货仓应清洁，清扫灰尘、油脂、酸碱和有机物；货仓要保持干燥，要用苫布覆盖料堆，紧密防水，堵封可能进水的缝隙；勿靠近热源，如机房、蒸汽管道等；定期用热电偶插入料堆 10～30cm 处，检查温度，如升温超过 100℃ 则应停船（车），采取措施使温度降至原来的正常水平。

2.4.3 直接还原铁的应用

95%的直接还原铁是代替废钢用于电炉炼钢的，但也可搭配用于氧气转炉、高炉和化铁炉。

2.4.3.1 电炉中使用直接还原铁

在埋弧电炉、明弧电炉及感应电炉中都可使用直接还原铁代替废钢。直接还原铁用于电炉有下列优点：

（1）化学成分稳定而且适合，能准确控制钢的成分；

（2）有害金属杂质的含量较少；

（3）可以与价格低的轻废钢配合使用；

（4）运输及转载装卸方便；

（5）能自动连续加料，有利于节电和增产；

（6）熔化期噪声较小；

（7）供应稳定，价格平稳。

与废钢比较，直接还原铁也有两个缺点：

（1）还原不充分，炉料中 FeO 含量高；

（2）酸性脉石（$SiO_2 + Al_2O_3$）含量高，使电炉渣量增加。

这是两个严重影响电炉作业指标的直接还原铁质量因素。

当使用金属化率不高的直接还原铁时，电炉熔池中的下列反应：

$$FeO + C = Fe + CO - Q$$

将大量吸热而导致能耗损失。图 2-12 示出直接还原铁的金属化率对电炉电耗的影响。此数据采自 85t 电炉，当 100% 使用直接还原铁时，每 1% 的金属化率可影响电耗 10kW·h。炉容大小对此数据有一定影响。在 100t 电炉上此数据为 9kW·h/t，而在 25t 电炉上则为

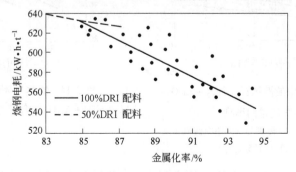

图 2-12 DRI 金属化率对电炉炼钢电耗的影响

$12kW \cdot h/t$。

虽然如此，直接还原铁过高的还原度也是不希望的，因为适量的 FeO 还原反应可以造成强烈的"碳沸腾"，按此反应在操作温度下，每千克碳可产生 $12m^3$ 的气体，在通常每分钟 $0.3 \sim 0.8kg$ 的脱碳速度下，将使每平方米熔池每分钟产生 $4 \sim 10m^3$ 气体，导致 10cm 厚的渣层变成 50cm 的泡沫渣。这种"碳沸腾"形成的泡沫渣有下列优点：

（1）使熔池中 H_2 及 N_2 含量降至极低水平；

（2）电弧辐射热被泡沫渣吸收而不致损害炉衬，可以大功率作业；

（3）渣铁吸收电弧能量的效率增加，可加速熔化的速率；

（4）炉渣密度降低有利于直接还原铁穿过渣-铁反应界面；

（5）消除了渣铁在熔池中温度与化学成分的分层现象；

（6）由于强烈扰动，消除了电弧的局部过热作用及直接还原铁通过渣层时的局部冷却现象；

（7）强烈扰动有利于增加渣-铁反应面，强化脱除杂质的精炼速度；

（8）炉中 CO 气氛增加可减慢电极的氧化。

因此在直接还原铁中保留一定的 FeO 及适当提高碳含量是有利的。

直接还原铁中酸性脉石（$SiO_2 + Al_2O_3$）的含量会直接造成电炉的渣量增加和能耗上升。图 2-13 示出直接还原铁中酸性脉石（$SiO_2 + Al_2O_3$）含量对电炉渣量的影响，图 2-14 示出直接还原铁中酸性脉石含量（$SiO_2 + Al_2O_3$）对电炉电耗的影响。图 2-14 是按脉石全为酸性，而电炉渣碱度为 2，并按经验数据每增加 1kg 渣就增加 1kW·h 电耗计算得出的。由此可得出，当使用 100% 直接还原铁时，酸性脉石含量如达到 2%，则电炉渣量将超过使用废钢的正常水平。而电耗则在酸性脉石含量超过 4% 时才超过使用废钢时的水平。

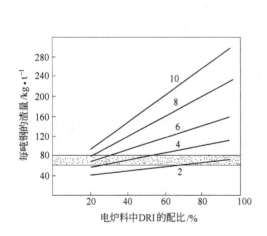

图 2-13 直接还原铁中酸性脉石（$SiO_2 + Al_2O_3$）
含量对电炉渣量的影响

（图中 2、4、6、8、10 分别为直接还原铁中
（$SiO_2 + Al_2O_3$）的百分含量）

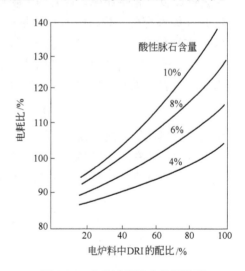

图 2-14 直接还原铁中酸性脉石
（$SiO_2 + Al_2O_3$）含量对电炉电耗的影响

使用直接还原铁的电炉，操作上的最大变化是装料方式。使用通常的底卸式料罐分批

装料,很难控制金属化球团的装料速度,造成很多麻烦,后来发展了各种不同的连续式装料方式。图 2-15 示出一种较好的连续加料装置。

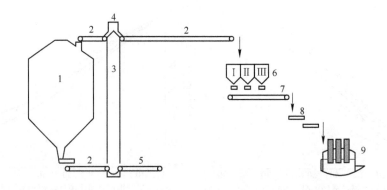

图 2-15 使用直接还原球团的电炉连续加料装置
1—储存料仓;2—皮带;3—提升机;4—返矿给料;5—来自直接还原炉皮带;
6—配料料仓;7—皮带秤;8—振动给料;9—电弧炉

连续装料有下列优点:

(1)断电时间少,因而热损失少及功率输出大;

(2)改善了熔池传热并加快了冶炼反应——在连续加料期不断进行碳素沸腾,可改善熔池传热及渣铁混合,有利于加快冶炼反应;

(3)由于能有效控制直接还原铁成分且有害杂质少,允许在连续加料期和熔化期同时进行精炼。

2.4.3.2 直接还原铁的其他应用

A 在氧气转炉中的应用

当热的铁水在氧气转炉中炼钢时,铁水中发热元素(Si、C 等)的氧化热量,往往超过加热钢水至适宜出钢温度的需要,这就需要加入一定数量的冷却剂,以维持正常的钢水温度。冷却剂加入量根据铁水成分、温度及冷却剂种类可占钢水质量的 7% ~32%。

直接还原铁作为冷却剂使用,其冷却效果为返回废钢的 1.2 ~2.0 倍,而约为铁矿石的 1/3,因为 $FeO + C = Fe + CO$ 吸热反应增加了冷却效果。直接还原铁的冷却效果因金属化率降低而增大,直接还原铁中 SiO_2 脉石含量也会稍许减弱其冷却效果。

因为氧气转炉的炉渣碱度为 3.5,直接还原铁用于冷却剂时,其 SiO_2 含量要求低于 3%。

在冷却用合格废钢短缺,生产特低硫、低氧、低锰的特殊钢时,在自动调节冷却剂的系统中,以及在盛钢桶中作为后吹期冷却剂时,用直接还原压块作为冷却剂则更为适宜。

在炼铁高炉中,曾大量试验过用直接还原铁;在小高炉试验中,曾从风口喷入直接还原铁粉,发现效果不佳,而且设备复杂。在高炉炉料中配加直接还原铁,以增加高炉炉料的金属化程度,则焦比有所降低,从而使产量增加,有明显效果。图 2-16 和图 2-17 示出试验的结果。

试验结果表明,各种炉料的金属化率,影响的规律相同,但其效果略有差异。其实这

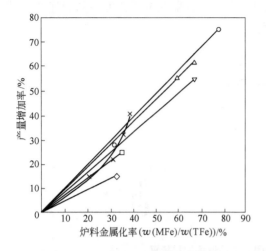

图 2-16　金属化炉料对高炉产量的作用

○—美国矿业局试验；△—美国钢铁公司试验

（废钢）；▽—美国钢铁公司试验（海绵铁压块）；

□—加拿大 Stelco 公司试验（不喷天然气）；

◇—加拿大 Stelco 公司试验（喷天然气）；

×—AHMSA 试验

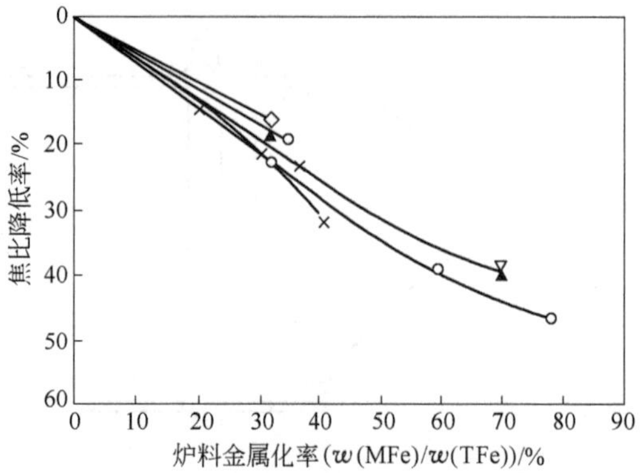

图 2-17　金属化炉料对高炉焦比的作用

（图注同图 2-16）

是由于使用的焦炭含碳量不同造成的，如按节省碳量衡量，各个试验的结果是十分接近的。

　　直接还原铁能使高炉焦比降低的主要原因，是减少了高炉中对铁矿石氧化铁还原的负担，但是高炉中占 50% 左右的间接还原耗能很少，只有减少在高炉下部进行的而且耗能又很高的碳"直接还原"才有实际意义。而直接还原铁中已被还原的那一部分工作量，只能按高炉"直接还原"度有比例地减轻高炉中有重大影响的"直接还原"。因而从理论上分析，高炉使用金属化炉料的总能耗，并不可能降低很多，再加上直接还原所消耗的能量，其成本并不比焦炭便宜很多，因此实际上高炉使用直接还原铁的经济效益并不好，因此没有得到广泛应用。

　　在炼铁电炉中，铁矿石的还原反应基本上都是用碳的"直接还原"方式，因此直接还原铁中已完成的还原工作，能全部用于代替炼铁电炉中的还原工作量，因而能取得比高炉更好的效果。表 2-8 示出直接还原铁用于高炉及生铁电炉的效果比较。

表 2-8　直接还原铁用于高炉及生铁电炉效果比较

每吨铁影响	1% 金属化对高炉	1% 金属化对生铁电炉
焦量降低/kg	3 ~ 4(0.7% ~ 0.8%)	3(10%)
电耗减少/kW·h	—	14 ~ 16
总热耗降低/J	24000 × 4.1868	34000 × 4.1868
产量增加/%	0.7 ~ 0.8	>2

　　从上述效果比较看，直接还原铁与生铁电炉配合更为合理，目前已经发展了不少直接

还原-生铁电炉的双联法。

B 在铸造中的应用

在生铁铸造中，可以配加一定的直接还原铁代替生铁，但配加量受限于铸造铁中 Si 和 C 的含量，因为直接还原铁加入量提高将冲淡铸造铁中 Si 和 C 的成分。用于铸铁的直接还原铁要求具有尽可能高的金属化率，因为在化铁炉中，FeO 的补充还原，会严重消耗能量（焦炭）。化铁炉对直接还原铁中的脉石含量要求不严，因为酸性脉石仅使渣量有所增加，并对焦比和产量有一定的影响。

在铸钢生产中应用直接还原铁的要点与电炉炼钢类似。

参 考 文 献

[1] 王洋，金爱军，陈敏. 非高炉炼铁发展述评[C]//中国金属学会非高炉炼铁学术委员会. 2006 年中国非高炉炼铁会议论文集. 中国金属学会非高炉炼铁学术委员会，2006：7.

[2] 赵庆杰，魏国，姜鑫，等. 非高炉炼铁技术进展及展望[C]//中国金属学会. 2012 年全国炼铁生产技术会议暨炼铁学术年会文集(上). 中国金属学会，2012：7.

[3] 胡俊鸽，周文涛，郭艳玲，等. 先进非高炉炼铁工艺技术经济分析[J]. 鞍钢技术，2012，3：7～13.

[4] Baukloh W，Durrer R. Arch Eisenhuttenw，1931，4：454～500.

[5] Baukloh W，Zimmerman G. Stahlu. Eisen.，1933，3：172～173.

[6] Bailkov A A，Tumarev A S. Izv. Akad Nauk，SSSR，1937，1：25.

[7] Esin O A，Gel'd P V. Geluspekhi Khim，1949，8：658～681.

[8] Baldwin B J. Iron and Steel Inst.，London，1955，179：30～36.

[9] Arkharov V，et al. Zh. Fiz. Khim，1955，29(2)：272.

[10] Yun T S. Trans. ASM，1961，54：129～142.

[11] Krasheninikov E A，Timofeev E P. Izv. Zkad. Nauk，SSSR，Metal，1927，2：10～17.

[12] Srinivasan N S，Lahiri A K. Met. Trans.，1977，8B(3)：175～178.

[13] Bodenstein M. Trans. Am. Electrochem. Soc.，1927，51：364～413.

[14] Tien T R，Turkdogen T. Met. Trans.，1977，8B：304～353.

[15] Sohn H Y，Szekely J. Chem. Eng. Sci.，1973，28：1789～1801.

[16] Jalan B P，Rao Y K. Carbon，1978，16：174～224.

[17] Rao Y K. Met. Trans.，1971，2：1439～1447.

[18] Rao Y K. J. Met.，1983，35(7)：46～50.

[19] Rao Y K，Han H G. Ironmaking and Steelmaking，1984，11：308～318.

[20] Turkdogan E T，Vinters J V. Met. Trans.，1972，3：1561～1573.

[21] Turkdogan E T，Vinters J V. Carbon，1969，7：101.

[22] Turkdogan E T，Vinters J V. Carbon，1970，8：39～53.

[23] Duncan J F，Stewart D J. Trans. Farad. Soc.，1967，63：1031～1041.

[24] Rao，Y K. Met. Trans.，1971，2：1439～1447.

[25] Fruehan R J. Met. Trans.，1977，8B：279～286.

[26] Kohi H K，Marincek B. Arch. Eisenhuettenw，1965，36：411.

[27] Arkharov V I，Bogoslouski V N. Zh. Fiz. Khim.，1955，29：272.

[28] Kohi H K, Engell H J. Arch Eistenhuettenw, 1963, 34: 411.

[29] Otsuka K, Kunii D. J. Chem. Eng. Jap. , 1969, 12: 46～50.

[30] Ghosh P C, Tiwari S N. J. Iron and Steel Inst. London, 1970, 208: 254～297.

[31] 魏国, 沈峰满, 李艳军, 等. 非高炉炼铁技术现状及其在中国的发展[J]. 中国废钢铁, 2011, 5: 11～17.

[32] Carlos E S, et al. Trans. ISIJ, 1983, 23: 490～496.

3 气体还原的直接还原方法

3.1 铁氧化物气体还原机理

3.1.1 热力学分析

铁矿石的气体直接还原与高炉炉身冶炼过程相似，但没有熔化及造渣过程，只是铁矿石中铁被还原气体还原出来。因此在直接还原过程中，主要问题是铁的氧化物被还原的机理和状况[1~3]。为此首先要了解 Fe 与 O_2 形成氧化物的种类及其特点。图 3-1 为 Fe-O 相图。

Fe-O 共形成三种氧化物，按含氧由低到高的顺序为：

浮氏体(Wustite)——$Fe_{1-y}O$ 或 Fe_xO；

磁铁矿(Magnetite)——Fe_3O_4；

赤铁矿(Hematite)——Fe_2O_3。

浮氏体是食盐型（NaCl）立方晶系的缺位晶体。理论上 Fe 和 O 原子数比为 1:1，实际上在 Fe^{2+} 的结点上常发生缺位，随温度不同铁氧比有所变化，最大可变范围为 23.1% ~ 26.6%，所以其分子式常写成 $Fe_{1-y}O$ 或 Fe_xO，其中 y 表示铁离子缺位的比率。由 Fe-O 相图还可以看出小于 570℃ 时 FeO 不能稳定存在，它将分解为 Fe_3O_4。

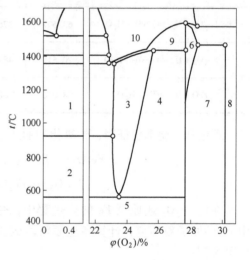

图 3-1 Fe-O 相图

1—γ-Fe + $Fe_{1-y}O$；2—α-Fe + $Fe_{1-y}O$；3—$Fe_{1-y}O$；
4—$Fe_{1-y}O$ + Fe_3O_4；5—α-Fe + Fe_3O_4；6—Fe_3O_4；
7—Fe_3O_4 + Fe_2O_3；8—Fe_2O_3；9—Fe_3O_4 熔体 +
氧化物；10—氧化物熔体

Fe_3O_4 与 Fe_2O_3 在较低温度下是成分固定的化合物，高温时由于溶解了氧或是铁离子缺位，也有一个含氧量变化的范围。但在一般情况下，由于这两种氧化物在高温下很容易分解或还原而不复存在，故很少考虑其含氧量的改变，而作为固定成分的化合物对待。

在室温下测定的铁及各种铁氧化物的比容如下：

项目名称	赤铁矿	磁铁矿	浮氏体	铁
比容/$cm^3 \cdot g^{-1}$	0.146	0.193	0.176	0.127

直接还原冶炼过程中使用的气体还原剂是 CO 和 H_2。表 3-1 列出各种铁的氧化物被 CO 和 H_2 分别还原时的有关热力学数据。

表 3-1　CO 和 H₂ 还原铁氧化物的热力学数据

反应式	$\Delta H^{\ominus}$		$\lg K_p = f(T)$	式号
	kJ/mol	kJ/kg(Fe)		
$3Fe_2O_3 + CO = 2Fe_3O_4 + CO_2$	-52.963	-157.4	$\lg K_p = \dfrac{2726}{T} + 2.144$	(3-1)
$Fe_3O_4 + CO = 3FeO + CO_2$	22.399	133.2	$\lg K_p = -\dfrac{1373}{T} - 0.341\lg T + 0.41 \times 10^3 T$	(3-2)
$\dfrac{1}{4}Fe_3O_4 + CO = \dfrac{3}{4}Fe + CO_2$	-25.288	-602.1	$\lg K_p = \dfrac{2462}{T} - 0.99T$	(3-3)
$FeO + CO = Fe + CO_2$	-13.607	-242.9	$\lg K_p = \dfrac{688}{T} - 0.9$	(3-4)
$3Fe_2O_3 + H_2 = 2Fe_3O_4 + H_2O$	-21.813	-64.9	$\lg K_p = \dfrac{131}{T} - 4.42$	(3-5)
$Fe_3O_4 + H_2 = 3FeO + H_2O$	63.597	376.8	$\lg K_p = \dfrac{3410}{T} + 3.61$	(3-6)
$\dfrac{1}{4}Fe_3O_4 + H_2 = \dfrac{3}{4}Fe + H_2O$	20.515	488.5	$\lg K_p = 3110 + 2.72T$	(3-7)
$FeO + H_2 = Fe + H_2O$	28.010	500.2	$\lg K_p = -\dfrac{1225}{T} + 0.845$	(3-8)

理论和试验都已证明，铁氧化物的还原有明确的顺序性，即按下列顺序还原[4]：

$$Fe_2O_3 \rightarrow Fe_3O_4 \rightarrow FeO \rightarrow Fe(> 570℃)$$

$$Fe_2O_3 \rightarrow Fe_3O_4 \rightarrow Fe(< 570℃)$$

在由 Fe_2O_3 还原至 Fe 的全过程中，令其中 Fe 的原子数不变，计算各还原阶段的失氧率可得到：

$$3Fe_2O_3 \rightarrow 2Fe_3O_4 \rightarrow 6FeO \rightarrow 6Fe$$

各氧化物 O 原子数　　9　　　8　　　6　　　0

各还原阶段除氧率　　　　1/9　　3/9　　6/9

由以上分析可看出，在 FeO 还原到 Fe 的阶段，除氧量占总量的 2/3，是还原过程中的关键步骤。

由于各种氧化铁的还原反应是可逆的，因而当各个铁的氧化物被不同的气体还原剂还原时，在不同的温度下都有相应的平衡气相成分。表 3-1 中还列出了各平衡常数与温度的关系式，图 3-2 则更直观地表示出平衡气相成分的变化。

由于 Fe_2O_3 极易被 CO 与 H₂ 还原，其平衡气相成分几乎为 100% H₂O 或 100% CO₂，故不在图中示出。图中各条曲线将图分成不同

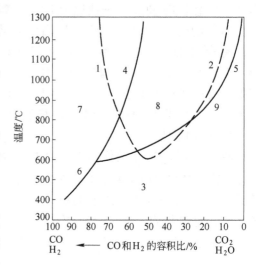

图 3-2　铁的氧化物与 CO-CO₂ 或 H₂-H₂O 在不同温度下的平衡状态图

1—$FeO + CO = Fe + CO_2$；2—$Fe_3O_4 + CO = 3FeO + CO_2$；3—$Fe_3O_4 + 4CO = 3Fe + 4CO_2$；4—$FeO + H_2 = Fe + H_2O$；5—$Fe_3O_4 + H_2 = 3FeO + H_2O$；6—$Fe_3O_4 + 4H_2 = 3Fe + 4H_2O$；7—Fe 区；8—FeO 区；9—$Fe_3O_4$ 区

区域，即表明在不同温度及不同的气相成分下只有某个特定的氧化物或铁（Fe）的单质才能稳定存在。

Fe_2O_3 是不稳定的化合物，用 CO 和 H_2 还原 Fe_2O_3，在任何情况下平衡常数都很大，甚至在1500℃下自动分解成 Fe_3O_4 及 O_2，可以认为其还原反应是不可逆的，而 Fe_3O_4 及 FeO 则不同，还原时需要更多的煤气量来平衡生成的氧化成分，才能把还原进行到底，如下式：

$$FeO + nCO \Longrightarrow Fe + CO_2 + (n-1)CO$$

还原每摩尔 FeO 时 CO 增加的比值可按下式计算：

$$n = 1 + \frac{1}{K_e}$$

式中　K_e——平衡常数。

如果按反应的一般形式：

$$FeO + CO \Longrightarrow Fe + CO_2$$

则还原1kg Fe 耗用煤气为 V_g：

$$V_g = \frac{22.4m}{56} = 0.4m \quad m^3/kg$$

式中　m——铁氧化物中 O 与 Fe 的原子数比。

而实际需要的煤气量 V'_g 为：

$$V'_g = \left(1 + \frac{1}{K_e}\right) \times \frac{22.4}{56}m \quad m^3/kg \tag{3-9}$$

如果氧化铁的还原顺序按 $Fe_2O_3 \rightarrow Fe_3O_4 \rightarrow FeO \rightarrow Fe$，并且氧化铁与煤气呈逆向运动，则低一级的还原生成物仍可满足高一级氧化铁还原的需要，总的煤气量按 FeO 平衡气相成分计算即可。如三种氧化物同步还原，则总煤气量为三种氧化物分别还原需要量的总和，后一种方式需要的煤气量明显增加，见图 3-3，很显然 $V'_g > V_g$。

煤气还原反应的最大利用率 η_M 为：

$$\eta_M = \frac{V_g}{V'_g} = \frac{0.4m}{0.4\left(1 + \frac{1}{K_e}\right)} = \frac{mK_e}{1 + K_e} \tag{3-10}$$

实际利用率根据反应动力学条件的不同，略有不同程度的降低。

3.1.2　动力学分析

直接还原的另一个重要的技术经济指标是生产率，而决定气体还原法生产率的主要因素

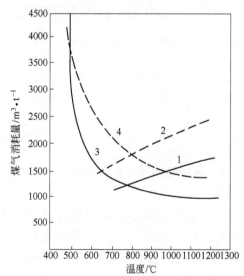

图 3-3　$Fe_2O_3 \rightarrow Fe$ 还原所需的煤气量
1—CO 逐步还原；2—CO 同步还原；
3—H_2 逐步还原；4—H_2 同步还原

是铁矿石的还原速度，因此气-固相还原动力学具有实际意义。

铁矿石的还原速度及其条件控制可用铁矿石还原速率的数学模型加以定量描述，目前多种相关数学模型已被提出，其中较为广泛采用的是下列三种[1,5]：

（1）对于粒度很小的矿石，还原过程以拟均相反应机理进行，从而导出如下微粒模型：

$$\dot{R}\left(\frac{\mathrm{d}R}{\mathrm{d}\tau}\right) = K_c(1 - R)(C_A - C_B/K_e) \tag{3-11}$$

式中　　$\dot{R}$——以单位时间还原度变化表示的还原速度，或表示为 $\frac{\mathrm{d}R}{\mathrm{d}\tau}$；

R——还原度，%；

τ——时间，h；

K_c——反应速度系数，取决于矿石性质和煤气性质；

K_e——平衡常数；

C_A——还原性气体（$H_2 + CO$）浓度，%；

C_B——氧化性气体（$CO_2 + H_2O$）浓度，%。

此模型适合粒径 $d_p > 2\mathrm{mm}$ 的矿粒，一般用于流态化还原。

（2）对于疏松多孔的铁矿石，还原气体在孔隙中一边扩散一边进行还原反应，按此机理导出 Thiele 模型：

$$\dot{R} = \frac{3\Phi_s D_e\left(\dfrac{1}{\tanh\Phi_s} - \dfrac{1}{\Phi_s}\right)K_C(C_A - C_B/K_e)}{r_0^2} \tag{3-12}$$

式中　　r_0——铁矿石水力学半径；

D_e——还原气体的有效扩散系数；

$\tanh\Phi_s$——双曲正切，$\tanh\Phi_s = \dfrac{\mathrm{e}^{\Phi_s} - \mathrm{e}^{-\Phi_s}}{\mathrm{e}^{\Phi_s} + \mathrm{e}^{-\Phi_s}}$，其中 e 是自然对数的底；

Φ_s——Thiele 模数，一个表示动力学因素与扩数因素相对关系的准数，由下式确定：

$$\Phi_s = r\sqrt{\frac{K_C}{D_e}}$$

Thiele 模型适用于孔隙率大的球团矿，据认为孔隙率大于 60% 的球团应用 Thiele 模型更准确。

（3）按照局部化学反应理论，并按反应界面自外向矿石核心推进的机理导出的未反应核模型，是目前最广泛应用并被普遍接受的铁矿石还原速率模型，这种模型适用于有一定粒度（>2mm）及一定孔隙率（<60%）的铁矿石。

在气体法直接还原过程中，混合煤气（$H_2 + CO$）还原铁矿石的速度服从未反应核模型还原机理，而且研究证明铁矿石的还原速度虽受内扩散及动力学两个环节的复合控制，但可以用动力学控制的形式近似描述：

$$\dot{R} = \frac{(1-R)^{\frac{2}{3}}K_C\exp\left(1-\frac{E}{R_gT}\right)P^n(C_A - C_B/K_e)}{r_0} \tag{3-13}$$

式中 R_g——气体常数;

E——反应活化能;

n——压力影响系数,根据实验来确定。

按未反应核模型机理,随着反应进行,反应界面向核心推进,但是由于 $Fe_2O_3 \rightarrow Fe$ 的还原是分阶段进行的,在铁矿石中可能形成几个反应界面,因而用多界面未反应核模型描述反应过程更为合理。

$$\dot{R} = 0.111\dot{R}_{H-M} + 0.189\dot{R}_{M-W} + 0.7\dot{R}_{W-F} \tag{3-14}$$

式中 $\dot{R}_{H-M}$, $\dot{R}_{M-W}$, $\dot{R}_{W-F}$——分别是 $Fe_2O_3 \rightarrow Fe_3O_4$, $Fe_3O_4 \rightarrow FeO$, $FeO \rightarrow Fe$ 各阶段的还原速率模型,即相当于式(3-13)的数学式。

虽然逻辑上式(3-14)更为合理,但对于实际铁矿石的还原,式(3-13)已有足够的准确性。

实际的铁矿石还原过程多处于化学动力学与穿过矿石层的内扩散两种环节的复合控制之下。对于在反应环境条件固定的情况下,按照还原动力学影响还原速度的重要因素如下:

1)煤气成分的作用。H_2 还原氧化铁的反应速度常数 K_C 及有效扩散系数 D_e 均比 CO 大 6~10 倍,因此不论在任何控制范围内 H_2 还原铁矿石的速度均显著大于 CO 的还原速率。N_2 含量变化则直接反映化学推动力 $(C_A - C_B/K_e)$ 的相反变化,而化学推动力 $(C_A - C_B/K_e)$ 在任何条件下均正比地促进还原反应,因而 N_2 含量变化相应地反比于还原速度。因为 K_e 约在 0.5 左右,所以以降低氧化性气体 $C_B(H_2O + CO_2)$ 对促进还原的作用要比还原性气体 $C_A(H_2 + CO)$ 增长的效果大一倍。

2)温度的作用。在动力学控制下,温度按 Arrhenius 定律强烈地促进还原,而扩散控制时,温度提高能使扩散系数 D_e 随温度平方而增加,这两种情况下都表现出温度对促进还原的强烈作用,但动力学控制下温度的作用更为显著。不过由于温度提高降低了还原气体的摩尔浓度,在一定的程度下又会减弱温度促进还原的效应。在复合控制时,当铁矿石的还原处于 600~900℃ 的温度水平时,每升高 100℃ 约使还原速度提高 40%~60%。

3)压力的作用。在动力学控制下,提高压力可通过增加气体摩尔浓度来促进还原;在扩散控制下,压力提高扩散系数成反比降低,其效果与气体摩尔浓度增加的效果相抵消,因而对还原速度基本上无作用;在复合控制下,可以认为还原速度与压力的 n 次方 P^n 成正比,根据实验在 506.50kPa(5 个大气压)以下时 n 约为 0.5。

4)矿石粒度的作用。对于完全致密而有一定粒径的铁矿石,在动力学控制下,还原速度与粒径成反比;在扩散控制下,还原速度与粒径的平方成反比,而当孔隙率增大时,其对矿石粒径作用将随之减小。对于实际铁矿石还原在复合控制下,还原速度应与矿石粒径呈下列关系:

$$\dot{R} \propto \frac{1}{(d_p)^m}(1-\varepsilon)$$

式中 m——随控制条件不同而变化的系数，m 在 $1 \sim 2$ 之间，由实验测定。

对于粒度很小的细粒铁矿，粒度过小已失去对还原速度的影响，它们的还原速度按均相反应规律考虑，见式（3-10）。

工业过程的铁矿石还原环境中，上述的重要影响因素都是随反应器条件不断变化的，经历这种环境因素变化的还原过程要比固定条件下的还原过程复杂得多，对这些还原过程的规律性将结合具体的工艺特点，作进一步分析。

3.2 冶金还原煤气

3.2.1 还原煤气消耗量

直接还原过程中使用的还原气体称为冶金还原煤气，其主要作用是作为夺取矿石中氧的还原剂，以及带入反应所需热量的热载体。煤气的消耗量是决定气体直接还原法能耗的最重要因素。

冶金还原煤气用作还原剂时，可根据物料平衡确定还原剂需要量 V_R，计算式如下：

$$V_R = \frac{0.4mw(\mathrm{Fe})\left(1 + \dfrac{1}{\overline{K}_e}\right)}{\varphi(\mathrm{CO}) + \varphi(\mathrm{H}_2) + 4\varphi(\mathrm{CH}_4) - \dfrac{\varphi(\mathrm{H}_2\mathrm{O}) + \varphi(\mathrm{CO}_2)}{\overline{K}_e}} \tag{3-15}$$

式中 V_R——每吨直接还原铁还原气体需要量，m^3/t；

$w(\mathrm{Fe})$——每吨直接还原铁含有的铁量，kg/t；

$\overline{K}_e$——根据 CO 及 H_2 在煤气中的比例而计算出的平均平衡常数，$\overline{K}_e$ 按下式计算：

$$\overline{K}_e = \frac{\varphi(\mathrm{CO})}{\varphi(\mathrm{CO}) + \varphi(\mathrm{H}_2)}K_{\mathrm{CO}} + \frac{\varphi(\mathrm{H}_2)}{\varphi(\mathrm{CO}) + \varphi(\mathrm{H}_2)}K_{\mathrm{H}_2} \tag{3-16}$$

K_{CO}，K_{H_2}——CO 及 H_2 还原氧化铁的平衡常数；

$\varphi(\mathrm{CO})$，$\varphi(\mathrm{H}_2)$，$\varphi(\mathrm{CH}_4)$——煤气中相应成分的含量，%；

$0.4m$——还原每千克铁消耗的还原气体数，即 $\dfrac{22.4}{56}m = 0.4m$。

如煤气循环使用，则 $\overline{K}_e$ 可视作无限大，则 V_R 如下式：

$$V_R = \frac{0.4mw(\mathrm{Fe})}{\varphi(\mathrm{CO}) + \varphi(\mathrm{H}_2) + 4\varphi(\mathrm{CH}_4)} \quad \mathrm{m}^3/\mathrm{t}$$

如在竖炉中还原，FeO 还原的剩余煤气仍可满足 $\mathrm{Fe}_3\mathrm{O}_4$ 及 $\mathrm{Fe}_2\mathrm{O}_3$ 的还原，则 m 可按 FeO 的 Fe/O 之比例取值为 1，而在反应罐法时 m 按铁矿石实际成分的 Fe/O 比取值。

冶金还原煤气作为热载体时的需要量 V_q，可根据热平衡来确定，计算式如下：

$$V_q = \frac{w(\mathrm{Fe})\left(\Delta H_{\mathrm{H}_2}\dfrac{\varphi(\mathrm{H}_2)}{\varphi(\mathrm{H}_2) + \varphi(\mathrm{CO})} + \Delta H_{\mathrm{CO}}\dfrac{\varphi(\mathrm{CO})}{\varphi(\mathrm{H}_2) + \varphi(\mathrm{CO})}\right)}{t_g^0 c_g^0 \eta_g - t_g' c_g} + c_{\mathrm{Fe}}t_{\mathrm{Fe}} \times 1000 \quad \mathrm{m}^3/\mathrm{t}$$

$$\tag{3-17}$$

式中 ΔH_{H_2}，ΔH_{CO}——分别是 H_2 及 CO 把矿石中氧化铁还原到铁的反应耗热，kJ/kg；根据表 3-1 中数据计算，用 CO 把 Fe_2O_3 还原到 Fe，则每千克铁还原放热 879.2kJ，而用 H_2 还原 Fe_2O_3 到 Fe，每千克铁需消耗热量 1300.6kJ；

$\quad\quad\quad c_{Fe}$——铁的比热容，kJ/(kg·℃)；

$\quad\quad\quad c_g$——煤气比热容，kJ/(m^3·℃)；

t_{Fe}，t_g^0，t_g'——分别是直接还原铁出炉温度、煤气进入和排出反应器的温度，℃；

$\quad\quad\quad \eta_g$——反应器有效热量利用系数，%。

实际冶金还原煤气需要量取决于 V_R、V_q 中较大的一项，其关系可用图 3-4 表示。

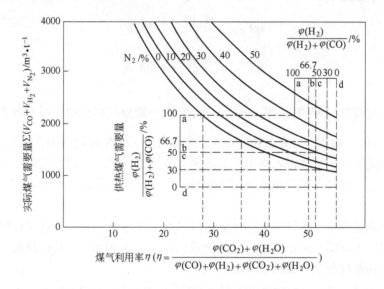

图 3-4 煤气直接还原法需要量图解

煤气成分对煤气消耗量的影响为：

（1）在还原剂消耗较供热消耗量大时，煤气中 CO + H_2 含量愈高或 N_2 愈低，以及 CO_2 + H_2O 含量愈低，则实际煤气消耗量就愈低。

（2）供热消耗较还原消耗大时，N_2 起着有效作用，N_2 愈高愈好。而 CO 还原耗热比 H_2 小，但 H_2 的比热容大，因而提高 $\dfrac{\varphi(CO)}{\varphi(CO)+\varphi(H_2)}$ 比值有利于煤气消耗量的降低。

（3）只有在还原煤气消耗量较大时，提高煤气利用率才有意义。

3.2.2 煤气脱硫及海绵铁渗碳

煤气中硫有两种形态：H_2S 及 COS。其反应式如下：

$$H_2 + \frac{1}{2}S \longrightarrow H_2S \qquad \Delta Z_{H_2S} = -RT\ln K_{H_2S} + RT\ln \frac{P_{H_2S}}{P_{H_2}P_S^{\frac{1}{2}}}$$

$$CO + \frac{1}{2}S \longrightarrow COS \qquad \Delta Z_{COS} = -RT\ln K_{COS} + RT\ln \frac{P_{COS}}{P_{CO}P_S^{\frac{1}{2}}}$$

如假定气态反应达到平衡，即 $\Delta Z = 0$，则

$$K_{H_2S} = \frac{P_{H_2S}}{P_{H_2}P_S^{\frac{1}{2}}}, \qquad K_{COS} = \frac{P_{COS}}{P_{CO}P_S^{\frac{1}{2}}}$$

$$P_{H_2S} = K_{H_2S}P_{H_2}P_S^{\frac{1}{2}}, \quad P_{COS} = K_{COS}P_{CO}P_S^{\frac{1}{2}}$$

煤气中两种硫（S）形态之比为：

$$\frac{P_{H_2S}}{P_{COS}} = \frac{K_{H_2S}}{K_{COS}}\frac{P_{H_2}}{P_{CO}}$$

根据热力学数据知：

$$\lg K_{H_2S} = \frac{4718}{T} - 2.5808$$

$$\lg K_{COS} = \frac{4910}{T} - 4.0883$$

可得出：在高温（900℃）下，$\frac{K_{H_2S}}{K_{COS}} > 13$，因此一般煤气成分中 S 以 H_2S 为主；而在低温（<200℃）时，则 K_{H_2S} 与 K_{COS} 相差不大，如煤气中 CO 含量较高则有相当比例的 COS。COS 与海绵铁接触时 S 全部转入铁中，对铁的脱硫甚为不利，但 COS 对触媒毒化及对管道腐蚀的危害较小，而且由于 COS 脱除较为困难，如无十分必要，一般对煤气处理时不进行 COS 的脱除。

在气体还原过程中，煤气中 S 绝大部分以 H_2S 形式起作用。因为直接还原大多使用酸性球团，所以认为球团中少量 CaO + MgO 物质已与 $SiO_2 + Al_2O_3$ 生成硅酸盐，不再与 S 发生反应。因此还原过程中 S 的反应只有：

$$H_2S + Fe \rightleftharpoons FeS + H_2 \qquad \Delta G^\ominus = -75362 + 34.66T \quad J/mol$$

假定该反应达到平衡，则与每千克 S 起反应的煤气量为 V_S：

$$V_S = \frac{0.7\left(1 + \frac{1}{K_S}\right)}{\varphi(H_2) - \frac{\varphi(H_2S)}{K_S}} \quad m^3/kg$$

式中　K_S——反应式 $H_2 + FeS = Fe + H_2S$ 的平衡常数；

　　0.7——每千克 S 需要的 H_2 的体积，即 $\frac{22.4}{32} = 0.7 m^3/kg$。

当煤气中 $\varphi(H_2) = \frac{\varphi(H_2S)}{K_S}$ 时，脱硫反应平衡；$\varphi(H_2) > \frac{\varphi(H_2S)}{K_S}$ 时，煤气可脱硫；$\varphi(H_2) < \frac{\varphi(H_2S)}{K_S}$ 时，煤气使矿石增硫。

由 $\Delta G^\ominus = -35362 + 34.66T(J/mol)$ 得 $K_S = e^{4.11} - \frac{9060}{T}$，在煤气于850℃还原时，$K_S = 0.0348$，为使海绵铁不增硫，必须使煤气中的 $\frac{\varphi(H_2S)}{K_S} > 28.7$，对于一般的还原煤气成分

都可进行一定程度的脱硫，在进行脱硫过程时，每立方米煤气可脱硫 M_S：

$$M_S = \frac{1}{V_S} = \frac{\varphi(H_2) - \dfrac{\varphi(H_2S)}{K_S}}{0.7\left(1 + \dfrac{1}{K_S}\right)} \quad kg/m^3$$

脱硫率 η_S 为：

$$\eta_S = \frac{\left(\varphi(H_2) - \dfrac{\varphi(H_2S)}{K_S}\right)V_g}{0.7\left(1 + \dfrac{1}{K_S}\right)S_p} \tag{3-18}$$

式中　V_g——每吨矿石煤气消耗量，m^3；

　　　S_p——单位矿石含硫量，kg。

此外 H_2S 还有腐蚀管件、毒化触媒之害，这是限制煤气含 S 的更重要因素，对此一般要求煤气中 H_2S 含量要少于 0.1%。

海绵铁也可以少量渗碳，渗碳过程包括两个步骤：

第一步是在已还原金属铁表面析碳，如下式：

$$CO \longrightarrow C_{表} + CO_2$$

$$CH_4 \longrightarrow C_{表} + 2H_2$$

第二步是已析出的碳在海绵铁中进行固相扩散（$C_{表} \to C_{体}$），扩散速度按下式计算：

$$V_D = D_S(w_{C_{表}} - w_{C_{体}})/d_x \tag{3-19}$$

式中　D_S——固相扩散系数，其关系式为：

$$D_S = A_D \exp\left(1 - \frac{E_D}{RT}\right)$$

　　　E_D——扩散活化能；

　　　A_D——有关系数；

　　　d_x——海绵铁粒径。

由于 CO 的析碳在 400～600℃进行，此时金属铁尚未大量还原，故海绵铁渗碳反应主要依靠 CH_4 的析碳和碳的扩散来进行。温度对 CH_4 的析碳及 D_S 都有明显促进作用，因此海绵铁含碳量随温度及 CH_4 成分提高而增加。但温度提高受到限制，改变 CH_4 成分是气体直接还原法改变和控制海绵铁含碳量的主要手段，而 CH_4 含量也有限制，因为过高可能产生析碳反应。

$$CH_4 \longrightarrow C + 2H_2$$

大量析出的碳会妨碍气流通过，因此煤气中 CH_4 含量不能太高，一般控制在 3% 以下，高 CH_4 含量的煤气用于还原时，需要把 CH_4 转化成 H_2 及 CO。

3.2.3　冶金还原煤气的制造

据前面分析，冶金还原煤气要求还原成分（$H_2 + CO$）高，$\dfrac{\varphi(H_2)}{\varphi(CO) + \varphi(H_2)}$ 保持一定比例，氧化度 $\dfrac{\varphi(CO_2) + \varphi(H_2O)}{\varphi(CO) + \varphi(H_2) + \varphi(CO_2) + \varphi(H_2O)}$ 低，CH_4 量不大于 3%，H_2S 量小于

0.1%，这样的煤气需要专门制取，即将天然气、燃料油或其他煤气重整制造，主要的制气反应是裂化 CH_4。

冶金还原煤气的制造与制造化工原料煤气的常规方法有不同的特点[6]。在化工常规方法中，为了 CH_4 及其他 C_mH_n 转化完全，常需配大量过剩的 H_2O、CO_2 及 O_2，而在转化以后洗涤去除 CO_2 及冷凝去除 H_2O。这样就能保证化工煤气的高质量，但是却降低了煤气温度而损失了煤气热能。冶金还原煤气对氧化度要求比化工原料煤气低（一般在 5% 以下），但需要有 $800 \sim 1000℃$ 的温度，这正好是煤气转化的温度。为了不丧失煤气热能，煤气在转化后最好不经过冷却处理就直接使用，这需要在 $\left(\frac{1}{2}\varphi(O_2) + \varphi(H_2O) + \varphi(CO_2)\right)\Big/ \varphi(CH_4)$ 之比值等于1的情况下进行转化才能取得 CH_4 含量不高的煤气，因此比化工使用的方法需要更高的转化效率。而且由于煤气温度高不能或难以进行脱硫和除尘，只能不进行除尘和脱硫就直接使用。

3.2.3.1   用气体燃料制造冶金还原煤气

主要的气体燃料是天然气，其他还有石油气及焦炉煤气，其转化反应的目的是把含有的 CH_4 变成可利用的 CO 及 H_2。转化反应为：

$$CH_4 + H_2O \Longrightarrow CO + 3H_2 \qquad \Delta H = 9158kJ/m^3(CH_4) \qquad (a)$$

$$CH_4 + CO_2 \Longrightarrow 2CO + 2H_2 \qquad \Delta H = 11022kJ/m^3(CH_4) \qquad (b)$$

$$CH_4 + \frac{1}{2}O_2 \Longrightarrow CO + 2H_2 \qquad \Delta H = 1590kJ/m^3(CH_4) \qquad (c)$$

按式（a）进行的裂化称为蒸汽转化法，按式（c）进行的裂化称为部分氧化法，式（b）在循环使用的煤气转化过程中发生。式（a）及式（b）是基本的裂化反应过程，而式（c）可以认为是 CH_4 首先被氧化成 CO_2 及 H_2O，再按式（a）和式（b）反应而得出。因此只分析式（a）和式（b）进行的热力学条件即可全面了解 CH_4 转化的机理。

图 3-5 及图 3-6 列出了式（a）和式（b）的平衡气相成分变化。从图中可以看出必须

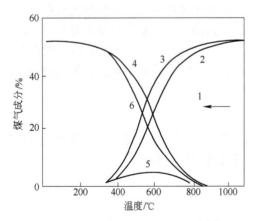

图 3-5 $CH_4 + H_2O \Longrightarrow CO + 3H_2$ 反应的
平衡气相成分变化
1—烟碳沉积危险区；2—H_2；3—CO；
4—CH_4；5—H_2O；6—CO_2

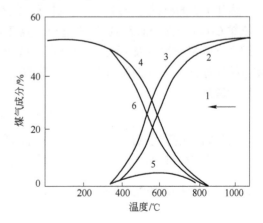

图 3-6 $CH_4 + CO_2 \Longrightarrow 2CO + 2H_2$
反应的平衡气相成分变化
（图注同图 3-5）

在900℃以上才能使CH_4充分裂化。但由于动力学因素的影响，当无触媒作用时，转化温度必须在1300~1400℃的水平，而在触媒的催化作用下，转化温度可降低到850~900℃，一般都使用含Ni的触媒。

部分氧化法通常采用"自热过程"的方式，但由于式（c）放热效果不大，因而实现自热过程必须使用高浓度的富氧空气，并且采用O_2/CH_4比值大于0.5的反应过程，以产生一部分完全燃烧来提供热量。这就需要用大量昂贵的氧气才能制成含N_2量很低而氧化度却很高（因O_2/CH_4比值为0.5时相应氧化度为6.7%）的还原煤气，这不符合冶金还原煤气的要求。用空气的部分氧化法实现"自热过程"则需要把空气预热到1400℃以上，这在技术上实现也有困难，故单纯的部分氧化法很少用来制造冶金还原煤气。

直接还原过程常使用下列三种煤气转化法：

（1）直接燃烧法：即用氧气与一部分CH_4燃烧发生放热反应。

$$CH_4 + 2O_2 == CO_2 + 2H_2O \qquad \Delta H = -802kJ/mol \qquad (d)$$

该反应放出的大量热量，同时供应在一个反应空间进行的式（a）的需要，这种方法制出的转化煤气中CO_2及H_2O的含量很高（10%~11%），不适于还原铁矿石使用，但由于设备简单，仍被HYL法采用。

（2）换热式蒸汽转化法：转化反应在换热管式反应器中进行，一般使用单段式触媒蒸汽转化法，在转化器中借助于触媒作用，于900~1100℃下使天然气与蒸汽进行下列反应：

$$CH_4 + H_2O == 3H_2 + CO \qquad \Delta H = 206325.5J/mol$$

天然气蒸汽转化法换热管式反应器（转化炉）如图3-7所示。

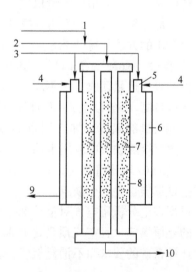

在反应管中填充镍触媒，进入反应器的反应气体为$[\varphi(CO_2) + \varphi(H_2O)]/\varphi(CH_4) = 1$，转化后煤气中$CH_4$含量为0.6%~0.7%。这种方法能连续地提供合乎要求的冶金还原煤气。其缺点是反应管需要用耐高温、不怕温度波动并能防止氢腐蚀的特殊合金钢制造，故价格昂贵。此外为了防止镍触媒中毒，天然气应预先脱硫，把硫含量降低到3mg/m³以下。在使用天然气为能源的直接还原法中，大量采用了这种方法（或类似的方法）。

图3-7　天然气蒸汽转化法换热管式反应器
1—$H_2O + CO_2$；2—天然气；3—燃料气；
4—空气；5—燃烧器；6—耐火砖衬；7—镍触媒；
8—反应管；9—废气；10—转化气

（3）蓄热式蒸汽转化法：用两个蓄热式转化炉交替地加热和进行转化。一种是采用含有触媒的蓄热填充体（HOAG法），转化反应在1000~1050℃下进行，转化效率很高，能得到CH_4及氧化度均在2%以下的还原煤气，煤气温度及成分都符合在竖炉上直接使用。一种是无触媒的方法，使用高温石球热风炉，在1300℃以上的高温下进行转化，也能得到CH_4及氧化度很低的还原煤气（如Armco法）。但转化后煤气温度较高，使用时尚需混入冷煤气调温。蓄热式转化炉对原煤气质量要求不高，还原煤气及燃烧气中的硫及析出的碳都可以在燃烧中烧掉,对触媒影响不大。蓄热式转化法制造出的煤气质量也较好,符合较高的竖炉使用要求,这是此方法的优点。其缺点是设备费昂贵庞大,生产不连续,煤气成分与温度产生脉动,操作及维护困难(特别是高温石球热风炉的热风阀维护尤为困难),这种方法在一些竖炉法中使用,如 Purofer 法即采用了这种方法。

气体法中还原煤气的利用率不高,使用后的煤气中仍含有大量 CO 和 H_2,除少量用于燃料外,大部分还原煤气是循环使用的。循环的煤气通入反应器中再生。在制造冶金还原煤气时,CO_2 与 CH_4 的反应式(b)占有相当的比例。此外还原煤气并不需要纯的 CO + H_2,为了补充必要的 N_2,常在转化过程中加适量的空气。空气中的 O_2 与 CH_4 发生部分氧化反应(c),既可产生 CO 及 H_2,又可以提供部分转化所需要的热量,同时补充了煤气中 N_2 的需要,因此制造冶金煤气的反应实际上是包括(a)、(b)及(c)三式在内的综合转化过程。

3.2.3.2 液体燃料制造还原煤气

通常使用的液体燃料是重油,较少使用的液体燃料还有轻油及煤焦油等。重油由一系列复杂的碳氢化合物组成,其形式达几百种之多,但其主要组成是 CH_2。

$$CH_2 + \frac{1}{2}O_2 = CO + H_2 \qquad \Delta H = -6054 kJ/kg(油) \qquad (e)$$

由于该反应放出较多的热量,重油裂化很容易实现自热过程,当用高浓度富氧或纯氧进行转化时,反应放出的热量供应"自热过程"尚有富余,因此常见的重油裂化法都是采用氧气的部分氧化法,然后再根据热量的过剩情况补充蒸汽转化,以吸收剩余热量。几种化工上常用的方法如德士古法(Texaeo)、壳牌公司法(Shell)、福琵法(Fauseri)及考贝-托采克法(Koppers-Totzek),其基本原理都是如此,不同之处仅在于转化炉结构大同小异,以及煤气热量回收方法不同。这些方法制出的煤气中 CH_4 含量都很低(0.5%以下),但氧化度较高(5%以上),而且煤气含 N_2 量很少(2%以下),不符合还原煤气的需要,又需消耗大量的氧气,加之用重油制造的煤气比用天然气制造的煤气成本高约 30% ~ 50%,故直接炼铁法中使用重油为原料制造煤气者不多。

重油的 C/H 比值较大,制出的煤气中 CO/H_2 比值也较高。这种煤气易于在还原过程中使生铁渗碳也是一个缺点。

根据理论分析用空气对重油部分氧化可得到:$\varphi(H_2) = 22\%$,$\varphi(CO) = 28\%$,及小于50% 的还原煤气,且空气预热到 1000℃ 以上有可能实现"自热过程"。这种煤气基本上能满足还原铁矿的要求而不消耗氧气,在技术上和经济上都是切实可行的,值得进一步试验发展。

3.2.3.3 固体燃料制造还原煤气

用固体燃料制造还原煤气的重要意义在于:

(1)固体燃料的资源及供应条件最好;

(2)直接使用固体燃料的各种非高炉炼铁法或者技术上不完全过关,或者有很大的局限性,而使用气体还原剂的竖炉法在工艺上有很大的优点;

(3)非高炉直接使用固体燃料要求满足一定的质量要求,如灰分、灰分熔点、粒度、强度等,而各种品质的煤基本上都可以气化制成合格的还原煤气;

（4）直接使用固体燃料时，煤中的硫无法脱除，而高硫的煤气化以后再脱硫处理是使用高硫煤的重要途径。

固体燃料的气化反应按下列反应式进行：

$$C + \frac{1}{2}O_2 \longrightarrow CO \qquad \Delta H = -118486.4J/mol \qquad (f)$$

$$C + H_2O \longrightarrow H_2 + CO \qquad \Delta H = 122673J/mol \qquad (g)$$

$$C + 2H_2O \longrightarrow CO_2 + 2H_2 \qquad \Delta H = 80386.5J/mol \qquad (h)$$

$$C + 2H_2 \longrightarrow CH_4 \qquad \Delta H = -82689.3J/mol \qquad (i)$$

用反应式（f）制取的煤气称为空气煤气，理论空气煤气的成分是 34.5% CO 及 64.5% N_2，产生煤气的同时放出热量，可以是"自热过程"而连续反应。用反应式（g）制取的煤气称为水煤气，理论水煤气的成分是 50% CO 及 50% H_2，反应是吸热的。一般是间断地用式（f）进行供热而用式（g）制气。

按不同比例的（f）及（g）反应综合制出的煤气都称作半水煤气。如按式（f）是放热反应，正好能平衡式（g）的吸热，按比例制出的理论半水煤气，其成分是 40.8% CO、20.1% H_2、38% N_2，如外部补充热量愈多则式（g）比例愈高，煤气中还原性气体（CO + H_2）的比例就可以增加。制造过程既可间断，亦可以连续地进行。

根据吕-查特里原理，可以得出压力提高有利于 CH_4 生成而不利于 CO 及 H_2 的产生，温度升高则有利于 CO 形成而不利于 CH_4 存在，因此制取高 CO + H_2 及低 CH_4 的还原煤气时应当使用高温低压的反应条件。

现有的各种固体燃料气化方法都不能提供合格的冶金还原煤气，这方面存在的问题是：

（1）固体燃料气化制取煤气时，一般都产生大量粉尘。为了清洗煤气就要丧失煤气的热能，重新加热煤气也使设备复杂化。

（2）有一些方法如粉煤气化法及流态化气化法制出的煤气氧化度太高，使用高压的方法则 CH_4 含量较高，故不能直接用作冶金还原煤气，进一步加工处理这种煤气也使程序复杂，热能损失。

（3）有一些方法，特别是通用的固定床半水煤气法是间断操作的，煤气成分波动很大，用作还原时需要一套设备并配制巨大的气柜。

（4）固定床发生炉煤气需要一定强度和粒度的固体燃料，这是有局限性的。

（5）现在研制的一些煤气化法氧气消耗过大，用于直接还原成本太高。

虽然存在这些困难和缺点，但鉴于固体燃料有充分的资源供应，生产上仍提出需要对目前的固体燃料气化法进行较大的改进，使之能均衡地供应成分合适、温度适当及干净的冶金还原煤气，并力求简化制气及洗煤程序和设备。

3.3 竖炉法基本原理

3.3.1 竖炉法概述

直接还原竖炉法在直接还原法生产中占有非常重要的地位，约占直接还原法产量的

55%，占气体还原法的 60%以上[7,8]，因而作为重点分析的内容。

直接还原竖炉反应过程与高炉间接还原带相似。炉料铁矿石与还原气体都是逆向运动的移动床反应过程，所不同的是竖炉直接还原法炉料由单一的球团矿组成，而煤气成分中 H_2 含量较高，N_2 含量较低，并且没有造渣及熔化过程[9~11]。

竖炉内分为预热带、还原带、过渡带及冷却带。预热带的任务是把铁矿炉料加热到还原需要的温度，还原带是把铁矿石还原到预定的还原度，过渡带的任务是用矿石炉料把还原带内的还原气氛与冷却带内的弱氧化气氛分隔开，冷却带的任务则是把产品冷却到不在大气中氧化的温度，并进行海绵铁的补充还原和渗碳。

3.3.2　竖炉内还原基础

竖炉还原是一个固体炉料与气体还原剂逆向运动的移动床还原过程，下降炉料是在煤气成分、温度、矿石成分、压力等因素都在变化的历程中经受还原作用的，而这些变化因素都对铁矿石还原速度有重大作用，因此竖炉还原现象必定与这些因素的变化特征相互关联，这是一个更为复杂的反应现象。正确描述竖炉还原现象的方法是建立竖炉还原数学模型。

3.3.2.1　竖炉还原数学模型

根据前面分析，固定条件下铁矿石的还原速率可以用简化的一步未反应核模型的导出式来描述：

$$\frac{dR_{R-S}}{dZ} = \frac{3(1-\varepsilon)A(1-R)^{\frac{2}{3}}K_c \exp\left(-\frac{E}{R_g T}\right)\left(\frac{P}{P_0}\right)^n\left(C_A - \frac{C_B}{K_e}\right)}{w_s C_0 r_0}$$

而

$$\frac{dR_\Sigma}{dZ} = 0.11\frac{dR_{H-M}}{dZ} + 0.22\frac{dR_{M-W}}{dZ} + 0.67\frac{dR_{W-F}}{dZ} \tag{3-20}$$

求解此模型需要确立式中变数 C_A、P 等的函数式。

由物质平衡得出反应器内还原气体浓度随床层高度的变化：

$$\frac{dC_A}{dZ} = \frac{w_s C_0}{16 G_A}\frac{dR}{dZ}$$

$$\frac{dC_B}{dZ} = -\frac{dC_A}{dZ} \tag{3-21}$$

由热平衡得出气相温度和炉料温度沿高度方向的变化：

$$\frac{dt_g}{dZ} = \left[h_V A(t_g - t_s) + Q_L\right]/C_g G_g \tag{3-22}$$

$$\frac{dt_s}{dZ} = \left[h_V A(t_g - t_s) + \frac{dR}{dZ}\Delta H\right]/w_s(1-\varepsilon)C_s \tag{3-23}$$

式中，h_V 为体积传热系数，按 Kitaev：

$$h_V = \frac{12 u_g T^{0.3}}{1.35 d_p}$$

床内压力随高度呈线性变化：

$$\frac{dP}{dZ} = \frac{P_1 - P_2}{Z_h} \tag{3-24}$$

式中 dR_{R-S}——下标 R-S 为相应 $Fe_2O_3 \rightarrow Fe_3O_4$；$Fe_3O_4 \rightarrow FeO$；$FeO \rightarrow Fe$ 的还原阶段；

    A——反应床的截面积，m^2；

    C_0——球团矿中的氧含量，mol/m^3；

    E——$Fe_2O_3 \rightarrow Fe$ 还原反应的活化能，J/mol；

    G_A——还原性气体的摩尔流量，mol/min；

    K_c——各还原反应的速度常数，kg/min；

    K_e——$Fe_2O_3 \rightarrow Fe$ 还原反应的平衡常数，无量纲；

    P——床层内的压力值，Pa；

    Q_L——反应器的总的热损失，J；

    R_Σ——球团矿总的还原度，%；

    R_g——气体常数；

    r_0——球团半径，m；

T，t_g，t_s——温度、气相及固体温度，K；

    u_g——气体流过填充床的空管流速，m/min；

    w_s——固体球团炉料的下料速率，kg/min；

    Z——反应床层的总高度，cm；

    ΔH——$Fe_2O_3 \rightarrow Fe$ 的还原热效应，J/mol；

    ε——床层的孔隙度，无量纲。

式（3-20）～式（3-24）就是移动床还原过程完整的数学模型的微分方程组，可用于描述稳定态操作条件下的竖炉还原过程，此微分方程组可利用 Runge-Kutta 法求解，边界条件如下：

气体出口处：$Z = 0$；$R = 0$；

气体入口处：$Z = Z_i$；$t_g = t_{gi}$；$C_A = C_{Ai}$；$P = P_i$。

图 3-8 示出通过模型计算得出的竖炉还原过程规律，能较好地反映实际竖炉中矿石的还原过程。

3.3.2.2 竖炉中矿石还原过程的特点

竖炉中矿石还原的主要特点在于移动床反应器内存在着两种影响矿石还原过程的因素，即床层中还原气体的浓度场（煤气成分沿床层高度方向的分布）和床层中炉料与煤气的温度场（煤气及炉料温度沿床层高度方向的变化）。任何一个操作参数（如气固比、冶炼强度、进气成分及温度

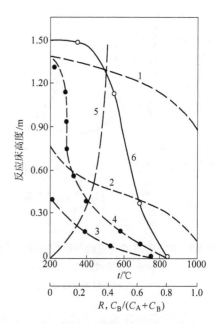

图 3-8 竖炉还原过程

1—Fe_2O_3—Fe_3O_4 的还原度；2—Fe_3O_4—FeO 的还原度；3—FeO—Fe 的还原度；4—总的还原度；5—煤气利用率 $\dfrac{C_B}{C_A + C_B}$；6—煤气温度

等）或任何一个矿石特性参数（如矿石还原性、粒度、化学成分等）的变化都会造成这两个场的变化，进而产生一个影响床层中矿石还原进程的派生效应。

A　浓度场派生效应

煤气成分对固定条件下铁矿石还原的作用前已述及，但在竖炉内铁矿石的还原过程中，床层中煤气有效成分的浓度是与还原进程相联系的。如果矿石还原程度提高，气相中还原性气体的浓度就会降低，从而也就降低了还原反应的有效推动力 $C_A - C_B/K_e$，从而阻碍了矿石还原度的提高；反之，如果矿石的还原度降低，那么由于气相中还原性气体的浓度提高，还原反应的有效推动力 $C_A - C_B/K_e$ 增大，因而会加速矿石还原度的提高。对这一移动床还原过程的特点，我们称之为"浓度场派生效应"。因此，在移动床还原过程中，任一操作参数（如矿石粒度、矿石还原性、还原气入口成分等）的变化都会因"浓度场派生效应"的作用而减弱它们对矿石还原程度的影响。说明实际移动床反应器中上述各因素对矿石还原度的影响程度小于按固定条件还原动力学所预测的结果。

图 3-9 示出模型试验得出的矿石粒度改变对直接还原竖炉还原过程的影响。

由图 3-9 可明显地看出矿石粒度的增大，使矿石的最终还原度降低，而气相中还原性气体的浓度却提高了，其结果如图 3-10 曲线示出的在一定条件下竖炉中铁矿石还原随矿石粒度的变化关系。

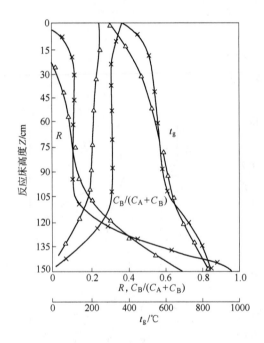

图 3-9　矿石粒度改变引起的竖炉还原过程的变化
×—×—× 矿石粒度 $d_p = 10$mm;
△—△—△ 矿石柱度 $d_p = 40$mm

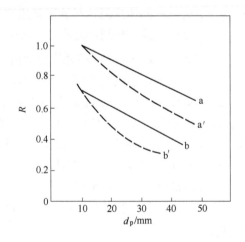

图 3-10　矿石粒度的改变对高炉固相区还原和直接还原竖炉中还原过程的影响
a—模型计算的竖炉结果；b—模型计算的高炉固相区结果；a'—按固定条件计算的竖炉结果；b'—按固定条件计算的高炉结果

按固定条件还原动力学，还原速度应与矿石粒度呈反比关系。而在竖炉中矿石粒度的增加对其还原度降低的程度较经典还原动力学所预期的结果小，其原因就在于移动床还原过程中存在着"浓度场派生效应"。此效应在还原度降低的同时，具有某种补偿的作用。

B　温度场派生效应

竖炉还原过程的另一特点是沿料层高度上炉料及煤气流存在着温度梯度，任何影响反应床温度场分布的因素都会对还原过程产生显著的影响；反之，矿石还原度的变化对床层温度场也有一定的影响，所以温度场对矿石的还原过程也有"反馈"作用，煤气还原过程中不同的 $H_2/(H_2+CO)$ 比值对还原过程的影响是温度场派生效应的一个典型例证。因为 H_2 和 CO 还原铁矿石的反应具有不同的热效应，对于含 H_2 多的煤气的还原过程，由于吸热效应，矿石还原度的增加可能使床层温度下降而阻碍还原过程；而对含 CO 较多的煤气的还原过程，由于放热反应，矿石还原度的增加可能使床层温度升高，因而可促进还原。也就是说，温度场的变化可对铁矿石的还原过程产生一种反馈作用，而这种作用的效果是由煤气中 H_2 和 CO 的相对含量 $H_2/(H_2+CO)$ 比值所决定的，如图 3-11 所示。

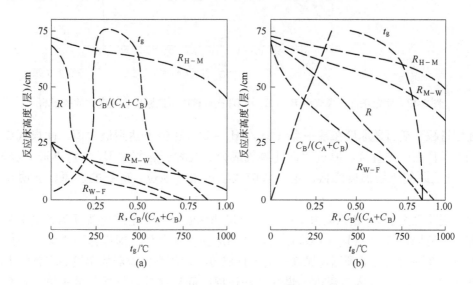

图 3-11 不同煤气 $H_2/(H_2+CO)$ 比值时的竖炉还原过程

(a) $60\% H_2$，$20\% CO$，$20\% N_2$；(b) $20\% H_2$，$60\% CO$，$20\% N_2$

（计算条件：球团粒度 20mm；还原时间 180min；煤气量 1800m³/t(Fe)）

高 $CO/(CO+H_2)$ 比值的煤气显示出煤气上部温度升高，因而矿石在竖炉上部能更好还原，总还原度也较高。

另一典型的温度场派生效应是煤气水当量与炉料水当量比值对竖炉床还原过程的影响。按传统还原动力学理论，当还原气流达到一定程度而足以克服气相边界层传质阻力时，再增加气体流量便不再提高矿石的还原速度，此时的煤气流速称为"临界流速"。目前，生产中还原气流速度早已超过了"临界流速"值，但提高气体流量（由于床的截面积不变，相当于还原气体流速提高）对矿石还原过程仍有显著的影响。这是因为气固比的提高增加了床层温度，故使最终还原速度有了明显的提高。

C 竖炉还原过程的最佳煤气 $H_2/(H_2+CO)$ 比

固定条件下矿石还原速度与煤气中 H_2 含量的关系见图 3-12。

由于 H_2 在还原动力学方面的优点（反应速度常数和扩散系数都高），随煤气中 H_2 含量的增加，还原速度几乎呈直线增长。但是，在一定的煤气量条件下，竖炉中矿石的最终还原度和煤气中 H_2 的相对含量 $H_2/(H_2+CO)$ 比值的关系并不是线性的，这是因为 H_2 还原能力受到温度场变化的制约。在煤气中含 H_2 量较少时，煤气中 H_2 含量的增加会加快矿

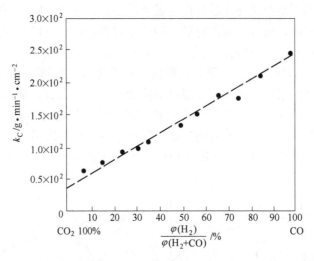

图 3-12　固定条件下煤气中 $H_2/(H_2 + CO)$ 比对铁矿石还原反应速度常数的影响

石的还原进程，矿石还原度在某一煤气 $H_2/(H_2 + CO)$ 比值下达到最大值，此煤气成分便是该操作条件下竖炉直接还原过程最佳煤气成分。这时若煤气中 H_2 含量再进一步增加，由于 H_2 的还原使床层温度降低，这一效应逐渐占主导地位，矿石的还原就会明显受到阻碍。

　　这一现象是由于 H_2 还原动力学的特点与移动床温度场派生效应相互消长的结果。因此最佳竖炉还原煤气 $H_2/(H_2 + CO)$ 比应与移动床温度场条件，即操作条件和矿石的特性参数有关。在一定条件下预测还原煤气的最佳成分必须依靠反应器数学模型求解给出。

　　图 3-13 所示为煤气入口温度、煤气量和还原时间对最佳煤气成分的影响，计算结果

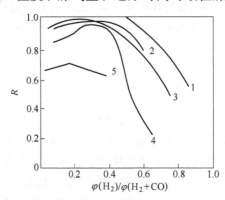

图 3-13　移动床还原过程中最佳煤气 $H_2/(H_2 + CO)$ 比值

曲线编号	反应器	煤气量/$m^3 \cdot t^{-1}$	还原时间/min	还原温度/℃
1	DR 竖炉	1743	236	850
2	DR 竖炉	1614	236	850
3	DR 竖炉	1743	236	850
4	DR 竖炉	1743	289	850
5	BF 炉身	1602	240	900

表明在一般竖炉条件下，还原煤气的最佳 $H_2/(H_2 + CO)$ 比值为 30% 左右。如果其他条件不变，煤气入口温度减小，煤气量减小和还原时间减小时，最佳煤气成分向左移，即最佳煤气成分中煤气的 H_2 含量减少。

目前，实际生产中直接还原竖炉使用的一般是 $\varphi(H_2)/\varphi(H_2 + CO) > 0.5$、$\varphi(H_2 + CO) > 0.75$ 的高 H_2 煤气。模型试验表明，在竖炉过程中并非高 H_2 煤气比低 H_2 煤气有更好的还原能力，这就要求舍弃以往追求使用高 H_2 煤气的观点，而应根据实际生产条件，通过数学模型试验选择最合适的还原煤气的 $H_2/(H_2 + CO)$ 比。

D 竖炉还原过程的反应空区

多数竖炉还原过程中存在着一个还原过程停滞的反应空区。竖炉还原过程中之所以出现还原空区，是由于铁氧化物的还原是分步进行的。在 570℃ 以上，还原反应分三步进行，即：$Fe_2O_3 \rightarrow Fe_3O_4$；$Fe_3O_4 \rightarrow Fe_xO$；$Fe_xO \rightarrow Fe$。在较低温度下，还原气体的浓度较低时即可发生 $Fe_2O_3 \rightarrow Fe_3O_4$ 的还原，并且反应速度很快，当该步反应完成以后，如 $Fe_3O_4 \rightarrow Fe_xO$ 开始进行反应的条件不能满足时，就出现了还原空区。

还原空区的特点是：$Fe_2O_3 \rightarrow Fe_3O_4$ 的还原过程已全部结束，而 $Fe_3O_4 \rightarrow Fe_xO$ 的还原仍没有发生，此时矿石的还原度为 0.111。还原空区产生的条件及大小受各种因素的影响，在竖炉直接还原过程中容易产生还原空区，而在高炉固相区的还原过程中则不易产生还原空区。在整个床层温度较低，且整个床层气相浓度较小时，移动床还原空区就容易发生，否则还原过程就连续进行，其他因素对还原空区产生的条件及其大小的影响都可以归结为温度场和浓度场共同作用的结果。

E 影响竖炉生产率的操作因素

铁矿石的还原速率是决定竖炉生产率的最重要因素，但由于还原带只占竖炉全部容积的一部分（小于 1/3），生产率并不能和还原速度呈正比关系。煤气入炉温度、煤气量和矿石粒度是实际生产中最重要的几个影响生产率的操作因素。

温度作用：提高入炉煤气温度，能增加炉内煤气平均温度，促进还原反应，因此有利于提高竖炉的生产率。图 3-14 所示为煤气入口温度对竖炉生产率的作用，自 900℃ 提高到 950℃，约 50℃ 的温度区间生产率可提高 15%。煤气入口温度水平受限于矿石的软化温度，即矿石性质不同能对竖炉生产率产生重要的影响。

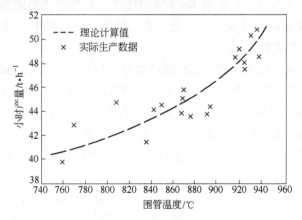

图 3-14　煤气入口温度对竖炉生产率的影响

　　煤气流量：增加煤气流量，既可提高煤气对炉料的比例，又有利于提高炉内的平均温度，同时也可增加还原后的剩余有效推动力，即 $C_A - C_B/K_e$，因而有助于促进还原。但煤气流量增加也使煤气热能及化学能的利用变坏，即使竖炉炉顶温度升高，竖炉排出煤气中的成分 $(CO_2 + H_2O)/(CO + H_2 + CO_2)$ 比降低。图 3-15 所示为煤气流量与 H_2 利用率、煤气出口温度、生产率及煤气消耗之间的关系。

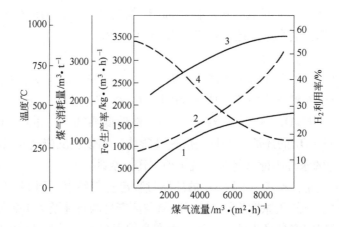

图 3-15　煤气流量与 H_2 利用率、煤气出口温度、生产率和煤气消耗量之间的关系

1—竖炉生产率，$kg/(m^3 \cdot h)$；2—煤气消耗量，m^3/t；3—炉顶煤气温度，℃；4—H_2 利用率，%

　　矿石入炉粒度：缩小矿石粒径能提高矿石还原速度，虽然此影响没有达到人们期望的效果，但仍是一个实际生产中可利用的因素。此外矿石粒径由于料粒透气性的限制，小于 5mm 的粒径粉末不能大于 5%。但矿石粒度减小同时也有利于传热和冷却，从而增加了提高生产率的效果。矿石粒径自 20mm 减小到 10mm 可期望增加生产率 20%。

3.4　竖炉法直接还原典型工艺

3.4.1　Midrex 工艺

　　Midrex 法是 Midrex 公司开发成功的。Midrex 公司原为美国俄勒冈州波特兰市 Midland Ross 公司下属的一个子公司，后来被 Korff 集团接管，最后被该集团售予日本神户钢铁公司。该技术的经营权由 Korff 工程公司、奥钢联、鲁奇公司与 Midrex 共享[12,13]。

3.4.1.1　Midrex 工艺流程

　　Midrex 属于气基直接还原流程，流程原理如图 3-16 所示[4,14]。还原气使用的天然气经催化裂化制取得到，裂化时还有炉顶煤气参与，炉顶煤气含 CO 与 H_2 约 70%。经洗涤后，约 60%～70% 的炉顶煤气被加压送入混合室，与当量天然气混合均匀。混合气先进入一个换热器进行预热，换热器热源是转化炉尾气。预热后的混合气送入转化炉中，由一组镍质催化反应管进行催化裂化反应，转化成还原气。还原气含 CO 及 H_2 共 95% 左右，温度为 850～900℃。转化的反应式为：

$$CH_4 + H_2O \rightleftharpoons CO + 3H_2 \qquad \Delta H = 2.06 \times 10^5 J$$

$$CH_4 + CO_2 \rightleftharpoons 2CO + 2H_2 \qquad \Delta H = 2.46 \times 10^5 J$$

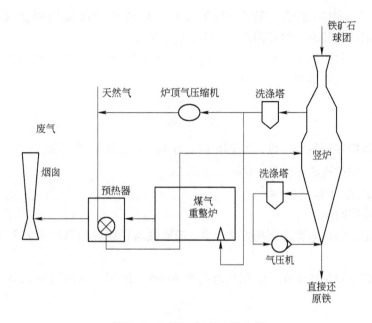

图 3-16 Midrex 标准工艺流程

剩余的炉顶煤气作为燃料，与适量的天然气在混合室混合后，送入转化炉反应管外的燃烧空间。助燃用的空气也要在换热器中预热，以提高燃烧温度。转化炉燃烧尾气含 O_2 小于 1%。高温尾气首先排入一个换热器，依次对助燃空气和混合气进行预热。经烟气换热器后，一部分经洗涤加压，作为密封气送入炉顶和炉底的气封装置；其余部分通过一个排烟机送入烟囱，排入大气。

还原过程在一个竖炉中完成。Midrex 竖炉属于对流移动床反应器，分为预热段、还原段和冷却段三个部分。预热段和还原段之间没有明确的界限，一般统称为还原段。

矿石装入竖炉后在下降运动中首先进入还原段，其温度主要由还原气温度决定，大部分区域在 800℃ 以上，接近炉顶的小段区域内，床层温度才迅速降低。在还原段内，矿石与上升的还原气作用，迅速升温，完成预热过程。随着温度的升高，矿石的还原反应逐渐加速，形成海绵铁后进入冷却段。冷却段内，由一个煤气洗涤器和一个煤气加压机，造成一股自下而上的冷却气流。海绵铁进入冷却段后在冷却气流中冷却至接近环境温度排出炉外。

3.4.1.2 Midrex 技术特点

Midrex 竖炉的炉内热量来源于还原气物理热。炉内还原气入口处的温度约为 820℃。还原段内的温度基本保持这个数值不变。炉料在这个温度区内约停留 6h，在此期间内，铁氧化物完成自 FeO 至金属铁的全部还原过程。还原终点位于还原气喷嘴平面下方。

还原气向上离开还原段，进入预热段。在预热段内，矿石要完成预热过程和高价铁至浮氏体的还原，这些过程消耗大量的物理热。因此，还原气在预热段迅速降温，离开竖炉时温度为 400℃ 左右。在异常炉况下，炉顶煤气温度可高达 700℃。炉料在预热段约停留 30min。高价铁至 FeO 的还原主要发生于 693 ~ 820℃ 的温度区间。

矿石经过预热段和还原段进入冷却段时，全部还原过程已经完成。循环冷却气的进口温度为 30～50℃。出口温度一般为 450℃ 左右。炉料在冷却段的停留时间为 3～5h。Midrex 炉衬保温性能较高，炉壳温度一般不超过 100℃。

炉料在竖炉内共停留 10h 左右。其中在还原段约停留 6h。由停留时间和矿石堆密度可用下式计算出容积利用系数：

$$\eta_v = \frac{24W}{Kt}$$

式中　η_v——竖炉容积利用系数，即 24h 每立方米生产的海绵铁吨数；

　　　　W——入炉矿石的堆密度，t/m^3，取 2.8；

　　　　K——矿比，t/t，取 1.4；

　　　　t——停留时间，h。

可分别算出，竖炉还原段利用系数为 8，还原段与预热段利用系数为 7.38，全炉利用系数一般为 4.8。

Midrex 竖炉采用常压操作，炉顶压力约为 40kPa，还原气压力约为 223kPa。操作指标见表 3-2。

表 3-2　Midrex 竖炉操作指标

产品成分		煤气成分			
		还原煤气		炉顶煤气	
TFe/%	92～96	CO_2/%	0.5～3	CO_2/%	16～22
MFe/%	>91	CO/%	24～36	CO/%	16～25
金属化率/%	>91	H_2/%	40～60	H_2/%	30～47
$SiO_2 + Al_2O_3$/%	≈3	CH_4/%	≈3	CH_4/%	—
CaO + MgO/%	<1	N_2/%	12～15	N_2/%	9～22
C/%	1.2～2.0	还原煤气氧化度/%	<5	竖炉煤气利用率/%	>40
P/%	0.25				
S/%	0.01				
产品耐压/kg	>50				

利用系数按还原带计算为 9～12t/($m^3 \cdot d$)；作业强度为 80～106t/($m^2 \cdot d$)；热耗为 (10.2～10.5)×10^6kJ/t；作业率为 333 天/年；水耗（新水）为 1.5t/t；动力电耗为 100kW·h/t

Midrex 有三个相对不同的流程分支：EDR 法、炉顶煤气冷却法和热压块法，其中 EDR 与原标准流程区别较大，将在第 4 章 4.5.2 节详细讨论，而其他两个分支与原流程没有大的区别，分述如下：

（1）炉顶煤气冷却法是针对含硫较高的铁矿而开发的。它的特点是采用净炉顶煤气作冷却剂，完成冷却过程后的炉顶煤气再作为裂化剂与天然气混合，然后通入转化炉制取还原气。标准流程对矿石含硫要求极严格，炉顶煤气冷却流程则可放宽对矿石含硫的要求。由于两个流程的区别不大，在生产过程中可作为两种不同的操作方式以适应不同硫含量的矿石供应。

在冷却海绵铁的过程中，炉顶煤气通过硫在海绵铁上的沉积和下列反应使含硫量明显降低：

$$H_2S + Fe \Longrightarrow H_2 + FeS$$

该流程的脱硫效果已通过几种重要矿石的试验得到证实。炉顶煤气的硫中，约30% ~ 70%可在冷却过程中被海绵铁脱除。在海绵铁含硫不超标的前提下，煤气中含硫气体约可降至 10×10^{-6} 以下，从而避免了裂化造气过程镍催化剂的中毒失效。前已提及，采用炉顶煤气冷却方式的 Midrex 竖炉可将矿石含硫上限从 0.01% 放宽至 0.02%。

（2）热压块法与标准流程的差别在于产品处理。完成还原过程后的海绵铁在标准流程中通过强迫对流冷却至接近环境温度；热压块流程则没有这一强迫冷却过程，而是将海绵铁在热态下送入压块机，压制成 90mm×60mm×30mm 的海绵铁块。

在该流程中，约700℃的海绵铁由竖炉排入一个中间料仓，然后通过螺旋给料机送入热压机。从热压机出来的海绵铁块呈现连成一体的串状，通过破串机破碎成单一的压块后，再送入冷却槽进行水浴冷却，冷却后即为海绵铁压块产品。

海绵铁压块的优良品质使其在炼钢工序中深受欢迎，因此，新建的 Midrex 直接还原厂多采用热压块工艺。马来西亚 SGI 公司所属的直接还原厂就是一个年产 65 万吨的 600 型 Midrex 热压块海绵铁生产厂。该厂建于 1981 年，耗资 10 亿美元，主要装置包括一台直径为 5.5m 的还原竖炉，一座 12 室 427 支反应管的还原气转化炉，三台能力各为 50t/h 的热压机及配套破串机和冷却槽。竖炉炉顶的炉料分配器由 6 个分配管组成，还原气喷嘴有 72 个。该厂原料为 50% 的瑞典球团矿，50% 的澳大利亚块矿。生产指标见表 3-3。

表 3-3 热压块流程典型生产指标

气耗/GJ·t⁻¹	电耗/kW·h·t⁻¹	产品 R_m/%	产品 TFe/%	产品含 C/%	产率/t·h⁻¹
9.5	127	94	94	1.23	86.5

3.4.1.3 Midrex 最新技术动向

（1）DRI 的热态排出。将 DRI 从竖炉排出的方式，由过去的冷态排出改为热态排出（HDRI）（以直供电炉的方式），十分有利于总体单位能耗降低和生产效率提高，以此为目的不断进行技术改进[15~18]。从有利设备的效率出发，实现生产的灵活，采用了两种排出方式组合的方案，即将 HDRI 送入电炉可以有以下 3 种方式：

1）用热容器向电炉输送的方式，于 1999~2004 年在印度的 Essar 钢铁厂编号为 Module-Ⅰ、Ⅱ、Ⅲ、Ⅳ 各套 Midrex 设备上采用；另外，2008 年以来供应的 LION 设备亦采用了这一方式。

2）用热输送带向电炉供应的方式，于 2007 年由沙特钢铁厂的 176 万吨/年 Midrex 设备采用。

3）用重力方式向电炉直供的方式，为 2010 年投产的埃及 176 万吨/年和阿曼 150 万吨/年 Midrex 设备所采用。

（2）由热态排出（HDRI）而产生节能增效效果。

（3）减排 CO_2 的效果。迄今在 Midrex 工艺方面，主要改进是降低下游电炉的总能耗和提高竖炉的生产效率。实际上节能不仅有利于降低成本，还可减少 CO_2 排放量。另外，此工艺以天然气为还原剂，比以煤为还原剂的高炉等炼铁法更有利于减排 CO_2。

（4）和煤炭燃料组合应用。Midrex 工艺除用由天然气改质生成的还原气外，还可用焦炉煤气等作还原剂，这样可使 Midrex 工艺在天然气生产国以外的地区扩大应用。

3.4.2　HYL-Ⅲ工艺

3.4.2.1　工艺概述

HYL-Ⅲ工艺是 Hojalatay Lamia S. A.（Hylsa）公司在墨西哥的蒙特利尔开发成功的，其前身是该公司早期开发的间歇式固定床罐式法（HYL-Ⅰ、HYL-Ⅱ）。1980 年 9 月，墨西哥希尔萨公司在蒙特利尔建了一座年生产能力 200 万吨的竖炉还原装置（HYL-Ⅲ）并投入生产[1,19]。HYL-Ⅲ工艺流程如图 3-17 所示。

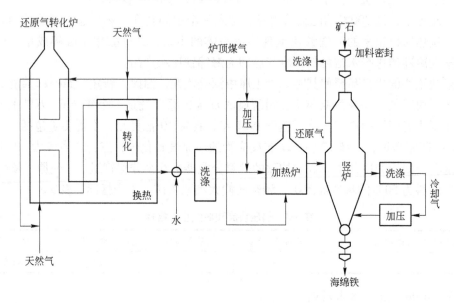

图 3-17　HYL-Ⅲ工艺流程

还原气以水蒸气为裂化剂，以天然气为原料通过催化裂化反应制取，还原气转化炉以天然气和部分炉顶煤气为燃料[20,21]。燃气余热在烟道换热器中回收，用以预热原料气和水蒸气。从转化炉排出的粗还原气首先通过一个热量回收装置，用于水蒸气的生产，然后通过一个还原气洗涤器清洗冷却，冷凝出过剩水蒸气，使氧化度降低。净还原气与一部分经过清洗加压的炉顶煤气混合，通入一个以炉顶煤气为燃料的加热炉，预热至 900～960℃。

从加热炉排出的高温还原气从竖炉的中间部位进入还原段，在与矿石的对流运动中，还原气完成对矿石的还原和预热，然后作为炉顶煤气从炉顶排出竖炉。炉顶煤气首先经过清洗，将还原过程产生的水蒸气冷凝脱除，提高还原势，并除去灰尘，以便加压。清洗后的炉顶煤气分为两路：一路作为燃料气供应还原气加热炉和转化炉；另一路加压后与净还原气混合，预热后作为还原气使用。

可使用球团矿和天然块矿为原料。加料和卸料都有密封装置。料速通过卸料装置中的蜂窝轮排料机进行控制。在还原段完成还原过程的海绵铁继续下降进入冷却段，冷却段的工作原理与 Midrex 类似。可将冷还原气或天然气等作为冷却气补充进循环系统。海绵铁在冷却段中温度降低到 50℃左右，然后排出竖炉。

3.4.2.2 HYL-Ⅲ工艺特点

（1）制气部分和还原部分相互独立。HYL-Ⅲ竖炉炉顶煤气经脱水和脱 CO_2 后，直接与重整炉内出来的气体混合，制成还原气，还原设备和制气设备相互独立[22]。因此 HYL-Ⅲ工艺具有以下特点：

1）HYL-Ⅲ竖炉选择配套的还原气发生设备有很大的灵活性，除天然气外，焦炉煤气、发生炉煤气、Corex 尾气等都可成为还原气的原料气。

2）重整炉处理煤气量变小，每吨海绵铁仅为 $475m^3$，这使 HYL-Ⅲ工艺重整炉体积较小，造价较低。

3）可以处理硫含量较高的铁矿。

（2）采用高压操作。由于采用高压操作，竖炉炉顶和炉底均采用球阀密封。为了实现全密封操作，炉顶和炉底均设有间歇式工作的压力仓。铁矿石首先通过炉顶料仓加入炉顶压力仓中，然后将铁矿石再加入碟形仓中，压力仓上下球阀切换开闭，保持煤气不外漏，通过碟形仓下的四个布料管将铁矿石加入炉内。由于采用了碟形仓，可使铁矿石连续加入炉中。生成的海绵铁通过炉底旋转阀排入炉底两个料仓中，两个压力仓切换使用，可实现竖炉连续排料。HYL-Ⅲ的还原竖炉在 $49N/cm^2$ 的高压下进行操作，可确保在某一给定体积流量的情况下能给入较大的物料量，从而获得较高的产率，同时降低通过竖炉截面的气流速度。

（3）高温富氢还原。还原气通过天然气和水蒸气在重整炉中催化裂解生成，因此还原气中氢含量高[23]，H_2/CO 为 5.6~5.9，使 HYL-Ⅲ竖炉中还原气和铁矿石的反应为吸热反应，入炉还原气温度较高，为 930℃。增加还原气中的氢含量，可提高反应速度和生产效率。

（4）原料选择范围广。HYL-Ⅲ工艺可以使用氧化球团、块矿，对铁矿石的化学成分没有严格的限定[24]。特别是由于该反应的还原气不再循环于煤气转化炉，所以允许使用高硫矿。

（5）产品的金属化率和含碳量可单独控制。由于还原和冷却操作条件能分别受到控制[25]，所以可单独对产品的金属化率和碳含量进行调节，直接还原铁的金属化率能达到 95%，而含碳量可控制在 1.5%~3.0% 的范围。

（6）脱除竖炉炉顶煤气中的 H_2O 和 CO_2，减轻了转化中催化剂的负担，降低了还原气的氧化度，提高了还原气的循环利用率。

（7）能够利用天然气重整装置所产生的高压蒸汽进行发电。

3.4.3 Energiron 工艺

3.4.3.1 工艺介绍

在 HYL-Ⅲ工艺的基础上，由达涅利和 Tenova HYL 共同研究开发的 Energiron 工艺于 2009 年 12 月在阿联酋 Emirates（ESI）钢铁公司投产[26]。其单个反应器的年产能可从 20 万吨到 200 万吨不等，能够冶炼各种不同原材料，如 100% 球团、100% 块矿或是前者的混合铁料。Energiron 工艺特点是可以保证它单独控制 DRI 的金属化率和碳含量，特别是碳含量可随时调整，调整范围为 1%~3.5%，从而满足电弧炉（EAF）炼钢需要[27,28]。Energiron 工艺流程如图 3-18 所示。

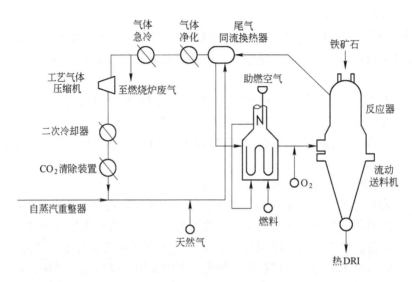

图 3-18   Energiron 工艺流程

由于具有较高的工艺灵活性，Energiron 直接还原厂可以采用以下还原气体[29]：

（1）天然气。这种情况下，通过外部或"就地"重整过程，将烃转换成所需的还原气体中的 H_2 和 CO。

（2）从煤气化企业或其他炼铁厂（如 Corex、Finex）产生的合成还原煤气（含 CO、H_2 和 CH_4）。

（3）焦炉煤气（COG）。

当使用外部重整器生产还原煤气（H_2 和 CO）时，湿的重整气体首先在一个激冷塔中干燥，然后注入工艺回路中，在回路中它与来自于反应器的循环气体混合。所产生的还原气体经加热进入工艺煤气加热器内，随后输送到反应器的配气环路。当反应器使用合成气、COG 或直接使用天然气时，采用相同方案，即根据具体应用调整设备的相应尺寸。

在加热器和反应器之间的管路中注入氧气，目的是提高待使用煤气的可用化学能，从而提高碳含量或者促进铁矿石还原。流出反应器的尾气需要处理，以净化尾气并清除还原反应过程形成的氧化成分（H_2O 和 CO_2）。因此，尾气流经尾气同流换热器（热能得以回收，并送往工艺气体加热器，用来加热原料气体）、洗涤和激冷系统（清除气体中的灰尘并将之冷却下来，以消除其中的水分）。然后经过处理的气体被压缩作为工艺气体，通过气体和净化液的接触得到净化。因此，离开吸收器的气体不含氧化成分，并且它的还原能力得到完全恢复，与重整煤气混合，流经工艺煤气加热器，实现一个循环。CO_2 吸收器在清除 CO_2 的同时，也吸收 H_2S，结果获得几乎无硫的工艺煤气，从而使最终生产出的 DRI 中硫的残余量很低。

利用相同的工艺布置，反应器可以生产热的或冷的 DRI：

（1）热的 DRI 可以经压缩生产成热压块（HBI，用于长距离运输的典型商品），或通过 Hytemp 气动传输系统直接送往电炉（EAF 或一个外部冷却器）。

（2）常温下，直接从反应器排出冷的直接还原铁（DRI）送往堆料场。此时，将大约 40℃的冷却气体通入炉身下部锥形段，冷却气体沿着 DRI 移动床移动的相反方向向上流动。随后，冷却气体从炉身上部锥形段排出，再重新循环进入竖炉，被压缩后，利用冷却水进行冷却和洗涤。

另外，通过一种取得专利的双反应器的使用[30,31]，可从同一竖炉卸出冷 DRI 与热 DRI。

还原反应器的设计，要使工作时炉内气体和固体的分布有利于还原过程。专门设计的流动送料机是由达涅利公司开发的，目前安装在阿布扎比 ESI 的首座 Energiron 厂。这一流动送料机是实现反应器内气体和固体均匀分布，以及实现热卸料的一个关键装置。流动送料机的密封装置设计成可以在气压大于 0.6MPa 时工作。

3.4.3.2 气动传输系统

在一个 Energiron 直接还原工厂，可以通过 Hytemp 气动传输系统将热的 DRI 产品直接送往 EAF，或者当必须生产冷 DRI 时，送往外部冷却。

采用 Hytemp 气动传输系统，从反应器卸出温度大约在 600℃ 的产品，通过运载气体输送到 EAF 的缓冲料仓内。该运载气体与热 DRI 相容，以避免 DRI 质量的下降。这样，热 DRI 的热量被重新利用，冶炼车间由此可以产生直接的经济效益，这是因为电耗的降低和出钢时间的缩短。例如在阿布扎比 ESI 工厂的冶炼车间，当使用热 DRI 时，钢水电耗减少 120kW·h/t。外部 DRI 冷却器只有在冶炼车间停工期间才会使用，从而保证了工厂的连续、平稳运行。

3.4.3.3 Energiron 直接还原厂环境保护

由于选择性 CO_2 清除、低水耗及低的 NO_x 排放，Energiron 直接还原厂是环境友好型的工厂[32]。特别是选择性捕集还原过程产生的 CO_2，是 Energiron 直接还原技术的主要特点。

一个 Energiron 直接还原工艺与电炉（EAF）联合的企业，包括一个球团厂、一个自制还原煤气的 Energiron 直接还原厂（DRP）、一座电弧炉厂（EAF）、钢包炉/真空脱气工序、薄板坯连铸机或生产热轧卷的热轧机。从其典型的能量平衡分析中可以看出，大约仅有30%输入碳量，是作为工艺煤气加热器产生的废气被排放，每吨 DRI 大约有 70kg 碳（或 250kg CO_2）被选择性清除并封存，或者作为产品销售给下游用户（食品、饮料行业或化肥/化学工业）。

采用 Energiron DRP 技术，与传统的焦炭/煤基 BF-BOF 路线相比，气基 DR-EAF 路线少排放 40% ~ 60% CO_2。而且，Energiron DRP 工艺容易与煤气化工厂集成（煤气化厂、Energiron DRP 厂和 EAF 厂的联合）。在这种情况下，由煤气化厂产生的合成气，可直接作为"补充气"加入到还原回路中。也正是由于这一特点，可以选择性捕集和封存 CO_2 气体，降低 CO_2 总排放量。

Energiron DRP 封存 CO_2 排放的能力，将使这种工艺成为实现京都议定书目标的可行方案。而且，使用碳作为还原剂的可能性，也使得 Energiron DRP 工艺成为诸如中国、欧洲和印度等钢铁市场可供选择的炼铁工艺之一，在这些地方，同样需要降低联合钢铁企业工艺路线对环境的冲击。

Energiron DRP 的 NO_x 排放也会降低，特别是由于不需要将进入重整器或加热器内的助燃空气预热到高温，因此自然抑制了 NO_x 的生成。

最后，Energiron DRP 厂可以按零补充水需求来设计，因为水在这一工艺中，是还原反应的副产品，并从煤气中浓缩及清除出来。这样，采用一个基于使用海水/河水的闭路水系统换热器，来代替传统的冷却塔，可以避免水蒸发进入大气，这样就不需要补充新水，实际上还会剩下少量水。

对水资源昂贵或根本就无法获取水的地区，这一特点尤其具有吸引力。

3.4.3.4 Energiron 直接还原工艺最新进展

Energiron DRP 工艺正在进行不断地完善，最新进展有：

（1）Energiron DRP 工艺中，由煤气化厂或其他合成气源供应的经过净化的合成气，作为补充气加入到还原回路中。

（2）Energiron DRP 工艺，从已用的废气中选择性清除 CO_2 量逐渐增大，这种情况下进入工艺过程的总碳量中，不到 30% 是通过废气排出的。

（3）优化工艺布置，将进一步完善并提高选择性 CO_2 吸收率，理论上可达到 100%。

（4）Energiron 直接还原技术将氧化球团、块矿或球团/块矿混合矿转换成高金属化率、碳含量可控（Fe_3C 形式，含量从 1.5% ~ 4%）而且是 EAF 最佳金属原料的产品。DRI 中的所有碳在冶炼过程中被重新利用，从而成为有效的化学源。此外，Energiron 厂可以配备 Hytemp 气动传输系统，将高质量热 DRI 直接送给 EAF，从而提高冶炼车间产量，降低电耗。由于 CO_2 排放低，而且当选择性清除的 CO_2 被封存，并使用在不同行业时，可进一步降低 CO_2 排放，因而使得这种工艺对环境影响小，也是使得 Energiron 技术成为具有竞争性炼铁工艺的最佳方案之一。随着首座在阿布扎比 ESI 的 Energiron 厂的成功投产，预计 Energiron 直接还原炼铁工艺将得到更广泛的应用。

3.4.4 其他工艺

3.4.4.1 Purofer 法

该法是德国提出的方法，Purofer 按拉丁文字意为纯铁。此法特点有：（1）竖炉不设冷却段，热料（900℃）排出后可用电炉热装或压制成海绵铁块保存；（2）用蓄热式转化法制气，转化煤气质量较好，且转化触媒较便宜；（3）可用天然气作为一次能源，也可用重油作一次能源裂化制还原气。图 3-19 为 Purofer 法工艺流程。

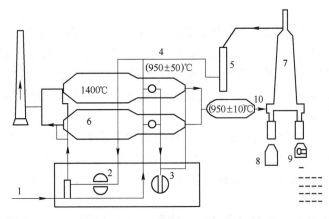

图 3-19 Purofer 法工艺流程

1—天然气（$\varphi(H_2S) < 300 \times 10^{-6}$）；2—压气机；3—风机；4—炉顶煤气；5—洗涤塔；
6—煤气转化炉；7—竖炉；8—直接还原铁密封罐；9—热压直接还原铁；10—还原煤气

Purofer 法的缺点是制气操作不连续，蓄热式制气炉高温阀门价格昂贵。Purofer 法仅在伊朗及巴西建厂，均未正式生产。

3.4.4.2 Wiberg-Soderfors

Wiberg 法是一种煤基直接还原连续铸钢炼铁方法，于 1918 年由瑞典马丁·维伯尔发明。它是用固体燃料（木炭、焦炭或煤）以电热法制取还原气，在竖炉内将铁矿石还原成直接还原铁。1930 年在瑞典桑德福斯（Soderfors）建造了生产装置，先以木炭作燃料，后用焦炭代替。1952 年投产了最大的维伯尔竖炉，年产 2.4 万吨直接还原铁。1964 年日本日立金属公司建成了年产万吨的生产装置，工艺流程如图 3-20 所示。

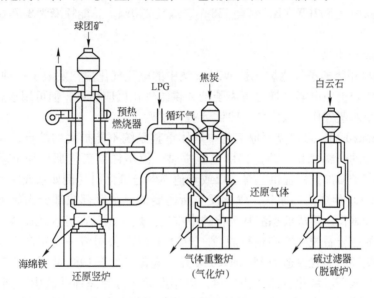

图 3-20 Wiberg 工艺流程

该生产装置由固体燃料气化炉、脱硫炉和还原竖炉 3 部分组成。气化炉为内衬耐火材料的立式炉，顶部有闭锁料斗可连续加入焦炭，炉身装有 3 ~ 4 对电极，靠电阻热将焦炭柱加热到高温，从炉子上部送入还原竖炉的热煤气和水蒸气通过焦炭柱制得含 75% CO、21% H$_2$ 的还原气，在约 1100℃ 下送往脱硫炉。用后残焦和灰由底部闭锁料斗排出。脱硫炉也为内砌耐火砖的立式炉，顶部和底部有闭锁料斗。石灰石（或白云石）经炉顶料斗加入，高温还原气从脱硫炉下部送入，通过被煅烧的石灰（或白云石）料柱完成脱硫，脱硫后的热还原气从炉中部引出。吸硫后的 CaO 或 MgO 从炉底排出。还原竖炉内型呈倒圆锥形，内衬耐火砖、底部直径 2.75m，顶部直径 1m，高 25m。铁矿石（块矿、球团矿或烧结矿）从炉顶料斗连续加入。约 950℃ 的还原气从竖炉下部进风口送入，随着还原气的上升，先将预还原的铁矿石还原成金属铁，反应为 $FeO + CO(H_2) = Fe + CO_2(H_2O)$。从炉身高度 2/3 处用高温风机抽出煤气总量的 65%，补加水蒸气和碳氢化合物后送入气化炉造气。余下的气体继续上升遇加热到 850℃ 的铁矿，将 Fe$_2$O$_3$ 还原成 FeO，然后从竖炉上部 1/10 处又抽出 15%，在其上由风口鼓入的空气将残余煤气全部烧掉，所得显热足以将加入的铁矿石加热到 850℃，废气从炉顶排出。还原好的金属化料通过竖炉底部水冷钢制卸料装置，冷却到 100 ~ 150℃ 排出炉外。

该工艺所用炉料已发展为全用粒度 20~25mm 球团矿。为改善球团还原性，造球料中配加石灰石（或白云石），制成 $w(CaO+MgO)/w(SiO_2+Al_2O_3) \approx 1$ 的球团；为提高还原气含 H_2 量，制气时可配加少量碳氢化合物。产品海绵铁的金属化率为 88%~90%，C 为 0.8%~1.0%，硫、磷很低。生产过程消耗焦炭 250~450kg/t，电耗 1000kW·h/t，工序总能耗约 10.59GJ/t。

该工艺能耗较低，作业可靠。但因低压操作，还原速度较慢，炉料在竖炉内要停留 48h；另外需要优质焦、电热制气；热煤气循环风机也难以解决，生产规模受到限制。1980 年瑞典 SKF 公司用等离子气化炉替代电阻气化炉，可将还原竖炉能力增大到 7 万吨，每吨直接还原铁电耗 562kW·h，氧耗 138m^3，煤耗 290kg，总能耗降为 8.79GJ，生产费用有较大下降。

3.4.4.3 Plasmared 法

1980 年瑞典用等离子气化炉代替 Wiberg 法中的电弧气化炉，发展了一种 Plasmared 竖炉。等离子气化炉仍用电能（通过等离子枪）供给气化反应热量，但可用水煤浆或焦炭作为气化燃料，用水蒸气作为氧化剂，1981 年投产试验。

采用 Plasmared 法，可以克服原工艺中气体重整系统不能扩大的缺点，几乎可使用任何一种含碳或氢的燃料气化；热量仍由电能提供，但不像原工艺那样用电阻加热提供热量，而是由等离子弧加热器提供热量。煤或其他燃料与氧化剂（例如水或氧气）反应，生成主要由 H_2 和 CO 组成的还原气。气化反应所需的热量全部或部分由等离子发生器提供。煤中的灰分熔化，形成液态渣从气化炉中排出。热还原气在进入还原竖炉之前，在与维伯格法类似的白云石脱硫器中进行脱硫。1980 年 SKF 公司将一座年产 2.5 万吨海绵铁的旧维伯格直接还原装置改造为 Plasmared 装置。这套装置于 1981 年投产，克服了最初的一些问题之后，该厂以液化石油气为燃料，以年产近 5 万吨海绵铁的生产能力连续生产。1982 年 5 月对气化炉进行了改造，使之能用煤浆作燃料。自那时以来，该厂主要用煤作燃料进行连续生产，由开炉直到达到连续操作的正常温度期间，也用燃料油代替煤作燃料。安装有一套 6MW 的等离子发生器，热还原气和液体炉渣从底部离开气化炉。气化炉内砌有耐火材料，操作时内衬受到坚固的薄渣层保护。Plasmared 法流程如图 3-21 所示。

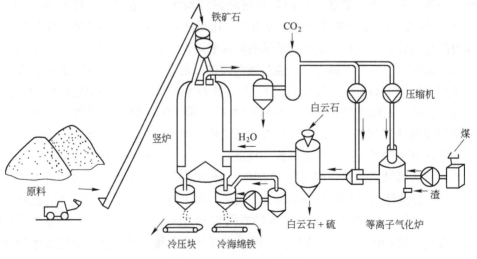

图 3-21 Plasmared 法流程

用100%的块矿进行试验。由于有特殊的竖炉型排料设备，加之该工艺的全压差低，因此用单一块矿生产是可能的。尽管用块矿时产生的粉末比用球团矿时多，压差比用100%球团矿时高，但并未出现多大的问题。

在最初的Plasmared法方案中，气化炉只用水作为煤的氧化剂，这需要较高的电耗。因此，最近发展了一种改造的等离子气化炉方案，它需要的电能要少得多。这是一种两步法方案，即首先在预气化炉中，在接近1400℃温度下用氧气和水蒸气把主燃料煤粉气化成含10%~15%（$CO_2 + H_2O$）的煤气，然后使这种粗煤气通过热焦炭或木炭料柱，以降低和稳定CO_2与H_2O的含量，并降低煤气的温度。

气化所需要的热量大部分来自气化反应放出的热量，少部分由等离子发生器供给，以维持适当气化温度，从而保证完全气化，并很好地控制还原气的质量和炉渣温度。为了达到完全气化而不生成炭黑，必须添加一些水蒸气作为氧化剂。所需要的额外热量很容易由等离子发生器提供，而采用等离子发生器可使反应速度显著加快，并能更好地控制气化反应和成渣反应。因此，对煤的等级、灰分含量和灰分熔化温度没有限制。粗煤气中的CO_2和H_2O在竖炉型气化炉中与碳反应，不生成炭黑。还原气离开气化炉炉顶时的温度约为950℃，CO_2最高含量为3%。

焦炭或木炭消耗量通常为供给的总煤量的7%~10%，耗电量低于气化炉总输入能量的20%。使用液化石油气作为燃料，仅用现有一半的电能。每吨直接还原铁消耗100kg液化石油气，电耗不到1000kW·h/t，金属化率为93%，产品含碳量保持在1.5%。根据这些数据，直接还原铁总能耗是8.8GJ/t。通过对设备进行小修和调整，预计直接还原铁总能耗可低于8.4GJ/t，因而更接近铁氧化物直接还原能耗的理论数值。

使用不同燃料时计算的能耗值列于表3-4。

表3-4 每吨直接还原铁能源消耗

名　称	煤	天然气
燃料/kg·t^{-1}	180	110
电/kW·h·t^{-1}	850	780
总能耗/GJ·t^{-1}	8.8	8.4

等离子弧加热器的运转没有任何明显的困难，其效率可保持在86%~90%的范围内，这个数字考虑了电能和热的损失，电极寿命超过400h，大于600h也是可能的。

Plasmared法的技术指标（每吨直接还原铁）如下：

使用高电低氧方案，电耗562kW·h/t，氧耗158m³/t，煤耗290kg/t，炉顶煤气全部循环，没有副产煤气；使用高电高氧方案，电耗142kW·h/t，氧耗428.5m³/t，煤耗690kg/t，副产煤气11.3×10⁶kJ/t。

3.4.4.4　BL法

目前，直接还原铁工业生产中，气基竖炉法Midrex、HYL-Ⅲ法占据绝对优势（见表3-5）。实践证明，气基竖炉法具有生产技术成熟、设备可靠、单位投资少、生产率高（容积利用系数达8~12t/（m³·d））、单炉产量大（达180万吨/年）、产品成本低等优点，具有很强的竞争力。但是，目前气基竖炉法均需采用重整天然气作还原剂，因此其发展受到气源和地区的限制。煤作燃料和还原剂的直接还原方法迫切需要创新技术来推动发展。近年来德士古（Texaco）水煤浆制气技术取得了重大突破，目前已有数十套设备陆续用于化学工业和联合循环发电工程，德士古煤制气技术的商业化实际为煤制气生产直接还原铁提供了现实的可能。

表 3-5　海绵铁总产量中各工艺所占的比例　　　　　　　　（%）

工　艺	2001 年	2002 年	2003 年	2004 年	2005 年	2006 年	2007 年	2008 年	2009 年	2010 年
Midrex	67.0	66.8	64.9	64.1	61.3	59.7	59.1	58.6	59.9	59.7
HYL/Energiron	20.0	19.7	19.7	20.8	19.5	18.4	16.8	14.6	12.4	14.1
其他竖炉	0.3	0.1	0.1	0.1	—	—	—	—	—	—
流化床	4.8	3.6	5.2	3.0	2.7	2.2	1.6	1.6	0.8	0.5
回转窑	7.9	9.8	10.2	11.7	16.1	19.3	22.2	24.8	26.9	25.7
转底炉	—	—	—	0.3	0.4	0.4	0.4	0.4	—	—

宝钢提出运用成熟、先进的德士古煤制气技术生产直接还原铁，并与山东鲁南化学工业（集团）公司合作，共同开发这一新工艺，将德士古水煤浆加压气化工艺与直接还原竖炉工艺组合，命名为 BL 法直接还原工艺。

A　BL 法半工业性试验装置的建设与试验过程

1996 年初，宝钢提出应用德士古煤制气进行竖炉法生产海绵铁。

1997 年 3 月 20 日，BL 法半工业性试验装置在鲁南化工开工建设，9 月底全部安装工程结束并进行了第 1 次设备调试和改进。

1997 年 12 月第 1 次热态试验前，宝钢技术中心组织国内竖炉直接还原及煤气安全方面的专家，对 BL 法试验装置及热风阀等关键设备进行安全性评议和审查。1997 年 12 月 11 日，BL 法生产海绵铁试验装置进行了第 1 次热态试验。

1998 年 2~5 月，宝钢、西重所、鲁化合作对 BL 法试验设备进行了第 2 次改进，更换了热风阀等关键部件后进行第 2 次热态试验，5 月 31 日生产出第一批合格的海绵铁产品，并调整了工艺参数和操作方法及不同种类的铁矿石还原，改变煤气 CO/H_2 比，模拟 Midrex 及 HYL-Ⅲ煤气成分进行还原试验，连续出铁 20 天，产出平均金属化率 93.04%的海绵铁 93.875t。

为进一步改进 BL 法操作工艺、优化工艺参数及降低海绵铁成本，第 2 次热态试验后又进行第 3 次半工业性试验，取得了较完整的试验数据。

B　BL 法半工业性试验的工艺、设备及原料

a　试验主体工艺流程

BL 法生产海绵铁半工业性试验的设备，主要分为德士古煤气化及煤气成分调节、竖炉直接还原装置两大部分（工艺流程见图 3-22），其中煤气化和气体成分调节部分依托鲁南化工生产大系统建设，竖炉还原部分为新建装置，主体工艺流程为：铁矿石原煤经破碎后制成水煤浆，水煤浆通过德士古炉顶喷嘴与高速氧气流一起喷入气化反应区，调节氧煤比，使反应温度在煤的灰熔点以上。氧气和雾化水煤浆在炉内迅速发生复杂的高温物理化学反应，最后生成以 CO、H_2、CO_2 和水蒸气为主要成分的合成气和熔渣，一起并流而下，进入炉子底部淬冷室水浴，熔渣经淬冷、固化后被截流在水中，经炉底排料锁斗定期排出。合成气则由淬冷室上部导出，进入气体冷却净化系统。合成气脱碳、脱硫后得到

$\varphi(\mathrm{H_2+CO}) \geqslant 95\%$ 的还原气,该还原气进入加热炉加热。BL 法工艺流程采用的加热炉是两座石球式热风炉,首先燃烧煤气和空气在加热炉炉顶对炉内石球蓄热,当炉顶温度和烟道温度达到一定水平时,蓄热结束,停止燃烧,然后将还原气通入加热炉换热开始向竖炉送热还原气,两座加热炉交替送还原气和蓄热,以保持竖炉连续生产。

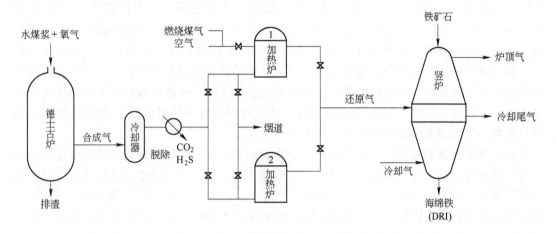

图 3-22 BL 法生产海绵铁半工业性试验工艺流程

加热后的还原气从竖炉中部进入竖炉,自下而上流动,铁矿石通过炉顶密封罐加入竖炉,自上而下运动,铁矿石和还原气在逆向对流运动中发生热交换和还原反应。还原尾气从炉顶导出,经冷却净化后返回鲁化煤气系统。而铁矿石被还原成海绵铁,并继续向下运动,进入竖炉下部。还原性的冷却气从竖炉底部送入,对海绵铁进行冷却和渗碳。冷却尾气从竖炉中部导出,经冷却净化后返回鲁化煤气系统。海绵铁被冷却后,经螺旋排料机排出竖炉。

b 德士古煤气化和气体成分调节

德士古煤气化是一种以水煤浆和氧气为进料的加压气流床气化工艺,其主要工艺特点是:

(1) 煤种适应性较广,可以使用高硫、高灰分煤获得高纯还原气。

(2) 碳转化率高(94%~99%)。

(3) 气化炉的气化及净化系统压力高(2.5~20MPa),所以设备十分紧凑;气化炉结构简单,无运动部件,核心部件是水煤浆氧燃烧喷枪,目前其最长寿命已达半年,因此气化炉工作稳定,单炉作业率可达 85%,有备用炉保证定修时,作业率可达 95%~99%。影响德士古炉操作和气化的主要工艺指标为水煤浆浓度、氧煤比和气化炉操作压力。

(4) 德士古煤气化炉的另一个显著特点是环保效果好,由于气化炉内温度高达 1500℃,因此煤气中不含焦油,与传统的煤气化方法相比,德士古气化法排放的 CO_2 减少了 40%,NO_x 减少了 86.2%,SO_2 减少了 81.2%,因此,这是一种适合我国国情的洁净煤气技术。

德士古气化炉导出的荒煤气有效成分($CO+H_2$)约为 80%,且煤气中含有大量水蒸气和部分酸性气体,需采用适宜的气体净化工艺加以脱除。BL 法采取 NHD 酸性气体脱除工艺净化德士古炉生产的合成气,为了节省试验投资,NHD 气体净化设施依托鲁南化工系统建设，总体要求为：经净化后合成气 $\varphi(CO+H_2)\geqslant 95\%$，总硫 $w(S)<500\times10^{-6}\%$，并且能方便地调节煤气中 CO、H_2 的比例。

c　BL 法竖炉

BL 法生产海绵铁半工业性试验竖炉按日产 5t（200kg/h）直接还原铁设计。竖炉炉壳按压力容器设计，预热及还原段（风口以上部分）为圆台形，上下口直径为 350mm 和 600mm，有效工作容积为 $0.58m^3$，在等压过渡段设有一对破碎辊，在冷却段下部设螺旋排料机，它将冷却后的 DRI 排入中间仓。竖炉的上料系统由料罐、电葫芦、炉顶斗料、料仓、密封球阀构成，并设有重锤式料位探测仪。竖炉炉顶温度为 450℃，炉顶气经导出管到洗涤塔冷却洗涤后，返回鲁化煤气管网系统。进入竖炉下部的海绵铁冷却气为鲁化合成氨工段的驰放气，在对 DIU 冷却和渗碳后，排出竖炉的海绵铁温度低于 40℃，冷却尾气经过洗涤和冷却后返回鲁化煤气管网系统[33]。

（1）竖炉的高压操作。作为还原竖炉，提高炉内压力，对加快炉内还原反应速度，适应各种还原气比例成分，提高竖炉单位体积利用系数有着至关重要的作用。BL 法竖炉采用高压操作，操作压力为 $0.15\sim0.4MPa$，并可实现压力的自动调节。竖炉设备的设计、制造要满足竖炉高压操作的工艺要求，竖炉在本体上严格按压力容器设备设计制造，为了保证其密封性能，炉顶、炉内均采用球阀密封结构。试验证明，这种结构是成功可行的，并且为下一步扩大设计提供了一定的经验和数据。

（2）合理的竖炉炉型设计。依据工艺要求，铁矿石不仅在竖炉内要完成还原反应，而且还要将还原好的高温海绵铁冷却至 50℃ 以下，然后排出。因此，竖炉的炉体在设计中分为 3 段，即还原段、过渡段及冷却段。合理的还原段炉型设计是确保竖炉还原的基本保证。矿石在还原段要经过预热、膨胀、还原等物理、化学反应过程。试验结果显示，BL 法竖炉的利用系数达 $8\sim10t/m^3$，证明该竖炉的炉型设计是成功合理的。

（3）合理的环风口设计。试验结果表明该试验装置的风口设计是可行的，而且为下一步的扩大设计提供了可靠的数据。

（4）连续出铁装置的设计。连续出铁装置主要由排料螺旋、两个卸料中间罐以及相应密封球阀阀组构成。螺旋排料机的连续运转，确保了炉料连续不断地从竖炉排出，为了不使炉内还原气逸出，采用两个中间过渡性卸料罐交替出料。螺旋排料机驱动为变频调速电动机，可实现出料速度的平滑调节。

（5）竖炉炉料疏松装置。在竖炉的过渡段与冷却段间设有炉料疏松装置。装置的作用是当炉内物料出现异常现象，如黏结、搭桥现象时，可开动疏松装置进行疏松，并将黏结的炉料进行破碎。

（6）竖炉内气体循环。依据工艺要求，竖炉不仅要实现矿石还原，而且要求海绵铁冷态出炉，因此竖炉内不仅要有还原段还原气的主循环，而且还要有冷却段使海绵铁冷却降温的冷却气循环，要实现两路气体在同一炉膛内的各自循环，不发生互窜及相互干扰，炉内设置了两路气体实现各自循环的过渡段（或称等压段）。还原气由过渡段的上部进入竖炉，其压力与从过渡段下部排出的冷却气压力相等，这样即可实现竖炉的双路循环。

3.4.4.5　阿姆科法（Armco）

阿姆科法（Armco method of direct reduction）是一种气基直接还原炼铁法，由阿姆科（ARMCO）公司于 1962 年提出，它用蒸汽-甲烷催化重整造气和竖炉还原生产直接还原

铁，天然气的转化技术促进了阿姆科法直接还原法的发展[34]。阿姆科法的工艺流程见图
3-23。阿姆科法使用的原料为 5～20mm 的块矿和平均粒径为 9.5mm 的球团矿，其成分如
表 3-6 所示。

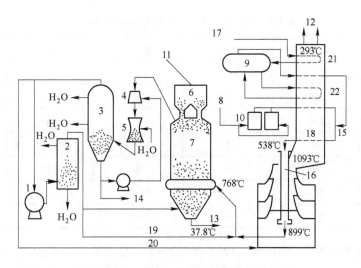

图 3-23　阿姆科法直接还原工艺流程

1—竖炉煤气压缩机；2—压缩气体冷却器；3—竖炉煤气冷却器；4—饱和器；5—文氏管洗涤器；
6—装料漏斗；7—竖炉；8—工艺煤气；9—锅炉；10—脱硫装置；11—块矿或球团矿（1360t/d）；
12—烟道气；13—产品（990t/d）；14—去澄清器；15—蒸汽（1990kg/h）；16—蒸汽-甲烷重整炉；
17—锅炉软水；18—蒸汽和天然气；19—调温气；20—燃料（竖炉煤气）；21—预热器；22—煤气发生器

表 3-6　阿姆科法使用的原料成分　　　　　　　　　（%）

矿　种	TFe	SiO_2	CaO	S	P
球团矿	67.1	2.46	0.34	0.001	0.090
块　矿	69.5	0.56	0.08	0.004	0.036

物料经装料漏斗加入竖炉，竖炉炉身直径为 4m，上小下大，风口以下为锥形，下口
直径为 2.4m，物料经预热、还原和冷却后通过下部一套 3 个并排的破碎机和密封出料管
排放到板式产品运输带上，产品海绵铁的出炉炉温为 37.8℃。

阿姆科法还原器的转化是利用脱硫后的天然气与蒸汽混合预热后在蒸汽-甲烷重整炉
内 915～955℃的温度下用蒸汽来还原天然气的，蒸汽-甲烷重整炉有两台，每台可以转化
煤气需要量的 60%。转化所用的蒸汽以及蒸汽天然气混合气的预热及其重整的加热都是
利用清洗和冷却后的竖炉炉顶气作燃料的，两台重整炉，都是以较低的蒸汽占碳的比值
（1:4:1）进行生产的，每套重整炉装有 96 根催化管（直径为 15.24cm），其入口设计压
力为 3.1×10^5 Pa，温度为 537.8℃，出口压力为 1.38×10^5 Pa，温度为 899℃，重整后的煤
气经过混入部分冷却压缩的炉顶煤气调温后，以 750～900℃的温度经 12 个风口送入竖炉。
还原气在上升过程对物料进行预热和还原，竖炉排出的炉顶煤气经过净化、冷却和加压后
还原使用，其中 60% 用于加热重整炉，其余部分则用来控制还原气温度和冷却直接还原
铁，每吨产品直接还原铁的水耗为 2.7m³，蒸汽消耗为 1458.5kg，产生蒸汽温度为 260℃，

压力为 $15.51 \times 10^5 Pa$。重整炉裂化后的还原气成分为：H_2 约 68.3%，CO 约 20.2%，CO_2 约 2.0%，CH_4 约 1.1%，N_2 约 0.1%，H_2O 约 8.4%。阿姆科法直接还原铁的典型化学成分如表 3-7 所示。

表 3-7　阿姆科法直接还原铁的典型化学成分　　　　　　（%）

项　目	球团矿	块　矿	项　目	球团矿	块　矿
TFe	90.9	95.4	CaO		
O_2	2.4	1.8	MgO	0.44	0.10
C	2.4	1.6	P	0.11	0.05
金属化率	91	95	S	0.01	0.01
还原率	94	96	Mn	0.03	0.06
SiO_2	3.2	0.70	Na_2O	0.44	0.10
Al_2O_3	0.6	0.40	K_2O	0.04	0.01

阿姆科法的研试始于 1960 年，1965 年又采用可控气氛炉做试验，1969 年建成直径 $\phi 0.6m \times 7m$ 中间试验炉，取得生产和设计资料。1973 年在加拿大尼亚加拉瀑布城（Niagara Falls）对一座原有炉做了改造并建成年产 3.5 万吨试验厂，产品曾销往加拿大和美国 11 家钢铁厂。它的回转窑尺寸为 $\phi 2.5m \times 45m$，采用 80% 煤和 20% 天然气。1976 年建成加拿大萨德伯里金属公司直接还原厂，炉子尺寸 $\phi 5m \times 50m$，设计能力 25 万吨/年。燃料配比（%）是：夏季天然气/油为 75/25；冬季为 60/40。半年试运转只生产 6.5 万吨，由于经营问题 1980 年停产。1983 年印度奥里萨海绵铁公司建成年产 10 万吨的工厂。

3.5　其他气体直接还原方法

3.5.1　固定床方法

HYL 法是唯一的固定床还原冶金生产的方法。在世界上此法有相当广泛的发展，其生产量约占直接还原冶金生产总量的 3% 以上。

单个的 HYL 反应器如图 3-24 所示。HYL 法的技术指标见表 3-8。

表 3-8　HYL 法技术指标

技　术　指　标		海绵铁成分/%		还原煤气成分/%	
每罐装料容积/m^3	45	C	1.6 ~ 2.2	H_2	75
还原时间/h	3	TFe	78 ~ 89	CO	14
总反应时间/h	9	脉石	4.2	CO_2	8
利用系数/$m^3 \cdot (t \cdot d)^{-1}$	5.5	O_2	2.6 ~ 3.8	CH_4	3
天然气消耗/$m^3 \cdot t^{-1}$	350 ~ 380	S	0.012		
热耗/$J \cdot t^{-1}$	14.6×10^4	P	0.045		
煤气停留时间/s	1.5 ~ 4.5	金属化率	90		

炉料自反应器顶部装入，还原气体也自顶部通入，然后从底部排出。反应器中装有搅拌杆，以备在炉料黏结时机动排料之用。

HYL 的煤气系统采用一种特殊的方法，即先将天然气在有触媒的换热式转化炉中用蒸汽进行不完全转化（$\varphi(CH_4) > 5\%$），然后采用部分氧化法用氧燃烧 CH_4，以提高煤气温度。同时也有一些 H_2 及 CO 被氧化成 CO_2 及 H_2O，因此煤气氧化度较高。每步还原之后的煤气经过脱 H_2O 后，再将部分燃烧以提高煤气温度，然后再进一步用作还原。

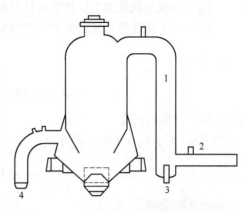

图 3-24　HYL 法反应罐断面图
1—燃烧室；2—煤气入口；
3—空气入口；4—煤气出口

根据固定床非稳定态传热过程可列出 HYL 反应罐中的传热方式：

对于气流有：

$$G_g C_g \frac{\partial t_g}{\partial Z} = K_b A(t_g - t_s) - e C_g \rho_g \frac{\partial t_g}{\partial Z} \tag{3-25}$$

对于固体炉料有：

$$R(-\Delta H) = K_b A(t_s - t_g) - (1 - \varepsilon) C \frac{\partial t_g}{\partial Z} \tag{3-26}$$

式中　R——反应罐中氧化铁的还原速度，可按未反应核模型计算：

$$R = \frac{3(1-\varepsilon) A(1-R)^{2/3} K_\varepsilon \exp\left(-\dfrac{E}{R_g T}\right)\left(\dfrac{p}{R}\right)}{\omega_s C_0 r_0 \Phi}\left(C_A - \frac{C_B}{K_\varepsilon}\right) \tag{3-27}$$

而式中 C_A 的变化为：

$$\frac{dC_A}{dZ} = \frac{\omega_s C_0}{16 G_s} - \frac{dR}{dZ} \tag{3-28}$$

反应罐中压力可视作常数。

上面四式即反应罐法的数学模型，将四式联解，可以得 HYL 中的加热还原状态。实践表明，HYL 法中经过短时间热变换，料床温度即可达到稳定，此时煤气入口温度为 1040℃，而煤气出口温度为 870℃，因此 HYL 法也可近似按等温过程分析，如图 3-25 所示。

已知 x/L 为料层高度与全高比（%）；t_s/t_g^0 为料床温度与入炉煤气温度之比（%）。令还原夺取氧量为 d_{O_2}，则可列出：

$$d_{O_2} = F dZ M_{O_2} R(C_B^0 - C_B) \tag{3-29}$$

式中　F——反应罐断面积，cm^2；

　　　M_{O_2}——单位体积炉料中铁结合氧量；

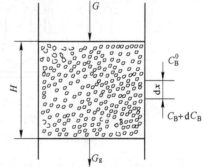

图 3-25　HYL 反应罐中料床加热状态

C_B^0——氧化铁还原生成的氧化性气体平衡成分；

C_B——实际还原生成的氧化性气体成分。

由于 $d_{O_2} = \dfrac{dC_s}{G_g}$，则

$$dC_B = FM_{O_2}R(C_B^0 - C_B)G_g dx \tag{3-30}$$

式中 G_g——煤气流量。

当 $Z = 0$ 时，$C_B = 0$ 时，积分得：

$$C_B^0 - C_B = C_B^0 \exp\left(\frac{F}{G_g}M_{O_2}RZ\right) \tag{3-31}$$

将此式积分得：

$$O_2 = G_g C_B^0\left(1 - \exp\frac{F}{G_g}M_{O_2}RZ\right) \tag{3-32}$$

因 $FZ = V_R$（料床体积），且煤气停留时间 $\tau_g = \dfrac{V_R}{G_g}$，代入上式得：

$$\frac{O_2}{V_R} = \frac{C_B^0}{\tau_g}\left(1 - \exp\frac{F}{G_g}M_{O_2}RZ\right) \tag{3-33}$$

即得单位料床体积的还原脱氧量，或反应罐生产率。

从此式可以看出，达到高生产率必须降低煤气停留时间，或降低煤气利用率，HYL 法的生产率与煤气利用率有尖锐矛盾。为了解决这一矛盾，HYL 反应罐法采用 4 个反应罐串联，采取炉料按装料—预热—预还原—终还原轮流制度操作，而煤气则按装卸料—冷却—终还原—初还原的轮流制度操作（图 3-26）。这样，可以部分解决这一矛盾，但 HYL 反应罐法的煤气利用率仍然不高。

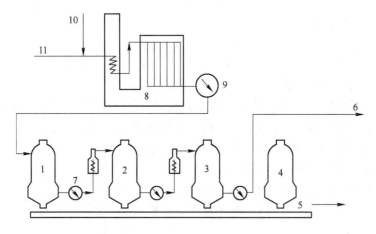

图 3-26   HYL 反应罐法工艺流程

1—冷却喉；2—终还原罐；3—初还原罐；4—卸料罐；5—皮带；6—燃烧煤气；
7—煤气冷却器；8—煤气转化器；9—冷却塔；10—蒸汽；11—天然气

HYL 法的其他缺点是煤气反复冷却加热，全系统热效率不高，产品还原度不均匀（上下偏析）。但是该法设备简单，运转部件少，对天然气转化要求低。由于煤气温度高

（1000℃上），产品含碳高达2%左右，但固有搅拌杆排料，故不怕黏结，因而生产率并不低。HYL法提出一个当量金属化率概念，用其含碳高来抵消还原度低的缺点。

$$当量金属化率 = 金属化率 + 6 \times [C]\%$$

HYL法在天然气便宜的第三世界国家有很大发展。

3.5.2 流态化方法

流态化法还原有两种类型，一种是聚式流态化（浓相流态化），一种是稀相流态化（输送态），后者多应用于液态还原，这将在后面分析。这里仅讨论聚式流态化还原。

铁矿粉用流态化还原具有下列优点：

（1）铁矿粉不需制块而直接用于还原；

（2）细粒铁粉具有较高的还原速度。

铁矿粉用流态化还原也有一系列缺点：

（1）由于矿粒越细越容易黏结，使流态化法的操作温度受到限制，一般流态化温度不超过700℃；

（2）由于还原温度低，煤气中CO可能大量析碳而妨碍操作，因此需要含H_2煤气还原；

（3）低温还原出的铁粉，具有很大的活性，易再氧化甚至自燃，必须钝化处理以便于保存和运输，处理还原铁粉需要一定花费；

（4）虽然细粒矿粉易还原，但由于还原温度低及反应器中炉料填充率低，流态化还原的利用系数并不高。

聚式流态的气流速度可由理论公式计算，但这些公式中流化床孔隙度e和矿石形状因子$Ø$难以确定，一般可用下列经验公式。

计算开始的流化速度u_t：

$$u_t = \frac{d_P(\rho_s - \rho_g)g}{1650\mu} \quad (N_{Re} < 20) \tag{3-34}$$

$$u_t = \frac{d_P(\rho_s - \rho_g)g}{24.5\rho_g} \quad (N_{Re} > 1000) \tag{3-35}$$

式中　ρ_s——矿石密度；

　　　ρ_g——煤气密度；

　　　μ——煤气黏度；

　　　g——重力加速度。

破坏流态化稳定作业的最大流速（淘析速度）u_f的计算公式如下：

$$u_f = \frac{d_P(\rho_s - \rho_g)g}{18\mu} \quad (N_{Re} < 0.4) \tag{3-36}$$

$$u_f = \frac{0.0178[g^2(\rho_s - \rho_g)]^{1/3}d_P}{(\rho_g\mu)^{1/3}} \quad (0.4 < N_{Re} < 500) \tag{3-37}$$

$$u_f = \left[\frac{3.1d_P(\rho_s - \rho_g)g}{\rho_g}\right]^{1/2} \quad (500 < N_{Re} < 2 \times 10^5) \tag{3-38}$$

式中 ρ_g，ρ_s——气流及炉料密度；

μ——气流黏度。

在流态化还原法中，用于流化的煤气量比还原剂和热载体的需要量都大，因此实际煤气量取决于流化需要的煤气量。由上述公式可知，粒度愈大则流化需要的煤气量也愈多，因而生产率愈高。同理，提高压力也有利于提高生产率。图 3-27 示出粒度及压力对流态化反应器生产率的影响。

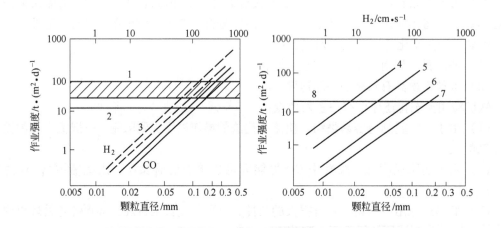

图 3-27 粒度和压力对流态化还原生产率的影响（700℃；1 个大气压）
1—高炉内平均气流速度；2—Nu 铁法流速；3—H 铁法流速；4—35atm；
5—10atm；6—2atm；7—1atm；8—H 铁法操作压力

如果流态化床层中颗粒是均匀的，则反应器中的炉料停留时间 τ_r 很容易确定：

$$\tau_r = \frac{m_b}{u_g} \tag{3-39}$$

式中 u_g——给料速度；

m_b——层床炉料质量。

但实际操作中矿石粒度有一定范围，除大部分炉料是溢流排料外，还有一部分炉料被气体吹出，这种情况下粒度不同的炉料停留时间不一样。粒度 i 的颗粒平均停留时间为：

$$\bar{\tau}_i = \frac{1}{K_{si} + \dfrac{m_i x_i}{m_b x_{bi}}} \tag{3-40}$$

式中 K_{si}——淘析常数，为粒径 i 的矿粒淘析出的速率与料层中粒径 i 的颗粒量之比；

x_i —— i 颗粒在溢流中所占的质量分数；

m_i ——溢流排料速度；

x_{bi} —— i 颗粒在层床上的质量。

一般来说，流化床选择的粒度范围应保持溢流排料占大多数，即淘析常数应很小。排料速度或停留时间的控制取决于需要的还原时间，而还原时间可按微粒还原模型计算：

$$\frac{\mathrm{d}R}{\mathrm{d}\tau_R} = K_c(1 - R)(C_A - C_B/K_s) \tag{3-41}$$

上式合并变量后积分得：

$$K_c\int\frac{\mathrm{d}R}{1 - R} = (C_A - C_B/K_s)\int\mathrm{d}\tau_R \tag{3-42}$$

即

$$\tau_R = \frac{\ln\left(\dfrac{1}{1 - R}\right)}{K_s(C_A - C_B/K_s)} \tag{3-43}$$

在一定还原成分下，可按预定还原度 R 由上式求出还原需要时间 τ_R，此 τ_R 应与流化条件确定的炉料停留时间保持一致，否则达不到产品规定的还原度。由此可以求出流化反应器的加料速度 u_s：

$$u_s = \frac{K_s(C_A - C_B/K_s)m_b}{\ln\left(\dfrac{1}{1 - R}\right)} \tag{3-44}$$

虽然流化床还原使用了很小的粒度（<2mm），但由于还原温度限制在矿粒黏度温度以下，所以还原时间 τ_r 过长是主要的问题。为了增大炉料停留时间 τ_r，以便与 τ_R 接近，通常都采用几个流化床串联。

当流化床加料速度确定，则按照下式可以求出流化床直接还原反应器的利用系数 η_v（t/（m³·d））：

$$\eta_v = \frac{u_s}{V}\frac{w(\mathrm{Fe})_V}{w(\mathrm{Fe})_p}\phi_s \tag{3-45}$$

将 u_s 式代入

则

$$\eta_v = \frac{w(\mathrm{Fe})_V K_s(C_A - C_B/K_s)m_b\phi_s}{w(\mathrm{Fe})_p V\ln\left(\dfrac{1}{1 - R}\right)} \tag{3-46}$$

式中 ϕ_s——炉料填充率；

      V——反应器容积；

$w(\mathrm{Fe})_V$——单位炉料体积铁含量；

      R——预还原度；

$w(\mathrm{Fe})_p$——产品铁含量。

由于填充率 ϕ_s 低及还原速度不高，流态化还原法的利用系数只有 1 左右。流态化还原由于煤气量大大超过还原剂及热载体需要量，因此大大地降低了煤气化学能和热能的利用率。为了克服这些缺点，流态化还原流程中大多采用高压操作和多阶流态化或数个单阶流态化反应器串联，并且煤气多是循环使用。具有代表性的流态化法是 FIOR 法（图3-28）。

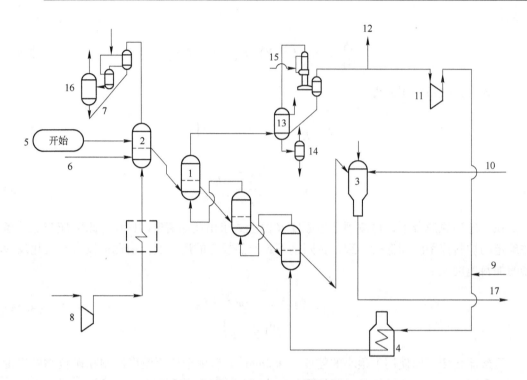

图 3-28   FIOR 法流程图

1—还原反应器；2—预热流化罐；3—卸料罐与压块给料；4—还原气发生炉；5—干燥的矿粉；6—天然气；

7—燃烧气除尘；8—空气及压气机；9—来自制 H_2 厂的合成煤气；10—铁矿返料；11—返回压气机；

12—供燃料气；13—除尘洗涤；14—污水排出；15—一次收尘；16—烟气收尘；17—供压块的铁还原

FIOR 法使用较高的操作温度（730℃）以提高还原速度，使用 $H_2 + CO + N_2$ 的混合煤气还原，煤气由天然气转化产生。用适当加大粒度及喷入防黏剂的办法防止矿粉黏结。由 5 个流化反应器串联，1 号反应器用于矿石预热，2～4 号反应器用于还原，5 号反应器用于冷却部分煤气，煤气经净化处理后返回使用。

FIOR 法技术指标如表 3-9 所示。

表 3-9   FIOR 法操作指标

操 作 指 标		产品成分/%	
利用系数/m³·(t·d)⁻¹	1	TFe	92.4
热耗/J·t⁻¹	18×10^4	MFe	85
动力电耗/kW·h·t⁻¹	40	C	0.7
新水消耗/t·h⁻¹	3.8	S	0.02
矿石粒度		$SiO_2 + Al_2O_3$	3

此外还有 H 铁法，Nu 铁法（HIB）法等。HIB 法曾建成一个年产 100 万吨的工厂，经几年试车未能过关，最后改为生产还原度为 70% 的压块（High Iron Briquette）供高炉使用，年产仅 40 万吨。目前流态化法直接还原炼铁法尚未在工业上普遍应用，但在熔融还原法中常作预还原。

参 考 文 献

[1] 秦明生. 非高炉炼铁[M]. 北京：冶金工业出版社，1988.

[2] 杨天钧，刘述林. 熔融还原技术[M]. 北京：冶金工业出版社，1989.

[3] 杨天钧，黄典冰，孔令坛. 熔融还原[M]. 北京：冶金工业出版社，1998.

[4] 王筱留. 钢铁冶金学[M]. 3版. 北京：冶金工业出版社，2013.

[5] 方觉. 非高炉炼铁工艺及理论[M]. 北京：冶金工业出版社，2010.

[6] 胡俊鸽，高战敏. 煤气化气用于气基竖炉生产DRI技术的进展[J]. 钢铁研究，2010，3：50~53.

[7] 刘松利，白晨光. 直接还原技术的进展与展望[J]. 钢铁研究学报，2011，3：1~5.

[8] 胡俊鸽，周文涛，郭艳玲，等. 先进非高炉炼铁工艺技术经济分析[J]. 鞍钢技术，2012，3：7~13.

[9] 胡俊鸽，吴美庆，毛艳丽. 直接还原炼铁技术的最新发展[J]. 钢铁研究，2006，2：53~57.

[10] 梅瑟D C，李蒙，孙立晏. 直接还原用铁矿的展望（一）[J]. 国外金属矿山，2000，3：43~46.

[11] 吕杏春. 铁矿石直接还原的现状[J]. 浙江冶金，1996，1：42~55.

[12] Hoffman T W，肖南. MIDREX 直接还原炼铁——无损环境之途径[J]. 世界环境，1985，4：39~42.

[13] 邹宗跃. Midrex 直接还原工艺——直接生产洁净钢的方法（Ⅰ）[J]. 山东冶金，1994，5：51~54.

[14] 易明献. 关于 Midrex 工艺原料的研究[J]. 烧结球团，1994，2：44~48.

[15] 徐辉，钱晖，周渝生，等. 南非撒旦那钢厂 COREX 与 DR 联合流程中的 MIDREX 生产工艺[J]. 世界钢铁，2010，2：6~12.

[16] 温大威. 北仑钢铁厂 COREX 工艺及 MIDREX 工艺配矿方案浅析[J]. 宝钢技术，1993，5：27~32.

[17] Baltazar Anderson Willian de Souza, Castro Jose Adilson de. Development of direct reduction CFD mathematical model: Midrex reactor[C]//The Chinese Society for Metals Proceedings' Abstracts of Asia Steel International Conference 2012 (Asia Steel 2012). The Chinese Society for Metals, 2012: 1.

[18] James Mcclelland, 杨辉. Midrex 和神户钢铁转底炉技术入门指导[J]. 南钢科技与管理，2008，3：57~59.

[19] 陈宏. HYLⅢ海绵铁生产技术[J]. 钢铁，1999，11：64~67.

[20] 乔耀文. COREX 熔融还原与 HYL-ZR 直接还原经济分析[C]//2006 年中国非高炉炼铁会议论文集. 2006：65~74.

[21] Duarte P E. Using the HYL process with coke oven gases or syngas for DRI production[C]//2006 年中国非高炉炼铁会议论文集. 2006：140~157.

[22] Duarte P E，代书华，姜鑫，等. HYL（希尔）工艺采用焦炉煤气或合成气生产直接还原铁 DRI[C]//2006 年中国非高炉炼铁会议论文集. 2006：158~173.

[23] Quintero R，叙里. HYL-Ⅲ的最新动态[J]. 烧结球团，1993，6：34~37.

[24] Quintero R，Becerra J，刘树立. 不断进行革新的 HYL-Ⅲ直接还原工艺[J]. 烧结球团，1988，5：60~69.

[25] Quintero R，Elias P，刘树立. 锡卡察厂最新的 HYL-Ⅲ工程[J]. 烧结球团，1990，4：31~36.

[26] Energiron 直接还原设备在阿联酋 Emirates 钢铁公司投产[J]. 烧结球团，2010，5：30.

[27] 闻思修. 一种新的直接还原技术——ENERGIRON 技术[J]. 烧结球团，2009，4：27.

[28] 杨雄飞. Energiron 直接还原炼铁工艺介绍[N]. 世界金属导报，2012-03-20B02.

[29] Duarte P E，Martinis A. 采用 ENERGIRON 工艺利用焦炉煤气或合成气生产直接还原铁（DRI）[C]//2007 中国钢铁年会论文集. 2007：610~612.

[30] 王定武. 达涅利 ENERGIRON 新型直接还原铁装置的成功实践[J]. 冶金管理，2011，7：59~60.

[31] JSPL 新建 Energiron 直接还原铁设备[J]. 烧结球团, 2012, 3: 4.

[32] Duarte P E, Becerra J, 熊林. 联合钢厂采用无碳排放的 ENERGIRON 直接还原方案减少温室气体的排放[J]. 世界钢铁, 2012, 3: 1~8.

[33] 李永全, 陈宏. BL 法煤气基竖炉直接还原工艺的开发[J]. 特殊钢, 1999, 20(6): 40~42.

[34] 梁文阁, 史占彪, 杨天钧. 中国冶金百科全书（非高炉部分）[M]. 北京: 冶金工业出版社, 2001.

4 应用固体还原剂的直接还原方法

4.1 固体碳还原铁矿石的反应

4.1.1 热力学分析

铁氧化物被固体碳还原时，可能发生两种类型的化学反应[1]。

（1）第一类化学反应，如下式：

$$3Fe_2O_3 + \frac{1}{2}C = 2Fe_3O_4 + \frac{1}{2}CO_2 \qquad \Delta H = 14637.0J/mol$$

$$Fe_3O_4 + \frac{1}{2}C = 3FeO + \frac{1}{2}CO_2 \qquad \Delta H = 453833.4J/mol$$

$$FeO + \frac{1}{2}C = Fe + \frac{1}{2}CO_2 \qquad \Delta H = 72808.4J/mol$$

这类反应的特点是生成 CO_2，反应时吸收热量较少，这表明还原剂——固体碳得到了更好地利用。此类反应发生的条件是铁氧化物与还原剂（固体碳）的配比高，反应也要在较高的温度下进行。

以 FeO 被固体碳还原为例：

$$2FeO + C = 2Fe + CO_2 \qquad \Delta G^{\ominus} = 11923.8 - 1286.6T \quad J/mol$$

还原反应要在940℃以上才能发生，但是在实际工业反应器中，固体碳还原反应多处于还原碳过剩的条件下，此时将发生下列反应：

$$2FeO + C = 2Fe + CO_2$$
$$+ \quad CO_2 + C = 2CO$$
$$\overline{\qquad\qquad\qquad\qquad\qquad\qquad}$$
$$2FeO + 2C = 2Fe + 2CO$$

（2）第二类化学反应，在还原碳过剩时，用固定碳还原铁氧化物时会发生：

$$3Fe_2O_3 + C = 2Fe_3O_4 + CO \qquad \Delta H = 108898J/mol$$

$$Fe_3O_4 + C = 3FeO + CO \qquad \Delta H = 194393J/mol$$

$$FeO + C = Fe + CO \qquad \Delta H = 158805J/mol$$

第二类化学反应比第一类化学反应耗热大得多，还原剂没有得到充分利用，反应产物 CO 仍具有很大的还原能力。

实际上用固定碳作为还原剂还原铁矿石时，第二类化学反应一般不容易发生，因为两个固相反应接触面太小，用固体碳还原铁氧化物时，不可能在两个固相间顺利进行。真正的反应过程应按下式进行：

$$\text{FeO} + \text{CO} = \text{Fe} + \text{CO}_2 \qquad\qquad (\text{a})$$

$$+ \quad \text{CO}_2 + \text{C} = 2\text{CO} \qquad\qquad (\text{b})$$

$$\text{FeO} + \text{C} = \text{Fe} + \text{CO} \qquad\qquad (\text{c})$$

由反应 $\text{CO}_2 + \text{C} = 2\text{CO}$ 热力学条件确定的 CO，大于反应 $\text{FeO} + \text{CO} = \text{Fe} + \text{CO}_2$ 确定的 CO 时，反应 $\text{FeO} + \text{C} = \text{Fe} + \text{CO}$ 即可发生，这一关系可由图 4-1 表示。

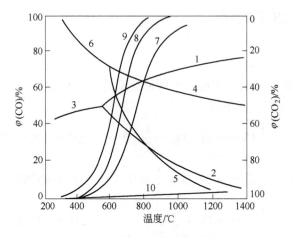

图 4-1　固体碳还原热力学图解

1—$\text{FeO} + \text{CO} = \text{Fe} + \text{CO}_2$；$2$—$\text{Fe}_3\text{O}_4 + \text{CO} = 3\text{FeO} + \text{CO}_2$；$3$—$\frac{1}{4}\text{Fe}_3\text{O}_4 + \text{CO} = \frac{3}{4}\text{Fe} + \text{CO}_2$；

4—$\text{FeO} + \text{H}_2 = \text{Fe} + \text{H}_2\text{O}$；$5$—$\text{Fe}_3\text{O}_4 + \text{H}_2 = 3\text{FeO} + \text{H}_2\text{O}$；$6$—$\frac{1}{4}\text{Fe}_3\text{O}_4 + \text{H}_2 = \frac{3}{4}\text{Fe} + \text{H}_2\text{O}$；

7—$\text{CO}_2 + \text{C} = 2\text{CO}$（在 5 个大气压下）；$8$—$\text{CO}_2 + \text{C} = 2\text{CO}$（在 1 个大气压下）；

9—$\text{CO}_2 + \text{C} = 2\text{CO}$（在 0.5 个大气压下）；$10$—$\text{Fe}_2\text{O}_3 + \text{CO} = \text{Fe}_3\text{O}_4 + \text{CO}_2$

FeO 被固体碳开始还原的温度应是反应 $\text{CO}_2 + \text{C} = 2\text{CO}$ 与反应 $\text{FeO} + \text{CO} = \text{Fe} + \text{CO}_2$ 平衡气相成分的交点，$p_{\text{CO}_2} + p_{\text{CO}} = 1.01325 \times 10^5 \text{Pa}$（1 个大气压）时为 685℃，而 Fe_3O_4 被 C 还原的开始温度为 $\text{CO}_2 + \text{C} = 2\text{CO}$ 与 $\text{Fe}_3\text{O}_4 + \text{CO} = 3\text{FeO} + \text{CO}_2$ 的交点，即 645℃。此温度与压力有关，压力愈高直接还原温度也愈高。

当用 H_2 作还原介质时，直接还原 FeO 的开始温度大约要提高 30℃ 左右。而直接还原 Fe_3O_4 的开始温度甚至要提高到 810℃。

4.1.2　动力学分析

固体碳还原式（a）的速度取决于（b）、（a）两式的综合影响，由式（a）知道，还原速度 $\dot{R}_a$ 值由下式确定[1]：

$$\dot{R}_a = \dot{R}_a\left(\varphi(\text{CO}) - \frac{\varphi(\text{CO}_2)}{K_a}\right) \qquad\qquad (4\text{-}1)$$

式中　$\dot{R}_a$——纯 CO 气氛下还原铁矿石的速度；

$\quad\quad K_a$——CO 还原铁矿石的平衡常数。

式（b）还原速度 $\dot{R}_b$ 为：

$$\dot{R}_b = M_c\dot{R}_b[\varphi(CO_2) - \varphi(CO)^2/K_b] \tag{4-2}$$

式中 M_c——配碳比；

　　　　$\dot{R}_b$——纯 CO_2 气氛下式（b）的反应速度；

　　　　K_b——$CO_2 + C = 2CO$ 反应的平衡常数。

当式（a）及式（b）合并成式（c）时，两式中 CO_2 相等，而且可知 $\dot{R}_b = \dot{R}_a$。由式（4-2）知：

$$\varphi(CO_2) = \frac{\dot{R}_b}{M_c\dot{R}_b} + \frac{\varphi(CO)^2}{K_b}$$

代入式（4-1），则得出固体碳还原速度 $\dot{R}_c$：

$$\dot{R}_c = \dot{R}_b = \frac{\dot{R}_a\varphi(CO)\left(1 - \dfrac{\varphi(CO)}{K_aK_b}\right)}{1 + \dfrac{\dot{R}_a}{\dot{R}_bK_aM_a}} \tag{4-3}$$

由式（4-3）分析知，固体碳还原速度取决于 $\dot{R}_a$、$\dot{R}_b$ 及 M_c。

（1）当 $\dot{R}_b$ 较大时，固体碳还原速度特性取决于气体 CO 还原反应，$\dot{R}_b$ 趋于无限大时，固体碳的最大还原速度等于纯 CO 气的还原速度。

（2）当 $\dot{R}_b$ 较小时，则固体碳还原速度取决于碳的气化速度，而当 $\dot{R}_b$ 趋近于 0 时，则 $\dot{R}_c$ 趋近于 0。

（3）当 $t > 900℃$ 后，CO 趋近于 100%，而 CO_2 趋近于 0，则

$$K_e = \frac{\varphi(CO)}{\varphi(CO_2)} = \infty$$

则

$$\dot{R}_c = \frac{\dot{R}_a\varphi(CO)}{1 + \dfrac{\dot{R}_a}{K_a\dot{R}_bM_c}} \tag{4-4}$$

此即铁矿石"直接"还原速度。

一般情况下，$\dot{R}_b$ 是碳还原的决定性环节，由于碳的气化反应是动力控制范围，因而温度、碳的反应活性及配碳量是碳还原反应最重要的因素（图4-2及图4-3）[1]。

图4-3是根据式（4-4）计算出的结果，可以看出固体碳还原速度与温度的关系十分敏感，而固体碳还原速度要达到明显的程度时，一定要高于一定的温度水平；而且煤的反应性愈差，要求的还原温度愈高。值得注意的是，两种还原性能差别很大的铁矿石，用同

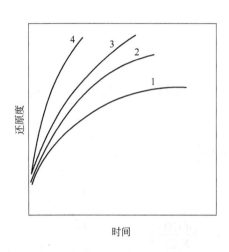

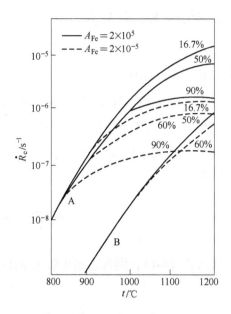

图 4-2   配碳量对碳还原的影响（还原温度 1007℃）

1—$x(Fe_2O_3) : x(C) = 1 : 1.5$；

2—$x(Fe_2O_3) : x(C) = 1 : 2.25$；

3—$x(Fe_2O_3) : x(C) = 1 : 3$；

4—$x(Fe_2O_3) : x(C) = 1 : 9$

图 4-3   各种因素对固体碳还原速率的影响

（图中铁反应性指数：$A_{Fe} = 2 \times 10^5$ mol/s；

A 组碳反应性指数：$A_C = 0.4 \times 10^{15}$%/s；

B 组碳反应性指数：$A_C = 0.4 \times 10^{13}$%/s；

图上百分数指不同还原度时的还原速度）

一种反应性的煤还原时，其还原速度相差不会很多；而还原性相同的铁矿石用反应性不同的煤还原，其固体碳还原速度常常与煤的反应性呈正比关系。

另一个重要影响是气化反应的触媒效应。Li、Na、K、Fe 等元素都能对气化反应有催化效果，因而也能加快碳的还原反应；与此同时，当用碳还原铁矿石时，在 $R > 33.3\%$ 后会出现金属铁，由于活性新生态铁的触媒效应，也能明显加快固体碳的还原速度（图 4-4）。

图 4-4 还示出，当固体碳还原时，随还原反应的进行，还原速度在 20% ~ 40% 之间可能发生转折，其原因与气体还原类似，是因为 $Fe_2O_3 \rightarrow FeO$ 阶段还原容易进行，而从 FeO 开始还原就比较困难，只有在新生铁的触媒效应产生后，才能明显进行还原反应。

作为还原剂的碳与铁矿石的接触紧密程度，也能有效地影响固体碳的还原：粉状物混合与块状物混合相比，还原速度相差 5 倍；若把还原用的炭粉与矿粉压制在一起，更能进一步改善还原。紧密接触的还原炭粉-矿粉混合体做成的炉料，置于中性气氛，甚至氧化气氛中，混合料层中常常仍然能保持局部的还原气氛，在温度足够高的条

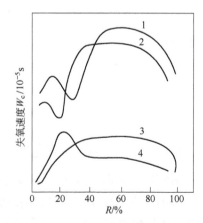

图 4-4   固体碳还原特性

1—矿粉-石墨混合压制；2—矿粉-石墨混合粉不压制；3—球团-石墨混合；4—球团-石墨分开

件下，仍然能使还原反应很好进行。

在1000℃以上，即使在氧化度很高的贫煤气中，含碳球团也能很好还原；但在900℃以下，含碳球团的还原反应比较缓慢。如果矿粉配到理论上完全还原的碳量（20%左右），则在1200℃以上，可于15min内就达到95%以上的金属化率；当然还原程度与温度有重大关系，这一关系经常取决于煤炭的反应活性。

4.2 回转窑法

4.2.1 回转窑法工艺原理

4.2.1.1 回转窑法炼铁过程

回转窑是最重要的固体还原剂直接还原工艺[2~4]，其工作原理如图4-5所示。利用回转窑还原铁矿石可按不同作业温度生产海绵铁、粒铁及液态生铁，但以低温作业的回转窑海绵铁法最有意义。

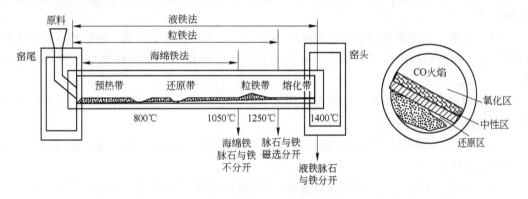

图4-5 回转窑工作原理示意图

由细粒煤（0~3mm）作还原剂，0~3mm的石灰石或白云石作脱硫剂及块状铁矿（5~20mm）组成的炉料由窑尾加入，因窑体有4%的倾斜度，在窑体以4r/min左右的速度旋转时，炉料被推着向窑头行进。

窑头外侧有烧嘴燃烧燃料（煤粉、煤气或者燃油），燃烧废气则由炉尾排出，炉气与炉料逆向运动，炉料在预热段加热、水分蒸发及石灰石分解，达到800℃后，在料层内进行固体碳还原，如图4-6所示。

回转窑内反应放出的CO在氧化区被氧化，并提供还原反应所需的热量。在还原区与氧化区中间有一个由火焰组成的中性区，炉料表面仅有不甚坚固的薄薄的氧化层，炉料随着窑体翻转再次被还原，有的回转窑设有沿炉体布置并随炉体转动的烧嘴，通入空气以强化燃烧还原放出的CO。

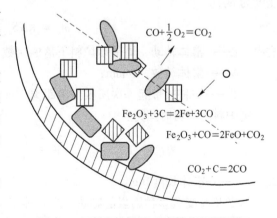

图4-6 回转窑内铁矿石还原过程示意图

按照炉料出炉温度，回转窑可以生产海绵铁、粒铁及液态生铁。但回转窑海绵铁法是应用最广泛的回转窑冶金工艺。

根据前面固体碳还原分析，在回转窑中炉料必须被加热到一定温度才能进行还原反应，因此炉料的加热速度（预热段长度）对回转窑的生产效率有重要影响，为了加速炉料预热，减少甚至取消回转窑的预热段，在有些回转窑的前面配置了链箅机。链箅机不仅能把炉料预热，也可以使生球硬化到一定程度，允许回转窑直接使用未经焙烧的生球。链箅机使用的能源是回收的回转窑尾气。只有当炉料加热到 800℃ 以上时才能开始还原出海绵铁。

回转窑窑内进行的反应过程，可以按炉料运动、传热、还原反应及杂质的气化分别加以分析。

4.2.1.2　回转窑内炉料运动

A　炉料在回转窑内运动的方式[1]

随着回转窑的转动，窑中的固体炉料产生运动。沿断面的转动方向上炉料运动有如下几种形式：

（1）滑落。如果炉料与炉衬之间的摩擦力太小，不足以带动炉料，则炉料不断产生上移和滑落，而且炉料颗粒并不混合，在这种情况下，炉料与气流的传热处于近似停滞的状态。

（2）塌落。炉料与炉衬之间有足够的摩擦力，当回转窑的转速很小时，则炉料反复被带起，达到一定高度而塌落。

（3）滚落。当回转窑转速加快时，则炉料由塌落进入到滚落状态，这是回转窑正常工作时的运动状态。

（4）瀑布型下落。进一步加快转速时，带动的炉料则离开料层，形成瀑布型下落。

（5）离心转动。转速过快时，则炉料随窑壁离心转动而不落下，这是不允许在回转窑内出现的状况。

正常情况下回转窑应该处于塌落、滚落和瀑布型下落三种状态混合或互为消长之中。

B　炉料在回转窑中的停留时间

由于回转窑不断转动，炉料与窑壁有摩擦力，炉料不断被推进。炉料的轴心方向推进速度为 ω_s：

$$\omega_s = KNS \quad \text{m/min}$$

式中　K——窑体转动一周带动炉料下落的次数；

　　　N——窑体转数，r/min；

　　　S——炉料被带起一次所推进的距离，m。

则炉料的停留时间为：

$$\bar{\tau} = \frac{L}{\omega_s} = \frac{L}{KNS}$$

式中　L——窑体长度，m。

但 S 及 K 受到多种因素的影响，难以确定，故上式不能用于定量计算，仅有助于定性分析炉料的运动特性。一般可用经验公式确定炉料在回转窑中的停留时间 $\bar{\tau}$。

对于粉料常用 Warner 公式：

$$\bar{\tau} = \frac{1.77\sqrt{\theta}}{PND}$$

式中　θ——炉料堆角，rad；

　　　P——窑体斜度，rad；

　　　D——窑径，m。

对于颗粒炉料则适用 Bayard 公式：

$$\bar{\tau} = \frac{(\theta + \theta' + 24)}{5.16NDgP}$$

式中　θ'——炉料在窑中转动造成的堆角增量，一般可由下式求出：

$$\theta' = \frac{N}{\sqrt{\dfrac{g}{R}}}$$

　　　R——窑半径，m；

　　　N——窑转速，rad/min；

　　　g——重力加速度。

适用球团矿为原料的回转窑用 Bayard 公式比较合适，而回转窑的利用系数 η_v 为：

$$\eta_v = \frac{24}{\bar{\tau}} \frac{w(Fe)_V}{w(Fe)_p} \psi$$

式中　ψ——填充率，%；

　　　$\bar{\tau}$——总停留时间，s；

$\dfrac{w(Fe)_V}{w(Fe)_p}$　$\dfrac{每立方米炉料的含铁量}{产品含铁量}$ = 每立方米炉料的出铁量，t/m³。

4.2.1.3　回转窑内的传热过程

回转窑中炉料必须预热到 800℃ 才能开始金属铁的还原，有时炉料的预热段占用炉长达 40%，严重妨碍生产效率的提高，因此加速炉料预热段热交换对于回转窑的作业指标有着重要的意义。

预热段（800℃ 以下）只能进行 Fe_2O_3 及 Fe_3O_4 的还原，其反应的热效应很小，甚至可以忽略不计，预热段可视作纯粹的传热过程。根据在实验回转窑中的测定，在海绵铁回转窑条件下，窑尾部分由于炉气温度低，辐射热不超过 50%，但是由于气流和炉料的温差大，气流和炉料之间的对流传热相当大，约占 30%，而炉墙对炉料的传热也可以达到 30%；窑头部分炉气温度高，辐射热可达 80% 以上，而由于气流和炉料之间的温差小，对流传热比重降低（约 10%），炉墙对炉料的直接传导传热，可能降低到最小的程度（不足 5%）。

回转窑内的炉料和炉气是逆流运动，主要有五种传热方式[1]：（1）气流—炉料间的对流传热；（2）气流—炉料间的辐射传热；（3）炉墙—炉料间的辐射传热；（4）气流—炉墙间的辐射传热；（5）炉墙—炉料间的传导传热。

按五种传热途径列出五个传热方程，然后再与热平衡方程联立求解，即可得到描述炉料温度变化的传热数学模型，不过这种方法比较繁琐。

下面讨论另一种比较简单的与竖炉类似的逆流传热数学模型。

设回转窑内预热段炉料接受的热量为 Q，则

$$Q = \alpha A'(t_u^w - t_s) + \beta A(t_g - t_s) + \gamma_g A(t_g - t_s) + \gamma_w A(t_w - t_s)$$

式中　A——炉料与气流间弧面积，m^2；

　　　α——传导传热系数；

　　　A'——炉料与炉墙之间的弧面积，m^2；

　　　β——对流传热系数；

　　　t_g——炉气温度，$℃$；

　　　γ_g——辐射传热系数（气流）；

　　　t_w——炉墙温度，$℃$；

　　　γ_w——辐射传热系数（炉墙）；

　　　t_s——炉料温度，$℃$。

在回转窑中 A' 略大于 A，但 t_g 略大于 t_w，故可以近似认为：

$$\alpha A'(t_w - t_s) \cong \alpha A'(t_g - t_s)$$

另外根据辐射传热系数的定义：

$$\gamma_{g(w)} A(t_g - t_s) = \gamma_g A(t_g - t_s) + \gamma_w A(t_w - t_s)$$

$$\gamma_{g(w)} = \frac{G\left[\left(1 - \dfrac{T_g}{100}\right)^4 - \left(1 - \dfrac{T_s}{100}\right)^4 \right]}{t_g - t_s}$$

所以 Q 可以通过下式求出：

$$Q = (\alpha + \beta + \gamma_{g(w)})(t_g - t_s)A = \overline{K}_h A(t_g - t_s)$$

式中，综合传热系数 $\overline{K}_h = \alpha + \beta + \gamma_{g(w)}$。

在回转窑内取一段微元，按热平衡式得：

$$G_g S_g \mathrm{d}t_g = \overline{K}_h A(t_g - t_s)\mathrm{d}x \quad （对气流）$$

$$G_s S_s \mathrm{d}t_s = \overline{K}_h A(t_g - t_s)\mathrm{d}x \quad （对炉料）$$

这与竖炉气-固相间逆流热交换式相同，这样可以推导得出：

$$t_s = \frac{1}{1 - F}\left\{ (t_g' - Ft_s') - (t_g' - t_s')\exp\left[\left(\frac{1}{G_g C_g} - \frac{1}{G_s C_s}\right)\overline{K}_h AL \right] \right\}$$

$$t_g = F(t_g' - Ft_s')\exp\left[\left(\frac{1}{G_g C_g} - \frac{1}{G_s C_s}\right)\overline{K}_h AL \right] + (t_g' - Ft_s')$$

$$F = \frac{G_s C_s}{G_g C_g}$$

式中　t_g'——煤气出口温度，$℃$；

　　　t_s'——炉料入口温度，$℃$。

当入窑炉料温度 $t_s' = 0$ 时，可导出炉料温度 t_s 的变化为：

$$t_s = \frac{G_g C_g}{G_g C_g - G_s C_s}\left\{t'_g - t'_g \exp\left[\left(\frac{1}{G_g C_g} - \frac{1}{G_s C_s}\right)\overline{K}_h AL\right]\right\}$$

如预热段炉料温度按升高至800℃考虑，则可以求出预热段长度 L_h 为：

$$L_h = \frac{1}{\overline{K}_h A}\ln\left[\frac{\left(\frac{1}{G_g C_g} - \frac{1}{G_s C_s}\right)t'_g - 800}{\left(\frac{1}{G_g C_g} - \frac{1}{G_s C_s}\right)t'_g}\right]$$

虽然回转窑与竖炉的传热模型相同，而且两者的传热系数 $\overline{K}_h$ 也属于同一个数量级，但是回转窑的传热面积 A 比竖炉小得多。在一般窑炉尺寸下，单位长度上竖炉的传热面积与回转窑相比，有数量级的差距，因此回转窑中炉料与煤气传热很慢，预热段较长，有时可达全长的40%，成为回转窑作业的主要障碍。

减少预热段的长度可以从以下几个方面进行分析[1]：

（1）增大加热面积 A。A 的实际意义是比表面积，即单位体积（质量）的气-固相间的热交换面积。在回转窑中只有减少炉料的填充率才能有效地增大加热面积 A。因此，一般回转窑炉料的填充率都不大于20%，但是过度缩小填充率则会使还原条件变坏，因为还原区将减小和再氧化表面积扩大。所以扩大比表面积 A 的作用是很有限的。

（2）增加传热系数 $\overline{K}_h$。传热方式共有五种，但是以气流与炉料表面的对流传热为主（70%），其次是气流与炉墙对炉料表面的辐射传热（25%）。由于回转窑操作温度受到限制，以及气流流速不能过大，增加 $\overline{K}_h$ 的可能性也是不大的。如果有条件，在窑头喷射有"辉焰"的燃料，增大火焰的辐射能力，会有利于回转窑中的热交换。

实际作业中最常用的是提高尾气温度，这是可以有效缩短预热段长度的方法。回转窑的尾气温度不能低于500℃，否则将使预热段的长度过长；但过高的尾气温度也不可能无限制地有效缩短预热段的长度。一般回转窑的尾气温度控制在600℃到800℃之间。由于废气量大，回转窑废气温度升高将造成热效率降低，因此回转窑废气热能的回收是一个值得研究的重要问题。

4.2.1.4 回转窑的还原过程

A 还原过程的数学模拟

还原段的传热情况和预热段相同，但在800℃以上 FeO 开始还原反应，其反应的热效应应该予以考虑，所以还原段的数学模型应结合固体碳还原速率方程来讨论。

$$\frac{dR}{d\tau} = \frac{\dot{R}_a \varphi(CO)\left(1 - \frac{\varphi(CO)}{K_a K_b}\right)}{1 + \frac{1}{K_a}\frac{\dot{R}_a}{\dot{R}_b M_c}}$$

在回转窑中，由于是在混合料层内过剩碳的条件下还原，且还原温度在900℃左右，因此可以近似认为 CO 趋近于100%，而 K_b 趋近于无穷大，故上式可以改写为：

$$\frac{dR}{d\tau_R} = \frac{\dot{R}_a}{1 + \frac{1}{K_a}\frac{\dot{R}_a}{\dot{R}_b M_c}}$$

或

$$\frac{\mathrm{d}R}{\mathrm{d}\tau_R} = \frac{\dot{R}_b \dot{R}_a K_a M_c}{K_a M_c \dot{R}_b + \dot{R}_a}$$

分离变量后积分可得：

$$\int \mathrm{d}\tau_R = \int \frac{\mathrm{d}R}{\dot{R}_b K_a M_c} + \int \frac{\mathrm{d}R}{\dot{R}_a}$$

$$\tau_R = \int \frac{\mathrm{d}R}{\dot{R}_b K_a M_c} + \int \frac{\mathrm{d}R}{\dot{R}_a}$$

由此可以看出，回转窑中的还原时间为纯 CO 还原铁矿石的时间，再加上一段碳气化所需要的时间。

回转窑内还原气体以 CO 为主，按照前面分析 $\dot{R}_a$ 在回转窑条件下为内扩散控制，而在还原段温度、压力可视为常数，故扩散系数 D_e 也可以视为常数，则 $\dot{R}_a$ 可列成下式：

$$\dot{R}_a = \frac{3BD_e}{\gamma_0^2 \rho_0 [(1-R)^{-1/3} - 1]}$$

$\dot{R}_b$ 采用化学动力学控制模型：

$$\dot{R}_b = A\exp\left(-\frac{E}{R^\circ T}\right)$$

把 $\dot{R}_a$ 和 $\dot{R}_b$ 带入积分式可求出达到一定还原时矿石在还原段的停留时间为：

$$\tau_R = \int_0^{R'} \frac{\mathrm{d}R}{A\exp\left(-\dfrac{E}{R^\circ T}\right)K_e M_c} + \int_0^{R'} \frac{\gamma_0^3 \rho[(1-R)^{-1/3} - 1]\mathrm{d}R}{3BD_e}$$

当温度一定时 K_e 为常数，当 M_c、γ_0、D_e 及 ρ_0 均为常数时，则还原到 R' 的时间为：

$$\tau_R = \frac{R'}{A\exp\left(-\dfrac{E}{R^\circ T}\right)K_e M_c} + \frac{\gamma_0' \rho_0}{3D_e}\left[\frac{1}{2} - \frac{1}{3}R' - \frac{1}{2}(1-R')^{2/3}\right]$$

式中　R'——产品还原度，%；

　　　　A——碳反应性常数；

　　　　B——铁矿石的还原性常数。

在回转窑的操作温度下（900~1000℃）矿石的还原速率很快，因此碳的气化反应成为回转窑还原过程中的限制性环节。

B　影响回转窑还原的因素[1]

（1）碳的反应性（R_b）。碳的反应性常常具有重大的影响。一般条件下，碳的气化反应成为回转窑中还原过程的限制环节。反应性不良的无烟煤及焦粉作还原剂时，回转窑生产率严重降低，这时需要提高操作温度，而提高温度又容易造成结圈事故。

（2）配碳量。配碳量越高，一般而言，还原越快。当使用无烟煤作还原剂时，为了保证一定的还原速度，常配加过剩碳量，为理论值的 100% ~200% 。

（3）温度。温度对还原及碳的气化都有促进的效果，尤其对碳的气化效果明显。当还原剂反应性不好时，温度的提高尤其重要，但是提高温度受限于灰分熔点及矿石的软化点。因此使窑内温度有控制地达到可能最高的极限，是重要的操作原则。

（4）填充率。填充率提高后，即减少矿石的氧化程度，有利于矿石的还原。

（5）触媒效应。添加有效的催化剂（如 Li、Na、K 等）或使催化剂与还原剂接触条件改善，如使用含碳球团，可以大大改善还原过程。

当根据传热模型求出回转窑内预热时间 τ_h 及根据还原模型求出回转窑还原时间 τ_R 后，可以确定矿石在回转窑中的总停留时间 τ_Σ ：

$$\tau_\Sigma = \tau_h + \tau_R$$

并可确定回转窑的生产效率，即回转窑利用系数 η_v ：

$$\eta_v = \frac{24}{\tau_\Sigma} \varphi_s \frac{w(Fe)_V}{w(Fe)_p} \quad t/(m^3 \cdot d)$$

由上式看出，停留时间的缩短（意味着还原及热交换加快）能增加回转窑的生产率。但是某一因素如果同时使 φ_s 和 $w(Fe)_V$ 降低，则可能引起相反的效果，最明显的因素是增大配碳比，这虽然使还原加快，τ_R 减小，但由于碳的密度小体积大，增加配碳比将会显著地减小每立方米炉料中的含铁量。其结果是配碳比增加到一定程度后，回转窑的生产率反而降低。

提高填充率 φ_s 也有矛盾的效果。虽然填充率 φ_s 提高有利于减少 τ_R ，但却使传热条件变坏，而使 τ_h 增大，总的效果并不明显。只有在使用链箅机进行预热炉料时，提高 φ_s 才有明显的效果。

4.2.1.5 回转窑对硫及有害杂质的去除

回转窑中燃料及矿石都带入硫，在高温下，硫大部分转入气流中，由于回转窑气流中 H_2 含量很少，气态硫以 COS 为主，而 COS 既可以被 CaO 吸收也可以被 Fe 吸收：

$$CaO + COS \Longrightarrow CaS + CO_2$$

$$Fe + COS \Longrightarrow FeS + CO$$

没有被吸收的 COS 则被排出窑外，气化脱除的硫可占总脱除量的 20% ~50% ，但 CaO 比 Fe 吸收 COS 的效果更好，因此炉料中的 CaO 越多，则气化脱硫率也就越低。

遗留在窑中的硫呈现 CaS 或者 FeS 的形式，如炉料中多加 CaO，CaO 吸收硫的反应大量发展，则气流中的 p_{COS} 降低，但要注意也有可能产生气相脱硫的逆向反应：

$$FeS + CO \Longrightarrow Fe + COS$$

回转窑中的燃料中的硫首先被 Fe 所吸收，而使矿石中的含硫量升高，只有在大量加入的脱硫剂（石灰石或白云石）在高温下分解成 CaO 后，才能使气氛中的 p_{COS} 大幅度降低，从而进行 FeS 的脱除，使铁中的硫含量降低。

按照上述回转窑中 CaO 脱硫的机理，这一过程按照 $CaO + COS = CaS + CO_2$ 和 $Fe + COS = FeS + CO$ 进行，两式综合则得到如下反应：

$$CaO + FeS + CO \rightleftharpoons Fe + CaS + CO_2$$

此式在回转窑作业温度下平衡常数很大，因此在回转窑中加入 CaO 或者（$CaCO_3$）能很好脱硫。但是应该注意，MgO 在 900℃ 时并不能进行类似的反应，因而不能作为脱硫剂，这是因为白云石中的 CaO 能吸收硫，而白云石在焙烧后仍有良好的强度，粒状含硫的白云石易于和海绵铁分开。

但是脱硫剂 CaO 加入回转窑也有一系列不利的效果，如：（1）减少硫的挥发率；（2）增加燃料消耗，同时增加入炉的硫量；（3）降低炉料含铁量，从而降低生产率。

因为回转窑中有相当大的不填充炉料空间，气流可以不受阻碍地排出，加之废气温度高（高于 600℃），气化温度低的物质可能以气态排出或冷凝成粉末随气流排出。一般氧化物沸点都较高不易气化，只有那些易被还原而其元素或低价氧化物沸点又低的物质才能被大量地挥发出去。

4.2.2 回转窑法典型工艺介绍

4.2.2.1 回转窑法概述

回转窑是最重要的固体还原剂直接还原工艺，目前在全世界的煤基直接还原炼铁工艺中，回转窑流程约占 95% 以上。回转窑工艺有三种，可以分为一步法、二步法和冷固球团法。

一步法是指把细磨铁精矿造球，在链算机上干燥、900℃ 预热后，直接送入回转窑进行固结和还原，所有工序在一条流水线上连续完成。

二步法是将上述工艺过程分两步来完成，即先把铁精矿造球，经 1300℃ 高温氧化焙烧制成氧化球团；然后再将氧化球团送入回转窑进行还原。两个工艺可以分别在两地独立进行，故称二步法。

冷固球团法是在铁精粉中加入少量特制的复合型黏合剂造球，在 200℃ 左右干燥固结后送入回转窑进行还原，省去了高温焙烧氧化固结过程。

自 2009 年，全球由煤基回转窑法生产的直接还原铁占直接还原铁总产量的比例超过 25%。2010 年全球煤基法回转窑生产的直接还原铁约为 1800 万吨，占直接还原铁总产量的 25.70%。回转窑法主要在印度得到了快速发展，除了原有的一些大型回转窑外，印度近年来新建产能 1.0~3.0 万吨/年的回转窑 300 多条，并投入运行，其生产数据难以准确统计。据印度直接还原铁协会估计，印度现有回转窑总产能约为 2500 万吨/年，煤基法回转窑 DRI 产量占印度 DRI 总产量的 70%。此外，南非、巴西、秘鲁等国家也有工业化生产线，但发展缓慢。

我国有直接还原回转窑生产线，但因原料短缺、运行成本等原因现均已停产。煤基直接还原回转窑技术是成熟的，但回转窑法，尤其是小型回转窑存在能耗高（DRI 煤耗大于 1.0~1.5t/t）、运行稳定性差、难以实现自动化、单位产能投资高等问题，不可能成为直接还原铁生产发展的主导方向。

4.2.2.2 SL-RN 法

回转窑法最著名的为 SL-RN 流程，它是由 SL 流程和 RN 流程结合而成的。开发者为加拿大的 Stell 公司、德国的 Lurgi 公司、美国的 Republic steel 公司和 National lesd 公司，

SL-RN 即这四个开发者的首字母。该流程于 1954 年开发完成，1969 年实现工业化，在澳大利亚建成第一座 30m 的 SL-RN 工业生产回转窑，此后得到了较快的发展。

图 4-7 为南非 Iscor 公司的 SL-RN 工艺流程示意图。它使用非焦煤生产高金属化率的海绵铁，对铁矿石的入窑粒度要求较高（5~15mm），对煤的品质也有一定的要求。其还原温度为 1000℃ 左右，物料在回转窑中的停留时间为 10~20h。

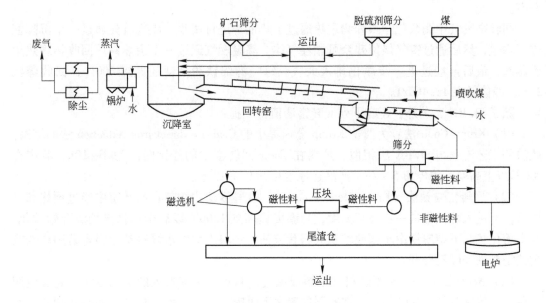

图 4-7　SL-RN 工艺流程示意图

对于 SL-RN 工艺来说，它可以利用煤为还原剂，能够得到金属化率在 93% 左右的海绵铁。但是它也有很多问题，首先是它的结圈问题一直以来都困扰着 SL-RN 的发展；另外它的效率很低，还原速度过慢也会影响它的进一步发展；能耗高是它的另一问题：海绵铁一次煤耗达 1000kg/t。

回转窑既可以处理块矿，又可以处理粉矿。Iscor 的回转窑使用粒度为 5~15mm 的 Sishen 天然块矿。还原煤为 Witbank 烟煤，粒度小于 12.5mm。其中 80% 与矿石一起自窑尾加入，其余 20% 自窑头喷入。此外还要使用粒度为 1~3mm 的白云石作脱硫剂。

铁矿石、脱硫剂和还原煤（包括返煤）自窑尾加入回转窑。以窑体的转动为动力，炉料缓慢向窑头运动，温度逐渐升高。炉料温度达到一定的水平时，矿石中铁的还原反应开始发生，并随着温度的提高越来越剧烈。完成还原反应的产品自窑头排出回转窑。这一过程约需要 10~20h。

回转窑窑头装有主燃烧器，以煤为燃料为窑内提供热量。窑身备有 8 个二次风机和二次风管。二次风管开口在回转窑轴线位置，吹入的助燃空气可烧掉气相中的 CO、H_2 和还原煤放出的挥发分。通过调节不同部位的二次风量可方便地控制窑内的温度分布。在接近窑尾的部位还设有一组埋入式送风嘴，以提高炉料升温速度。窑内温度分布通过装设在窑壁按窑身长度分布的热电偶组监测。

炉料自回转窑排出后，进入一个用钢板制作的冷却筒。冷却筒直径 3.6m，长 50m，坡度2.5%。冷却水喷淋在旋转的筒壁上，对海绵铁间接进行冷却。冷却炉料排出后首先进行筛分，分成小于1mm、1~3mm和大于3mm三个粒级。三个级别的炉料分别进行磁选。海绵铁产品由三部分组成：大于3mm的磁性物、1~3mm的磁性物冷压块和小于1mm的磁性物冷压块。压块以石灰和糖浆作黏结剂。三种产品的比例和矿石性质，特别是与低温还原粉化率有关。使用Sishen矿时，大于3mm部分的比例接近90%，金属化率在95%左右。

回转窑废气中剩余化学热和物理热通过余热锅炉进行回收。废气首先通过一个沉降室进行除尘，然后通过空气烧掉残余可燃性气体。高温燃气通过一个余热锅炉回收物理热生产蒸汽，最后再经过进一步净化排入大气。每吨海绵铁约消耗还原煤800kg，回收蒸汽2.3t，净能耗在13.4GJ/t。

除了SL-RN工艺外，还有下列回转窑法值得一提：

（1）Krupp-Codir法：为西德Krupp公司提出的Coal ore direct iron reduction法的缩写。此法的工艺流程与SL-RN法相似。炉料在Codir回转窑中的停留时间为8~10h，其中在900℃以上高温区能停留5~7h，产品还原度可达92%以上。

（2）回转窑粒铁法（Krupp-Renn Process）：在粒铁法中炉料在回转窑中经过预热和还原后，再进入粒铁带进一步提高温度，当温度提高到1200℃以后金属铁与炉渣开始软化，在半熔化状态下金属铁由小颗粒堆积成卵状粒铁，炉料出炉经水淬冷却后很容易用磁选或重选把粒铁和脉石分开。

（3）Accar法：是一种把燃料（油料或煤气）自炉料下部喷入的美国方法。此法使用一种自动控制系统，使炉体烧嘴在料层位置之下时喷入燃料，而在料层上面空间则喷入空气，据称这样可以改善料层还原。加拿大将一座大型SL-RN回转窑改为此系统。

（4）SDR法：是日本处理钢铁厂粉尘的方法，特点是粉料加1%皂土造球，低温（250℃）干燥硬化后加入回转窑，回转窑操作温度较高以促进炉料中Zn的挥发，产品经水淬冷却。

（5）SPM法：也是日本处理钢铁厂粉尘的方法，特点是粉料不造球直接入窑，而在窑内烧结成球，出窑后水淬。

（6）川崎法：采用链箅机-回转窑工艺用于处理钢铁厂的粉尘。生球在链箅机上950℃下进行干燥、预热，在1200℃的回转窑内进行还原，并回收粉尘中的其他有价元素。

4.3 转底炉法

4.3.1 概述

目前，世界上炼铁工艺主要分为三类：高炉法、直接还原法和熔融还原法[5,6]。其中，由熔融还原法和直接还原法生产的铁产量的比例虽然较低，但其发展速度则呈逐年增加的趋势。直接还原工艺根据还原剂种类不同，可以分为气基直接还原和煤基直接还原两大类。煤基直接还原主要包括回转窑法、转底炉法等。

表4-1示出了2001~2011年世界不同工艺直接还原铁的产量[5]。2011年世界直接还原铁（DRI/HBI）的产量约7332万吨，较2010年产量增长3.74%，约占全球铁产量的6.31%。

表 4-1　2001~2011 年世界各工艺直接还原铁产量　　　　　　　（Mt）

名　称	2001 年	2002 年	2003 年	2004 年	2005 年	2006 年	2007 年	2008 年	2009 年	2010 年	2011 年
Midrex	26.99	30.11	32.06	35.01	34.96	35.71	39.72	39.85	38.62	42.01	44.38
HYL/Energiron	8.04	8.88	9.72	11.34	11.12	11.00	11.30	9.92	7.99	9.90	11.12
其他竖炉/罐	0.14	0.04	0.04	0.04	—	—	—	—	—	—	—
流化床工艺	1.93	1.63	2.57	1.62	1.52	1.31	1.05	1.08	0.50	0.34	0.48
煤基回转窑	3.18	4.43	5.04	6.41	9.17	11.53	14.90	16.84	17.33	18.12	17.34
煤基转底炉	—	—	—	0.18	0.22	0.24	0.25	0.26	—	—	—
世界总量	40.32	45.08	49.45	54.60	56.99	59.79	67.22	68.03	64.44	70.37	73.32

转底炉煤基直接还原是最近三十年间发展起来的炼铁新工艺[7~12]，主体设备源于轧钢用的环形加热炉，是一种具有环形炉膛和可以转动炉底的冶金工业炉，最初只是用于处理含铁废料。转底炉煤基直接还原法由于反应速度快、原料适应性强等特点，近年来得到了快速发展。

转底炉工艺有很多种，其中已实现工业化的有 Fastmet、Inmetco 和 ITmk3 等工艺。自 20 世纪 50 年代美国 Ross 公司（著名直接还原公司 Midrex 前身）首次开发出转底炉工艺——Fastmet 工艺以来，加拿大和比利时又相继开发了 Inmetco 和 Comet 工艺，使转底炉直接还原生产海绵铁工艺不断得到完善和发展。在此基础上，日本又开发出转底炉粒铁工艺——ITmk3 和 HI-QIP 工艺。同时，北京科技大学冶金喷枪研究中心在含碳球团直接还原的实验室实验中发现了珠铁析出的现象，并结合转底炉技术申请了转底炉煤基热风熔融还原炼铁法（又称恰普法（Coal Hot-Air Rotary Hearth Furnace Process，简称 CHARP））的专利[7]。

4.3.2　转底炉法工艺原理

4.3.2.1　转底炉工艺流程

转底炉工艺的主体设备为转底炉，是一个底部可以转动的环形高温窑炉，其烧嘴位于炉膛上部，所用燃料可以是天然气、燃油，也可以是煤粉等。图 4-8 为转底炉剖视图，图 4-9 为转底炉本体横截面和平面布置图。转底炉由环形炉床、内外侧壁、炉顶、燃烧系统等组成。侧壁、炉顶固定不动，炉床由炉底传动机构带动循环旋转，将加入炉内的炉料经过预热区、高温区、冷却区后还原成海绵铁排出炉外。炉内分为进、出料区和燃烧区。燃

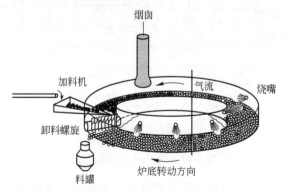

图 4-8　转底炉剖视图

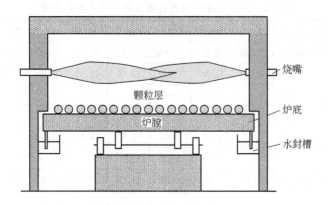

图 4-9   转底炉本体横截面和平面布置图

烧区内外侧壁均配有不同数量的烧嘴，通过管道送入的燃气配助燃空气燃烧产生的热量来控制每个区的温度。

转底炉工艺的流程为：在矿粉内配入一定量的煤粉，然后加入适量黏结剂及水分，充分混匀后，用圆盘造球机或对辊压球机进行造球得到含碳球团。利用废热气将湿的含碳球团烘干得到干球，烘干后的球团强度得到改善，从而降低了原料的损耗，并且还能提高转底炉的生产效率。干球通过布料机均匀地分布在转底炉的炉底上，炉底在转动的过程中，依次经过预热段和还原段，然后在 1000 ~ 1300℃ 的高温下还原 15 ~ 20min，便得到产品。转底炉排出废气所携带的热能可以用蓄热室和换热器进行回收，回收的热能可以将煤气和助燃空气预热到指定温度。经过换热后的废气，再用于湿球的烘干，最后经过除尘器排入大气。其工艺流程如图 4-10 所示。转底炉内还原过程示意图如图 4-11 所示。

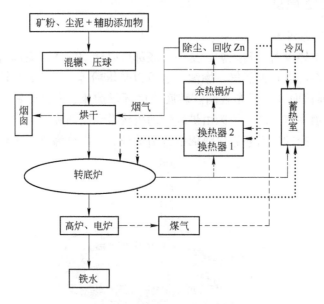

图 4-10   转底炉工艺流程图

虽然转底炉生产的 DRI 具有成分稳定等优点，但是其杂质成分较多，这些杂质成分主要来自于铁矿石或者含铁废料中的脉石及作为还原剂的煤粉中的灰分，灰分和脉石的存在

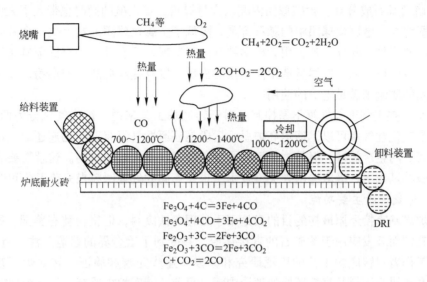

图 4-11　转底炉内还原过程示意图

以及工艺温度较低，使得还原出来的金属铁难以连接，从而造成 DRI 疏松且强度较低。

4.3.2.2　转底炉工艺特点

转底炉法不再使用焦炭，而是采用煤作为还原剂，减少了炼焦、烧结等工艺，加上设备简单，易于操作，使得整个工艺过程成本低廉。与其他方法相比，转底炉工艺显得既简单又经济。该工艺的优越性表现在以下几个方面：

（1）原料和能源的使用灵活性大。转底炉工艺不仅可以用于处理含铁粉料，并且还可以用于铁矿石的直接还原，特别是对于难以冶炼的复合矿物，因此，其原料适用范围较广。转底炉工艺的还原剂可以为煤粉、焦炭或木炭等，供热燃料可以使用天然气、煤气、丙烷、燃油和煤粉等。因此，不同地域可以依据当地条件选择合适的能源，从而扩大转底炉工艺的应用范围。

（2）反应速度快，生产成本较低。转底炉可以实现高温快速还原，生产周期短，只需 10～20min。与其他炼铁工艺相比，转底炉工艺在铁矿石、能源和基建投资上有很大优势，而这些投资的生产成本占炼铁工艺的 80%～90%。此外，转底炉整个工艺流程比较紧凑，自动化程度高，可靠性较高，便于操作和维护。

（3）可实现余热回收，环保措施良好。废气中含有大量显热，可预热空气干燥原材料，也可生产蒸汽。根据所选还原剂中挥发物多少，每吨直接还原铁可副产 0.3～0.5MW·h 电。转底炉的封闭性相对较好，还原过程中产生的气体可以通过烟气回收系统进行收集处理，并且可以利用气体所携带的热能。此外，含碳球团与炉底保持相对静止，因而在还原过程中也不易产生粉尘，进而降低了污染。

但是，转底炉工艺也有其技术和设备上的难点和不足之处，主要有：

（1）辐射传热，影响生产效率。转底炉中含碳球团的热量靠辐射获得，而辐射传热的效率较低，这严重影响了转底炉本身的热效率。一般认为，转底炉内热量的利用率不到 50%，其余部分由烟气带走。因此，总的来说，转底炉工艺的热效率低于高炉、回转窑等炼铁设备和工艺。

（2）硫及脉石成分高。含碳球团内配入大量煤粉，带入硫的同时也带入了大量脉石成分，这无疑增加了金属化球团中的脉石含量，降低了金属化球团的铁品位，也就是降低了金属化球团的质量。此外，若选用无机黏结剂进行造球，还会进一步降低金属化球团的质量。因此，转底炉工艺中应尽量选用高品位的铁矿石以及低硫低灰分的煤粉，以尽量提高金属化球团的质量来满足电炉的使用。

（3）炉内热工制度与气氛不易控制。对于转底炉工艺来说，炉内气氛分为两段较好，因为前段是氧化性气氛可以迅速提高炉温，后段是还原性气氛有助于迅速还原，两者均可以提高转底炉的生产效率。但是，气氛分段控制的实现是比较困难的。这就需要在完善相关基础试验的基础上，汲取国内外关键技术，根据不同的处理原料来完善工艺和设备。

4.3.2.3　转底炉的主要功能

转底炉煤基直接还原最初的目的只是用于处理含铁废料，但很快就有美国、德国、日本等国将其转而开发应用于铁矿石的直接还原，并受到了冶金界的普遍关注。近几年来，由于炼铁工作者对转底炉工艺的广泛研究和开发，逐步完善和验证了转底炉工艺的先进性，也丰富和提高了煤基直接还原的理论内涵。目前，转底炉主要有以下三个功能[13~31]：

（1）处理钢铁企业高锌含铁粉尘。钢铁生产过程中会产生各种含铁尘泥，其中含锌量低的可以返回烧结加以循环利用，而含锌量高的则不能用于烧结，否则将影响烧结矿质量和高炉操作。转底炉工艺能够有效回收钢铁企业含锌粉尘中的铁、碳和锌，一般不需要另外配煤，而是直接利用粉尘中的碳还原氧化铁和氧化锌，通常金属化率能达到70%，脱锌率能达到80%以上。

（2）铁精矿的煤基直接还原。通过外配煤工艺，将铁精矿粉与煤粉按一定的比例混合，在添加一定的黏结剂的条件下造球，然后在转底炉内进行高温还原反应，实现铁氧化物的还原，获得的产品一般用于炼钢转炉或电炉，作为部分添加料。用转底炉生产供电炉的海绵铁（DRI），必须有高品位的铁矿石和低灰分的煤炭，我国缺少这两个条件，因此有较大的难度。用一般含铁63%~65%的铁矿粉和含灰分10%左右的煤炭，生产不出高品位的海绵铁（DRI）。因此，转底炉作为熔融还原的预还原设备比较合适。

（3）冶炼钒钛磁铁矿等复合矿。我国西部有储量极大的钒钛磁铁矿资源，通过外配煤工艺，将钒钛磁铁矿与煤粉按一定的比例混合，在添加一定的黏结剂的条件下造球，然后在转底炉内进行高温还原反应，实现铁氧化物的还原，产品经后续的熔分炉处理，钛进入渣中形成富钛渣，含钒铁水进一步进入提钒炼钢工序，从而实现铁、钛、钒的有效分离和回收。

4.3.3　转底炉法典型工艺介绍

转底炉直接还原是最近30年间发展起来的新工艺，由于该工艺具有原料适应范围广、能耗低、环保措施得力等优点，因而最近几十年间受到了普遍关注，并得到了很大的发展。

转底炉工艺属于非高炉炼铁范畴，有很多种。现将主要转底炉工艺介绍如下。

4.3.3.1　Fastmet

Fastmet是日本神户钢铁公司及其子公司Midrex直接还原公司联合开发成功的。1995年8月建成了2.5t/h示范厂，同年12月向转底炉投入了第一批原料。经过2年半试验后，认为 Fastmet 技术成熟可靠，已达到商业化水平。第一座商业化 Fastmet 直接还原厂于 2000 年在新日铁广畑厂投产，年产能力 19 万吨。神户制钢株式会社新加古川厂是第二个用该工艺建设的直接还原铁厂。Fastmet 工艺流程如图 4-12 所示。

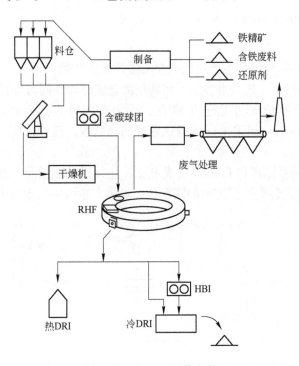

图 4-12　Fastmet 工艺流程

　　Fastmet 使用含碳球团作为原料。粉状还原剂和黏结剂首先与铁精矿混合均匀并制成含碳球团。生球被送入一个干燥器，加热至约 120℃，除去其中的水分。干燥球送入转底炉，均匀地铺放于旋转的炉底上。铺料厚度为 1~2 个球团的直径。随着炉膛的旋转，球团矿被加热至 1250~1350℃，并还原成海绵铁。

　　原料在炉内的停留时间视原料性质、还原温度及其他一些因素而定，一般为 6~12min。海绵铁通过一个出料螺旋连续排出炉外，出炉海绵铁温度约为 1000℃。根据需要，可以将出炉后的海绵铁热压成块、热装入熔铁炉或使用圆筒冷却机冷却。

　　Fastmet 对原料没有特殊要求，铁精矿、矿粉、含铁海砂和粉尘均可使用，不过粒度应适宜造球。对配入球团矿的还原剂要求固定碳高于 50%，灰分小于 10%，硫分低于 1%（干基）。两侧炉壁上安装的燃烧器可提供炉内需要的热量。燃料可使用天然气、燃料油或煤粉。煤粉燃烧器的造价较高，但火焰质量较天然气更为适用，且运行成本较低。燃烧用煤的挥发分含量不应低于 30%，灰分应在 20% 以下。表 4-2 和表 4-3 分别给出了典型 Fastmet 工艺原料和还原剂成分[5]。

表 4-2　典型磁铁精矿和赤铁精矿化学组成　　　　　　　　　　　　（%）

矿　种	TFe	FeO	SiO_2	Al_2O_3	CaO	MgO	MnO	TiO_2	P	S
磁铁矿	69.25	29.85	1.69	0.44	0.49	0.45	0.08	0.11	0.022	0.023
赤铁矿	67.61	0.14	1.06	0.51	0.14	0.06	0.31	0.07	0.034	0.022

表 4-3　典型还原煤化学组成　　　　　　　　（%）

C	H	N	O	M	A	V	St	FC
80.90	4.20	0.90	4.50	8.30	9.30	18.80	0.23	71.90

注：M—水分；A—灰分；V—挥发分；St—全硫；FC—固定碳。

4.3.3.2　Inmetco

Inmetco 技术是国际金属再生公司集团在美国开发成功的。第一个 Inmetco 装置在美国 Ellwood 市于 1978 年投产，这是世界上首例利用冶金废弃物并同时进行 Zn、Ni、Cr 等金属回收的转底炉。该转底炉成功运行约 30 年，成为美国政府指定处理冶金废弃物中心。1983 年底，德国 Mannesmann Demag 获得该流程的经营权。已经证明，用该方法生成海绵铁也是可行的。

Inmetco 工艺的基本原理和 Fastmet 工艺相似，主体设备也相同。图 4-13 示出了流程概况和转底炉基本结构。转底炉呈密封的圆盘状，炉体在运行中以垂线为轴做旋转运动。

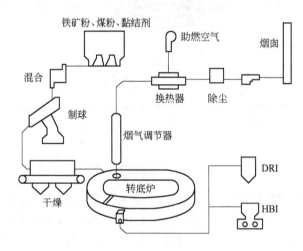

图 4-13　Inmetco 工艺流程

该工艺流程的突出特点是使用冷固结含碳球团。可使用矿粉或冶金废料作为含铁原料，焦粉或煤作为内配还原剂；先将原燃料混匀磨细，制作成冷固结球团；然后将冷固结球团连续加入转底炉，在炉底上均匀布上一层厚度约为球团矿直径 3 倍的炉料。

在炉盘周围设有烧嘴，以煤、煤气或油为燃料。高温燃气吹入炉内，以与炉底转向相反的方向流动，将热量传给炉料。由于料层薄，球团矿升温极为迅速，很快达到还原温度 1250℃左右。

含碳球团内矿粉与还原剂具有良好的接触条件。在高温下还原反应以高速进行，经过 15~20min 的还原，球团矿金属化率即可达到 88%~92%。还原好的球团经一个螺旋排料机卸出转底炉。

使用铁精矿时，转底炉的利用系数为每小时 60~80kg/m²；使用冶金废料时则为 100~120kg/m²。

4.3.3.3　Fastmelt

Fastmelt 工艺是在 Fastmet 工艺基础上由美国 Midrex 公司开发的，是以转底炉与电炉双联生产液态铁水的工艺，其目的是为了分离渣和铁，使铁水可用于热装炼钢，炉渣用来制成水泥或其他建材。通过在 Takasago 和日本神户钢厂 EAF 的熔炼实践，Fastmelt 炼铁法得到了认证，同时美国 Midrex 技术中心建立一套被称为模拟试验机的小型装置正在试运行。一台标准的 Fastmelt 商业装置年产约 50 万吨的铁水。表 4-4 列出 Fastmelt 炼铁法铁水的典型的化学组成。

表 4-4   Fastmelt 炼铁法铁水的典型化学组成

温度/℃	Fe/%	C/%	Si/%	S/%	P/%
1450 ~ 1500	96 ~ 98	2.0 ~ 4.0	0.1 ~ 0.6	<0.05	<0.04

Fastmelt 工艺如图 4-14 所示。一般采用埋弧电炉（矿热炉）作为熔分手段，即使转底炉与电炉（熔分炉）双联，形成一种二步法熔融还原过程。转底炉作为预还原，而电炉实现终还原，从而实现热 DRI 装入电炉熔分，获得铁水，热装入电炉炼钢或铁水铸块。

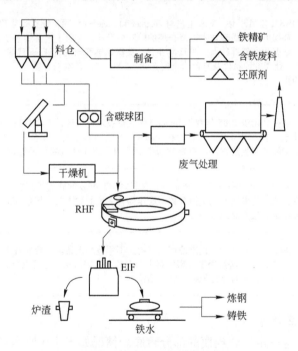

图 4-14   Fastmelt 工艺流程图

Fastmelt 法与 Fastmet 法基本一致，只是在后续添加一个熔分炉，来生产高质量的液态铁水。熔炼的能量来源可以是电或煤，能量来源的选择取决于厂址。将煤作为能源增加了排出气体的总量且可以减少外接燃气的需求，如天然气。

Fastmelt 炼铁法的设计理念是获得大于 90% 的高金属化率还原铁，由 RHF 生产的还原铁装入熔炼炉以生产熔融铁。为防止 DRI 熔炼炉内的耐火材料受损害，减少 DRI 中的 FeO 的含量，在 DRI 熔炼炉内的熔炼过程显得非常重要。最大限度还原的熔融铁可以降低 DRI 炉内的热负荷，与冷装铁矿石相比，可以保护耐火材料。

Fastmelt 工艺生产液态铁水的主要特点是流程短，设备占地面积少，反应时间短，整个工艺过程中无废水、废气等二次污染物产生。

4.3.3.4 其他转底炉工艺

除以上几种工艺外，其他转底炉工艺及其特点见表4-5。

表4-5 其他转底炉工艺及其特点

工艺名称	工 艺 特 点
IDP	由美国动力钢公司开发，拥有目前世界上最大炼铁转底炉，年产50万吨铁水。转底炉外径为50m，炉床宽7m，以铁精矿为原料，煤粉作为还原剂，经造球、干燥后将干球加入转底炉，以天然气为燃料进行还原，然后用密闭罐运往埋弧电炉熔分，获得铁水和渣，热料温度900℃。投产后遇到一系列问题，从1999年到2000年4次停炉改造，2004年重新生产
Comet	由比利时的CRM研究中心开发，从1997年2月到1997年6月，试验装置上进行了两个系列的试验，证明了设备运转的可靠性。特点：不造球，将铁矿粉和煤粉分层铺在转底炉上。已得到较好的小型试验结果，但还有待工业试验证实
Dryiron	由美国MR&E公司开发。基本工艺与Fastmet和Inmetco相同，特点是采用了无黏结剂干压块技术、能源利用及环保方面的最新技术以及合理的转底炉设计，克服了通常煤基还原带来的粉化、脉石含铁高、硫高、金属化率低等缺点。1997年4月，美国田纳西州的Jackson建成年处理20万吨粉尘的Dryiron转底炉，处理电炉粉尘及有色冶金废弃物。2001年，日本新日铁光厂建成外径15m的Dryiron转底炉处理粉尘
Redsmelt	德国曼内斯曼公司于1985年获得Inmetco转底炉技术许可证，并将其与埋弧电炉组成Redsmelt法熔融还原炼铁水工艺。1996年5月意大利Italimpianti公司和曼内斯曼合并，在意大利Genova建造了一套模拟转底炉箱式实验装置，计划为NSM带钢厂（年产150万吨）的炼钢电弧炉提供铁水热装
HI-QIP	HI-QIP(High Quality Iron Pebble Process)是日本JFE开发的转底炉工艺，可以直接使用铁矿粉和煤粉进行冶炼，该工艺典型特点是把含碳料层作为转底炉的耐火衬、熔融铁的铸模和辅助还原剂，因而投资少，成本低，且产品质量高
Primus	由卢森堡Paul Wurth开发，直接使用铁矿粉，不用造块设备。主要装置为多层转底炉，其炉腔温度可以达到1100℃。该方法可用于分离原料中所含的金属锌与铅，还可以分离铁组分内的碱金属，这些成分的挥发有助于提高直接还原铁中铁的品位

4.3.3.5 国内外转底炉介绍

国外有报道的具有一定生产规模的部分转底炉情况如表4-6所示。

表4-6 国外部分转底炉情况

厂 名	外径/m	宽/m	转速 /min·r^{-1}	金属化率 /%	单位投资 /美元·t^{-1}	产能 /万吨·年$^{-1}$	投产时间
美国Inmetco	16.7	4.3	15~20	96	160~180	9	1978
美国Dynamics	50.0	7.0	—	85	100~120	52	1998
新日铁广畑	21.5	2.8	3.75	90	—	14	2000
新日铁君津1	24.0	4.0	10~20	75~85	—	13	2000
新日铁君津2	—	—	—	>70	—	10	2002
新日铁光厂	15.0	—	15	—	—	2.8	2001
神户加古川	8.5	1.25	—	85	—	1.1	2001

我国从 20 世纪 90 年代开始，先后在舞阳、鞍山等地建成试验装置或工业化试生产装置。随着钢铁工业发展，环境保护的需要，含铁尘泥的处理，复合矿的综合利用，以及扩大产能的需要，转底炉工艺备受人们关注。目前，国内已有龙蟒、荣程、攀钢、沙钢、日照、莱钢、马钢 7 条直接还原冶炼生产线，用于处理钒钛磁铁矿、含钛海砂、钢铁厂含锌粉尘、难选低品位铁矿、红土矿、普通铁精矿等原料。国内转底炉情况如表 4-7 所示。

表 4-7 国内部分转底炉情况

所在地	外径/m	底宽/m	产能 /万吨·年$^{-1}$	金属化率 /%	投产时间	处理对象	技术来源
河南舞阳	3.4	0.8	0.35	—	1992		北京科技大学
河北鞍山	7.3	1.8	1.0	85	1996		北京科技大学
山西明亮	13.5	2.8	7.0	85	—	精矿粉	北京科技大学
四川龙蟒	16.4	4.0	10.0	75	2010	钒钛磁铁矿	核心设备引进美国，热工系统神雾设计
四川攀钢	—	—	10.0	85~90	2009	钒钛磁铁矿	神雾
安徽马钢	20.5	4.9	20.0	80	2009	含锌尘泥	新日铁引进
山东日钢	21	5	2×20	80	2010		钢铁研究总院
山东莱钢	21	5	20.0	>70	2010	含铁粉尘	北京科技大学
天津荣钢	65	10	100	80~90	2010	精矿粉	神雾
江苏沙钢	—	—	30	>80	2011	含锌尘泥	神雾

我国工业化转底炉中，以综合利用复合矿为目的的有四川龙蟒、攀枝花的转底炉；以处理高锌含铁尘泥为目的的有马钢、莱钢和沙钢的转底炉；以生产预还原炉料为目的的有山西翼城和天津荣程等厂的转底炉。

A 四川龙蟒集团的转底炉

四川龙蟒集团从 2003 年起开始开发攀枝花红格矿区的钒钛磁铁矿；2004 年，确定了钒钛磁铁矿转底炉煤基直接还原—电炉熔分（Fastmelt 工艺）综合回收铁、钛、钒新工艺流程路线；2010 年 6 月，项目已完成工业化试验和流程与装备优化阶段工作，初步实现 80% 负荷状态下长周期稳定运行，各项技术指标圆满达到预定目标。

在转底炉和电炉运行期间，DRI 金属化率稳定在 70%~80%，电炉富钛渣 TiO_2 品位可达 50%，比当地钛精矿 TiO_2 品位高出 4%~6%，富钛渣的商业价值已接近或等同于钛精矿。

钒钛磁铁矿转底炉直接还原的主要工艺流程是：

（1）将钒钛磁铁矿铁精矿粉与煤粉混合后，用黏结剂将之压制成球团；

（2）将球团通过布料机布置在转底炉炉底，一般入炉温度在 1000℃ 以上；

（3）转底炉加热用煤气或天然气，加热温度控制在 1300~1400℃；

（4）经过 15~25min 的还原，得到金属化率 70%~85% 的 DRI，通过螺旋排料机排到炉外；

（5）从转底炉出来的 DRI 可以排到密闭的或用惰性气体保护的保温容器中，以防止其再氧化，或直接进入电炉中进行渣铁熔化分离；

（6）电炉熔分后得到含钒钛的铁水和钛渣。

电炉熔分得到的铁水和钛渣成分见表4-8和表4-9。

表4-8 电炉生产的铁水化学成分（炉数：40）

类别	铁水温度/℃	C/%	S/%	V/%	Cr/%
平均值	1320	2.94	0.39	0.47	0.36
波动范围	1312~1425	2.62~3.52	0.21~0.58	0.26~0.70	0.08~0.70

表4-9 电炉生产的钛渣化学成分（炉数：35）

类别	炉渣温度/℃	FeO/%	TiO$_2$/%	V$_2$O$_5$/%	CaO/%	MgO/%	Al$_2$O$_3$/%	Cr$_2$O$_3$/%	SiO$_2$/%
平均值	1542	2.38	47.49	0.46	9.05	8.17	17.04	0.12	13.82
波动范围	1500~1570	0.76~4.59	47.31~49.97	0.36~0.94	6.20~10.85	6.00~9.13	13.98~18.60	0.04~0.30	11.49~15.98

B 山东莱芜钢铁的转底炉

山东莱芜钢铁集团有限公司作为一千多万吨产能的特大型钢铁企业，烧结、炼铁、炼钢等工艺环节每年将产生一百余万吨的含铁粉尘，如何充分回收利用这些含铁废弃物既是一个严重的环保问题，也直接关系到企业的原料供应、企业的经济效益和社会效益等一系列问题。莱钢2010年钢产量为1100万吨，粉尘产生量为101万吨，其中烧结电除尘灰、高炉布袋除尘灰，炼钢的转炉污泥和干法除尘灰属于含锌尘泥，总量为34.1万吨，占总粉尘产生量的33.76%。

莱钢的转底炉工程由莱钢和北京科技大学合作，是国内第一家具有自主知识产权、以钢铁厂粉尘为原料的转底炉生产线。莱钢转底炉是国家发改委循环经济高技术产业化重大专项项目，该项目于2007年通过了国家发改委审批，获得国家补助基金1500万元，用于产业化研发和工艺技术示范，于2010年12月底完成烘炉，2011年3月正式投运，年处理32万吨含锌粉尘。

从2010年12月开始，莱钢转底炉进入试生产和设备磨合整改阶段，磨合期间生产出一批金属化球团，但由于缺乏操作经验，一直未能稳定操作制度，随着磨合期圆满过渡和部分零部件的修配改完成，生产工艺已经打通，设备可以稳定、顺畅运行。生产过程中球团金属化率最高达到85.90%，转底炉高温区达到1356.3℃，低温区达到1129.2℃。

4.4 ITmk3与CHARP法

4.4.1 ITmk3工艺

ITmk3工艺是日本神户钢铁公司和美国Midrex公司联合开发的第三代煤基炼铁技术。1994年神户制钢对美国子公司Midrex开发的Fastmet法进行了一次评价试验，目的是考察适宜的反应温度及原料条件，却意外发现还未到铁的熔点时球团就熔化，而且形成的粒状小铁块与渣能干净利落地分离，所得粒铁纯度很高（铁含量为96%~97%）。随后，神户制钢对此发现进行了一些基础实验，逐渐掌握了ITmk3的基本原理。1996年神户制钢同Midrex子公司开始对ITmk3技术进行深入研究和改进，1999年在加古川厂区内建成了规模为年产能 3000t 的中试厂，同年 10 月连续运转成功，到 2000 年 12 月完成了 2 次生产测试，其工艺设计得到实际验证。

随后 ITmk3 的发展转移到美国，2001 年 9 月实施了 Mesabi Nugget 计划，于美国明尼苏达州合资建设一座年产能 2.5 万吨的示范工厂，成立 Mesabi Nugget 公司，投资方除了神户制钢，还包括明尼苏达州政府、北美最大矿山公司克利夫兰·克利夫斯公司以及美国第二大电炉制造厂动力钢公司（SDI），此外还得到了美国能源部（DOE）的资助，项目总投资达到 2600 万美元。示范工厂于 2003 年 5 月建成，经过 1 年连续作业，于 2004 年 7 月结束，产品质量和设备运转情况良好。此后各方着手筹建商业工厂。2007 年 6 月，神户制钢与克利夫兰·克利夫斯公司结盟，共同推进 ITmk3 商业化运作，同年 11 月，神户制钢又与美国动力钢公司达成协议，在美国明尼苏达州 Hoyt Lakes 建设首座 ITmk3 商业工厂，总投资 2.35 亿美元，年产能 50 万吨，新组建公司 Mesabi Nugget Delaware LLC 负责商业工厂建设、管理及生产销售，神户制钢则提供 ITmk3 工艺许可证、工程服务、主要设备和技术支持。该商业工厂于 2009 年底建成投产试运行，并从 2010 年 1 月正式开始商业化运营。

ITmk3 是一种灵活、环保的一步法生产粒铁块的方法，其产品质量与高炉生铁相当。神户钢铁公司视 ITmk3 为第三代炼铁方法。第一代炼铁方法定义为高炉炼铁法，第二代则是包括 Midrex 技术在内的气基直接还原法。ITmk3 以复合含碳球团为原料，利用转底炉为反应器，在 1350 ~ 1450℃ 范围内生产出合格的粒铁。其成分与高炉生铁相似，见表 4-10。

表 4-10　ITmk3 技术粒铁的典型成分　　　　　（%）

MFe	FeO	C	Si, Mn, P	S
96 ~ 97	0	2.5 ~ 3.0	取决于原料条件	0.05 ~ 0.07

ITmk3 工艺与 Fastmet/Fastmelt 工艺的核心设备都是转底炉，都能使用粉矿与粉煤制成的含碳球团作为原料。所不同的是，Fastmet 工艺产品为 DRI，产品中含有脉石，其质量依赖于原料品位，而煤灰分等杂质也进入产品，故不受炼钢欢迎，为此需要用埋弧炉熔化 DRI 使渣铁分离来获得炼钢铁水（即 Fastmelt 法）。而 ITmk3 工艺只需一步就能在转底炉实现渣铁熔分，获得粒铁产品。

ITmk3 工序整体可划分为 4 大部分：原料处理部分、还原熔分部分、渣铁分离部分和废气处理部分。其工艺特点如下：

（1）ITmk3 工艺可以一步实现渣铁分离，以时间短而闻名，还原、熔化、除渣仅在 10min 内就能完成，是富集铁矿的有效手段。

（2）原燃料选择范围广，既可以选择磁铁矿也可以选择赤铁矿，可以使用煤、石油或其他含碳原料。

（3）产品为无渣纯铁，其含碳量可以控制，无二次氧化现象，不会产生细粉，便于运输。生产的粒铁主要成分：Fe 为 96% ~ 97%，C 为 2.5% ~ 3.5%，S 为 0.05%。

（4）ITmk3 工艺为环境友好的炼铁工艺，其 CO_2 排放量比高炉炼铁工艺低 20%。

随着 ITmk3 商业工厂的投产运营，其工艺备受瞩目。目前在哈萨克斯坦、印度、乌克兰和北美等国家和地区正推广此项目，总产能将达到数百万吨。但 ITmk3 工艺也存在着一些缺点，如生产效率低，渣铁与铺底料难以分离等，仍需冶金工作者进一步努力。

4.4.2　煤基热风转底炉熔融炼铁法

　　煤基热风转底炉熔融炼铁法，又称恰普法（Coal Hot-Air Rotary Hearth Furnace Process，简称 CHARP 法）是 20 世纪 90 年代末由北京科技大学冶金与生态工程学院冶金喷枪研究中心在转底炉直接还原基础上开发的新炼铁工艺[7]。该工艺在固液两相区进行还原反应，这有别于传统直接还原铁技术的固相区还原，含碳球团在 1350 ~ 1450℃ 的温度下还原、熔化，并且生产的铁水易与渣分离，渣铁熔分之后，剩余 FeO 的质量分数约为 5% ，最终得到形似珠、成分如生铁的不含脉石的产品——珠铁。1997 年，冶金喷枪研究中心在含碳球团直接还原的实验过程中发现了珠铁析出的现象，同年即申请了转底炉珠铁生产的专利。2002 年再次申请了名为煤基热风转底炉熔融还原炼铁法的专利。CHARP 法以转底炉直接还原为基础，提高了含碳球团还原的温度（1400 ~ 1450℃），使得还原后的渣铁能进一步熔化分离，得到形似珠状、成分如生铁、不含脉石的纯净产品，而非一般的金属化球团。该产品可以代替废钢直接供电炉用，也可以作为转炉炼钢的冷却剂。

　　目前，转底炉煤基热风熔融炼铁工艺已对钒钛磁铁矿、钛精矿复合含碳球团的还原熔分行为进行了探索性研究，扩大了转底炉煤基热风熔融炼铁工艺对矿的适用范围，又为钛资源利用开辟了新的方法。CHARP 法与第三代炼铁技术 ITmk3 基本思路不谋而合。

　　珠铁作为一种炼钢新原料，它在化学成分和性能上优于废钢和海绵铁。珠铁的成分特点为高铁、低硫、低硅，其中含铁 96% ，含硫小于 0.1% ，含硅小于 0.2% ，并且不含其他有害元素，在成分上完全符合优质钢对原料的要求。

　　珠铁生产对原料的适应性较广，对节能和环保的好处也十分吸引人。但若要建设工厂长期进行生产，还需要在耐火材料的选型与施工维修、工艺设备的选型配套和维持生产企业高作业率上下工夫。

4.5　其他应用固体还原剂的直接还原方法

4.5.1　Kinglor-Metor 法

　　Kinglor-Metor 法是由意大利的 Kinglor Metor 矿冶公司开发的一种固体还原剂竖炉法[1]。该法将 6 ~ 25mm 球团矿（块矿）与碎煤、石灰石一起自顶部加入竖炉反应管，反应管用碳化硅制成长方形的断面。外面用天然气燃烧加热，温度自顶部 350℃ 到底部 1050℃ ，在高温下通过 CO 还原铁矿石，生成的 CO_2 则被焦炭气化成 CO，因此总反应效果相当于固体碳直接还原。还原产物出炉后，经过筛选除掉剩余碳及脱硫生成物。

　　该法使用的矿石成分如下：$w(TFe) = 63.67\%$ ；$w(S) = 0.015\%$ ；$w(SiO_2) = 4.6\%$ ；$w(Al_2O_3) = 0.9\%$ ；$w(CaO) = 2.45\%$ ；$w(MgO) = 0.72\%$ ；$w(Zn) = 0.14\%$ ；$w(P) = 0.02\%$ 。炼出的海绵铁成分为：$w(TFe) = 85.17\%$ ；$w(MFe) = 81.17\%$ ；$w(S) = 0.036\%$ ；$w(C) = 0.6\%$ ；金属化率为 95.3% 。生产 1t 海绵铁的指标是：还原剂（煤）用量 380kg，燃料用煤气 5.44kJ，电耗（动力）80kW·h，总热耗 15.8 × 10^{8}kJ，劳动生产率为每吨 1.2 工时。工艺优点是设备简单，无运转机件，还原剂的适应性广，试验生产时两个竖炉反应器每天生产 17t。缺点是生产率低，碳化硅反应管价格昂贵而且易于损坏。该工艺于 1978 年在米兰的阿尔维迪公司建成一座直接还原装置，其工艺流程如图 4-15 所示。

该工艺的关键装置是加热炉和还原反应器。其中加热炉根据炉内温度分布要求，沿炉膛高度设有6层煤气燃烧器，以天然气或其他燃气作为燃料进行燃烧。燃烧产生的热量以辐射和对流的方式传递给反应管，为反应管内的炉料和煤反应提供所需的热量。还原装置由6个垂直的自承式反应器组成，反应器呈矩形断面，由三部分构成：上部为预热段；中部为还原段，内有耐火炉衬，外部由耐热钢包裹；下部为冷却段，暴露在炉膛外部。预热段和还原段的温度可以通过调节各层的燃烧强度来控制，一般预热段温度控制在850℃左右，还原段温度控制在1050℃左右。其还原过程示意图见图4-16。

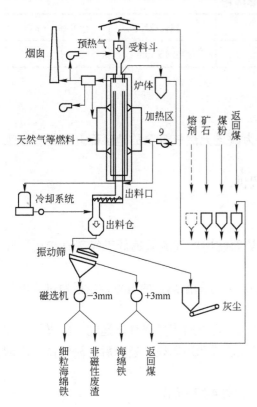

图 4-15　Kinglor-Metor 法工艺流程

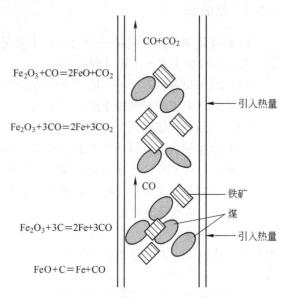

图 4-16　Kinglor-Metor 还原过程示意图

生产中使用的原燃料成分见表4-11和表4-12，海绵铁成分与工艺能耗见表4-13和表4-14。

表 4-11　矿石成分　　　　　　　　　　　　　　　　　（%）

成　分	指　标	成　分	指　标
TFe	63.67	MgO	0.72
S	0.015	Zn	0.14
SiO_2	4.6	P	0.02
Al_2O_3	0.9	CaO	2.45

表 4-12　煤的性质与成分

挥发分/%	灰分/%	发热/MJ·kg^{-1}	灰熔点/℃	膨胀性	S/%
32.75	7.40	32.7	1250	1.50	0.75

表 4-13 海绵铁成分 （%）

TFe	金属铁	S	C	金属化率
85.17	81.17	0.036	0.6	95.3

表 4-14 工艺能耗

煤/kg	煤气/kJ	电耗/kW·h	热耗/kJ	生产率/t·h⁻¹
380	5.44	80	15.8×10^6	1.2

4.5.2 EDR 法

EDR 法是 Midrex 工艺的一个分支，主要是为缺乏天然气资源的地区而开发的。该工艺与传统的竖炉工艺的主要区别在于：

（1）竖炉热源由电力提供而不是由还原气提供；

（2）入炉料由矿石和煤组成；

（3）还原剂由煤的气化反应提供；

（4）由于炉内不依靠还原剂提供热量，竖炉料柱内的气流量远低于气基直接还原竖炉，该特点有利于使用低透气性矿煤混合炉料。

EDR 竖炉截面呈矩形，在炉衬内表面装有数组对称的耐热钢的电极，电极通过放电为竖炉的还原提供所需的热量。

矿石、煤粉和石灰石组成的混合料由炉顶装入，自上向下逆煤气流运动。在煤气流和电极共同作用下，炉料温度逐渐升高，依次形成预热段和还原段。还原后的海绵铁经冷却段冷却后，排出炉外。

按照气路的划分，EDR 流程可以分为两种，如图 4-17 所示。

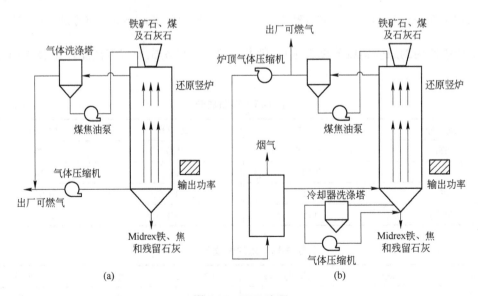

图 4-17 EDR 流程

图 4-17 中（a）是一般流程。炉内反应之后形成的炉顶煤气排出竖炉，经过洗涤脱除煤焦油后得到净煤气。净煤气一部分作为竖炉底部的冷却气，冷却海绵铁，另一部分可出厂作为可燃气。脱除的煤焦油可以通过一个油泵返回竖炉再次利用。图 4-17 中（b）流程与（a）流程的主要区别在于炉顶煤气的处理：其一，净化后的煤气经过加热后再进入竖炉循环利用；其二，采用了经典的 Midrex 流程中的冷却气循环方式对热海绵铁进行冷却。

4.5.3 固体反应罐法

此法是将细粒矿石与炭粉还原剂和脱硫剂混合加入反应罐中，从外面加热到一定温度后由固体碳进行铁氧化物的还原。这种固体碳还原反应是通过气体 CO 进行的，但由于矿石处于静止状态而炉料导热性又不良，从而限制了还原反应发展。其生产周期很长且生产率很低是这一方法的最大缺点，然而设备简单，操作容易是其优点，因而在实际上仍有一定的使用价值[1]。

Hoganas 法是最主要的固体反应罐法，在瑞典已有多年生产历史，20 世纪 50 年代经过技术改造后，实现了机械化生产。该法使用高级精矿粉（$w(\mathrm{Fe}) = 69\% \sim 70\%$）为原料，精矿粉经过压制后装入黏土质或碳化硅质坩埚中，然后用还原焦粉和石灰在矿粉周围充填。加入的石灰量约为混合料的 10% ~ 15%，这就能使反应罐中有良好的脱硫效果。充填方式有间隔式或花格式多种。还原碳需配加过量以保证还原反应充分及冷却过程中不被再氧化，坩埚在装料后加盖但并不密封，在还原过程中生成的 CO 自坩埚排出后即在隧道窑中燃烧，这能提供 80% 所需的热量消耗。装料后的坩埚排列在料车上送入隧道窑中加热，经 30h 升温到 1220℃，然后经 60h 的保温及冷却，在炉料温度下降到 200℃ 以下时推出窑外，卸料后清除灰分、过剩碳及熔剂而得成品海绵铁。

1956 年瑞典建立的 Hoganas 法工厂有 165m 的隧道窑，其中有 50m 加热段、55m 保温段及 60m 冷却段。除瑞典外，加拿大、墨西哥及美国在 20 世纪 50 年代都建立过年产 2 万吨左右隧道窑的坩埚海绵铁生产工厂，其生产方法与工艺流程与 Hoganas 法大同小异。我国本溪地区在新中国成立前（1946 年）及新中国成立后（1958 年）都进行过类似的海绵铁生产。

4.5.4 川崎 KIP 法

20 世纪 60 年代由于粉末冶金使用铁粉的增多，日本在 Hoganas 法的基础上发展了一种制取高级铁粉的固体反应罐法，称川崎 KIP 铁粉法[1]。

该法原料采用低碳沸腾钢的热轧铁鳞，经过干燥、磁选、破碎、筛分等工序，以纯净的 0.3mm（48 目）的氧化铁粉装入碳化硅的反应罐中，用小于 5mm 的焦炭作还原剂并加入适量的石灰石（也小于 5mm），在隧道窑中反应 133h（其中还原带 65h，还原温度为 1100℃ ±20℃），冷却到 200℃ 以下时送出窑外，得到初级海绵铁粉，其成分为 $w(\mathrm{MFe}) > 95\%$，$w(\mathrm{C}) < 0.5\%$。初级海绵铁再经清洗、破碎和三次磁选后送入二次还原炉，在 800 ~ 950℃ 下用分解氨（$\varphi(\mathrm{H}_2) = 75\%$，$\varphi(\mathrm{N}_2) = 25\%$）还原 70min。还原炉用焦炉煤气燃烧供热。初级海绵铁在二次还原炉中经二次还原、脱碳和退火三种作用，得到的产品是一种 $w(\mathrm{C}) = 0.003\%$，$w(\mathrm{Fe}) = 99\%$ 的高级铁粉，供粉末冶金用。

　　日本有一个年产20000t的生产工厂，建有一条160m的隧道窑和一条115m的隧道窑，二次还原炉为35～45m的带式炉。每吨海绵铁的能耗为：焦炭400kg，石灰石45kg，重油400L，焦炉煤气8.3263kJ。

参 考 文 献

[1] 秦明生. 非高炉炼铁[M]. 北京：冶金工业出版社，1988.

[2] 杨天钧，刘述临. 熔融还原技术[M]. 北京：冶金工业出版社，1989.

[3] 杨天钧，黄典冰，孔令坛. 熔融还原[M]. 北京：冶金工业出版社，1998.

[4] 方觉. 非高炉炼铁工艺及理论[M]. 北京：冶金工业出版社，2010.

[5] 王筱留. 钢铁冶金学[M]. 3版. 北京：冶金工业出版社，2013.

[6] 黄洁. 谈转底炉的发展[J]. 中国冶金，2007，17(4)：23～25.

[7] 徐萌. 转底炉煤基热风熔融炼铁工艺的基础特性研究[D]. 北京：北京科技大学，2006.

[8] 唐恩，周强，秦涔，等. 转底炉处理含铁原料的直接还原技术[J]. 炼铁，2008，27(6)：57～60.

[9] 周渝生，张友平. 转底炉直接还原炼铁工艺的发展[J]. 世界钢铁，2009(1)：1～8.

[10] 郭明威，朱荣，周振华. 采用转底炉生产金属化球团的工业试验[J]. 炼铁，2010，29(1)：59～62.

[11] 胡俊鸽，周文涛，赵小燕. 转底炉炼铁工艺发展现状[J]. 冶金丛刊，2009(5)：43～46.

[12] 徐萌，任铁军，张建良，等. 以转底炉技术利用钛资源的基础研究[J]. 有色金属（冶炼部分），2005(3)：24～27.

[13] 洪流，丁跃华，谢洪恩. 钒钛磁铁矿转底炉直接还原综合利用前景[J]. 金属矿山，2007，5：10～13.

[14] 张鲁芳. 我国转底炉处理钢铁厂含锌粉尘技术研究[J]. 烧结球团，2012，37(3)：57～60.

[15] 翁庆强，郑建华. 转底炉直接还原铁的工艺分析[J]. 工业炉，2012，34(4)：12～15.

[16] 熊华文，戴彦德. 转底炉直接还原技术对钢铁行业资源综合利用的意义及发展前景分析[J]. 中国能源，2012，34(2)：5～7.

[17] 王敏，薛逊，曹志成，等. 转底炉直接还原工艺的应用及发展趋势[J]. 天津冶金，2013(1)：42～45.

[18] 杨雪峰，储满生，姜涛. 转底炉生产直接还原铁的工业性试验[J]. 钢铁，2009，44(12)：17～20.

[19] 王定武. 转底炉工艺生产直接还原铁的现状与前景[J]. 冶金管理，2007(12)：53～55.

[20] 朱荣，任江涛，刘纲，等. 转底炉工艺的发展与实践[J]. 北京科技大学学报，2007(S1)：171～174.

[21] 刘松利，白晨光. 直接还原技术的进展与展望[J]. 钢铁研究学报，2011，23(3)：1～5.

[22] 周渝生，郭玉华，徐海川，等. 我国转底炉工艺技术发展现状与前景浅析[J]. 攀枝花科技与信息，2010，35(4)：11～15.

[23] 胡俊鸽，杜续恩，周文涛. 工业化转底炉炼铁技术的现状与评述[J]. 烧结球团，2013，38(1)：36～41.

[24] 郭玉华，齐渊洪，王海风，等. 发展我国转底炉工艺需合理解决的关键技术[J]. 炼铁，2009，28(4)：60～62.

[25] 曹朝真，张福明. 转底炉循环利用钢铁厂含锌尘泥技术分析[C]//第十三届全国大高炉炼铁学术年会论文集. 2012：850～859.

[26] 龙飞虎. 攀西钒钛磁铁矿直接还原两种工艺的技术分析与选择[J]. 四川冶金，2011，33(5)：

1~4.

[27] 高文星，董凌燕，陈登福，等．煤基直接还原及转底炉工艺的发展现状[J]．矿冶，2008，17(2)：
68~73.

[28] 刘征建，杨广庆，薛庆国，等．钒钛磁铁矿含碳球团转底炉直接还原实验研究[J]．过程工程学报，
2009，9(S1)：51~55.

[29] 庞建明，郭培民，赵沛．煤基直接还原炼铁技术分析[J]．鞍钢技术，2011(3)：1~7.

[30] 郭明威，徐萌，张建良，等．CHARP工艺过程中的硫行为及硫控制[J]．钢铁研究学报，2007，19
(2)：10~15.

[31] 沈峰满，魏国，等．我国直接还原铁技术的发展及展望[C]//非高炉炼铁学术年会论文集．2012：
1~7.

5 熔融还原基础

5.1 预还原基础研究

5.1.1 预还原反应热力学

铁矿石在预还原单元内的还原过程属于铁矿石直接还原的范畴。在熔融还原工艺中，铁矿石预还原的目的，是利用来自终还原反应器煤气的化学能和热能，将铁氧化物部分或全部还原，以减轻终还原反应器还原铁氧化物的负担，同时提高整个流程对煤气化学能和热能的利用率。

铁矿石的主要成分是铁氧化物。在化学结构上，铁氧化物有三种形式，即赤铁矿（Fe_2O_3）、磁铁矿（Fe_3O_4）和浮氏体（FeO 或 Fe_xO）。理论证明，浮氏体在低于 570℃ 时不能稳定存在，它将分解成磁铁矿和金属铁，因此在自然界中铁氧化物以 Fe_2O_3 或 Fe_3O_4 这两种形式存在。

理论和实践都已证明，铁氧化物逐级被还原，其具体步骤如下：

当还原温度大于 570℃ 时，$Fe_2O_3 \rightarrow Fe_3O_4 \rightarrow FeO \rightarrow Fe$；

当还原温度小于 570℃ 时，$Fe_2O_3 \rightarrow Fe_3O_4 \rightarrow Fe$。

来自终还原的煤气内的还原性成分 CO 和 H_2，它们还原铁氧化物的热力学数据如表 5-1 所示。

表 5-1 CO 及 H_2 还原铁氧化物的热力学数据

反　应　式	$\Delta H_{298}/J \cdot mol^{-1}$	$\Delta G^{\ominus}/J \cdot mol^{-1}$	序　号
$3Fe_2O_3(s) + CO = 2Fe_3O_4(s) + CO_2$	-52550	$-32990 - 52.92T$	(5-1)
$Fe_3O_4(s) + CO = 3FeO(s) + CO_2$	40400	$29810 - 38.19T$	(5-2)
$1/4Fe_3O_4(s) + CO = 3/4Fe(s) + CO_2$	-3870	$-5700 - 38.19T$	(5-3)
$FeO(s) + CO = Fe(s) + CO_2$	-18630	$-17540 + 21.60T$	(5-4)
$3Fe_2O_3(s) + H_2 = 2Fe_3O_4(s) + H_2O$	-11280	$3010 - 85.83T$	(5-5)
$Fe_3O_4(s) + H_2 = 3FeO(s) + H_2O$	81670	$65820 - 70.26T$	(5-6)
$1/4Fe_3O_4(s) + H_2 = 3/4Fe(s) + H_2O$	37390	$30300 - 25.42T$	(5-7)
$FeO(s) + H_2 = Fe(s) + H_2O$	22630	$18460 - 10.47T$	(5-8)

各种铁氧化物的还原反应都是可逆的，因而当各种铁氧化物被不同的还原剂还原时，在不同的还原温度下都应有相应的平衡气相成分。根据表 5-1 的热力学数据计算得到的各个反应过程的平衡气相成分如图 5-1 所示。

由于 $Fe_2O_3(s)$ 极易被 CO 或 H_2 还原，其平衡气相成分中 CO 或 H_2 几乎为 0，因而在图 5-1 中反应式（5-1）和反应式（5-5）的平衡气相成分几乎和横坐标重叠（在图中看不

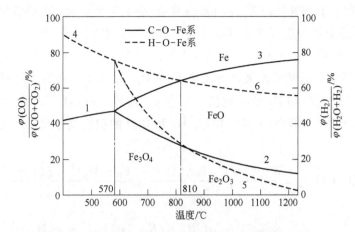

图 5-1 不同温度下 CO、H_2 还原铁氧化物平衡气相成分

1—$1/4Fe_3O_4(s) + CO = 3/4Fe(s) + CO_2$；2—$Fe_3O_4(s) + CO = 3FeO(s) + CO_2$；

3—$FeO(s) + CO = Fe(s) + CO_2$；4—$Fe_3O_4(s) + H_2 = 3FeO(s) + H_2O$；

5—$1/4Fe_3O_4(s) + H_2 = 3/4Fe(s) + H_2O$；6—$FeO(s) + H_2 = Fe(s) + H_2O$

出来）。

熔融还原反应在渣铁呈液态的高温下进行，常用的温度范围是 1450~1650℃。高温下铁氧化物的还原是逐级进行的，即 $Fe_2O_3 \rightarrow Fe_3O_4 \rightarrow FeO \rightarrow Fe$。

高温下 Fe_2O_3 很不稳定，1500℃时按式（5-9）进行分解，分解压达到 101.325kPa。

$$6Fe_2O_3 = 4Fe_3O_4 + O_2 \qquad \Delta G^{\ominus} = 500406 - 280.75T \text{ J/mol} \qquad (5-9)$$

高价铁氧化物还会与金属铁反应生成 FeO，反应式如下：

$$Fe_2O_3(s) + Fe(l) = 3FeO(l) \qquad \Delta G^{\ominus} = 139746 - 133.89T \text{ J/mol}$$

$$Fe_3O_4(s) + Fe(l) = 4FeO(l) \qquad \Delta G^{\ominus} = 259408 - 185.77T \text{ J/mol}$$

在 1450~1650℃，上述反应的 $\Delta G^{\ominus}$ 负值很大，高价铁氧化物很容易被还原成 FeO。

熔态下渣中 FeO 可被 CO、固体碳及熔池中的溶解碳还原，反应式如下：

$$(FeO) + CO = [Fe] + CO_2 \qquad \Delta G^{\ominus} = -49371 + 40.17T \text{ J/mol}$$

$$(FeO) + C(s) = [Fe] + CO \qquad \Delta G^{\ominus} = 113386 - 127.61T \text{ J/mol} \qquad (5-10)$$

$$(FeO) + [C] = [Fe] + CO \qquad \Delta G^{\ominus} = 92048 - 85.77T \text{ J/mol} \qquad (5-11)$$

从上述 $\Delta G^{\ominus}$ 与温度的关系式可见，提高反应温度不利于 CO 还原 FeO，却有利于溶解碳和固定碳还原 FeO。1450~1650℃ 时用 CO 还原纯 FeO，气相中 CO 含量必须大于 80%~85%；同样温度下固体碳还原 FeO 的反应，$\Delta G^{\ominus}$ 负值很大，还原反应热力学条件很好。

5.1.2 预还原过程能耗分析

5.1.2.1 煤气中 CO 和 H_2 有效值

根据铁氧化物还原的热力学分析可知，不同的铁氧化物还原，对煤气的成分有不同的要求。假设进入预还原炉的煤气温度为 850℃，则将铁氧化物还原为浮氏体的 $\varphi(CO_2)/$

$\varphi(CO + CO_2)$ 必须小于74%，$\varphi(H_2)/\varphi(H_2 + H_2O)$ 小于82%；而若要将铁氧化物还原成金属铁，则进入预还原炉的煤气中 $\varphi(CO_2)/\varphi(CO + CO_2)$ 必须小于30%，$\varphi(H_2)/\varphi(H_2 + H_2O)$ 小于33%。如果 $\varphi(CO_2)/\varphi(CO + CO_2)$ 大于74%，$\varphi(H_2)/\varphi(H_2 + H_2O)$ 大于80%，则进入预还原炉的煤气只能将铁氧化物还原至 Fe_3O_4。表5-2中列出了针对不同的铁氧化物的还原过程煤气中 CO 和 H_2 的有效值，表中 $\varphi(CO)^0$、$\varphi(CO_2)^0$、$\varphi(H_2)^0$、$\varphi(H_2O)^0$ 分别表示进入预还原炉的煤气中 CO、CO_2、H_2 和 H_2O 的初始成分含量。煤气中还原剂的总有效含量为：

$$\varphi(CO + H_2)_v = \frac{K_{ic}\varphi(CO)^0 - \varphi(CO_2)^0}{1 + K_{ic}} + \frac{K_{ih}\varphi(H_2)^0 - \varphi(H_2O)^0}{1 + K_{ih}} \quad (5-12)$$

或

$$\varphi(CO + H_2)_v = \frac{\varphi(CO)^0 - \varphi(CO_2)^0/K_{ic}}{1 + 1/K_{ic}} + \frac{\varphi(H_2)^0 - \varphi(H_2O)^0/K_{ih}}{1 + 1/K_{ih}} \quad (5-13)$$

式中 K_{ic}——分别代表 K_{hmc}、K_{mwc}、K_{mfc}、K_{wfc}；

K_{ih}——分别代表 K_{hmh}、K_{mwh}、K_{mfh}、K_{wfh}。

表 5-2   煤气中 CO 和 H_2 的有效值

反 应 式	K_p	$\varphi(CO)_v$ 或 $\varphi(H_2)_v$
$3Fe_2O_3(s) + CO = 2Fe_3O_4(s) + CO_2$	$K_{hmc} = \exp(3965/T + 6.36)$	$\varphi(CO)_v = \dfrac{K_{hmc}\varphi(CO)^0 - \varphi(CO_2)^0}{1 + K_{hmc}}$
$Fe_3O_4(s) + CO = 3FeO(s) + CO_2$	$K_{mwc} = \exp(-3580/T + 4.59)$	$\varphi(CO)_v = \dfrac{K_{mwc}\varphi(CO)^0 - \varphi(CO_2)^0}{1 - K_{mwc}}$
$1/4Fe_3O_4(s) + CO = 3/4Fe(s) + CO_2$	$K_{mfc} = \exp(685/T - 0.80)$	$\varphi(CO)_v = \dfrac{K_{mfc}\varphi(CO)^0 - \varphi(CO_2)^0}{1 + K_{mfc}}$
$FeO(s) + CO = Fe(s) + CO_2$	$K_{wfc} = \exp(2110/T - 2.60)$	$\varphi(CO)_v = \dfrac{K_{wfc}\varphi(CO)^0 - \varphi(CO_2)^0}{1 - K_{wfc}}$
$3Fe_2O_3(s) + H_2 = 2Fe_3O_4(s) + H_2O$	$K_{hmh} = \exp(-360/T + 10.32)$	$\varphi(H_2)_v = \dfrac{K_{hmh}\varphi(H_2)^0 - \varphi(H_2O)^0}{1 - K_{hmh}}$
$Fe_3O_4(s) + H_2 = 3FeO(s) + H_2O$	$K_{mwh} = \exp(-7910/T + 8.44)$	$\varphi(H_2)_v = \dfrac{K_{mwh}\varphi(H_2)^0 - \varphi(H_2O)^0}{1 - K_{mwh}}$
$1/4Fe_3O_4(s) + H_2 = 3/4Fe(s) + H_2O$	$K_{mfh} = \exp(-3640/T + 3.06)$	$\varphi(H_2)_v = \dfrac{K_{mfh}\varphi(H_2)^0 - \varphi(H_2O)^0}{1 - K_{mfh}}$
$FeO(s) + H_2 = Fe(s) + H_2O$	$K_{wfh} = \exp(-2218/T + 1.26)$	$\varphi(H_2)_v = \dfrac{K_{wfh}\varphi(H_2)^0 - \varphi(H_2O)^0}{1 - K_{wfh}}$

5.1.2.2   预还原需要的煤气量

A $Fe_2O_3(s)$ 还原至 $Fe_3O_4(s)$ 需要的煤气量

$$6Fe_2O_3(s) + (CO + H_2)_v === 4Fe_3O_4(s) + (CO_2 + H_2O)$$

根据式（5-12）得 $Fe_2O_3(s)$ 还原至 $Fe_3O_4(s)$ 需要的煤气量（以 Fe 为标准计）为：

$$n_{C+H_2} = \cfrac{1}{6\left(\cfrac{K_{hmc}x(CO)^0 - x(CO_2)^0}{1 + K_{hmc}} + \cfrac{K_{hmh}x(H_2)^0 - x(H_2)^0}{1 + K_{hmh}}\right)} \tag{5-14}$$

由于

$$x(CO)^0 + x(CO_2)^0 + x(H_2)^0 + x(H_2O)^0 = 1$$

$$x(C) = x(CO)^0 + x(CO_2)^0$$

$$x(H_2) = x(H_2)^0 + x(H_2O)^0 \tag{5-15}$$

$$x(C) + x(H_2) = 1$$

$$x(O)^0 = x(CO_2)^0 + x(H_2O)^0$$

式中　$x(C)$——煤气中碳总摩尔分数;

　　　$x(O)^0$——进入预还原炉时煤气中初始氧的摩尔分数。

将式 (5-12) 代入式 (5-14),整理得:

$$n_{C+H_2} = \cfrac{\cfrac{3}{2} - \cfrac{4}{3}}{\cfrac{1}{x(C) + x(H_2)}\left(\cfrac{x(C)}{1 + 1/K_{hmc}} + \cfrac{x(H_2)}{1 + 1/K_{hmh}}\right) - \cfrac{x(O)^0}{x(C) + x(H_2)}} \tag{5-16}$$

以下同理。

B　$Fe_3O_4(s)$ 还原 $FeO(s)$ 需要的煤气量

$Fe_3O_4(s)$ 还原 $FeO(s)$ 需要的煤气量 (以 Fe 为标准计) 为:

$$n_{C+H_2} = \cfrac{\cfrac{4}{3} - 1}{\cfrac{1}{x(C) + x(H_2)}\left(\cfrac{x(C)}{1 + 1/K_{mwc}} + \cfrac{x(H_2)}{1 + 1/K_{mwh}}\right) - \cfrac{x(O)^0}{x(C) + x(H_2)}} \tag{5-17}$$

C　$FeO(s)$ 还原至 $FeO(s)_{(1-M_{Fe})}$ 需要的煤气量

$FeO(s)$ 还原至 $FeO(s)_{(1-M_{Fe})}$ 需要的煤气量(以 Fe 为标准计)为:

$$n_{C+H_2} = \cfrac{1 - M_{Fe}}{\cfrac{1}{x(C) + x(H_2)}\left(\cfrac{x(C)}{1 + 1/K_{wfc}} + \cfrac{x(H_2)}{1 + 1/K_{wfh}}\right) - \cfrac{x(O)^0}{x(C) + x(H_2)}} \tag{5-18}$$

以上各式中

$$\cfrac{x(O)^0}{x(C) + x(H_2)} = \cfrac{x(CO_2)^0 + x(H_2O)^0}{x(CO)^0 + x(CO_2)^0 + x(H_2O)^0 + x(H_2)^0} \tag{5-19}$$

因此,该数值实际上代表进入预还原炉煤气的初始氧化程度,在此称之为煤气氧化度 (OD)。

5.1.3　预还原过程能耗图解

根据式 (5-17) 及式 (5-18),预还原过程的煤气消耗和入炉煤气成分的关系可用里斯特 (Rist) 线图的方法直观地表示出来 (图 5-2)。该图描述了在预还原炉中铁氧化物分解氧和还原剂（CO、H_2）吸收氧的过程。图中各曲线的斜率代表还原 1mol 铁时，所消耗的煤气的物质的量 $n(CO+H_2)$；而 T 点的横坐标即为预还原后的煤气的氧化度。该图作法与高炉里斯特（Rist）操作线不同的是，即使在有氢参加还原的情况下，该纵坐标仍为 $n(O)/n(Fe)$，横坐标为 $n(O)/n(C+H_2)$（按式（5-19）定义）。

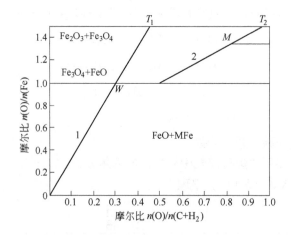

图 5-2 预还原过程里斯特（Rist）线图

$1—x(CO)^0 = 0.7$，$x(H_2)^0 = 0.3$，$M_{Fe} = 1.0$，$R_d = 1.00$；

$2—x(CO)^0 = 0.7$，$x(H_2)^0 = 0.3$，$M_{Fe} = 0.5$，$R_d = 0.33$

5.1.3.1 二次燃烧率对煤气消耗量的影响

A 燃烧率和煤气氧化度

（1）二次燃烧率（PC）。熔融还原工艺中的二次燃烧率定义为离开金属熔体的煤气中的 CO 和 H_2 在渣层以上的空间再次被燃烧的比率，即：

$$PC = \frac{\varphi(CO_2 + H_2O)_{pc}}{\varphi(CO + H_2) + \varphi(CO_2 + H_2O)_{pc}} \tag{5-20}$$

（2）煤气氧化度（OD）。煤气的氧化度是指煤气中的 CO_2 和 H_2O 占煤气中 CO、CO_2、H_2 和 H_2O 总量的比例，即：

$$OD = \frac{\varphi(CO_2 + H_2O)}{\varphi(CO + H_2 + CO_2 + H_2O)} \tag{5-21}$$

对于不同的二步法熔融还原工艺，在其终还原反应器中控制不同的二次燃烧率，如果不往终还原反应器内加含碳酸盐的矿物，从终还原反应器产生的氧化度在数值上与其二次燃烧率是相等的。

根据煤气氧化度的定义，式（5-19）可以表示为：

$$\frac{x(O)^0}{x(C + H_2)} = OD \tag{5-22}$$

当 $PC = OD$ 时，有：

$$\frac{x(O)^0}{x(C + H_2)} = PC \tag{5-23}$$

B 二次燃烧率对预还原过程的影响

二次燃烧率（PC）对预还原所需煤气量的影响可以由式（5-18）计算。当二次燃烧率（PC）大于 0.3 时，铁氧化物只能被还原至浮氏体，此时二次燃烧率（PC）对预还原所需煤气量的影响可以由式（5-17）计算。利用式（5-18）和式（5-17）计算的结果如图5-3 所示。该图横坐标的刻度实际上就是二次燃烧率（PC）。利用该图可以非常直观地分析预还原所需的煤气量（图中各线的斜率为 $n(C+H_2)/n(Fe)$）和二次燃烧率（PC）的关系。

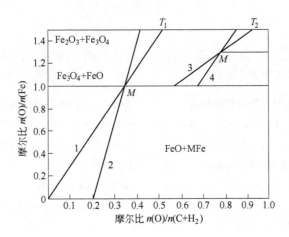

图 5-3 二次燃烧率对预还原过程的影响

1—$x(CO)^0 = 0.7$，$x(H_2)^0 = 0.3$，$x(O)^0 = 0.0$，$M_{Fe} = 1.0$，$R_d = 1.00$；

2—$x(CO)^0 = 0.7$，$x(H_2)^0 = 0.3$，$x(O)^0 = 0.2$，$M_{Fe} = 1.0$，$R_d = 1.00$；

3—$x(CO)^0 = 0.7$，$x(H_2)^0 = 0.3$，$x(O)^0 = 0.5$，$M_{Fe} = 0.0$，$R_d = 0.33$；

4—$x(CO)^0 = 0.7$，$x(H_2)^0 = 0.3$，$x(O)^0 = 0.6$，$M_{Fe} = 0.0$，$R_d = 0.33$

分析二次燃烧率（PC）对煤气量 $n(C+H_2)/n(Fe)$ 的影响时，只要通过（PC，0）和（x_w，y_w）两点作一直线求斜率即可。值得注意的是，二次燃烧率（PC）大于 0.3 的煤气只能将铁氧化物还原成浮氏体，此时应将横坐标上移到 $n(O)/n(Fe) = 1$ 的位置考察二次燃烧率（PC）的影响。图 5-3 中示出了二次燃烧率（PC）为 0、0.2、0.5 和 0.6 的情况，它们分别如图中直线 1、2、3 和 4 所示。

5.1.3.2 H/C 比对煤气消耗量的影响

H/C 比对煤气消耗量的影响如图 5-4 所示。从式（5-17）和式（5-18）中可知，H/C 比只影响 W 点和 M 点的横向位置。当 H/C 比增加时，W 点和 M 点向右移动，因此煤气消耗量减少；相反则向左移动，煤气消耗量增加。

5.1.3.3 金属化率对煤气消耗量的影响

根据式（5-18）可知，在一定条件下，所要求的煤气量与所要求的金属化率成正比，其图解结果如图 5-5 所示。在不同的煤气条件下，只要通过（PC，M_{Fe}）点和 W 点作一直线，求其斜率即可。

5.1.3.4 二次燃烧率对金属化率的影响

预还原过程的金属化率系指经预还原后的铁矿物中金属铁量（MFe）占其全铁量

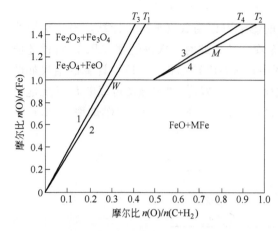

图5-4　氢含量对预还原过程的影响

$1—x(CO)^0=1.0,\ x(H_2)^0=0.0,\ x(O)^0=0.0,$

$M_{Fe}=1.0,\ R_d=1.00;\ 2—x(CO)^0=0.7,\ x(H_2)^0=0.3,$

$x(O)^0=0.0,\ M_{Fe}=1.0,\ R_d=1.00;\ 3—x(CO)^0=1.0,$

$x(H_2)^0=0.0,\ x(O)^0=0.5,\ M_{Fe}=0.0,\ R_d=0.33;$

$4—x(CO)^0=0.7,\ x(H_2)^0=0.3,\ x(O)^0=0.6,$

$M_{Fe}=0.0,\ R_d=0.33$

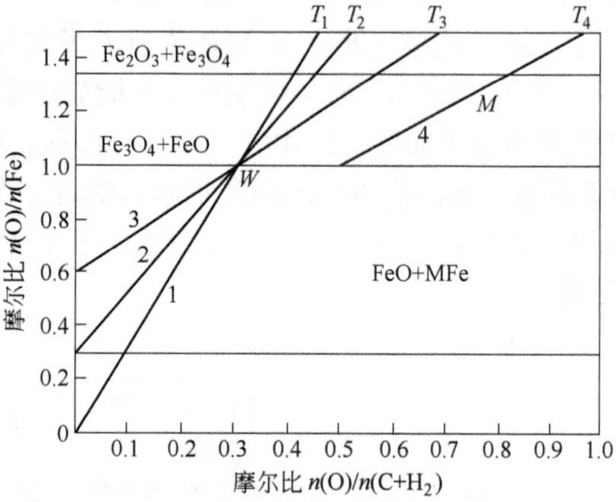

图5-5　不同金属化率时预还原对煤气量的要求

$1—x(CO)^0=0.7,\ x(H_2)^0=0.3,\ x(O)^0=0.0,$

$M_{Fe}=1.0,\ R_d=1.00;\ 2—x(CO)^0=0.7,\ x(H_2)^0=0.3,$

$x(O)^0=0.0,\ M_{Fe}=0.7,\ R_d=0.80;\ 3—x(CO)^0=0.7,$

$x(H_2)^0=0.3,\ x(O)^0=0.0,\ M_{Fe}=0.4,\ R_d=0.60;$

$4—x(CO)^0=0.7,\ x(H_2)^0=0.3,\ x(O)^0=0.5,$

$M_{Fe}=0.0,\ R_d=0.33$

（TFe）的比例。当终还原反应器产生的煤气量一定时，预还原过程的金属化率或预还原度与二次燃烧率的关系如图5-6所示。

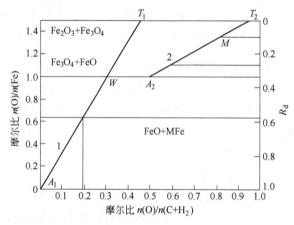

图5-6　不同金属化率与二次燃烧率的关系

$1—V_g=1.29m^3/kg$（标态），$PC=0.2,\ x(H_2)/x(C)=0.3/0.7;$

$2—V_g=0.44m^3/kg$（标态），$PC=0.6,\ x(H_2)/x(C)=0.3/0.7$

当煤气量一定时，通过W点或M点直线的斜率为：

$$\frac{n(C+H_2)}{n(Fe)}=\frac{56V_g}{22.4} \tag{5-24}$$

式中　V_g——终还原反应熔炼炉熔炼1kg金属铁所产生的煤气量（标态），m^3/kg。

分析时，只要通过 W 点或 M 点，根据式（5-24）计算所得的斜率作一条直线，然后以煤气的 PC 值为横坐标点，引一垂线与所作的斜率（如图中的直线 A_1T_1）相交，再从该交点引一水平线与纵坐标相交，其交点即为可能达到的金属化率或预还原度（图 5-6）。

5.1.4 预还原反应动力学

5.1.4.1 还原速度模型

预还原过程的还原剂消耗由还原过程热力学所确定，而该过程的生产效率则取决于铁矿石还原反应动力学。在预还原炉内，铁矿石的还原过程属于气-固反应范畴。二步法熔融还原中，现行的预还原工艺主要是竖炉和流化床；前者属于移动床，还原的对象是球团矿、块矿等，后者还原的对象则是矿粉。

A 体反应（均相反应）模型

模型假设：

（1）还原过程同时在矿粉颗粒整个体积内均匀进行；

（2）不考虑气相还原剂在矿粉颗粒内的扩散阻力；

（3）还原速度考虑为正比于未反应的固相反应物的质量。

根据以上假设，该模型描述为：

$$N\frac{\mathrm{d}X}{\mathrm{d}\tau} = -\frac{S_V^0 X^\alpha k(C_A - C_B/K_e)}{\dfrac{k}{D_e'} + 1} \tag{5-25}$$

式中　N——固相反应物初始物质量，mol/cm^3；

　　　X——反应过程中固相反应物的剩余量，mol/mol；

　　　k——还原反应速度常数，$1/s$；

　　　τ——反应时间，s；

　　　K_e——平衡常数；

　　　C_A——还原性气体（$CO + H_2$）浓度，mol/cm^3；

　　　C_B——氧化性气体（$CO_2 + H_2O$）浓度，mol/cm^3。

B 面反应（单微颗粒）模型

模型假设：

（1）还原过程只在矿粉颗粒内未反应的固相反应物与固相反应产物的界面上进行；

（2）不考虑气相还原剂在固相反应产物内的扩散阻力；

（3）未反应的固相反应物与固相反应产物的界面正比于未反应的固相反应物的质量的幂函数。

根据以上假设，该模型可以描述为：

$$N\frac{\mathrm{d}X}{\mathrm{d}\tau} = -S_V^0 X^\alpha k(C_A - C_B/K_e) \tag{5-26}$$

式中　k——还原反应速度常数，cm/s；

　　　S_V^0——固相反应物的体积比表面积，cm^2/cm^3；

α——矿粉颗粒形状因子 (0，1/2，2/3)；

其他符号意义同上。

C　不规则形状的颗粒模型

模型假设：

(1) 还原过程只在矿粉颗粒内未反应的固相反应物与固相反应产物的界面上进行；

(2) 考虑气相还原剂在固相反应产物内的扩散阻力；

(3) 未反应的固相反应物与固相反应产物的界面正比于未反应的固相反应物的质量的幂函数。

根据以上假设，该模型可以描述为：

$$N\frac{\mathrm{d}X}{\mathrm{d}\tau} = -\frac{S_V^0 X^\alpha k(C_A - C_B/K_e)}{\frac{k}{D_e'} + 1} \qquad (5\text{-}27)$$

$$\delta = r_0 e^{\beta\left(1 - \frac{1}{(1-x)^\gamma}\right)}$$

式中　D_e'——CO、H_2 或 O 离子在固相产物层内的扩散系数，cm^2/s；

α——矿粉颗粒形状因子；

δ——还原过程中固体产物层当量厚度，cm；

β，γ——矿粉颗粒结构因子；

其他符号意义同上。

D　未反应核模型

模型假设：

(1) 还原过程只在球团矿内未反应的固相反应物与固相反应产物的界面上进行；

(2) 气流中的还原性气体通过还原后的固体产物层扩散到反应界面；

(3) 不考虑还原性气体在球团内的积累；

(4) 气流中的还原性气体通过对流传质传递到球团矿表面。

根据以上假设，该模型可以描述为：

$$N\frac{\mathrm{d}X}{\mathrm{d}\tau} = -\frac{4\pi(C_A - C_B/K)}{\frac{1}{\alpha_m R^2} + \frac{1}{D_e}\frac{R-r}{Rr} + \frac{1}{kr^2}} \qquad (5\text{-}28)$$

式中　D_e——还原性气体在球团矿气孔中的扩散系数，cm^2/s；

R——球团矿半径，cm；

r——反应界面半径，cm；

α_m——对流传质系数，cm/s；

其他符号意义同上。

E　两阶段模型

模型假设：

(1) 还原过程在球团内未反应的固相区的某一区域内进行，而不是局限在未反应的固相反应物与固相反应产物的界面上；

(2) 固相反应物的质量大于 0 的为反应区，等于 0 的为非反应区；

（3）气流中的还原性气体通过还原后的固相产物层扩散到反应界面；

（4）不考虑还原性气体在固相内的积累；

（5）气流中的还原性气体通过对流传质传递到球团矿表面。

根据以上假设，该模型描述为：

$$\frac{1}{r}\frac{\partial}{\partial r}\Big[D_{eA}\frac{\partial(rC_A)}{\partial r}\Big] + \nu_0 = 0 \tag{5-29}$$

$$\frac{1}{r}\frac{\partial}{\partial r}\Big[D_{eB}\frac{\partial(rC_A)}{\partial r}\Big] - \nu_0 = 0$$

$$\nu_0 = -AS_V^0 k(C_A - C_B/K_e) \quad (C > 0)$$

$$\nu_0 = 0 \quad (C = 0)$$

边界条件为：

$$\frac{\partial C_A}{\partial r} = \alpha_{mA}(C_A^R - C_A^g) \quad (r = R)$$

$$\frac{\partial C_B}{\partial r} = \alpha_{mB}(C_A^R - C_A^g) \quad (r = R)$$

$$\frac{\partial C_A}{\partial r} = 0 \quad (r = 0)$$

$$\frac{\partial C_B}{\partial r} = 0 \quad (r = 0)$$

式中　A——球团矿反应物的体积分数；

　　　D_{eA}——CO 在球团内的扩散系数，cm^2/s；

　　　D_{eB}——CO_2 在球团内的扩散系数，cm^2/s；

　　　α_{mA}——CO 在球团表面的对流传质系数，cm/s；

　　　α_{mB}——CO_2 在球团表面的对流传质系数，cm/s；

　　　其他符号意义同上。

F　微颗粒模型

模型建设：

（1）还原过程在球团内未反应的固相区的某一区域内进行，而不是局限在未反应的固相反应物与固相反应产物的界面上；

（2）球团矿内固相反应物为微颗粒的集合体；

（3）不考虑还原性气体在微颗粒反应物的固相产物层内的扩散阻力；

（4）气流中的还原性气体通过还原后的固相产物层扩散到反应界面；

（5）不考虑还原性气体在固相内的积累；

（6）气流中的还原性气体通过对流传质传递到球团矿表面。

根据以上假设，该模型描述为：

$$\frac{1}{r}\frac{\partial}{\partial r}\Big[D_{eA}\frac{\partial(rC_A)}{\partial r}\Big] + \nu_0 = 0$$

$$\frac{1}{r}\frac{\partial}{\partial r}\Big[D_{eB}\frac{\partial(rC_A)}{\partial r}\Big] - \nu_0 = 0 \tag{5-30}$$

$$\nu_0 = -AS_V^0 k(C_A - C_B/K_e)$$

边界条件及式中各种符号的意义同上。

G 改进的微颗粒模型

改进的微颗粒模型是在微颗粒模型的基础上发展而来的。该模型的改进之处是考虑还原性气体在微颗粒反应物的固相产物层内的扩散阻力。因此，其表达式如下：

$$\frac{1}{r}\frac{\partial}{\partial r}\Big[D_{eA}\frac{\partial(rC_A)}{\partial r}\Big] + \nu_0 = 0$$

$$\frac{1}{r}\frac{\partial}{\partial r}\Big[D_{eB}\frac{\partial(rC_A)}{\partial r}\Big] - \nu_0 = 0 \tag{5-31}$$

$$\nu_0 = -\frac{S_V^0 X^\alpha k(C_A - C_B/K_e)}{\dfrac{k}{D_e'}\delta + 1}$$

$$\delta = r_0 e^{\beta\left(1 - \frac{1}{(1-x)^\gamma}\right)}$$

边界条件及式中各种符号的意义同上。

5.1.4.2 还原速度模型的比较

以上7种模型中，前3种主要用于计算流化床内铁矿粉的还原过程，后4种模型主要用于计算移动床（如竖炉）内球团矿或块矿的还原过程。

体反应（均相反应）模型和面反应（单微颗粒）模型，由于未考虑固相产物对还原过程的影响，只能近似模拟当还原反应温度高于900℃时的还原过程的影响，而当温度低于900℃时，这两个模型的模拟精度较差。不规则形状的颗粒模型则可以准确地模拟任何温度下的还原过程，但不足的是应用该模型时，需测定实际矿粉的α、β、γ和D_e'值。

未反应核模型是不规则形状的颗粒模型在球形几何条件下，不考虑球团矿内固相反应物在结构上的不均匀性，简化后再考虑对流传质阻力的结果。由于在未反应核模型中做了以上简化，故它只能适合模拟球形或近似球形且固相反应物结构基本均一的铁矿石的还原过程。但由于该模型简单，现在仍被一些研究者采用。

在实际的还原过程中，铁矿石还原并非局限在其内部的某一界面上，而是贯穿在一定的区域内。这种情况在低温下当化学反应速度较慢时尤为明显。两阶段模型和微颗粒模型考虑了这种情况，因此它们适合于较宽的温度范围。但因为它们既不考虑固相反应物内部在结构上的不均一性，又忽略了还原性气体在微颗粒反应物的固相产物层内的扩散阻力，所以它们对实际过程模拟的准确性仍然欠佳；加上这两种模型在计算上比较复杂，故而较少采用。

改进的颗粒模型是近几年才提出来的，它比较真实地考虑了气-固反应的实际过程，因此能够在全部温度范围内相对准确地模拟铁矿石的还原过程。

5.2 终还原基础研究

5.2.1 终还原反应热力学

5.2.1.1 终还原反应器内的温度和气氛条件

现行各种熔融还原工艺中,其终还原都是在熔融状态下进行的,因此其反应温度至少是在熔渣温度1450℃以上。在实施二次燃烧技术的终还原反应器内,其反应温度则高达1600℃以上。至于终还原反应器内的气氛,由于在任何熔融还原工艺中,二次燃烧率均尚未达到100%,因此,终还原反应器内的煤气的氧化度都小于100%。在现行的比较有工业价值的熔融还原工艺中,煤气的氧化度一般在0~60%。

5.2.1.2 进入终还原反应器内的铁氧化物的形式

进入终还原反应器的铁氧化物的形式取决于铁矿石在预还原后的还原度。在不同的预还原度下,进入终还原反应器的铁氧化物的形式如表5-3所示。

表5-3 进入终还原反应器内的铁氧化物的形式

预还原度	铁氧化物形式
0~1/6	$Fe_2O_3 + Fe_3O_4$
1/6~1/3	$Fe_3O_4 + FeO$
1/3~1	$FeO + Fe$

5.2.1.3 终还原反应器内可能发生的还原反应

表5-4列出了在1450℃下各种铁氧化物的熔点、分解压和被CO还原时的$\varphi(CO_2)/\varphi(CO+CO_2)$的平衡比值。

表5-4 各种铁氧化物的熔点、分解压和$\varphi(CO_2)/\varphi(CO+CO_2)$的平衡比值

铁氧化物	熔点/℃	分解压/MPa	$\varphi(CO_2)/\varphi(CO+CO_2)/\%$
$Fe_2O_3(s)$	1594	0.037	99.98
$Fe_3O_4(s)$	1597	1.37×10^{-7}	91.00
$FeO(s)$	1378	5.89×10^{-11}	18.00
$FeO(1)$		4.20×10^{-11}	16.00

根据以上各种铁氧化物的特性和终还原反应器内的温度及气氛条件,很显然,Fe_2O_3在进入终还原反应器的过程中很容易被热分解或被反应器内的煤气还原成Fe_3O_4,因此终还原反应器内的Fe_2O_3在熔化之前就已被还原成Fe_3O_4。而Fe_3O_4在进入终还原反应器的过程中被热分解的可能性几乎不存在,但却极易被炉内的煤气还原成$FeO(s)$或$FeO(1)$。

在采用低二次燃烧率(<18%)的终还原反应器内,有可能形成煤气还原FeO的条件,但由于FeO的还原对煤气条件要求苛刻,还原速度较慢,多半来不及还原就被熔化。在采用较高二次燃烧率(>18%)的终还原反应器内,煤气对于FeO可以说不具有还原能力,这时进入终还原反应器内的FeO则是先被熔化成液态渣,然后再被炉内的碳所还原。因此,液态FeO的还原过程成为熔融还原的关键反应之一。

终还原反应器的还原区内,液态FeO的还原过程存在以下四种形式:

（1）熔渣中的 FeO 被其中的金属液滴中的碳所还原；

（2）熔渣中的 FeO 在熔渣和金属熔体界面被金属熔体中的碳所还原；

（3）熔渣中的 FeO 被其中的固态碳所还原；

（4）熔渣中的 FeO 被穿过渣层的 CO 所还原。

但作为还原的化学反应可分为表 5-5 所示的几种分类。

表 5-5 作为还原的化学反应的几种分类

反 应 式	$\Delta G^{\ominus}/J \cdot mol^{-1}$	序 号
$(FeO) + [C] = [Fe] + CO$	$98490 - 90.90T$	(5-32)
$(FeO) + C = [Fe] + CO$	$121100 - 133.19T$	(5-33)
$(FeO) + CO = [Fe] + CO_2$	$-49740 + 41.66T$	(5-34)
$(FeO) + H_2 = [Fe] + H_2O$	$-13520 + 9.59T$	(5-35)

不同温度下 CO、H_2 还原固态和液态 FeO 时的平衡气相成分如图 5-7 所示。液态 FeO 被固态碳和金属熔体中的碳所还原时 CO 平衡分压如图 5-8 所示。

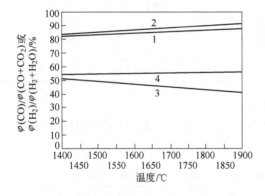

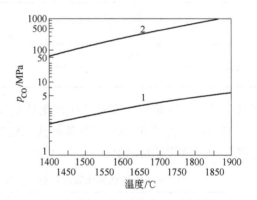

图 5-7 不同温度下 CO、H_2 还原固态和
液态 FeO 时的平衡气相成分
1—$FeO(s) + CO = Fe(s) + CO_2$；
2—$FeO(l) + CO = Fe(s) + CO_2$；
3—$FeO(s) + H_2 = Fe(s) + H_2O$；
4—$FeO(l) + H_2 = Fe(s) + H_2O$

图 5-8 液态 FeO 被固态碳和金属熔体中的
碳所还原时 CO 平衡分压
1—$(FeO) + C = [Fe] + CO$；
2—$(FeO) + [C] = [Fe] + CO$

从图 5-7 中可以看出，要使渣层液态 FeO 顺利还原以及金属熔体中的金属铁不被氧化，至少应将还原区的煤气的 $\varphi(CO_2)/\varphi(CO + CO_2)$ 比值控制在 16% 以下。另外，从图 5-8 可知，固态碳（石墨碳）还原液态 FeO 的能力远大于金属熔体中的溶解碳还原液态 FeO 的能力，因此，在终还原反应器内应尽量创造液态 FeO 和固态碳的接触机会，以促进液态 FeO 的还原过程。

5.2.2 终还原过程能耗分析

5.2.2.1 终还原过程物料平衡

假设熔炼出 1mol 金属铁，消耗 n_C mol 碳（不包括铁水中的溶解碳）、n_{H_2} mol 氢，鼓风带入的氧原子数量为 y_B mol，非铁氧化物还原带入煤气中的氧原子数量为 y_U mol，入炉铁氧化物的铁氧原子数量比（O/Fe）为 y_{Fe}，所消耗燃料带入的氧原子数量为 y_C mol，所产生的煤气量为 n_g mol。

（1）C、H_2 平衡。在不考虑铁水中的溶解碳时，由各种炉料带入终还原反应器的碳和氢将全部进入终还原反应器中的煤气，根据以上假设，在终还原反应器内碳、氢存在以下平衡：

$$n_C + n_{H_2} = n_g x(CO + CO_2 + H_2 + H_2O) \tag{5-36}$$

（2）O、H_2 平衡。1mol 金属铁所需的氧化物还原出来的氧量（y_{Fe} mol）、各种非铁氧化物还原出来的氧量（y_U mol）、鼓风带入的氧量（y_B mol）以及燃烧带入的氢（y_{H_2} mol）和氧（y_C mol）将全部进入煤气，即：

$$y_{Fe} + y_U + y_{H_2} + y_C + y_B = n_g x(CO + 2CO_2 + H_2 + 2H_2O) \tag{5-37}$$

（3）物料平衡线。将式（5-36）代入式（5-37）得：

$$y_{Fe} + y_U + y_{H_2} + y_C + y_B = (n_C + n_{H_2}) \frac{x(CO + 2CO_2 + H_2 + 2H_2O)}{x(CO + CO_2 + H_2 + H_2O)} \tag{5-38}$$

令

$$k = n_C + n_{H_2}$$

则

$$X = \frac{n(O + H_2)}{n(C + H_2)} = \frac{x(CO + 2CO_2 + H_2 + 2H_2O)}{x(CO + CO_2 + H_2 + H_2O)} = 1 + PC \tag{5-39}$$

式中，PC 为二次燃烧率。

将 k 和 X 代入式（5-38）并移项得：

$$Y = kX - (y_U + y_{H_2} + y_C + y_B) \tag{5-40}$$

显然，当 $X = \dfrac{n(O + H_2)}{n(C + H_2)} = \dfrac{x(CO + 2CO_2 + H_2 + 2H_2O)}{x(CO + CO_2 + H_2 + H_2O)}$ 时，$Y = y_{Fe}$；当 $X = 0$ 时，$Y = -(y_U + y_{H_2} + y_C + y_B)$。

式（5-40）即为终还原过程的物料平衡线，其纵坐标为 $\dfrac{n(O + H_2)}{n(Fe)}$，横坐标为 $\dfrac{n(O + H_2)}{n(C + H_2)}$。它直观地代表了在终还原过程中，铁氧化物中的氧向燃料中的碳和氢的转移过程，该直线的斜率（k）即为终还原过程的燃料消耗量 $\dfrac{n(C + H_2)}{n(Fe)}$。

5.2.2.2 终还原过程热平衡

在终还原反应器内，如不考虑铁水溶解耗碳，则入炉的碳由以下途径消耗：

（1）铁氧化物直接还原耗碳（n_C^d）：

$$n_C^d = y_{Fe} \tag{5-41}$$

（2）非铁氧化物直接还原耗碳（n_C^{nf}）：

$$n_C^{nf} = y_U \tag{5-42}$$

（3）燃烧供热耗碳（n_C^B）：

$$n_C^B = n_C - n_C^d - n_C^{nf} \tag{5-43}$$

（4）未进行二次燃烧之前产生的 CO 量（n_{CO} mol）：

$$n_{CO} = n_C^B + n_C^d + n_C^{nf} = n_C \tag{5-44}$$

假设终还原过程的二次燃烧率为 PC，二次燃烧热效率为 η_{PC}，则终还原过程中还原体系内的热平衡为：

（1）热收入。

$$Q_{in} = n_C q_{CO} + PC\eta_{PC}(n_C q_{CO_2} + n_{H_2} q_{H_2O}) - (n_C + n_{H_2})(q_{gas}^0 + q_{cl}^0) + Q_B + Q_m \tag{5-45}$$

式中　q_{CO}——C 燃烧成 CO 的热效应，J/mol；

　　　q_{CO_2}——CO 燃烧成 CO_2 的热效应，J/mol；

　　　q_{H_2O}——H_2 燃烧成 H_2O 的热效应，J/mol；

　　　q_{gas}^0——二次燃烧为 0 时 1mol 的（$C + H_2$）燃烧形成的煤气带出终还原反应器的热，J/mol；

　　　q_{cl}^0——1mol（$C + H_2$）燃料的分解热，J/mol；

　　　Q_B——每熔炼 1mol 金属铁所需的热风带入的物理热，J，如果是纯氧，则 $Q_B = 0$；

　　　Q_m——每熔炼 1mol 金属铁各种炉料带入的物理热，J。

令

$$q_0 = \frac{n_C q_{CO} + PC\eta_{PC}(n_C q_{CO_2} + n_{H_2} q_{H_2O}) - (n_C + n_{H_2})(q_{gas}^0 + q_{cl}^0) + Q_B + Q_m}{y_{Fe} + y_U + y_{H_2} + y_C + y_B} \tag{5-46}$$

将式（5-38）和式（5-39）代入式（5-46）得：

$$q_0 = \frac{n_C q_{CO} + PC\eta_{PC}(n_C q_{CO_2} + n_{H_2} q_{H_2O}) + Q_B + Q_m - (n_C + n_{H_2})(q_{gas}^0 + q_{cl}^0)}{(n_C + n_{H_2})(1 + PC)} \tag{5-47}$$

由于在熔融还原工艺中多用煤作燃料，如不计其中的灰分，煤的成分总可以表示为 $C_x(H_2)_y O_x$。假设熔炼 1mol 金属铁，消耗 n_{Cl} mol 煤，则：

$$n_C = n_{Cl} x$$

$$n_{H_2} = n_{Cl} y$$

将以上两式代入式（5-47），并令：

$$q_0 = \frac{x q_{CO} + PC\eta_{PC}(x q_{CO_2} + y q_{H_2O}) + (Q_B + Q_m)/n_{cl} - (x + y)(q_{gas}^0 + q_{cl}^0)}{(x + y)(1 + PC)} \tag{5-48}$$

$$q_C = x q_{CO} + PC\eta_{PC}(x q_{CO_2} + y q_{H_2O}) + (Q_B + Q_m)/n_{cl} - (x + y)(q_{gas}^0 + q_{cl}^d) \tag{5-49}$$

式中　q_C——燃料的有效燃烧热，其物理意义是在给定的燃料条件和燃烧条件下，每燃烧 1mol 燃料，可向还原体系提供的有效热量。

将式（5-49）代入式（5-48）得：

$$q_0 = \frac{q_C}{(x + y)(1 + PC)} \tag{5-50}$$

将式（5-47）代入式（5-45）得：

$$Q_{in} = (y_{Fe} + y_U + y_{H_2} + y_C + y_B)q_0 \tag{5-51}$$

在终还原反应器内离开渣面的 CO 和 H_2 被喷入终还原反应器内的氧所燃烧，产生大量热量，这种热量命名为二次燃烧热。熔池中的渣铁从二次燃烧热中所吸收到的热量占二次燃烧总热量的比例定义为二次燃烧热效率 η_{PC}，它可按下式计算：

$$\eta_{PC} = 1 - \frac{c(T_g^{PC} - T_g^0) + PC[x(c_p^{CO_2} - c_p^{CO}) + y(c_p^{H_2O} - c_p^{H_2})]T_g^{PC}}{xq_{CO_2} + yq_{H_2O}} \tag{5-52}$$

式中　T_g^0——无二次燃烧时终还原反应器输出的煤气温度，K；

　　　T_g^{PC}——二次燃烧率为 PC 时终还原反应器输出煤气的温度，K；

　　　c_p^i——气体 i 的恒压热容，$J/(mol \cdot K)$。

（2）热支出。如按照类似高炉第二热平衡方法分析，终还原过程的热支出为：

$$Q_{out} = y_{Fe}q_d + y_U q_d^{nf} + Q_{hm} + Q_{slag} + Q_{lost}^0 \tag{5-53}$$

式中　Q_{hm}——与 1mol 金属铁所对应的铁水带出的物理热，J；

　　　Q_{slag}——与 1mol 金属铁所对应的炉渣带出的物理热，J；

　　　Q_{lost}^0——熔炼 1mol 金属铁所对应的热损失量，J；

　　　q_d——从铁氧化物中分离出 1mol 氧原子所消耗的热量，J/mol；

　　　q_d^{nf}——从非铁氧化物中分离出 1mol 氧原子所消耗的热量，J/mol。

（3）热平衡。令 $Q_{in} = Q_{out}$，得：

$$(y_{Fe} + y_U + y_{H_2} + y_C + y_B)q_0 = y_{Fe}q_d + y_U q_d^{nf} + Q_{hm} + Q_{slag} + Q_{lost}^0 \tag{5-54}$$

对式（5-53）进行适当移项，并令 $Q = y_U(q_d^{nf} - q_0) + Q_{hm} + Q_{slag} + Q_{lost}^0$，得：

$$(y_{H_2} + y_C + y_B)q_0 = y_{Fe}(q_d - q_0) + Q \tag{5-55}$$

对式（5-55）进行适当移项得：

$$\frac{y_B + y_C + y_{H_2}}{y_{Fe} + Q/q_r} = \frac{q_r}{q_0} \tag{5-56}$$

式中

$$q_r = q_d - q_0 \tag{5-57}$$

式（5-56）即为终还原过程热平衡线，它描述了满足终还原过程的热平衡时的氧耗。

5.2.3 终还原过程能耗图解

5.2.3.1 终还原操作线图分析

以 $\dfrac{n(O + H_2)}{n(C + H_2)}\left(\dfrac{n(O + H_2)}{n(C + H_2)} = 1 + PC\right)$ 为

横坐标，$\dfrac{n(O + H_2)}{n(Fe)}$ 为纵坐标，绘制式

（5-40）和式（5-56）的对应曲线，结果如图 5-9 所示。

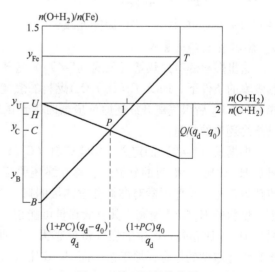

图 5-9　终还原操作线图

图 5-9 中，T 点的横坐标 $\dfrac{n(O+H_2)}{n(C+H_2)} = \dfrac{x(CO+2CO_2+H_2+2H_2O)}{x(CO+CO_2+H_2+H_2O)}$，它代表离开终还原器的煤气的氧化状态；$y_{Fe}$ 为熔炼 1mol 铁时氧化物还原所带入的氧原子的物质的量；y_U 为熔炼 1mol 铁时非铁氧化物还原所提供的氧原子的物质的量；y_{H_2} 为熔炼 1mol 铁时燃料带入的氧原子的物质的量；y_B 为熔炼 1mol 铁时鼓风或吹氧所提供的氧原子的物质的量；$y_V = \dfrac{Q}{q_r}$，它代表熔炼 1mol 铁时，除铁氧化物还原耗热以外的其他耗热与铁氧化物的还原耗热的比值；P 点为终还原过程的操作点，该点受式（5-40）及式（5-56）制约，其横坐标 $x_P = \dfrac{(1+PC)q_r}{q_r+q_0}$，纵坐标 $y_P = y_U + \dfrac{y_V-y_U}{1+PC}x_P$。

根据式（5-57）的定义，x_P 又可以表示为：

$$x_P = \frac{(1+PC)(q_d-q_0)}{q_d} \tag{5-58}$$

对于不同氧化状态的铁氧化物 Fe_2O_3、Fe_3O_4 和 FeO，其分解热 q_d 值分别为 274kJ/mol、279kJ/mol 和 265kJ/mol（以氧为标准计），可见 q_d 值与铁氧化物的氧化状态关系不大。由于实际矿石中的 FeO 有一部分是和 SiO_2 相结合的，其 q_d 比理论上的要大一些，因此可取三种铁氧化物分解热的平均值 273kJ/mol 作为 q_d 值。这样 P 点只与燃料的性质（q_c）和操作条件（PC，η_{PC} 和 Q）的影响有关，而与进入终还原反应器的矿石的氧化状态或预还原度无关，故此称为终还原操作点。

5.2.3.2 影响终还原能耗主要因素

A 矿石预还原度的影响

进入终还原反应器的矿石的预还原度决定了矿石氧铁比的 y_{Fe}，提高预还原度，操作线图中的 y_{Fe} 值减小；降低预还原度，y_{Fe} 值增大。根据以上分析，在其他条件不变的条件下，当 y_{Fe} 值增大时，操作线图中的 BT 线绕 P 点逆时针旋转（图 5-10 中的 M_1 线），斜率增大，终还原能耗 $\dfrac{n(C+H_2)}{n(Fe)}$ 增大；相反，当 y_{Fe} 值减小时，BT 线则绕 P 点顺时针旋转（图 5-10 中的 M_2 线），终还原能耗减少。

B 燃料有效热的影响

这里燃料的有效热量（见式（5-49））等于在一定的二次燃烧率和一定的二次燃烧传热效率的条件下，$1mol(C_x(H_2)_yO_z)$ 燃料的燃烧热减去燃料的分解热和燃料中的 C、H_2 形成 CO 和 H_2 后煤气离开终还原反应器时带走的热量。其物理意义是单位质量的燃料所提供给终还原的热量。

根据式（5-49）的定义，影响燃料（$C_x(H_2)_yO_z$）的有效热量的因素有燃料成分（主要是 H_2/C 比）、燃料的分解热、离开终还原反应器煤气的温度、二次燃烧率和二次燃烧传热效率等；这些因素对燃料有效热量的影响如图 5-11 所示。显然，在同样的燃烧条件下，燃料的 H_2/C 比越高，其有效热量可能越低。换句话说，在同样的热量的情况下，燃料的 H_2/C 比越高，产生的煤气量就越大。因此，H_2/C 比高（挥发分高）的煤适合于追求高预还原度的熔融还原工艺，而 H_2/C 比低（挥发分低）的煤则适合于追求高二次燃烧率的流程。

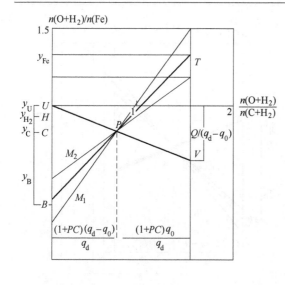

图 5-10 矿石预还原度对终还原能耗的影响

$BT - y_{Fe} = 1.0$；$M_1 - y_{Fe} = 1.5$；$M_2 - y_{Fe} = 1.5$

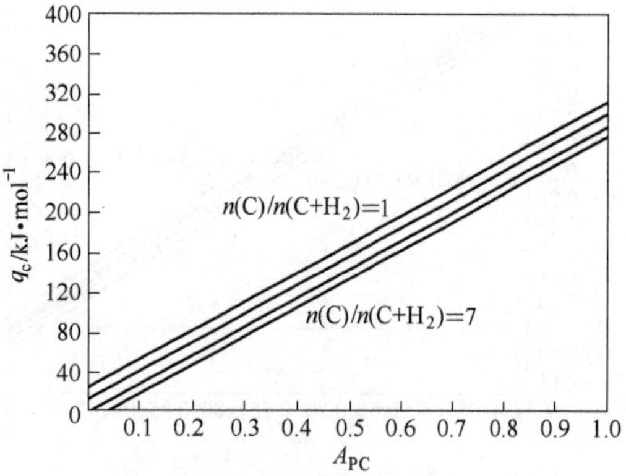

图 5-11 燃料的有效热量与 C/H_2 比、二次燃烧率及二次燃烧传热效率的关系

$(A_{PC} = \eta_{PC} PC)$

C 二次燃烧率的影响

操作线图中的 T 点的横坐标值 $\dfrac{n(O + H_2)}{n(C + H_2)} = 1 + PC$，当二次燃烧率 PC 值增加时，T 点右移。P 点与二次燃烧率 PC 的关系比较复杂。将式（5-48）和式（5-49）代入式（5-58）后，其横坐标 x_P 可以表示为：

$$x_P = \frac{\left(q_d - \dfrac{x}{x + y}q_{CO}\right) + q_g + q_d^C}{q_d} + \varphi PC$$

$$\varphi = \frac{1}{q_d}\left[q_d - \eta_{PC}\left(\frac{x}{x + y}q_{CO_2} + \frac{x}{x + y}q_{H_2O}\right)\right] \tag{5-59}$$

式中，q_{CO_2}、q_{H_2O} 及 q_d 分别为 283kJ/mol、242kJ/mol 和 273kJ/mol（以 O 为标准计），对于不同的 H_2/C 比的燃料，φ 与二次燃烧传热效率的关系如图 5-12 所示。从该图中可以看出，只有当二次燃烧的传热效率大于 0.975 时，φ 才有可能为负值，但 φ 最小不小于 -0.05。在一般的情况下，二次燃烧传热效率 $\eta_{PC} = 0.8 \sim 0.95$，因此 φ 值在 $0 \sim 0.20$ 之间。所以一般情况下 x_P 随 PC 值的增大而右移，但右移幅度很小。另外，$y_V = \dfrac{Q}{q_d - q_0}$，因 PC 值的增加，也使 q_0 值增大。因此，当 PC 值增大时，UV 线绕 U 点下转，P 点沿下转后的 UV 线右移。相反，当 PC 减小时，UV 线绕 U 点上转，P 点沿下转后的 UV 线左移，如图 5-13 所示。

D 二次燃烧传热效率的影响

在熔融还原工艺中提高二次燃烧率的根本目的是利用煤气中 CO 和 H_2 的燃烧热补偿反应（5-32）和反应（5-33）的热效应和熔化渣铁所必需的热量。所谓渣铁熔化所必需的

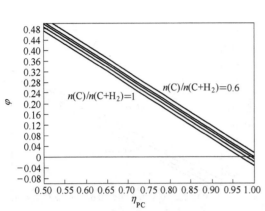

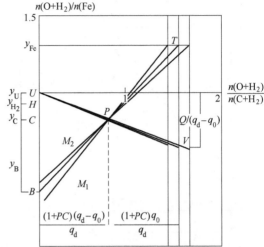

图 5-12　φ 值与二次燃烧传热效率的关系

图 5-13　二次燃烧率对终还原能耗的影响

$BT-PC=1.0$；$M_1-PC=1.5$；$M_2-PC=1.5$

热量，是指单位质量的渣、铁温度提高到其熔化温度以上并使它们能自由流动时所必需的最小热量。但在一般情况下，提高二次燃烧率的同时会导致以下效应：

（1）终还原反应器输出煤气温度上升；

（2）渣铁温度升高，甚至过热；

（3）反应器本体热损失增大。

显然，以上三种效应是不可能完全避免的。根据二次燃烧的初衷，二次燃烧的传热效率可以定义为：熔融还原反应（即反应（5-32）、反应（5-33）和其他氧化物的还原反应）以及当渣铁温度升高到工艺要求的温度时，从煤气中 CO 和 H_2 的燃烧所获得的热量占所燃烧的 CO 和 H_2 放出的总热量的比例，即：

$$\eta_{PC} = \frac{Q_{PC} - (Q_g^{PC} - Q_g^0) - (Q_{HM}^{PC} - Q_{HM}^*) - (Q_{slag}^{PC} - Q_{slag}^*) - (Q_{lost}^{PC} - Q_{lost}^0)}{x q_{CO_2} + y q_{H_2O}} \quad (5\text{-}60)$$

式中　Q_{PC}——单位质量的燃料所产生的 CO 和 H_2 二次燃烧所放出的热量；

Q_g^0，Q_g^{PC}——实施二次燃烧前、后煤气离开终还原反应器时所带走的热量；

Q_{slag}^{PC}，Q_{HM}^{PC}——实施二次燃烧后渣、铁所带走的热量；

Q_{slag}^*，Q_{HM}^*——按工艺要求渣、铁所必需的热量；

Q_{lost}^0，Q_{lost}^{PC}——实施二次燃烧前、后的热损失。

式（5-52）所定义的二次燃烧传热效率显然是当 $Q_{HM}^{PC} = Q_{HM}^*$、$Q_{slag}^{PC} = Q_{slag}^*$ 和 $Q_{lost}^{PC} = Q_{lost}^0$ 的特殊情况。

按照式（5-52）的定义，在原料条件一定时，二次燃烧热效率 η_{PC} 将只影响操作线图中的 P 点的位置。根据 y_V 的定义及式（5-46）可知，当 η_{PC} 值增大时，V 点因 q_0 值的变大而下移，同时 P 点因 x_P 变小而左移；同理当 η_{PC} 值减小时，V 点上移，P 点右移，如图 5-14 所示。

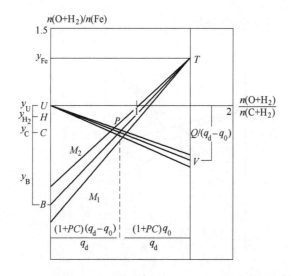

图 5-14 二次燃烧传热效率或燃料 H_2/C 比对终还原能耗的影响

E 燃料中 H_2/C 比的影响

当今熔融还原的目的之一就是以煤代焦。不同的煤种有不同的挥发分，一般说来，挥发分高的煤，其 H_2/C 比大，相反则 H_2/C 比小。H_2/C 比大时，式（5-49）及式（5-59）中的 x 值减小，y 值增加；同时由于 q_{CO_2} 大于 q_{H_2O}，因此 H_2/C 比增大时，导致 q_0 值减小，进而使 y_V 值变小，V 点上升，UV 线上转；同时 x_P 增大，P 点沿 UV 线右移，从而 BT 线绕 T 点向逆时针方向转动，煤耗上升。相反，H_2/C 比减小，BT 线则绕 T 点向顺时针方向转动，煤耗下降。此时操作线的变化类似于二次燃烧传热效率的影响，如图 5-14 所示。

F 其他因素的影响

除以上五大因素外，其他一些因素，如矿石品位、煤的灰分含量、终还原反应器热损失量等，对终还原过程能耗的影响也可在操作线上表现出来。

在终还原反应器内，如果矿石品位降低、煤的灰分含量升高、热损失量增加，都会导致 Q 值变大，使 V 点下降。但 x_P 值不变，从而使 P 点沿 x_P 的横坐标下降，导致 BT 线斜率变大，能耗增加；相反，则使 P 点上升，能耗降低[1~3]。如图 5-15 所示。

一步熔融还原法将铁矿石直接加入高温熔池，在碳过剩情况下铁氧化物被还原，反应为直接还原反应：

$$Fe_2O_3 + 3C \Longrightarrow 2Fe + 3CO \qquad \Delta G^\ominus = 493.05kJ/mol$$

该反应大量吸热，为满足熔融还原反应过程中的热量平衡，必须送入氧气与碳发生燃烧反应，可表示为：

$$FeO + nC + \frac{n-1}{2}O_2 \Longrightarrow Fe + nCO$$

假设反应物 Fe_2O_3、C、O_2 均为常温，反应产物 CO、Fe 为 1900K，令过程 $\Delta G^\ominus$ 为零，可解得系数 n 为 17.078，此时求得碳耗量为 1834.7kg/t。

为降低碳耗量，可通入氧气燃烧还原生产 CO。为保证金属铁不被氧化，二次燃烧后

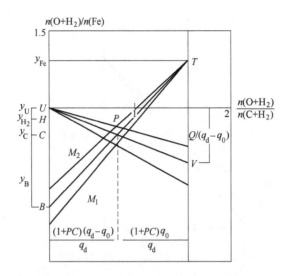

图 5-15   矿石品位、煤的灰分含量、终还原反应器热损失等对终还原能耗的影响

的平衡气相中 $\varphi(CO_2)/\varphi(CO)$ 值在 1900K 时必须小于 15/85，这时的还原反应式表示为：

$$Fe_2O_3 + (x+y)C + \frac{x+2y-3}{2}O_2 = 2Fe + xCO + yCO_2$$

式中，x、y 分别为反应中生成 CO 和 CO_2 的数量。设反应物为常温，生成物为 1900K，y/x 为 15/85，令过程 $\Delta G^{\ominus}$ 为零，可解得 $x+y$ 为 10.319，过程的耗碳量为 1109kg/t。

计算表明，当 CO 的二次燃烧率低于 15%，又不回收高温煤气的物理热时，一步还原法的理论耗碳太高。两步熔融还原是由预还原和终还原两段构成，总耗碳量取决于耗碳较大的阶段。

如果预还原段只将铁矿石中的 Fe_2O_3 还原为 FeO 及把矿石预热到 1000K，对于转炉型终还原装置的终还原反应，可表示为：

$$FeO + (x+y)C + \frac{x+2y-3}{2}O_2 = Fe + xCO + yCO_2$$

设反应物 C 和 O_2 为室温，FeO 为 1000K，产物为 1900K，y/x 为 15/85，根据热平衡可求得式中 $x+y$ 为 3.275，碳耗为 704kg/t。

对于竖炉型终还原装置，入炉碳可由还原气体加热到产物的温度，氧气用热风炉预热，而竖炉内的 CO 二次燃烧率为零，还原产生的煤气为 100% 的 CO。因此，竖炉型装置的终还原过程可表示为：

$$FeO + nC + \frac{n-1}{2}O_2 = Fe + nCO$$

取反应物 FeO 为 1000K，C 为 1900K，O_2 为 1300K，产物为 1900K，通过热平衡可求得 n 为 3.065，碳耗为 659kg/t。

由于矿石的间接还原是放热反应，上面求得的终还原高温煤气显然可以满足预还原段的化学平衡及热平衡需要，因此过程总耗碳量取决于终还原。

如果预还原段能将矿石全部还原成金属铁并预热到 1000K，此时终还原只需将还原铁熔化，对转炉型反应式，可表示为：

$$Fe(s) + (x+y)C + \frac{x+2y}{2}O_2 = Fe(s) + xCO + yCO_2$$

取反应物 $Fe(s)$ 为 1000K，C、CO_2 为室温，产物为 1900K，y/x 为 15/85，通过热平衡可求得 $x+y$ 为 0.5624，碳耗为 121kg/t。

对竖炉型装置反应，可表示为：

$$Fe(s) + nC + \frac{n}{2}O_2 = Fe(s) + nCO$$

取反应物 $Fe(s)$ 为 1000K，C 为 1900K，O_2 为 1300K，产物为 1900K，通过热平衡可求得 n 为 0.4995，碳耗为 107kg/t。

预还原段 Fe_2O_3 还原到 FeO 的化学平衡与热平衡是容易达到的，因此预还原段碳耗量可根据下式算出：

$$(n+1)FeO + nC = (n+1)Fe + (n-1)CO + CO_2$$

为求得式中系数 n，应先求出反应平衡的 $\varphi(CO_2)/\varphi(CO)$ 的值。通过下式可求得 $\varphi(CO_2)/\varphi(CO)$ 的平衡值：

$$FeO(s) + CO = Fe(s) + CO_2 \qquad \Delta G^\ominus = -194561 + 21.338T \text{ J/mol}$$

取预还原温度为 1200K，则 $\varphi(CO_2)/\varphi(CO)$ 为 0.5398，于是可求得 n 为 2.8525，碳耗为 613kg/t。预还原碳耗大于终还原，这时过程总碳耗取决于预还原过程。

以上分析表明，在两步熔融还原工艺中，在预还原段矿石金属化率达到 100% 或为零时都不能取得最低碳耗，可见两步熔融还原法作业中存在一个最佳的预还原矿石的金属化率值。

（1）转炉型终还原装置。若终还原段反应物 $Fe(s)$ 和 FeO 为 1000K，C 和 O_2 为室温，产物为 900K，$\varphi(CO_2)/\varphi(CO)$ 为 15/85，则终还原装置反应式为：

$$\eta_{MFe}Fe(s) + (1-\eta_{MFe})FeO + (2x+y)C + \frac{3x+2y-1+\eta_{MFe}}{2}O_2 =$$

$$Fe(l) + xCO_2 + xCO + yCO_2$$

预还原段反应物与产物均为 1200K，$\varphi(CO_2)/\varphi(CO)$ 为 0.5839。根据终还原段热平衡及预还原段化学平衡，可求得最佳金属化率 η_{MFe} 为 42.5%，碳耗为 456kg/t。预还原反应式为：

$$\eta_{MFe}FeO + xCO = \eta_{MFe}Fe + (x-\eta_{MFe})CO + \eta_{MFe}CO_2$$

（2）竖炉型终还原装置。若终还原段反应物为 $Fe(s)$ 和 FeO 且为 1000K，C 为 1900K，O_2 为 1300K，产物为 1900K，则竖炉终还原反应式可表示为：

$$\eta_{MFe}Fe(s) + (1-\eta_{MFe})FeO + xC + \frac{x-1+\eta_{MFe}}{2}O_2 = Fe(l) + xCO$$

预还原段反应物与产物均为 1200K，$\varphi(CO_2)/\varphi(CO)$ 为 0.5398，这时反应式可表示为：

$$\eta_{MFe}FeO + xCO = \eta_{MFe}Fe(s) + (x-\eta_{MFe})CO + \eta_{MFe}CO_2$$

通过终还原段热平衡及预还原化学反应平衡，可得最佳金属化率 η_{MFe} 为 56.57%，碳耗为 347kg/t。

理论碳耗分析表明，二步法能耗明显低于一步法。

5.2.4 终还原反应动力学

5.2.4.1 熔融状态 FeO 的还原过程及机理

5.2.1 节中的热力学分析证明了在终还原反应器内高级铁氧化物（Fe_2O_3、Fe_3O_4）极易被还原成 FeO。图科达冈（E. T. Turkdogan）的实验研究及其他大量研究结果[4,5]证明，高级铁氧化物还原成 FeO 的速度极快，大部分高级铁氧化物在熔化前就已被还原成 FeO，少量溶于渣中的高级铁氧化物也很快被渣中的碳或铁所还原。因此，铁矿石从高级铁氧化物还原成 FeO 在理论上不会构成熔融还原的阻碍。

根据 5.2.1 节中的分析结果，在熔融还原条件下，熔融状态的 FeO 的还原可能有四种形式，即：

$$(FeO) + [C] \Longrightarrow [Fe] + CO$$

$$(FeO) + C \Longrightarrow [Fe] + CO$$

$$(FeO) + CO \Longrightarrow [Fe] + CO_2$$

$$(FeO) + H_2 \Longrightarrow [Fe] + H_2O$$

实际表明，熔融状态的 FeO 大部分是以反应（5-32）和反应（5-33）的形式进行，少量是以反应（5-34）的形式进行[6]。

科达科夫（Kondaokov）等人把少量的纯 FeO 加上固体碳进行熔融还原试验，通过反应过程的压力变化求解反应速度，结果表明反应速度的增加几乎和压力的升高成正比。这一研究结果表明，反应（5-33）由反应（5-34）和碳的气化反应耦合进行。

过去一般认为碳的气化反应是熔融状态的 FeO 还原反应的限制环节，近来贝尔顿（Belton）等人用碳同位素（^{14}C）转换法测定了在熔融还原的温度条件下 $CO_2(g)$ + $C(ad)$ = $2CO(g)$ 的反应速度，从而证明了反应（5-34）是熔融状态的 FeO 被固态碳还原的限制环节。

熔融还原过程中固定碳还原 FeO 的反应物及生成物分别存在于四个相中。大量研究表明，还原的实际过程是通过以下两个反应实现的：

$$(FeO) + CO \Longrightarrow [Fe] + CO_2$$

$$C(s) + CO_2 \Longrightarrow 2CO$$

可见固体碳还原 FeO 的速度主要是受碳的气化反应速度及 CO 还原 FeO 速度的影响。当渣中 FeO 大于 90% 时，还原反应的限制性步骤主要是碳的气化反应速度，而渣中 FeO 小于 20% 时，限速步骤则为 CO 还原 FeO 的传质速度。

溶解碳还原 FeO 的反应物与产物分别存在于三个相中，实际反应过程也是分步进行的，即：

$$(FeO) \Longrightarrow [Fe] + [O]$$

$$[C] + [O] \Longrightarrow CO$$

FeO 在渣铁界面分解溶入铁液，进入铁液中的［O］与溶解碳反应生成 CO。高温下铁液里的碳与氧反应速度极快，产生的 CO 搅动渣铁，增加渣铁的接触面，提高 FeO 分解溶入铁液的速度，因此溶解碳还原 FeO 的动力学条件好于其他还原剂。研究表明，当铁水含碳量低而渣中 FeO 高时，还原反应的限速步骤是铁相中的碳扩散；而铁水含碳量高而渣中 FeO 低时，还原反应的限速步骤是渣中 FeO 的扩散和分解速度，即渣中氧进入铁熔池的速度。

国内外对 CO、固定碳和溶解碳还原渣相 FeO 的反应进行了大量研究，结果表明溶解碳还原渣中 FeO 的速度最快，是固定碳和 CO 还原渣中 FeO 速度的 10 ~ 100 倍，是低温（900℃以下）CO 还原固态铁矿石速度的 100 ~ 1000 倍[7,8]。

5.2.4.2 熔融状态 FeO 被固态碳还原动力学模型

A 还原反应速度模型

经过以上分析，明确了熔融状态 FeO 被固态碳还原的过程和机理，即：

$$(FeO) + CO \xrightarrow{v_1} [Fe] + CO_2$$

$$CO_2 + C \xrightarrow{v_2} 2CO \tag{5-61}$$

$$(FeO) + C \xrightarrow{v} [Fe] + CO$$

由于反应（5-33）在熔渣和固体碳界面上进行，则以上各反应的速度可以表示为：

$$v_1 = -\frac{dc_{FeO}}{dt} = A_C S_{VC}^0 X_C k_r f_{FeO} c_{FeO}^s (c_{CO} - c_{CO_2}/K_r^e)$$

$$v_2 = -\frac{dc_{FeO}}{dt} = A_C S_{VC}^0 X_C k_g (c_{CO_2} - c_{CO}^2/K_g^e)$$

如不考虑还原过程中的 CO_2 积累，则有 $v_1 = v_2$；因此熔融状态 FeO 被固态碳还原的速度方程可以写为：

$$v_{(FeO)+C} = \frac{A_C S_{VC}^0 X_C k_r f_{FeO} c_{FeO}^s c_{CO} [1 + c_{CO}/(K_g^e K_r^e)]}{1 + \dfrac{k_r f_{FeO} c_{FeO}^s}{k_g K_r^e}} \tag{5-62}$$

式中　A_C——固体碳在熔融渣中的体积分数，cm^3/cm^3；

k_r——熔融状态 FeO 被 CO 还原的速度常数，$cm^4/(mol \cdot s)$；

k_g——碳气化反应速度常数，$cm^4/(mol \cdot s)$；

K_r^e——反应（5-33）平衡常数；

K_g^e——反应（5-61）平衡常数；

c_{CO}——熔渣和固体碳界面处的 CO 体积摩尔浓度，mol/cm^3；

$v_{(FeO)+C}$——熔融状态 FeO 被固态碳还原的界面反应速度，$mol/(cm^3 \cdot s)$；

X_C——$X_C = c_C^t/c_C^0$；

c_C^0——渣中的碳初始含量，mol/cm^3；

c_C^t——反应过程中熔渣中碳含量，mol/cm^3；

c_{FeO}^s——反应界面上的 FeO 摩尔浓度，mol/mol；

f_{FeO}——渣中 FeO 活度系数。

在熔融还原的温度下，如前所述，由于 k_g 和 K_g^e 值都很大，式（5-62）可简化为：

$$v_{(FeO)+C} = -\frac{dc_{FeO}}{dt}$$

$$= A_C S_{VC}^0 X_C k_r f_{FeO} c_{FeO}^s c_{CO}$$

$$= A_C S_{VC}^0 X_C \frac{k_r}{RT} f_{FeO} c_{FeO}^s p_{CO} \tag{5-63}$$

由于在熔池中熔渣和固体碳颗粒界面的 c_{CO} 或 p_{CO} 很难确定，而当熔池中渣层厚度以及熔池上部的工作压力一定时，熔池和固体碳颗粒界面的 c_{CO} 或 p_{CO} 也相对稳定，这样式（5-63）可进一步简化为：

$$v_{(FeO)+C} = -\frac{dc_{FeO}}{dt}$$

$$= A_C S_{VC}^0 X_C k_r' f_{FeO} c_{FeO}^s \tag{5-64}$$

式中，$k_r' = k_r c_{CO}$，cm/s。

式（5-64）只是熔融状态 FeO 在熔渣和固态碳颗粒交界面上的反应速度，但一些试验研究发现熔融状态 FeO 被石墨碳还原的速度随熔渣的黏度的增加而降低，因此必须考虑 FeO 在熔渣内的传递速度的影响。

贝付基（M. Bafghi）认为，可以用对流传质方程描述 FeO 在熔渣中的传递速度。因此熔渣中的 FeO 向反应界面扩散的速度可以表示为：

$$v_m = A_C S_{VC}^0 X_C a_m (c_{FeO} - c_{FeO}^s) \tag{5-65}$$

式中 a_m——渣中熔融状态 FeO 向反应界面的传递速度，cm/s。

如不考虑反应物的反应界面上的积累，则 $v = v_r = v_m$，可得：

$$v_{(FeO)+C} = -\frac{dc_{FeO}}{dt} = \frac{A_C S_{VC}^0 X_C k_r' f_{FeO} c_{FeO}}{1 + k_r' f_{FeO}/a_m} \tag{5-66}$$

在工程上多以 kg 作为物质的计量单位，以质量分数表示熔渣中 FeO 的浓度。此时只要在式（5-66）两边除以 FeO 的相对分子量 M_{FeO} 及熔渣 P_2O_5 的比容（$1/\rho_s$）即可。熔渣 Fe_2O_3 的比容可按式（5-67）及式（5-68）计算[9]：

$$1/\rho_s^{1673} = 0.204_{(FeO)} + 0.45_{(SiO_2)} + 0.286_{(CaO)} + 0.402_{(Al_2O_3)} +$$

$$0.367_{(MgO)} + 0.237_{(MnO)} + 0.48_{(P_2O_5)} + 0.35_{(Fe_2O_3)} \tag{5-67}$$

$$\rho_s' = \rho_s^{1673} + 0.07\left(\frac{1673 - t}{1000}\right) \tag{5-68}$$

B   还原反应速度的影响因素

在反应速度式（5-65）中包含了反应界面 $A_C S_{VC}^0 X_C$、界面反应速度常数 $k_r'(k_r c_{CO})$、FeO 浓度、FeO 活度系数（f_{FeO}）和 FeO 在熔渣中的传递速度系数 a_m。因此，影响熔融状态 FeO 被固体碳还原的速度的因素有熔渣中的固体碳含量及其比表面积、熔渣温度、熔池的工作压力、FeO 含量、熔渣成分以及熔渣的黏度等。从式（5-65）可知，熔渣中固体碳含量多、比表面积大、熔渣温度高、熔池的工作压力大、FeO 含量多、熔渣的黏度低时，熔融状态 FeO 被固体碳还原的速度快；相反则慢。熔渣成分对还原速度的影响比较复杂，一般地，熔渣中 FeO 活度系数随其中 SiO_2 增加而降低，而随 CaO 的增加而提高。因此，可以认为熔渣中 SiO_2 增加，还原速度减慢；而 CaO 增加，还原速度加快。贝付基（M. Bafghi）研究结果证实了这一现象。

C　还原速度常数及活化能

从理论上考虑，熔融还原属于纯 FeO 的还原还是属于含 FeO 熔渣的还原，两者差别较大。纯 FeO 还原时，由于还原生成的是金属铁，不会改变熔渣中 FeO 的含量，其还原速度可认为是恒定的。但还原含 FeO 的熔渣时，由于 FeO 的还原使熔渣中 FeO 的浓度减小，其他成分如 SiO_2、Al_2O_3 等提高，熔渣中 FeO 的活度随之下降，从而导致还原速度减小。

从 20 世纪 60 年代开始，就有不少关于熔融状态纯 FeO 被碳还原的动力学试验研究。近 10 年以来，从熔融还原的角度出发，对高 FeO 的熔渣被固体碳还原进行了充分的研究。其中对 $FeO\text{-}SiO_2$、$FeO\text{-}CaO$、$FeO\text{-}CaO\text{-}SiO_2$ 渣系的研究较多，有的试验还加入了 20% 以下的 Al_2O_3。表 5-6 列出了一些有代表性的研究结果。

表 5-6　熔融状态 FeO 被固体碳还原的速度常数及活化能

反 应 体 系	熔 渣 成 分	表观速度常数 $\left(\dfrac{k'_r f_{FeO}}{1 + k'_r f_{FeO}/a_m}\right) \times 10^4$ /$g \cdot (cm^2 \cdot s)^{-1}$	活化能 /$kJ \cdot mol^{-1}$
FeO + C	(FeO)100%	22.02(1873K)	
FeO + C	(FeO)100%	3.32(1843K)	
FeO + C	(FeO)100%	2.98(1873K) 1.21(1773K) 0.68(1673K)	188.0
FeO + SiO_2 + CaO + C	(FeO)60% ~ 100% (FeO)10% ~ 20%	1.29(1723K) 0.88(1723K)	
FeO + SiO_2 + CaO + C	(FeO)80% + (SiO_2 + CaO)20%	3.24(1873K)	
FeO + SiO_2 + CaO + C	(FeO)90% + (SiO_2)10%	1.20(1873K)	
	(FeO)80% + (SiO_2)20%	0.66(1873K)	
	(FeO)70% + (SiO_2)30%	0.46(1873K)	
	(FeO)80% + (CaO)20%	3.08(1873K)	

5.2.4.3　熔融状态 FeO 被溶解碳还原的速度模型

A　还原速度模型

熔融状态 FeO 被铁熔体中的溶解碳[C]还原的反应（5-32）属液-液反应范畴。这一反应在渣铁熔体界面和熔渣中的铁液液滴中进行。与反应（5-33）类似，可以认为该反应也分两步实现，即：

$$(FeO) + CO \xrightarrow{v_1} [Fe] + CO_2$$

$$CO_2 + C \xrightarrow{v_2} 2CO$$

$$(FeO) + C = [Fe] + CO$$

与式（5-49）的推导类似，其总还原速度为：

$$v_{(FeO)+[C]} = \frac{S k_r f_{FeO} c_{FeO}^s c_{CO} [1 + c_{CO}/(K_g^e K_r^e)]}{1 + \dfrac{k_r f_{FeO} c_{FeO}^s}{k_g K_r^e a_C}} \tag{5-69}$$

式中 S——熔渣和铁熔体的结合界面积，cm^2/cm^3；

a_C——铁水中碳的活度；

其他符号的意义与式（5-62）的相类似。

当反应（5-61）不是还原反应（5-32）的还原速度限制性环节时，则 k_r 远大于 k_g，使 k_r/k_g 趋于零，因此式（5-69）可简化为：

$$v_{(FeO)+[C]} = -\frac{dc_{FeO}}{dt} \tag{5-70}$$

$$= S k_r f_{FeO} c_{FeO}^s c_{CO}$$

考虑到 FeO 在熔渣中的传递速度的影响（碳在铁熔体的传递速度较 FeO 在熔渣中的传递速度快得多，因此可不考虑），该还原速度应表示为：

$$v_{(FeO)+[C]} = -\frac{dc_{FeO}}{dt}$$

$$= \frac{S k_r f_{FeO} c_{FeO}^s c_{CO}}{1 + k_r' f_{FeO}/a_m} \tag{5-71}$$

从式（5-71）可知，铁液中的溶解碳还原熔融状态 FeO 的速度除与反应温度、反应界面积、熔渣中 FeO 活度和熔渣黏度有关以外，还有以下特征：

（1）该还原速度正比于渣铁界面处的 CO 分压；

（2）该反应速度与铁液中的碳浓度关系不明显，只有当铁液中的碳降到一定程度后，铁液中的溶解碳的气化反应速度才会构成限制环节。此时，该反应速度应由式（5-69）确定。

麦克雷（Macrae）的试验研究证实了上述第一特征。他在试验中用石墨坩埚熔化 600g 生铁，并将致密的 Fe_2O_3 试样 3g 逐次加入其中使之还原，由系统的压力变化测定还原速度，该试验结果证明，压力越高，还原速度越快[10]。

罗迪（Liody）和弗鲁汉（Fruehan）的试验研究结果都证实了上述第二特征。罗迪（Liody）用 0.7g Fe_2O_3 球团与 200g Fe-C 熔体在 1873K 下还原，试验结果表明，当熔渣中的 FeO 含量一定时，铁液中的碳浓度 $w[C] > 0.2\%$ 时还原速度几乎不变；而当 $w[C] < 0.2\%$ 时还原速度急剧减小。

另外，弗鲁汉（Fruehan）的研究表明，铁熔体中的硫含量对其中的溶解碳还原熔融状态 FeO 的反应速度影响很大。在其他条件不变时，硫含量越高，铁液中的溶解碳还原熔融状态 FeO 的速度越慢。当铁熔体中的硫含量超过 0.02% 时，铁熔体中的溶解碳还原熔融状态 FeO 的还原速度的限制性环节是溶解碳的气化反应。

B 速度常数及活化能

碳饱和或接近碳饱和的铁液中，一旦有 FeO 存在就会迅速发生剧烈的反应，这种反应的速度比固体碳还原熔融状态 FeO 的速度要快得多。

不同铁液的饱和碳含量可由下式计算获得[9]：

$$w[C] = 0.598 + 0.00257T \tag{5-72}$$

$$w[C] = 0.598 + 0.00257T + 0.17w[Ti] + 0.135w[V] + 0.12w[Nb] +$$

$$0.065w[Cr] + 0.027w[Mn] + 0.015w[Mo] - 0.4w[S] - 0.32w[P] +$$

$$0.31w[Si] - 0.22w[Al] - 0.74w[Cu] - 0.053w[Ni] \tag{5-73}$$

当铁浴温度为 1873K 时，饱和铁液的含碳量不超过 5.4%，因此要还原 1g FeO，至少需要 3 ~ 4g 为碳所饱和的铁液。但在试验测定熔融状态 FeO 与铁液中的碳的反应速度时，所用液态铁一般是熔融状态 FeO 的 100 倍左右。一些有代表性试验测定结果如表 5-7 所示。

表 5-7　铁液中的溶解碳还原熔融状态 FeO 的速度常数及活化能

反应体系	熔渣成分	表观速度常数 $\left(\dfrac{k'_r f_{FeO}}{1 + k'_r f_{FeO}/a_m}\right) \times 10^4$ /g · (cm² · s)⁻¹	活化能/kJ · mol⁻¹
FeO + [C]	(FeO)100%	165.3(1873K)	167.0
FeO + [C]	(FeO)100%	22.5(1723K)	
FeO + [C]	(FeO)100%	178.6(1873K)	234.0

碳饱和的铁液对熔融状态 FeO 的还原反应速度，各个研究者所测定的数据差别较大，尤其是该还原反应的活化能的差异较大。另外，在实际的熔融还原过程中，熔融状态的 FeO 在渣铁界面还原的同时伴随着铁熔体中碳的减少，进而引起碳向铁液中的溶解。因而近来人们开始研究含 FeO 熔渣 CO、含碳铁熔体和固态碳同时存在的多项体系的还原过程。

5.2.4.4　CO 还原 FeO 的反应速度

如上所述，不论是熔融状态的 FeO 被固体碳所还原，还是被碳饱和的铁熔体所还原，其还原速度都与系统的压力有关。因此，气相还原对于熔融还原过程有重大意义[11]。

A 还原速度模型

CO 还原熔融状态 FeO 的反应是在 CO 和熔融状态 FeO 的接触界面上进行的，这种界面有两种形式，其一是熔渣中的 CO 气泡与熔渣的接触界面，其二是熔融状态 FeO 液滴或含 FeO 的熔渣液滴与终还原反应器内的含 CO 气流的接触界面。根据界面反应速度方程可以推得下列反应的还原速度表达式为：

$$(FeO) + CO \xrightarrow{v} [Fe] + CO_2$$

$$v_{(FeO)+CO} = -\frac{dc_{FeO}}{dt} \tag{5-74}$$

$$= S_\Sigma k_r f_{FeO} c^s_{FeO}(c_{CO} - c_{CO_2}/K^e_r)$$

式中　k_r——熔融状态 FeO 被 CO 还原的速度常数，$cm^4/(mol \cdot s)$；

　　　K_r^e——反应（5-34）平衡常数；

　　　c_{CO}——煤气流或熔渣气泡中的 CO 摩尔浓度，mol/cm^3；

　　　c_{CO_2}——煤气流或熔渣气泡中的 CO_2 摩尔浓度，mol/cm^3；

　　　S_Σ——单位体积煤气流中熔渣液滴和熔渣内气泡的总面积，cm^2/cm^3；

$v_{(FeO)+CO}$——熔融状态 FeO 被 CO 还原的界面反应速度，$mol/(cm^3 \cdot s)$；

　　　c_{FeO}^s——反应界面上 FeO 摩尔浓度，mol/cm^3。

　　根据式（5-74），显然影响 CO 还原熔融状态 FeO 速度的因素有反应温度、气相中 CO 及 CO_2 浓度、气泡及熔渣液滴的总面积（S_Σ）以及熔渣中的 FeO 活度（a_{FeO}）。研究表明[12]，CO 在气流中的传递速度尚不会构成该反应的限制环节。

B　速度常数及活化能

　　加藤（Kato）等人用 Al_2O_3 坩埚熔化 FeO，在 1873K 下向熔融状态 FeO 表面吹入 0.9～16L/min 的 CO 气体进行还原。如认为还原速度受界面化学反应限制，则其速度常数如表 5-8 所示。

表 5-8　铁液中的溶解碳还原熔融状态 FeO 的速度常数及活化能

反应体系	熔渣成分	表观速度常数（$k_r' f_{FeO} c_{FeO}$）$\times 10^4$ /$cm \cdot s^{-1}$	活化能/$kJ \cdot mol^{-1}$
FeO + CO	（FeO）100%	2.31（1873K）	
FeO + CO	（FeO）100%	1.33（1843K）	109.0
		0.73（1843K）	

　　月桥等人用输送床在 1723～1873K 的温度下进行铁矿粉的熔融还原，矿粉颗粒为 25μm，矿粉落下时间确定（约为 1.5s）。按朗兹-马歇尔（Ranz-Marshall）公式计算，对于细粉，气膜传质系数很大，因此该还原过程受限于界面化学反应速度。另外，矿粉在下落过程中，由于表面张力的作用，被熔化的 FeO 收缩成球形，新生成的铁液聚积于球体内部，其表面为液态 FeO 所包裹。在这样条件下，月桥等人测定了界面反应速度常数及活化能，其结果如表 5-8 所示。由于该反应是在 1.5s 这样短的时间内完成的，若考虑到形核速度的影响，其还原速度常数可能还要大些。从表 5-8 中的数据可知，不同研究者用不同的方法所测定的该还原的速度常数基本是一致的，同时也证实了 CO 还原熔融状态 FeO 时，界面化学反应速度是限制环节。

5.2.4.5　终还原反应总速度

　　5.2.3.1 节中已经阐明，从总体角度考虑，在终还原反应器内熔融状态的 FeO 是同时被渣中固体碳、铁液中溶解碳以及煤气流中的 CO 所还原。因此，总的终还原速度（v_Σ）应为：

$$v_\Sigma = v_{(FeO)+C} + v_{(FeO)+[C]} + v_{(FeO)+CO} \tag{5-75}$$

对于不同的终还原工艺条件，以上三者所占的比例各不相同。在追求高二次燃烧率的熔融还原工艺中，由于煤气流的氧化度高，煤气流中的 CO 对熔融状态 FeO 的还原基本上不起作用。但在低二次燃烧率的熔融还原工艺中，则应考虑这一作用。

1992 年，弗鲁汉（Fruehan）等人针对日本新日铁进行的 170t 铁浴式熔融还原熔炼试验中的生产速率与熔渣中金属液滴和碳的尺寸及数量，用类似式（5-75）的熔融还原速度方程计算出了各种熔融还原步骤所占的比例，如表 5-9 所示。

表 5-9　根据单位反应计算的生产率与总生产率的比较（实际生产率 41t/h）

类　别	生产率/t·h^{-1}	占总生产率的比率/%
熔渣-铁熔体界面	0.21	0.50
熔渣-固体碳界面	25.21	59.5
熔渣-铁液液滴界面	16.95	40.0
总生产率	42.37	

5.3　煤气改质技术研究

作者在《熔融还原技术》一书中曾讨论了熔融还原常用的单元技术，尤其对于煤气的循环、除尘、脱除 CO_2 及 H_2O 给予了重视。实践证明，终还原输出的煤气温度很高，尤其是对于追求高二次燃烧率的熔融还原工艺，其输出煤气的温度将高达 1600℃ 以上；而为了防止炉料黏结，进入预还原炉的煤气温度则必须控制在 850℃ 左右，最高的也超不过 1100℃。因此，终还原输出的煤气多需进行冷却处理，如直接冷却，这些热量将白白浪费。

同时，提高铁矿石的预还原度是降低熔融还原能耗的有效措施之一。而要提高预还原度，还原煤气的氧化度至少要降低到 30% 以下，否则铁氧化物最多只能还原至 FeO，相应地其预还原度只能是 33%。

综上所述，人们希望在降低煤气温度的同时，也尽可能地降低其氧化度，从而各种煤气改质的方法应运而生[13]，其研究工作在熔融还原领域具有重要地位。

煤气降温改质的方法可分为两大类，其一是利用天然气裂解，其二是利用碳的气化反应。第一种方法工艺简单，操作方便，但天然气资源并不普遍。第二种方法资源丰富，但相对而言操作比较复杂。

5.3.1　煤气改质技术的物料平衡及热平衡

利用天然气裂解或是利用碳的气化反应进行煤气改质，其基本原理是一样的，都是利用改质剂中碳和煤气中的 CO_2 反应降低煤气的氧化度，与此同时利用改质剂中碳氢化合物分解和碳的气化反应吸热来降低煤气的温度。从元素组成考虑，不论是天然气、煤或焦炭，其组成均可以表示为 $C_{x_1}(H_2)_{y_1}O_{z_1}(x_1 + y_1 + z_1 = 1)$。假设终还原输出的煤气的 H_2/C 比为 $y/x(x + y = 1)$，二次燃烧率为 PC，温度为 T_A，改质后的煤气温度为 T_B。当仅利用煤气自身热量进行改质时，可以计算改质剂的消耗量和煤气氧化度的减少量。

5.3.1.1　物料平衡

假设改质 1mol 煤气需 ϕ mol 改质剂 $C_{x_1}(H_2)_{y_1}O_{z_1}$（天然气或煤），则：

项 目	改质前	改质后
CO	$x(1-PC)$	$\phi(x_1-z_1)(2x+y)+\phi z_1$
CO_2	xPC	$-\phi(x_1-z_1)x$
H_2	$y(1-PC)$	$\phi[(x_1-z_1)y+y_1]$
H_2O	yPC	$-\phi(x_1-z_1)y$
煤气量	$1\,mol$	$1+\phi(1-z_1)$
氧化度	PC	$\Delta PC=-\dfrac{\phi[(x_1-z_1)+(1-z_1)PC]}{1+\phi(1-z_1)}$ (5-76)

式 (5-76) 中改质 $1\,mol$ 煤气所需的改质剂的物质的量 ϕ 由热平衡确定。

5.3.1.2 热平衡

煤气带入热量为:

$$q_A = c_{pg}^A T_A$$

$$c_{pg}^A = x(1-PC)c_p^{CO} + yPCc_p^{CO_2} + y(1-PC)c_p^{H_2} + yPCc_p^{H_2O} \tag{5-77}$$

煤气带出热量为:

$$q_B = (c_{pg}^A + c_{pg}^B)T_B$$

$$c_{pg}^B = [(x_1-z_1)(2x+y)+z_1]c_p^{CO} - (x_1-z_1)xc_p^{CO_2} +$$

$$[(x_1-z_1)y+y_1]c_p^{H_2} + (x_1-z_1)yc_p^{H_2O} \tag{5-78}$$

改质剂气化分解热及其他为:

$$Q = \phi q_{gd}$$

$$q_{gd} = xq_{CO_2+C} + yq_{H_2O+C} + q_d^g + q_{ot} \tag{5-79}$$

热平衡为:

$$Q = q_A - q_B$$

可得:

$$\phi = \frac{c_{pg}^A(T_A-T_B)}{q_{gd}+c_{pg}^B T_B} \tag{5-80}$$

5.3.1.3 改质剂种类及其对煤气的改质效果

根据式 (5-76) 及式 (5-80) 可知,当煤气的氧化度一定时,煤气的改质效果 ΔPC 与所使用的改质剂的 H_2/C 比及其分解热有关。一般地,改质剂的 H_2/C 比越高,其分解热也越大,因此改质效果就差些。当使用的改质剂一定时,煤气的氧化度越高,在同样的温度条件下,煤气物理热就相对多些,因此其改质程度要大些。根据式 (5-76) 及式 (5-80) 计算,不同改质剂对不同氧化度的煤气的改质效果如图 5-16 所示。

5.3.2 煤气改质的作用

根据以上分析可知,煤气改质的根本目的是将煤气中的物理热转化为化学能,以提高煤气的还原能力。

因此,通过煤气改质可以有效地降低熔融还原的工序能耗。这一点对于追求较高预还原度的熔融还原工艺意义更大。在此暂不考虑预还原,先分析煤气改质后因系统内 C、H_2

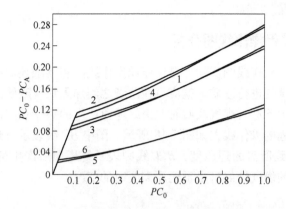

图 5-16　不同改质剂对不同氧化度的煤气的改质效果

($T_A = 1873K$，$T_B = 1373K$)

1—$CO + PCCO_2 + C$；2—$H_2 + PCH_2O$；3—$CO + PCCO_2 + CH_4$；

4—$H_2 + PCH_2O + CH_4$；5—$CO + PCCO_2 +$ 煤；6—$H_2 + PCH_2O +$ 煤

的增加，熔融还原操作线的变化情况。

　　煤气改质的根本手段是向煤气中输入改质剂（$C_{x_1}(H_2)_{y_1}O_{z_1}$）以降低其氧化度。向煤气中所能输入改质剂的数量（$\phi$）主要取决于终还原反应器输出煤气的温度，由式（5-80）确定。煤气氧化度所能降低的最大程度 ΔPC 由式（5-76）确定。同时由于煤气中输入 ϕ mol 的改质剂，因此操作线的 C 点下移，y_0 值不变，B 点相应也下移，其下移量由下式确定：

$$\Delta(y_{H_2} + y_0) = \mu^0 \phi (1 - x_1) \tag{5-81}$$

式中　μ^0——改质前的燃耗，mol/mol。

　　由此可知，如用碳作改质剂，B 点位置不变。改质后燃耗较改质前的增加量为 $\mu^0\phi$。操作线的变化情况如图 5-17 所示。图中 BT_G 线为用碳作改质剂时的情况，$B'T_G$ 线为用

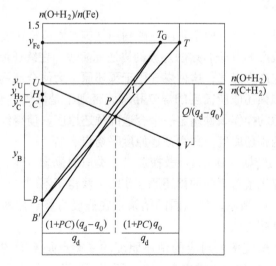

图 5-17　煤气改质后的操作线

BT_G—用碳作改质剂时的情况；$B'T_G$—用 CH_4 作改质剂时的情况

CH_4 作改质剂时的情况。

5.4　熔融还原全过程操作线图分析

　　熔融还原全过程的操作线图实际上是预还原操作线图和熔融还原操作线图的组合，如在熔融还原过程中对煤气进行改质，就应再在两者之间加入煤气改质的操作线。

　　当熔融还原过程中不进行煤气改质时，由终还原产生的煤气直接降温后供上部的预还原，此时熔融还原过程的操作线图如图 5-18 所示。图中 BT 线表示终还原所产生的煤气量不足以将铁矿石还原到所需的还原度，$B'T'$ 线则表示终还原所产生的煤气过剩，而 B_AT_A 线表示终还原所产生的煤气恰好满足预还原需要时的情况。

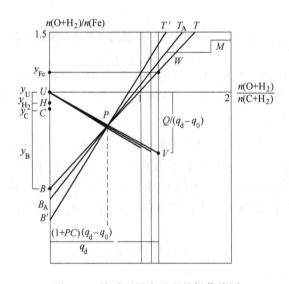

图 5-18　熔融还原全过程的操作线图

5.4.1　预还原度平衡点

　　二步法将熔融还原工艺分成两个阶段，即利用气体对固体铁矿石进行还原的预还原阶段和利用固体燃料对液态 FeO 进行熔融还原的终还原阶段。在终还原阶段，固体燃料和铁氧化物及吹入的氧反应产生煤气，这种煤气用于预还原。为使全流程的能耗最低，必须使终还原所产生的煤气和预还原所需要的煤气相等，否则不是煤气过剩就是需要另供煤气。因此，必须根据终还原的操作条件确定一个合适的预还原度，使得终还原和预还原达到合理的平衡。这一合理的预还原度，称为预还原度平衡点。

　　1986 年，德国的奥特斯（Octers）教授提出了类似的概念，他直接以终还原产生的煤气量和预还原需要的煤气量对不同的预还原度作图，获得了不同二次燃烧率条件下的预还原度的平衡点，如图 5-19 所示。但该图的结果是在假设将终还原所产生的煤气中的 CO_2 完全脱除的条件下计算获得的。

　　显然，不同的二次燃烧率所对应的预还原度的平衡点是不同的，如图 5-20 中的 T_1、T_2、T_3 及 T_4 点。再者，即使二次燃烧率一定，预还原度平衡点还受到操作点位置的影响。根据 5.2.3.2 节可知，在一定的二次燃烧率的条件下，影响操作（P）的因素很多，例如二次燃烧效率（η_{PC}）、燃烧种类（H_2/C 比）、铁矿石品位、燃烧中灰分含量、终还原反应器热损失和终还原输出煤气的温度等。一般来说，二次燃烧效率（η_{PC}）的下降或燃料中 H_2/C 比值上升会导致操作点右移（图 5-14），相应地，预还原度平衡点下降；相反，P 点左移，预还原度平衡点上升。另外，当二次燃烧效率（η_{PC}）和燃料种类（H_2/C 比）一定时，如果提高铁矿石品位、降低燃烧中灰分含量、减小终还原反应器热损失和降低终还原输出煤气的温度，则会使操作点（P）上移，相应地，预还原度平衡点上升；否则，预还原度平衡点下降。

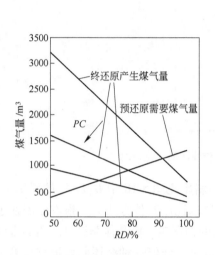

图 5-19 脱除 CO_2 后二次燃烧率对预还原度平衡点的影响

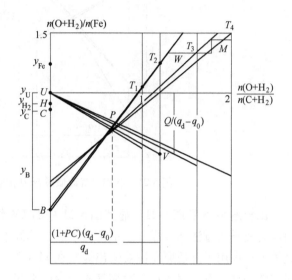

图 5-20 终还原操作点对预还原度平衡点的影响

5.4.2 煤气改质对熔融还原过程的影响

在二步法熔融还原过程中，终还原所产生的煤气和预还原所需要的煤气在其质量和数量上通常是一对矛盾。当进入终还原反应器的金属料的预还原度高时，终还原满足自身的热平衡时所产生的煤气的质量和数量不满足预还原的需要（如图 5-18 操作线 BT）；相反当金属料的预还原度低时，终还原所产生的煤气又可能过剩（如图 5-18 操作线 $B'T'$）。在实际操作过程中，这种矛盾可以通过以下两种调节方法解决。

第一种方法是固定终还原的二次燃烧率，调整终还原反应器内的燃料加入量，同时改变金属料的预还原度，使之相互适应。这种操作的结果如图 5-18 中的 $B_A T_A$ 线。第二种方法是设定预还原度，通过调节终还原的二次燃烧率和燃料投入量使之适应预还原的要求。这种方法的操作效果与第一种方法相似。两种调节方式的操作线基本重叠，但前者效果可能好一些。

用煤气改质的方法调节以上矛盾，其效果可能较以上两种方法更好。假设此时用碳质改质剂对煤气进行改质，根据 5.3.2 节对煤气改质后操作线变化的分析，操作线图中的 B 点将不会变化。通过 B、W 两点作直线，该直线（BW 线）与 y_{Fe}-T 线的交点（即 A_G 点）为改质后的煤气的氧化度。如果改质后煤气的氧化度与改质前煤气的氧化度之差不大于式

（5-74）与式（5-78）所确定的数值，BW 线即为可实现的改质煤气后的熔融还原操作线，如图 5-21 所示。

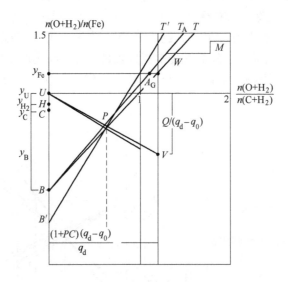

图 5-21   利用煤气改质进行调节时操作线图的变化情况

比较图 5-18 和图 5-21，显然图 5-21 中的 BW 线的斜率比图 5-18 中 $B_A T_A$ 线的斜率小。用煤气改质的方法调节煤气不平衡的矛盾，其效果之所以比用其他方法好，根本原因在于这种方法利用了终还原反应器输出煤气在 1100℃ 以上的物理热，而其他非煤气改质的方法很难做到这一点，因为在不对煤气进行专门冷却的情况下，任何一种终还原均很难将输出煤气的温度控制在 1100℃ 以下。

5.5 泡沫渣的形成与抑制

在铁浴式的熔融还原工艺中，由于渣层内熔融状态氧化铁的还原以及煤炭中挥发分的分解而产生大量气体，这些气体首先将其周围的熔渣撑开形成气泡，然后这些气泡上浮到渣层上部，最后逸出渣层。由于熔渣表面张力的作用，有相当一部分气泡将在熔渣上部聚集，使熔池内的上部渣层变成泡沫态。这一过程在熔融还原中被称作熔渣起泡，形成的含有大量气体的上部渣层即为泡沫渣。

泡沫渣的形成一则造成熔渣体积急剧增加，不利于终还原反应器容积的有效利用；二则在二次燃烧区和还原区构成一绝热层，大大阻碍了终还原反应器内的热传导，甚至会导致熔渣外溢，严重影响熔融还原的生产。因此，泡沫渣对于熔融还原生产极为不利。

5.5.1 泡沫渣的形成机理及影响因素

通常，只有在渣层内的气体体积大大超过熔渣体积时，才会出现泡沫渣。泡沫渣层为多孔蜂巢状，其中熔渣以薄膜形式存在并将气泡隔开。泡沫渣层的形成将提高表面能，属非稳定态。然而，由于气体和熔渣薄膜的交界处出现界面的现象延迟了泡沫的破裂，泡沫渣可以以亚稳定态存在。

在分析熔渣的力学特征时，人们多将其当做离子溶液，即认为熔渣是一种由多种氧化物相互溶解构成的溶液。卡扎科威茨（Kozakevitch）以界面力学为基础，研究了炼钢过程中的泡沫渣现象。许多研究者利用卡扎科威茨的结论解释了他们的试验结果，这些研究结果表明，影响渣中泡沫化的主要因素有：

(1) 熔渣的黏度和表面张力（σ）；

(2) 熔渣中的表面活性物质；

(3) 熔渣温度；

(4) 熔渣中的固体颗粒；

(5) 通过熔渣层的气体流量。

熔渣表面张力的降低易形成泡沫渣，其原理及现象与肥皂泡极为相近。熔渣的 σ/η 值的降低是形成稳定泡沫渣的充分而必要的条件。因为熔渣的表面张力（σ）小意味着生成渣中泡沫的耗能小，所以比较容易。同时，在表面化学中以薄膜的黏弹性代表黏度，因此熔渣的黏度（η）大，一则使气泡比较强韧，另则使熔渣中的气泡上浮困难，生成的小气泡不易聚合或逸出渣层之外。

所谓表面活性物质是指那些能降低熔渣表面张力的物质。对于熔融还原的熔渣来说，SiO_2、TiO_2、P_2O_5、FeO、CaF_2 等均属于表面活性物质。在这些表活性物质中，前三种在降低熔渣表面张力的同时也会提高熔渣的黏度，因此它对泡沫渣有促进作用，近来有关试验研究证明了这种作用。而 FeO、CaF_2 在降低熔渣表面活性时也会降低熔渣的黏度，因此 FeO、CaF_2 对熔渣泡沫化的作用比较复杂，有试验表明，增加熔渣中 FeO 对熔渣泡沫化的影响不大。

在 FeO-SiO_2-CaO 渣系中，温度越高，熔渣就越容易起泡，其原因是熔渣的表面张力随熔渣温度的提高而减小，而其黏度则随温度的提高而增大。因此，降低熔渣温度有利于抑制泡沫渣的形成[13]。

在熔融还原过程中，熔渣内的固体颗粒绝大部分是半焦。现有许多关于半焦对熔渣起泡程度影响的试验研究，这些研究表明[14~17]，增加熔渣中的半焦数量能有效地抑制泡沫渣，而且半焦颗粒越大效果越好。

大量试验通过利用 X 射线观察半焦周围泡沫渣中的气泡的变化过程后发现重要现象[15,17]：一是熔渣不能润湿半焦；二是熔渣中的小气泡在半焦颗粒周围加速聚合形成较大的气泡；三是熔渣中的半焦还原其周围的 FeO 产生 CO 加速半焦周围气泡上升速度。

气体穿过熔渣层流动是造成泡沫渣的必要条件。在其他条件一定时，通过熔渣层的气体流速越大，熔渣泡沫化的程度越高。在熔渣层中气体主要有两大来源：一是吹入的氧燃烧熔渣中的碳产生的 CO 和 CO_2；二是熔渣中的碳或通过熔渣的金属液滴中的碳还原 FeO 产生的 CO。前者实际上取决于向熔池供氧的速度，而后者则取决于熔渣中 FeO 的浓度（见式（5-63）和式（5-64））。而熔渣中的 FeO 实际上取决于向熔池供矿速度和 FeO 被还原速度的差别，因此在其他条件相同时，供矿速度增大会加剧熔渣的泡沫化，试验研究证实了这一现象[15]。

5.5.2 泡沫渣指数

1989 年伊藤（Ito）和弗鲁汉（Fruehan）考察了熔渣起泡并提出了泡沫渣指数（Σ）：

$$\Sigma = \frac{H_f}{v_g} \tag{5-82}$$

或

$$\Sigma = \frac{V_f}{Q_g} \tag{5-83}$$

式中 H_f，V_f——分别为泡沫渣层的高度和体积；

v_g，Q_g——分别为通过渣层气体的单位面积流速和总流量。

通过熔渣层的气体应是熔渣中固体燃料分解、燃烧以及 FeO 的还原所产生的煤气的总和。

通过一系列的试验研究，弗鲁汉（Fruehan）等人获得了泡沫渣指数与熔渣性质之间的关系：

$$\Sigma = 115 \times 10^{-3} \frac{\mu}{\sqrt{\rho g \sigma \times 10^{-3}}} \tag{5-84}$$

式中 μ——熔渣黏度，$N \cdot s/cm^2$；

ρ——熔渣密度，g/cm^3；

σ——表面张力，N/cm；

g——重力加速度，$g \cdot cm/s^2$。

式（5-84）的不足之处是未考虑熔渣中固体燃料（半焦）对泡沫渣的影响。但美国钢铁协会（AISI）认为，式（5-84）可以用来预测终还原反应器内泡沫渣的高度，弗鲁汉（Fruehan）等人将计算结果和现场实测结果做了比较，他们认为当熔渣中固体燃料的体积比为 10%~20% 时，式（5-84）的计算结果和实测结果比较一致[16]。

参 考 文 献

[1] Liu Y, Jiang M F, Xu L X. Mathematical modeling of refining of stainless steel in smelting reduction converter using chromium ore[J]. ISIJ, 2012, 52(3): 394~401.

[2] Liu Y, Jiang M F, Xu L X. A coupling dynamic model for dissolution and reduction of chromium ore in a smelting reduction converter[J]. Journal of Iron and Steel Research International, 2012, 19(1): 5~10.

[3] Zhai X J, Li N J, Zhang X. Recovery of cobalt from converter slag of Chambishi Copper Smelter using reduction smelting process[J]. Transactions of Nonferrous Metals Society of China, 2011, 21(9): 2117~2121.

[4] Sasabevv M. Reduction of molten oxide mixture containing iron and phosphorus oxide at temperature below melting point of metallic iron[J]. ISIJ, 1984, 24(1): 34~39.

[5] Wall D, Kepplinger W, Millner R. Smelting-reduction export gas as syngas in the chemical industry[J]. Steel Research International, 2011, 82(8): 926~933.

[6] Hou Y L, Qing S, Wang H. Mixture of ilmenite and high phosphorus iron ore smelted by oxygen-enriched top-blown smelting reduction[J]. Journal of Central South University, 2012, 19(10): 2760~2767.

[7] Wu S L, Xu J, Yang S D. Basic characteristics of the shaft furnace of COREX® smelting reduction process based on iron oxides reduction simulation[J]. ISIJ, 2010, 50(7): 1032~1039.

[8] Betton G R. The interfacial kinetics of the reaction of CO_2 with liquid nickel[J]. Metallurgical and Materials Transactions B, 1984, 15(4): 655~661.

[9] 曲英. 炼钢学原理[M]. 北京：冶金工业出版社，1980.

[10] Ivanov P P, Isakaev E K, Sunkevich O A. Quasi-one-dimensional approach to the falling film reactor for the plasma-based smelting-reduction of the iron ore[J]. High Temperature Material Processes, 2007, 11(3)：371~381.

[11] Stephens D, Tabib M, Schwarz M P. CFD simulation of bath dynamics in the HIsmelt smelt reduction vessel for iron production[J]. Progress in Computational Fluid Dynamics, 2012, 12(2)：196~206.

[12] Huang R, Lv X W, Bai C G. Solid state and smelting reduction of Panzhihua ilmenite concentrate with coke[J]. Canadian Metallurgical Quarterly, 2012, 51(4)：434~439.

[13] Fan G F, Qing S, Wang H. Study on apparent kinetic prediction model of the smelting reduction based on the time-series[J]. Mathematical Problems in Engineering, 2012.

[14] Jiang R, Fruehan R J. Slag foaming in bath smelting[J]. Metallurgical and Materials Transactions B, 1991, 22(4)：481~489.

[15] Ogw Y. Slag foaming in smelting reduction and its control with carbonaceous materials[J]. ISIJ, 1992, 32(1)：87.

[16] 杨天钧，刘述临. 熔融还原技术[M]. 北京：冶金工业出版社，1991.

[17] 杨天钧，吴铿，袁幸福，等. 铁水熔池中泡沫渣的现象与机制[J]. 钢铁，1995，30：5~9.

6 含碳球团研究

含碳球团是指在铁矿粉中配加低挥发分的煤粉和适当的黏结剂，经充分混合后利用造球机造球或压球机压制而成的一种含碳的铁矿粉小球（Iron Ore Ball Containing Carbon）或含碳的铁矿粉冷压块（Iron Ore Briquette Containing Carbon），二者统称为含碳球团（IBC）。

早在 20 世纪 60 年代初，就有美国密执安大学（Michigan University Technology，简称 MUT）研究用铁矿粉与煤粉混合造球（冷固球团），并将这种方法称为 MUT 球团工艺。当时 MUT 球团主要用于化铁炉熔化铁水，并起到一定的效果。另外，德国的 GHW 公司在化铁炉中采用 MUT 球团生产出了合格的球墨铸铁，还有加拿大蒙特科姆（Metkem）公司成功地在化铁炉中采用含碳球团生产出合格铁水。值得一提的是，1977 年北京科技大学成功开发出使用含碳球团在竖炉中生产铸造生铁工艺；1988 年原冶金部钢铁研究总院用含碳球团在化铁炉中生产铸造生铁也获得成功，但由于含碳的铁矿粉小球（冷固结）的高温还原强度较低，使得生产规模和化铁炉的作业率受到限制，因此该方法没能得到推广应用[1~3]。

20 世纪 60 年代末，美国人提出了 Fastmet 流程，该工艺利用含碳球团在转底炉中通过高温热气流辐射加热以生产海绵铁。在 20 世纪 80 年代由美国因曼特（Inmetal）公司建成 Fastmet 流程，以回收含铁合金的粉尘。1995 年，美国与日本神户制钢合作建立了一套 Fastmet 流程。进入 20 世纪 90 年代，Fastmet 流程引起了我国冶金界的重视，于是我国开始了有关 Fastmet 流程的大量研究和工业实验。但这种方法能量消耗大，同时对铁矿粉的品位和煤粉质量的要求较高。

与此同时，我国开始研究能够有效提高含碳球团的高温还原强度的黏结剂及其生产工艺。到 20 世纪 90 年代，以水玻璃为主要黏结剂的含碳球团生产工艺开发宣告成功，这种球团的强度能够使其在中小高炉中使用。1994 年，作者研究了含碳球团在熔融还原预还原过程中的行为。研究结果表明，含碳球团在竖炉还原过程中不黏结、易排料、还原速度快，与普通球团矿或块矿相比，竖炉的还原周期可以缩短 15% ~ 30%。由于含碳球团的诸多优点，我国熔融还原流程决定采用含碳球团进行冶炼。

近年来，我国各冶金院校和研究机构提出许多以含碳球团为原料的熔融还原流程，其共同的特点是：(1) 这些方法都属于典型的二步法；(2) 在预还原反应器中以含碳球团为含碳原料。预还原反应器有竖炉型和转底炉型两种形式，终还原反应器一般类似铁浴式。采用竖炉为预还原反应器的特点是工艺比较成熟，设备相对简单，工序能耗相对较低；采用转底炉为预还原反应器的特点是还原速度快，但工序能耗较高，设备较为复杂。进入 21 世纪以来，以含碳球团为主要原料的熔融还原技术得到了很大的发展，由于竖炉法和转底炉法在含碳球团冶炼上各自具有其独特优势，因此目前两种含碳球团的冶炼方法呈现出并驾齐驱的态势。

随着含碳球团熔融还原技术的不断发展，可用作制造含碳球团的含铁原料范围也不断扩大，利用含碳球团法对钢铁冶金工序中产生的各种含铁物料进行熔融冶炼以回收有价元素的技术得以迅速发展[4~6]，为解决各冶金工序中的二次资源利用问题提供了行之有效的办法。同时，进入 21 世纪初期，我国冶金工作者开展了一系列有关利用含碳球团法处理难冶炼矿及低品位矿的研究，取得了很多卓有成效的结论，为难冶炼矿的有效利用开辟了新途径。另外，值得注意的是近年来开发含碳球团所需的理想黏结剂也逐渐成为冶金工作者们研究含碳球团技术的主攻方向之一[7]。

　　本章重点讨论含碳球团的还原过程及其研究的新进展、含碳球团的特点和含碳球团的固结工艺及含碳球团在熔融还原中的应用。

6.1　含碳球团还原的特点

　　由于在造球过程中配有煤粉，含碳球团还原不同于普通球团矿的还原过程，因此需要提出含碳球团还原过程综合模型来进行分析。这里提出的含碳球团还原过程综合模型是基于基本的反应动力学、物质平衡和能量平衡推导得到的。因此，以下主要根据该综合模型来详细分析含碳球团（$Fe_3O_4 + C$，以下同）还原过程特点及各种因素的影响。

6.1.1　含碳球团的还原过程

6.1.1.1　含碳球团和不含碳球团还原过程的比较

　　在相同还原温度和还原气氛条件下，含碳球团的还原速度明显大于不含碳球团的还原速度，如图 6-1 所示。

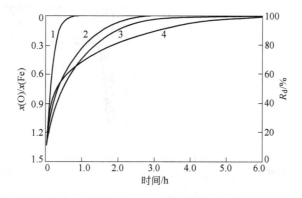

图 6-1　含碳球团（ICB，$x(C)/x(O) = 1.0$）和不含碳球团（PLT）还原过程的比较（$d_m = 20mm$）
1—ICB，1100℃，CO；2—PLT，1100℃，CO；3—PLT，900℃，CO；4—ICB，1100℃，N_2

　　在图 6-1 中，曲线 1 代表的是含碳球团在 1100℃下纯 CO 中的还原过程，曲线 2 代表的是不含碳球团在 1100℃下纯 CO 中的还原过程，曲线 3 代表的是不含碳球团在 900℃下纯 CO 中的还原过程，曲线 4 代表的是含碳球团在 1100℃下纯 N_2 中的还原过程。从图中可以看出，在相同的还原条件下，含碳球团的还原速度明显比不含碳球团的快（比较曲线 1 和曲线 2）。此外，在竖炉中为了防止黏结，不含碳球团一般只能在 900℃以下进行还原，而含碳球团则可以在 1100℃下还原而不必担心会出现黏结问题，因此实际上使用含碳球团的还原速度将比不含碳球团的快得多（比较曲线 1 和曲线 3）。

　　含碳球团的还原速度之所以比不含碳球团的还原速度快，其根本原因在于球团中内配碳后，由于碳的气化作用，可提高球团内部 CO 分压（或浓度），进而加快球团内部的还原过程。因为在一般的球团粒度下，球团还原速度的限制性环节是还原性气体向球内的扩散速度[8,9]。

在同样的条件下，含碳球团内部各层的还原过程和不含碳球团内部各层的还原过程分别如图 6-2 及图 6-3 所示，在还原过程中含碳球团和不含碳球团内部的 CO 分压分别如图 6-4 和图 6-5 所示。

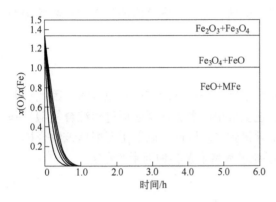

图 6-2　1100℃下纯 CO 气流中含碳球团
内部还原过程
$(x(C)/x(O)=1.0,\ d_m=20mm)$

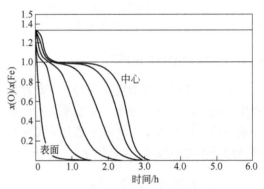

图 6-3　1100℃下纯 CO 气流中不含碳球团
内部还原过程
$(x(C)/x(O)=1.0,\ d_m=20mm)$

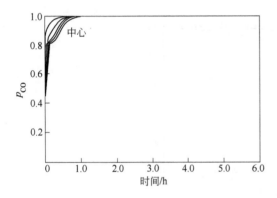

图 6-4　1100℃下纯 CO 气流中还原时
含碳球团内部 CO 分布
$(x(C)/x(O)=1.0,\ d_m=20mm)$

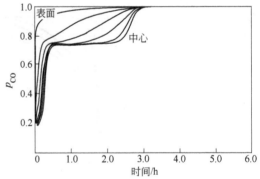

图 6-5　1100℃下纯 CO 气流中还原时
不含碳球团内部 CO 分布
$(x(C)/x(O)=1.0,\ d_m=20mm)$

6.1.1.2　含碳球团对还原气体成分的适应能力

正是由于含碳球团中的碳的气化作用，使用含碳球团可大大降低对还原气体还原性的要求。还原气体的成分对含碳球团及不含碳球团的还原过程影响如图 6-6 和图 6-7 所示。图 6-6 示出了含碳球团在 $\varphi(CO):\varphi(CO_2)=1:0\sim0:1$ 的气流中的还原过程，当还原气体的氧化度 $\varphi(CO_2)/\varphi(CO+CO_2)$ 在 $0\sim0.2$ 范围内变化时，含碳球团的还原速度变化不大，可见含碳球团对还原气氛的适应能力是很强的；而不含碳球团对还原气氛的适应能力则远不如含碳球团（图 6-7 及图 6-8）。值得一提的是，尽管含碳球团对还原气氛的适应能力强，但这也是有限的。一般地，在气-固对流加热的条件下，用作加热还原含碳球团的气体介质的氧化度 $\varphi(CO_2)/\varphi(CO+CO_2)$ 不宜超过 $0.2\sim0.25$，一旦还原气氛的氧化度超过 0.25，含碳球团的还原过程就会出现先还原后又氧化的现象。图 6-9 示出了在 $\varphi(CO_2)/\varphi(CO+CO_2)=0.5$ 的气流中，$1100\,℃$ 下还原时，含碳球团内部铁氧化物的还原过程，产生这种现象势必使生产过程难以控制。

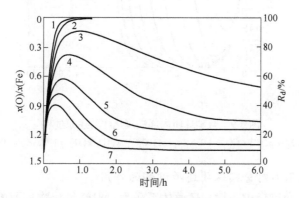

图 6-6　还原气氛对含碳球团还原过程的影响
（由上至下 $\varphi(CO_2)/\varphi(CO+CO_2)=0.0\sim1.0$，$t_g=1100\,℃$，$x(C)/x(O)=1.0$，$d_m=20mm$）

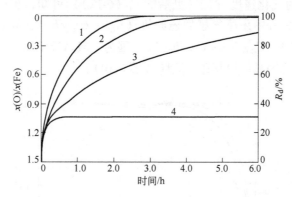

图 6-7　$1100\,℃$ 下还原气氛对不含碳球团还原过程的影响
（由上至下 $\varphi(CO_2)/\varphi(CO+CO_2)=0.0\sim0.3$，$x(C)/x(O)=0.0$，$d_m=20mm$）

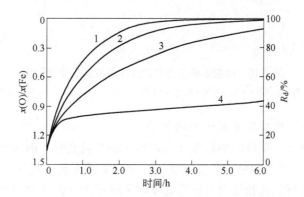

图 6-8　$900\,℃$ 下还原气氛对不含碳球团还原过程的影响
（由上至下 $\varphi(CO_2)/\varphi(CO+CO_2)=0.0\sim0.3$，$x(C)/x(O)=0.0$，$d_m=20mm$）

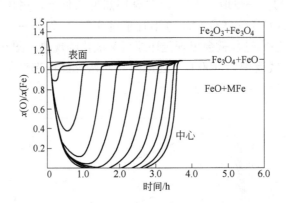

图 6-9　含碳球团内部铁氧化物的还原过程

$(\varphi(CO_2)/\varphi(CO+CO_2)=0.5,\ t_g=1100℃,\ x(C)/x(O)=1.0,\ d_m=20mm)$

6.1.1.3　还原体系压力对含碳球团还原过程的作用

从反应热力学的角度考虑，增加还原体系压力，对铁氧化物还原的热力学平衡没有影响，但对含碳球团中碳的气化反应的平衡是不利的。根据铁氧化物的还原速度方程（见后文式（6-11））和碳的气化速度方程（见后文式（6-12））可知，当还原体系的压力增加时，可增加还原速度方程中还原气氛的还原势（$C_{CO}-C_{CO_2}/k_{pi}$），同时提高碳气化速度方程中还原气氛的气化势（$C_{CO_2}/(1+C_{CO}/k_{Cs_2})$），因为一般情况下 $k_{Cs_2}>1.0$，因此提高含碳球团还原体系的压力可明显加快其还原速度（图 6-10）。

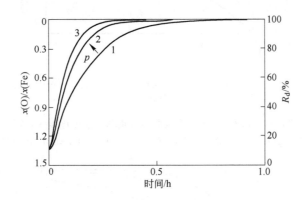

图 6-10　还原体系压力对含碳球团还原过程的影响

$(\varphi(CO_2)/\varphi(CO+CO_2)=0.20,\ t_g=1100℃,\ x(C)/x(O)=1.0,\ d_m=20mm)$

6.1.1.4　含碳球团粒度对其还原过程的影响

一般情况下，增大含碳球团的粒度（含碳球团的当量直径，而非含碳球团内铁矿粉的颗粒度），可提高含碳球团的单球抗压强度，改善含碳球团料柱的透气性，但当用强还原性的还原气时，含碳球团的粒度对其还原速度的影响不大（图 6-11 中曲线 1~4），而增大不含碳球团粒度对其还原速度很不利（图 6-11 中曲线 5~8）。之所以含碳球团具有这一特点，其原因仍在于其中的碳的作用。

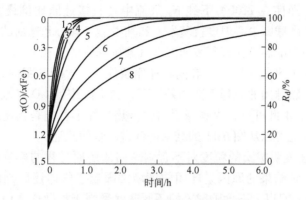

图 6-11 球团粒度对其还原过程的影响

$1 \sim 4$—$\varphi(CO_2)/\varphi(CO + CO_2) = 0.20$，$t_g = 1100℃$，$x(C)/x(O) = 1.0$，$d_m = 10 \sim 40mm$；

$5 \sim 8$—$\varphi(CO_2)/\varphi(CO + CO_2) = 0$，$t_g = 900℃$，$x(C)/x(O) = 0.0$，$d_m = 10 \sim 40mm$

6.1.1.5 还原温度对含碳球团还原过程的作用

就其还原机理而言，含碳球团还原速度较普通球团的还原速度快是无可置疑的。但因为在一般情况下，含碳球团多系冷黏结而成，所以气孔度通常较小，同时为了利用含碳球团对还原气氛要求不严这一特点，一般地，只有当含碳球团在1000℃以上的温度下还原时，其还原速度才可以明显高于普通球团的还原速度，如图 6-12 所示。图 6-12 中，曲线 $1 \sim 4$ 表示含碳球团在不同温度下的还原过程，同时为了与不含碳球团进行比较，图中描述了普通球团在900℃下纯 CO 气流中的还原过程（曲线5）。因此，含碳球团还原工艺流程必须保证含碳球团在还原过程中不相互黏结，并在确保此前提的基础上尽量提高其还原温度。

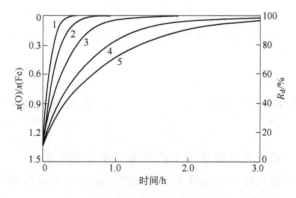

图 6-12 还原温度对含碳球团还原过程的影响

$1 \sim 4$—$\varphi(CO_2)/\varphi(CO + CO_2) = 0.20$，$t_g = 1200 \sim 900℃$，$x(C)/x(O) = 1.0$，$d_m = 20mm$；

5—$\varphi(CO_2)/\varphi(CO + CO_2) = 0$，$t_g = 900℃$，$x(C)/x(O) = 0.0$，$d_m = 20mm$

6.1.1.6 还原过程中含碳球团内部的温度分布

含碳球团在还原过程中必须发挥其中碳的作用，而一旦依靠其中的碳还原铁氧化物（最终表现为直接还原），就会吸收大量热量，因此人们势必担心含碳球团的导热速度是否会制约其还原速度。

根据试验测定，即使在 1100℃ 下纯 N_2 气流中（直接还原比例最大）骤然加热还原时，在 10min 之内含碳球团中心温度就基本上和其中部（球心和球面的中间）温度达到一致，此后含碳球团内部的温度接近其表面温度（含碳球团的直径为 30mm 时，球表面温度和其中心温度差不大于 50℃）[10~12]。在这种还原条件下，含碳球团的完全还原需要 6h 以上。在以上温度和含碳球团的直径不变的条件下，如果改用纯 CO 气流进行还原，此时完全还原需要 1h 以上。由此可见，含碳球团内的传热速度不可能是其还原过程的限制性环节。此外，这一结论也可以从图 6-11 的结果得到进一步的验证。

另外，图 6-11 还表明球团的粒度对不含碳球团的还原过程的影响很大。这里应该提醒读者的是，造成这种结果的原因是球团粒度增加限制了气体还原剂向球团内的扩散速度，也就是说，在 900℃ 以上不含碳球团的还原速度受制于扩散速度而不是球团内的传热速度。作者通过测定直径为 30mm 的不含碳球团在 900℃ 下纯 CO 气流中进行骤然加热还原过程的球团内部温度分布发现，球团内部温度在 5min 之内就达到其表面温度，而完全还原时间需 1h 以上。至于在还原过程中不含碳球团的粒度对其中 CO 分布的影响的具体情况如图 6-13 和图 6-14 所示。图 6-13 是直径为 10mm 的不含碳球团在 900℃ 下纯 CO 气流中骤然加热还原时，其内部 CO 分布随还原时间的变化过程，图 6-14 是不含碳球团的直径为 30mm 时的情况。

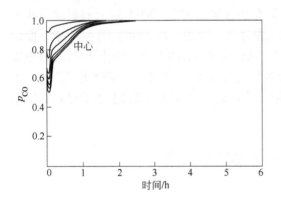

图 6-13　直径为 10mm 的不含碳球团
还原过程中其内部的 CO 分布
（$t_g = 900℃$，气氛：纯 CO）

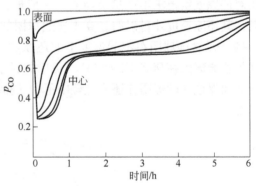

图 6-14　直径为 30mm 的不含碳球团
还原过程中其内部的 CO 分布
（$t_g = 900℃$，气氛：纯 CO）

6.1.1.7　关于含碳球团还原过程中气体产物向外喷发的现象

综合模型还可以计算出在不同条件下含碳球团还原过程中其内部 CO 和 CO_2 沿其半径方向的分布，如图 6-15 和图 6-16 所示。

图 6-15 和图 6-16 示出了直径为 30mm 的含碳球团在 1100℃ 下纯 N_2 气流中还原时其内部 CO 和 CO_2 分压。此外，从图 6-15 和图 6-16 中还可以看出，p_{CO} 和 p_{CO_2} 分布曲线在一定的时间内出现一平台。这是因为当还原温度为 1100℃ 时，试样中各种反应速度快，所产生的 CO 和 CO_2 因受扩散阻力的限制，来不及向外扩散而在试样内积累，致使试样内气相压力（$p_{CO} + p_{CO_2}$）超过环境压力，从而导致 CO 和 CO_2 摆脱扩散阻力的限制，在内外压力差的驱使下向外喷发。这种现象类似于球团矿工艺中生球的干燥过程[13,14]。但对于含碳球

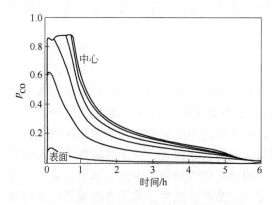

图 6-15　1100℃下纯 N_2 气流中还原时含碳球团内部 CO 分布（$d_m = 30mm$）

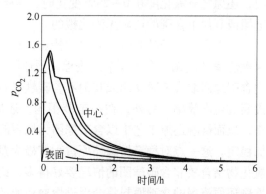

图 6-16　1100℃下纯 N_2 气流中还原时含碳球团内部 CO_2 分布（$d_m = 30mm$）

团，这种喷发现象只发生在还原初期较短的时间内。另外，图 6-15 及图 6-16 的结果可以很好地从另一侧面解释图 6-1 和图 6-2 中所示的现象，即在惰性气流中，含碳球团内部的还原速度及碳的消耗速度较其外部的快。从图 6-15 及图 6-16 中可以看出，由于扩散阻力的作用造成还原过程中含碳球团内部的 CO 和 CO_2 的分压及其分压之差值大于其外部。由于在还原过程中，球团内的温度差别不明显，根据后文反应速度式（6-11）及式（6-12），显然在这种情况下，含碳球团内部铁氧化物被还原的速度和碳的消耗速度都比其外部的快。

6.1.1.8　配碳量的影响

提高含碳球团的配碳量（$x(C)/x(O)$ 比）有利于提高含碳球团的还原速度[15~18]。该试验结果与文献 [19] 中报道的现象是一致的。另外，这一点从碳的气化反应速度方程（6-12）中也可以得到证实。在其他条件相同时，含碳球团中的配碳量越高，碳在含碳球团中的体积比（A_C）就越大。因此，加快了碳的气化速度，从而提高了球团内 CO 浓度，降低了 CO_2 浓度，促进了铁氧化物的还原过程。在能够保证含碳球团的机械强度的前提下，适当提高其中的配碳量对加快含碳球团的还原过程是有利的。

此外，在条件允许的情况下，适当减小含碳球团中矿粉和炭粉的颗粒度对促进其还原速度是有利的。由于减小矿粉粒度和炭粉粒度的同时增大了含碳球团中单位体积内的矿粉和炭粉的比表面积，即增大了含碳球团中的铁氧化物的还原速度方程（6-11）和碳的气化反应速度方程（6-12）中的 S_0 和 S_C，以及减小了其当量厚度表达式中的 r_0，这必然会加快含碳球团的还原速度。

6.1.2　含碳球团还原过程特点及其在熔融还原中的应用

根据以上分析，与普通球团或者其他不含碳的块矿相比，含碳球团具有以下两方面突出的特点：

（1）由于含碳球团中碳的作用，其还原速度快，加上其中碳的直接还原的吸热作用，在不黏结的前提下可以使含碳球团在较高的温度下还原，从而进一步提高了含碳球团的还原速度。

（2）在一定范围内，还原气流的氧化度变化对含碳球团的还原过程影响较小。研究表明，还原气流氧化度在 0 ~ 25% 变化时，含碳球团还原速度几乎不变化。这一特点是普通球团或其他不含碳的块矿无法比拟的。

由于含碳球团具有以上突出的特点，在二步熔融还原方法中，对于高预还原度、低二次燃烧率（或无二次燃烧率）流程，预还原速度是整个流程的生产效率的限制性环节，采用含碳球团取代普通球团或其他不含碳铁矿石或铁矿粉作为预还原原料后可以较大幅度地提高其生产效率。另外，在一定范围内，还原气流的氧化度对含碳球团的还原速度干扰小，故而熔融还原工艺中以含碳球团为原料时，进入终还原反应器的炉料的预还原度将更加稳定，这一点对稳定熔融还原过程有极大意义。就终还原而言，由于含碳球团中碳和铁氧化物结合较非含碳球团的情况要好得多，终还原速度也将加快。因此，采用含碳球团作熔融还原流程的含碳原料将会促进熔融还原的稳产、高产。此外，采用含碳球团作原料可以实现用循环煤气对其进行加热还原，从而大幅度地降低熔融还原流程的工序能耗（详见含碳球团煤气循环熔融还原流程（PCG 流程））。

6.1.3　含碳球团的直接还原度（R_d）

含碳球团中的碳的基本作用是充当还原剂，从开始研究含碳球团的还原过程时人们就注意到在其还原过程所产生的煤气中不完全是 CO，同时也有一部分 CO_2。这说明在含碳球团的还原过程中既有直接还原也有间接还原，那么从表观上分析，在含碳球团的还原过程中铁氧化物中的氧到底有多少是被直接还原的。为解决这一问题，作者提出如下含碳球团直接还原度的概念（R_d）。

一般情况下，在含碳球团的还原过程存在以下氧转移反应：

（1）铁氧化物被碳直接还原（从表观上分析）而发生的氧转移，即 $Fe_xO_y + yC = xFe + yCO$，假设因此被还原出的氧原子物质的量为 $n(O)_d$。

（2）铁氧化物被直接还原所产生的 CO 或加热气流中的 CO 所还原而发生的氧的转移，即 $Fe_xO_y + yCO = xFe + yCO_2$，假设此时被还原出的氧原子物质的量为 $n(O)_i$。

（3）碳被加热气流中的 CO_2 氧化而发生氧的转移，即 $CO_2 + C = 2CO$，假设此时转移的氧原子物质的量为 $n(O)_g$。

在此，当含碳球团在不含 CO_2（或其他对碳具有氧化作用的物质）气流中加热还原时，将由碳的直接还原从还原体系中获取的氧量（mol）与还原过程中由碳和 CO 从还原体系中获取的总的氧量（mol）的比值定义为含碳球团的直接还原度，即：

$$R_d = \frac{n(O)_d}{n(O)_d + n(O)_i} \tag{6-1}$$

式（6-1）实际上就是前苏联冶金学派对高炉中铁氧化物还原过程以被还原出来的氧为基数所定义的直接还原度。

当在加热还原含碳球团的气流中含 CO_2 时，由碳从还原体系中获取的氧量为 $n(O)_d + n(O)_g(mol)$，而由 CO 和 C 从还原体系中获取的总氧量为 $[n(O)_d + n(O)_g] - [n(O)_i - n(O)_g] = n(O)_d + n(O)_i(mol)$，此时含碳球团的直接还原度为：

$$R_d = \frac{n(O)_d + n(O)_g}{n(O)_d + n(O)_i} \tag{6-2}$$

由于碳从还原体系中获取的氧量 $n(\mathrm{O})_d + n(\mathrm{O})_g(\mathrm{mol})$ 在数值上等于还原体系中碳的消耗量 $n(\mathrm{C})_d + n(\mathrm{C})_g = n(\mathrm{C})_{ox}$（mol，以 O 为标准计），因此 R_d 还可表示为：

$$R_d = \frac{n(\mathrm{C})_{ox}}{n(\mathrm{O})_d + n(\mathrm{O})_i} \tag{6-3}$$

以上含碳球团的直接还原度是个重要参数，可直接用来考察含碳球团还原体系中的碳的还原效率和在还原过程中煤气成分的变化。从方程（6-1）中可知，当在加热还原气流中不含 CO_2 或其他对碳具有氧化作用的物质时，含碳球团的直接还原度 R_d 的最大值为 1.0；而当在加热还原气流中含有 CO_2 或其他对碳具有氧化作用的物质时，R_d 就有可能大于 1.0；当 R_d 大于 1.0 时，说明含碳球团中的碳不但起还原其中的铁氧化物的作用，同时还起富化煤气的作用。

6.1.4　含碳球团直接还原度的变化

6.1.4.1　还原气流成分对含碳球团直接还原度的影响

含碳球团在不同的加热还原气流中加热还原时，其直接还原度随还原过程的变化情况如图 6-17 所示。在图 6-17 中，纵坐标为含碳球团的直接还原度，横坐标为含碳球团的还原度。在同样的原料条件和还原温度下，含碳球团的累计直接还原度随加热还原气流中的氧化性气氛的增强而升高，这是因为到了还原后期，加热还原气流中的 CO_2 会继续氧化球团中的残余碳。当用纯 CO 作为含碳球团的加热还原气流时，其直接还原度为 0.5~0.6；当用 N_2 作为加热气流时，其直接还原度为 0.8 左右。同时必须指出的是，为了提高含碳球团中碳的还原效率，应尽量降低还原气氛中 CO_2 含量，适当降低加热还原气流中的 CO_2 含量。

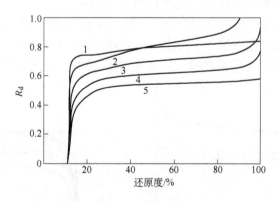

图 6-17　1100℃下不同还原气氛中含碳球团累计直接还原度的变化过程

（ICB：磁铁矿 + C，$x(\mathrm{C})/x(\mathrm{O}) = 1.0$）

1—N_2；2—70% CO + 30% CO_2；3—80% CO + 20% CO_2；4—90% CO + 10% CO_2；5—100% CO

6.1.4.2　还原温度对含碳球团直接还原度的影响

在不同还原气流中，还原温度对含碳球团累计直接还原度的影响如图 6-18 及图 6-19 所示。图 6-18 是当加热还原气流为 100% CO 时的情况，图 6-19 是当气流成分为 80% CO + 20% CO_2 时的情况。从这两图示出的结果可知，不论在什么气流下加热还原，含碳球团的累计直接还原度都随还原温度的升高而变大。

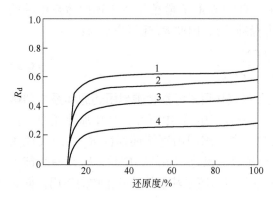

图 6-18   在纯 CO 气流中不同还原温度对
含碳球团直接还原度的影响

（ICB：磁铁矿 + C，$x(C)/x(O) = 1.0$）

1—1200℃；2—1100℃；3—1000℃；4—900℃

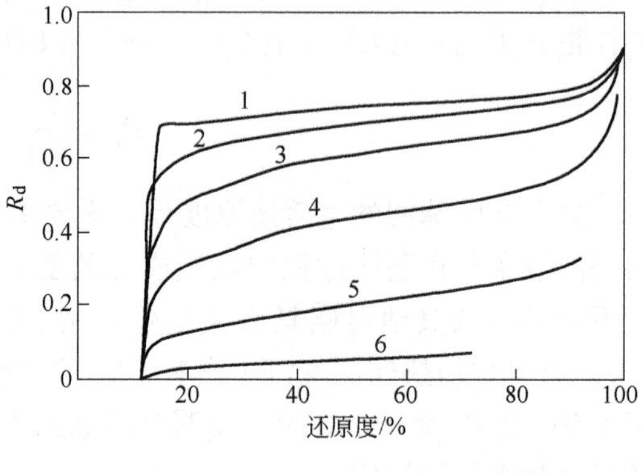

图 6-19   在 80% CO + 20% CO$_2$ 气流中还原温度对
含碳球团直接还原度的影响

（ICB：磁铁矿 + C，$x(C)/x(O) = 1.0$）

1—1200℃；2—1100℃；3—1000℃；
4—900℃；5—800℃；6—700℃

6.1.4.3   还原体系压力对含碳球团直接还原度的影响

在其他条件一定的情况下，增加还原体系压力在提高含碳球团还原速度的同时，可以降低含碳球团的直接还原度，如图 6-20 所示。其原因是增大还原体系压力，可以抑制碳气化反应进行的程度。在图 6-20 中，曲线 1~3 是含碳球团在纯 CO 气流中还原时，其累计直接还原度随还原过程的变化情况，曲线 4~6 是含碳球团在 80% CO + 20% CO$_2$ 的气流中还原时的情况。

6.1.4.4   含碳球团粒度对含碳球团直接还原度的影响

减小含碳球团的粒度，既有利于含碳球团外气流中的还原性气体向球团内扩散，同时也有利于氧化性气体向球团内扩散。因此，在不同的加热还原气流成分下，含碳球团粒度对其直接还原度的影响具有不同规律，如图 6-21 所示。当含碳球团在强还原性气流中加

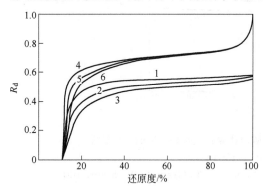

图 6-20   1100℃下还原体系压力对
含碳球团直接还原度的影响

（ICB：磁铁矿 + C，$x(C)/x(O) = 1.0$）

1—0.1MPa；2—0.2MPa；3—0.3MPa；4—0.1MPa；
5—0.2MPa；6—0.3MPa

气流成分：1~3—纯 CO；4~6—80% CO + 20% CO$_2$

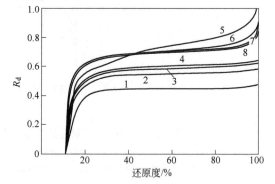

图 6-21   1100℃下含碳球团粒度对
其直接还原度的影响

（ICB：磁铁矿 + C，$x(C)/x(O) = 1.0$）

1—10mm；2—20mm；3—30mm；4—40mm；5—10mm；
6—20mm；7—30mm；8—40mm

气流成分：1~4—纯 CO；5~8—80% CO + 20% CO$_2$

热还原时，减小球团粒度有利于还原性气体向球团内扩散，加快还原性气体对球团内铁氧化物的还原进程，因此可使含碳球团的直接还原度下降；相反，如加大含碳球团粒度则会使其直接还原度变大（图中曲线 1~4）。但当含碳球团在弱还原气流中加热还原时，在还原初期，因为高价铁氧化物的还原速度较快，减小球团粒度，促进了气流中还原性气体对高价铁氧化物的还原，所以其直接还原度较小；而当还原进入中后期，低价铁氧化物（FeO）的还原速度较慢，球团粒度减小则促进了其外部气流中的氧化性气体对含碳球团的氧化作用，因此其直接还原度上升（图中曲线 5~8）。

6.1.4.5 铁氧化物氧化状态对含碳球团直接还原度的影响

铁氧化物的氧化状态对含碳球团直接还原度的影响如图 6-22 所示。无论是在惰性气流中加热还原，还是在纯 CO 气流中加热还原，由赤铁矿构成的含碳球团的总直接还原度较低（图中曲线 1、4），由浮氏体构成的含碳球团的总直接还原度较高（图中曲线 3、6），由磁铁矿构成的含碳球团总直接还原度介于两者之间（图中曲线 2、5）。产生这种现象是必然的，因为铁氧化物从 Fe_2O_3 至 Fe_3O_4 的还原速度较 Fe_3O_4 至 Fe_xO 的还原速度快，而从 Fe_3O_4 至 Fe_xO 的还原速度又比 Fe_xO 至 Fe 的还原速度快。在含碳球团的还原过程中，如果碳的气化速度一定，CO 还原铁氧化物的速度越快，则产生的 CO_2 就越多，而产生的 CO_2 越多其表现就是含碳的直接还原度越低。

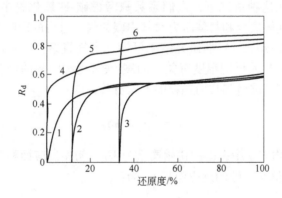

图 6-22　1100℃下铁氧化物的氧化状态对含碳球团直接还原度的影响

(ICB：$x(C)/x(O) = 1.0$)

1—Fe_2O_3；2—Fe_3O_4；3—Fe_xO；4—Fe_2O_3；5—Fe_3O_4；6—Fe_xO

气流成分：1~3—纯 CO；4~6—纯 N_2

6.2 含碳球团还原过程数值模拟

含碳球团的还原过程模型的研究是伴随碳还原铁氧化物的动力学过程的研究一起进行的。迄今，根据不同的研究者提出的各种模型的性质，含碳球团的还原过程模型可分为三种类型：

第一类是按照原始的固-固还原机理提出的建立在菲克（Fick）扩散定律基础上的，认为氧原子在金属铁产物层中的扩散过程是碳还原铁氧化物总过程的限制性环节的模型。

（1）
$$[1 - (1 - f)^{\frac{1}{3}}]^2 = \frac{kt}{r^2}$$
(6-4)

(2)
$$1 - \frac{2}{3}f - (1 - f)^{\frac{2}{3}} = \frac{kt}{r^2}$$ (6-5)

(3)
$$\frac{z - [1 + (z - 1)f]^{\frac{2}{3}} - (z - 1)(1 - f)^{\frac{2}{3}}}{2(z - 1)} = \frac{kt}{r^2}$$ (6-6)

这就是典型的扩散模型。但这类模型从 20 世纪 70 年代以后就不常用于解释含碳球团的还原过程。

第二类是基于二步还原机理提出的，认为碳的气化反应速度是碳还原铁氧化物过程的限制性环节的界面反应模型。

第三类是建立在二步还原机理上，同时考虑 CO 还原铁氧化物的速度和碳的气化反应速度对含碳球团还原过程影响的综合模型。这一模型是作者等人提出的。

6.2.1 界面反应模型

由于二步还原过程已经是公认的碳还原铁氧化物的动力学机理，同时由于以前有关碳还原铁氧化物过程的研究多是在较高的温度下进行的，研究者多认为在碳还原铁氧化物的过程中，碳的气化反应是整个还原过程的限制性环节，再加上当时研究碳还原铁氧化物的过程多是针对反应罐或煤基回转窑类型的工艺流程，很少考虑气流条件对碳还原铁氧化物过程的影响。因此，在这种情况下，人们多数只考虑碳-铁氧化物中碳的气化反应过程，而忽略了含碳球团内气体成分和气体压力对其中碳的气化过程的影响[20~22]。

根据图克杜冈（Turkdogan）的研究结果可知，当气氛条件一定时，碳的气化反应速度与碳的反应面积（S_C）及反应温度有关，而碳-铁氧化物中碳的反应面积（S_C）则和某一时刻该体系中所含有的碳量和炭粉颗粒的形状有关，即：

$$v_C = \frac{\mathrm{d}f_C}{\mathrm{d}t} = kS_C$$ (6-7)

假设在碳-铁氧化物体系中，碳的初始质量为 W_C^0，初始反应面积为 S_C^0，到某一时刻时碳的质量为 W_C^t，则该体系中碳的反应面积 S_C 为：

$$S_C = S_C^0 \left(\frac{W_C^t}{W_C^0} \right)^{\alpha_C} = S_C^0 (1 - f_C)^{\alpha_C}$$ (6-8)

将方程（6-8）代入方程（6-7），则碳还原铁氧化物的速度可表示为：

$$v_C = \frac{\mathrm{d}f_C}{\mathrm{d}t} = kS_C^0 \left(\frac{W_C^t}{W_C^0} \right)^{\alpha_C} = k' \left(\frac{W_C^t}{W_C^0} \right)^{\alpha_C}$$ (6-9)

$$v_C = \frac{\mathrm{d}f_C}{\mathrm{d}t} = kS_C^0 (1 - f_C)^{\alpha_C} = k' (1 - f_C)^{\alpha_C}$$ (6-10)

式中，α_C 为炭粉粒子的形状因子，如炭粉颗粒为规则的平板状，$\alpha_C = 0$；如为规则圆柱状，$\alpha_C = 1/2$；如为规则的球形，$\alpha_C = 2/3$。

当炭粉颗粒为规则平板状时：

$$v_C = \frac{\mathrm{d}f_C}{\mathrm{d}t} = k'$$ (6-11)

即：

$$f_C = k't \tag{6-12}$$

这就是哈里凯（Halikia）等提出的最简单的碳还原铁氧化物过程模型。

当炭粉颗粒为规则圆柱状时：

$$v_C = \frac{df_C}{dt} = k'(1 - f_C)^{2/3} \tag{6-13}$$

即：

$$1 - (1 - f_C)^{1/2} = 2k't \tag{6-14}$$

这和班德福（Bamford）提出的碳还原铁氧化物过程模型一致。

当炭粉颗粒为规则的球状时：

$$v_C = \frac{df_C}{dt} = k'(1 - f_C)^{2/3} \tag{6-15}$$

$$1 - (1 - f_C)^{1/3} = 3k't \tag{6-16}$$

但实际上炭粉颗粒不可能是规则的平板、圆柱或球形，在多数情况下，研究者都认为炭粉颗粒的形状因子 α_C 为 $1.0^{[23]}$，因此：

$$v_C = \frac{df_C}{dt} = k'(1 - f_C) \tag{6-17}$$

$$\ln(1 - f_C) = -k't \tag{6-18}$$

这就是拉奥（RaO）和弗鲁汉（Fruehan）等所提倡的碳还原铁氧化物过程模型。

但实际上，以上模型只是代表碳-铁氧化物体系在还原过程中碳的消耗过程，而人们更关心的则是在碳-铁氧化物体系的还原过程中铁氧化物的还原过程，即便以上反应模型能代表碳-铁氧化物的还原过程特征，但要定量表述其中铁氧化物的还原过程，尚需探索铁氧化物的还原过程和碳的消耗过程的关系，也就是在碳-铁氧化物体系还原过程中，消耗一个碳原子，能还原出几个氧原子，因此必须了解在这种还原过程中气体产物的成分[24~28]。

不少研究者都研究了碳-铁氧化物还原过程中气体产物的成分及其变化过程。这些研究结果都表明，当碳在惰性气氛中还原铁氧化物时，其气体产物中的碳氧摩尔比总是小于 1 的，即在还原过程中所产生的气体产物不单纯是 CO，也有一部分 CO_2 出现，同时在整个还原过程中产生的气体产物中的 $\varphi(CO_2)/\varphi(CO)$ 的比值是不断变化的（图 $6\text{-}23^{[29]}$ 及图 $6\text{-}24^{[30]}$）。

1977 年，弗鲁汉（Fruehan）通过一系列试验研究[22]后提出碳还原铁氧化物经历两个阶段，第一阶段是 Fe_2O_3 或 Fe_3O_4 还原成 FeO，第二阶段是 FeO 还原成 Fe。第一阶段的还原速度较快，因为其气体产物基本上都是 CO_2，从而加速了碳的气化反应。而第二阶段的还原速度较慢，原因之一是其气体产物中的 $\varphi(CO_2)/\varphi(CO)$ 的比值较小，在 0.4 左右，这样使碳的气化反应速度减慢，原因之二是一部分还原产生的 FeO 和矿粉脉石中的 SiO_2 结合形成 $FeO \cdot SiO_2$。

根据一些学者[31,32]的研究结果可知，在定量分析碳-铁氧化物体系中铁氧化物的还原过程时，尚需在以上模型中加上一修正系数。但严格地讲，这一修正系数与还原过程中的

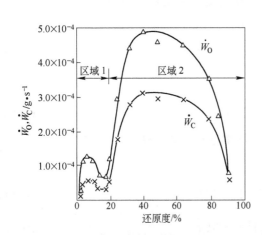

图 6-23 碳还原铁氧化物过程中失碳速度和
失氧速度与还原度的关系

（还原条件：温度 1200～1400K，N_2 保护）[29]

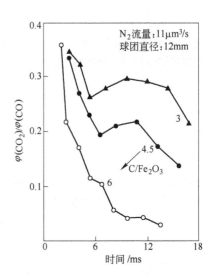

图 6-24 碳还原铁氧化物过程中气体产物的
$\varphi(CO_2)/\varphi(CO)$ 随还原过程的变化情况

（还原条件：还原温度 1295K，N_2 保护）[30]

铁氧化物的还原度还有关系，因为在还原过程中所产生的气体产物中的 $\varphi(CO_2)/\varphi(CO)$ 的比值是不断变化的（图 6-23[29] 及图 6-24[30]）。

以上模型的另一缺陷是不能分析气氛条件、矿粉粒度及炭粉粒度对还原过程的影响，而实际上气氛条件、矿粉粒度及炭粉粒度对还原过程的影响是很大的。

6.2.2 综合模型

含碳球团的冷固结技术的发展使得含碳球团不但可以在反应罐内加热，同时也可在固定床上乃至移动床内用热气流进行对流加热，因此人们势必关心加热气流成分对含碳球团的还原过程的影响。关于加热气流成分对含碳球团还原过程的影响的报道已屡见不鲜。近年来，作者等人提出了一种能够定量分析加热气流成分、气流温度、矿粉粒度、炭粉粒度、配碳量及反应体系压力等对含碳球团的还原过程影响的含碳球团还原过程综合模型[33]。这里所提出的含碳球团还原过程综合模型的原则是考虑铁氧化物的还原过程和碳的气化反应速度对含碳球团还原过程的总速度具有综合影响。

根据以上含碳球团的二步还原机理，取含碳球团中任一矿粉颗粒，随着还原过程的进行，在其表面会逐渐形成一层金属铁产物层，然后逐渐变厚，如图 6-25 所示。

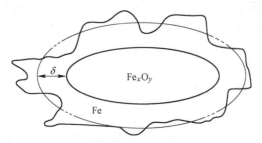

图 6-25 矿粉表面金属铁产物层当量厚度示意图

在还原过程中矿粉颗粒反应产物金属铁的当量厚度可表示为[34]：

$$\delta = r_0 e^{\beta\left[1-\frac{1}{(1-X_0)\gamma}\right]} \tag{6-19}$$

式中　δ——矿粉表面还原产物层的当量厚度，cm；

　　　r_0——矿粉粒度，cm；

　　　X_0——球团内某一矿粉颗粒 t 时刻的 $x(O)/x(Fe)$ 值和初始的 $x(O)/x(Fe)$ 值之比；

　　　β——矿粉颗粒致密程度因子，一般情况下矿粉越致密，其 β 值越大；

　　　γ——矿粉颗粒的表面缺陷因子，矿粉颗粒表面缺陷越多，γ 值越大。

通过测定[35]，天然磁铁矿的 β 值为 0.2，γ 值为 2.0。

引入矿粉表面还原产物层的当量厚度（δ）的概念后，经推导单一铁矿粉的还原速度为：

$$v_0 = \varphi_{mg} S_0 X_0^\alpha k_i \frac{c_{CO} - c_{CO_2}/k_{pi}}{\delta \frac{k_i}{D'_e} + 1} \tag{6-20}$$

式中　v_0——铁矿粉颗粒的还原速度，$mol/(cm^3 \cdot s)$；

　　　φ_{mg}——含碳球团中铁矿粉体积分数；

　　　S_0——铁矿粉的比表面积，cm^2/cm^3；

　　　α——铁矿粉颗粒的形状因子，一般为 2.0~3.0；

　　　D'_e——CO 在铁矿粉固体颗粒表面固相产物层内的渗透系数，cm^2/s；

c_{CO}，c_{CO_2}——分别为球团矿内 CO 和 CO_2 的浓度，mol/cm^3；

　　　k_{pi}——CO 还原铁氧化物的平衡常数；

　　　k_i——CO 还原铁氧化物的还原速度常数，cm/s；

　　　i——分别为 hm、mw、wf（h—赤铁矿，m—磁铁矿，w—方铁矿，f—Fe）。

通过分散状铁矿粉的选择性还原（其具体测定方法是将充分干燥后的铁精矿粉 2g 均匀铺在经 1573K 灼烧 3h 的 Al_2O_3 泡沫砖制成的内径为 30mm 的坩埚底部，在设定的 $\varphi(CO)/\varphi(CO_2)$ 比值的气氛中进行系列恒温还原），以热重法测定其还原过程，获得 CO 还原该试验中所用的铁矿粉的动力学参数如表 6-1 所示[35]。这一测定结果和文献［34］报道的结果十分相近。

表 6-1　铁矿粉还原动力学参数

反　应	$k_0/cm \cdot s^{-1}$	$E/kJ \cdot mol^{-1}$	D'_e/k_i	α
$3Fe_2O_3 + CO = 2Fe_3O_4 + CO_2$	5.0×10^3	95.46	5000.0	2.5
$Fe_3O_4 + CO = 3FeO + CO_2$	3.0×10^3	59.16	5000.0	2.5
$FeO + CO = Fe + CO_2$	1.0×10^3	119.20	5000.0	2.5

另外，由于石墨碳颗粒被气化其表面不产生固相产物，其气化速度可表示为：

$$v_C = \varphi_C S_C X_C^{\alpha_C} k_{Cs_1} \frac{c_{CO_2}}{1 + c_{CO}/k_{Cs_2}} \tag{6-21}$$

式中 v_C——含碳球团内石墨颗粒的气化速度，$mol/(cm^3 \cdot s)$；

$\quad\quad\varphi_C$——含碳球团内石墨碳的体积分数；

$\quad\quad S_C$——炭粉的比表面积，cm^2/cm^3；

$\quad\quad X_C$——碳颗粒在 t 时刻的质量和初始质量的比值；

$\quad\quad k_{Cs_1}$——碳的气化速度常数，cm/s；

$\quad\quad k_{Cs_2}$——碳颗粒表面 C_xO 分解速度常数（$mol/(cm^2 \cdot s)$）和 CO_2 在碳颗粒表面吸附

$\quad\quad\quad$过程逆反应的速度常数（cm/s）的比值，mol/cm^3。

试验测定结果如表 6-2 所示。

表 6-2 试验测定的动力学参数[35]

$k_{Cs_1}^0/cm \cdot s^{-1}$	$E_{Cs_1}/kJ \cdot mol^{-1}$	$k_{Cs_2}^0/mol \cdot cm^{-3}$	$E_{Cs_2}/kJ \cdot mol^{-1}$	α_C
8.45×10^9	142.36	7.06×10^2	140.74	1.25

如不计气体在球团气孔内的积累效应，根据物质平衡可推得 CO 和 CO_2 在含碳球团内的浓度分布为：

$$\frac{1}{r}\frac{\partial}{\partial r}\left[D_{CO}^e\frac{\partial(rc_{CO})}{\partial r}\right] - v_0 + 2v_C = 0 \quad (p_{CO} + p_{CO_2} < p_g) \tag{6-22}$$

$$c_{CO} = (p_g - p_{CO_2})/(R_gT) \quad\quad (p_{CO} + p_{CO_2} \geqslant p_g)$$

$$\frac{1}{r}\frac{\partial}{\partial r}\left[D_{CO_2}^e\frac{\partial(rc_{CO_2})}{\partial r}\right] + v_0 - v_C = 0 \quad (p_{CO} + p_{CO_2} < p_g) \tag{6-23}$$

$$c_{CO_2} = (p_g - p_{CO})/(R_gT) \quad\quad (p_{CO} + p_{CO_2} \geqslant p_g)$$

其中：

$$D_{CO}^e = D_{CO}^0/\tau$$

$$D_{CO_2}^e = D_{CO_2}^0/\tau$$

式中 p_g——含碳球团周围的气流压力，Pa；

$\quad\quad R_g$——气体常数，$R_g = 8.314 \times 10^6 Pa \cdot cm^3/(mol \cdot K)$；

$\quad c_{CO}$，c_{CO_2}——球团内 CO 和 CO_2 的浓度，mol/cm^3；

$\quad D_{CO}^e$，$D_{CO_2}^e$——分别为 CO 和 CO_2 在球团气孔内的有效扩散系数，cm^2/s；

$\quad D_{CO}^0$，$D_{CO_2}^0$——分别为 CO 和 CO_2 在 N_2、CO 和 CO_2 三元气流中的扩散系数，cm^2/s[32]；

$\quad\quad\quad\tau$——含碳冷压球团内气孔的迷宫度。

同理，根据能量守恒原理可得含碳球团内的温度分布为：

$$\frac{\partial T_s}{\partial t} = \frac{1}{rc_p(1-\varepsilon)}\frac{\partial}{\partial r}\left[\lambda\frac{\partial(rT_s)}{\partial r}\right] - \frac{v_0\Delta H_i}{c_p(1-\varepsilon)} + \frac{v_C\Delta H_C}{c_p(1-\varepsilon)} \tag{6-24}$$

式中 T_s——球团内某一半径处的温度，K；

　　t——时间，s；

　　λ——球团的导热系数，J/(s·cm·K)；

　　c_p——球团质量定压热容，J/(cm³·K)；

　　ε——球团气孔率；

　ΔH_C——炭素气化反应热，J/mol；

　ΔH_i——CO 还原各级铁氧化物的还原热，J/mol；

　　i——分别为 hm、mw、wf。

联立方程(6-22)~方程(6-24)即为含碳球团的还原过程模型，其边界条件和初始条件如下：

$$\frac{\partial c_{CO}}{\partial r} = 0, \quad r = 0 \tag{6-24a}$$

$$\frac{\partial c_{CO_2}}{\partial r} = 0, \quad r = 0 \tag{6-24b}$$

$$\frac{\partial T_s}{\partial r} = 0, \quad r = 0 \tag{6-24c}$$

$$D_{CO}^e \frac{\partial c_{CO}}{\partial r} = \alpha_m^{CO}(c_{CO}^g - c_{CO}^R), \quad r = R \tag{6-24d}$$

$$D_{CO_2}^e \frac{\partial c_{CO_2}}{\partial r} = \alpha_m^{CO_2}(c_{CO_2}^g - c_{CO_2}^R), \quad r = R \tag{6-24e}$$

$$\lambda \frac{\partial T_s}{\partial r} = \alpha_h(T_g - T_s), \quad r = R \tag{6-24f}$$

$$c_{CO} = 0, \quad t = 0 \tag{6-24g}$$

$$c_{CO_2} = 0, \quad t = 0 \tag{6-24h}$$

$$T_s^R = T_0, \quad t = 0 \tag{6-24i}$$

式中 α_m^{CO}，$\alpha_m^{CO_2}$——分别为 CO 和 CO₂ 对流传质系数，cm/s；

　　　　α_h——对流传热系数，W/(cm²·K)；

c_{CO}^R，c_{CO}^g——分别为球团表面和气流中的 CO 浓度，mol/cm³；

$c_{CO_2}^R$，$c_{CO_2}^g$——分别为球团表面和气流中的 CO₂ 浓度，mol/cm³；

　T_s^R，T_g——分别为球团表面温度和气流温度，K；

　　　T_0——球团的初始温度，K。

通过一系列试验测定，证实了以上综合模型能够很好地描述含碳球团的还原过程，模型的计算和实验结果相当一致，如图 6-26 及图 6-27 所示[35]。

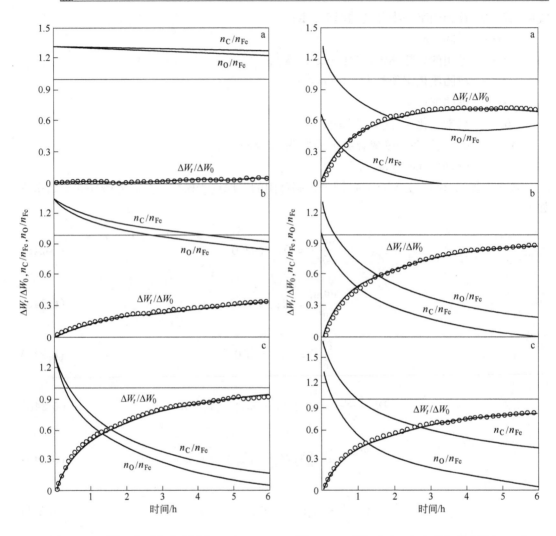

图 6-26　不同温度下含碳球团在 N_2 中
试验结果与计算结果的比较
（ΔW_t 为试样在 t 时刻的失重量；
ΔW_0 为反应完全时试样失重量）
a—1173K；b—1273K；c—1373K；
——表示计算值；-○-○-○-表示测定值

图 6-27　不同 $x(C)/x(O)$ 下含碳球团在 N_2 中
试验结果与计算结果的比较
（ΔW_t 为试样在 t 时刻的失重量；
ΔW_0 为反应完全时试样失重量）
a—$x(C)/x(O) = 0.05$；b—$x(C)/x(O) = 0.75$；
c—$x(C)/x(O) = 1.25$；——表示计算值；-○-○-○-表示测定值

6.3　含碳球团冷固结技术

　　长期以来，人们一直在研究探索含碳球团的冷固结技术，迄今所开发的这方面技术主要有压力造块法、黏结剂法和黏结剂加压固结法。在冷固结造块技术中所用的黏结剂主要是有机和无机两类。

　　压力造块法的原理是将散装物料在高压作用下压制成紧密的料块。这种聚合作用仅仅依靠分子引力，对于具有较大塑性变形量的物质较为有效。铁矿粉的塑性变形量极小，根据试验证明，即使对铁矿粉施以 10MPa 的压力，其体积收缩率也不超过 10%，因而单纯依靠高压很难制成有强度的块矿。

利用黏结剂直接固结和黏结剂加压固结的想法由来已久，许多人在这方面进行了大量的研究和广泛的尝试。所试验的有机黏结剂主要有蜡、糖浆、各种胶、淀粉、糊精、纸浆废液、海生植物、泥煤（腐殖酸）、塑料、高黏重油、沥青等；无机黏结剂主要有石灰、水玻璃、NaOH、碳酸盐、氯化物（$MgCl_2$、$CaCl_2$）、硼酸盐、膨润土、黏土、硅藻土等。使用有机黏结剂以各种方法制成的冷固结团矿目前尚无一成功，尽管这种团矿在常温下获得过良好的机械强度，但在高温下，几乎所有的有机黏结剂都在冷固结团矿还原过程中出现金属铁连晶黏结之前完全散失其黏结能力，因此只有少数几种以无机物为黏结剂的冷固结技术尚具有生命力。

6.3.1　波兰特水泥固结法

波兰特水泥固结法[36,37]是由瑞典兰耶斯贝格公司（Grangesberg A. B.）研究提出的，该法已获得专利，其工艺流程如图 6-28 所示。

作为黏结剂的水泥添加量为 8% ~ 12%。根据水泥的正常凝固过程，其冷黏结球团需 28 天才能充分固化。球团强度和固化时间的关系如图 6-29 所示。

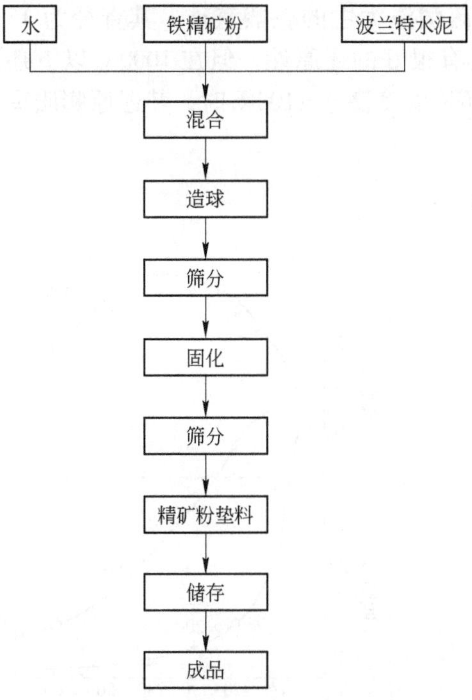

图 6-28　波兰特水泥固结法流程

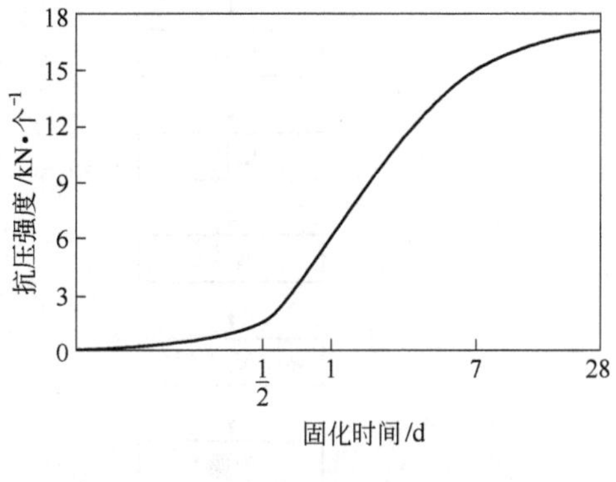

图 6-29　波兰特水泥冷固结球团强度与固化时间的关系

在水化反应的初期，生球应当避免遭受摩擦力和压力的破坏，在该工艺中以铺垫精矿粉的方法加以解决。当球团达到可筛分强度时，将黏在球团上的精矿粉通过筛分分离，筛除的精矿粉返回固化仓继续作为铺垫料。筛出的球团在另一个固化仓中继续固化。波兰特冷固结球团强度可达 980N/个以上，还原性和还原膨胀性尚可。但其水硬连接键的黏结力在 600℃下丧失，也就是说一旦温度高于 600℃，波兰特冷固结球团将失去强度。这种成品中含结晶水量高达 23%，同时作为黏结剂的水泥会导致渣量增加，从而导致冶炼燃耗增加；此外，固化时间过长，需要很大堆放场地，因此此法一直有争议。日本有一波兰特冷固结球团厂[38]，其月产量约为 4.5 万吨。

6.3.2　高压蒸养法

高压蒸养法是在矿粉中加入细磨石灰粉和石英粉，加水混合，在普通的造球盘上造球，造球后置入压力釜中在 60~80Pa 高压下用蒸汽养护 4~8h。用高压养护生产的球团的强度可达 750~1300N/个[39,40]，用电镜分析发现在连接桥中有 Ca、Si、Fe、Mg 等阳离子存在，据分析可能是以下反应：

$$Ca(OH)_2 + xSiO_2 + nH_2O \Longrightarrow CaO \cdot xSiO_2 \cdot (n+1)H_2O$$

其生成物 $CaO \cdot xSiO_2 \cdot (n+1)H_2O$ 是一种类似水泥的胶凝体，固结后会成为连接桥[41]。

高压养护典型的代表有 COBO 法和 MUT 法[42~47]。COBO 系 Clod Bond Process 的缩写，该法是瑞典斯德哥尔摩皇家工学院金属工艺系开发的。MUT 法是美国密执安大学开发的。瑞典的 COBO 法和美国的 MUT 法极其相似，其工艺流程如图 6-30 所示。

美国开发的 MUT 生产主要针对铁精矿粉和钢铁厂的含铁粉尘，生产以矿粉为主的矿粉球、以钢铁厂含铁粉尘为主的粉尘球以及以硫酸渣为主的硫酸渣球，其直径为 15~20mm，内配煤粉量为 15%~20%。这种球团具有很好的还原性，但在 1000℃ 以下还原时，其还原体积膨胀率会高达 40% 以上；而当还原温度高于 1100℃ 时，其还原膨胀率则小于 15%，如图 6-31 所示[48,49]。

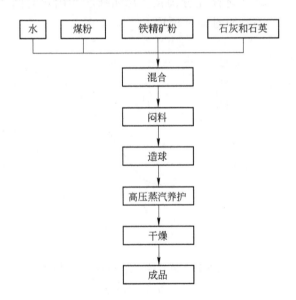

图 6-30　高压蒸养法工艺流程图

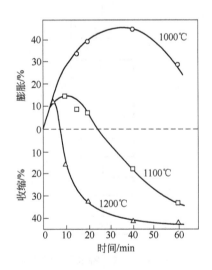

图 6-31　不同温度下 MUT 含碳球团的还原体积膨胀率与其还原时间的关系

美国加州丰诺塔纳（Fonotana）的凯泽（Kaiser）钢铁公司，建有一座 MUT 蒸养球团试验厂，采用轧钢皮、高炉尘、转炉尘等作为含铁原料生产 MUT 蒸养球团，在一座 1104m³ 的高炉上进行了为期 13 天的连续生产试验。试验生产时，MUT 球团配比为 10%，试验结果表明高炉炉况顺行，但利用系数下降 1%，同时总燃耗（包括 MUT 球团中的燃料）略微上升[50,51]。造成利用系数下降、总燃耗上升的原因是 MUT 高压蒸养球团中的结晶水分解吸热所致。

6.3.3 水玻璃固结法

用水玻璃作为含碳球团的黏结剂，其想法来源于铸造砂模固结技术，近几年我国在这方面的研究获得了较大的进展。含碳球团水玻璃冷压固结法是在铁精矿和煤粉混合料中添加 5%~10% 的具备一定技术指标的水玻璃，充分混合，然后在 20~30MPa 的压力下压制成块（压块时施以高压的目的在于使混合料中的水玻璃能充分黏结其中的固体颗粒）。压制好的直径 20mm 大小的含碳球团在 200~400℃下干燥 1~4h，其强度可达 1000N/个以上。与以上两种冷固结方法相比，这种冷固结含碳球团具有抗压强度高、在还原过程中体积变化小（≤15%）、干燥后残留物少（<3%）、成品球不含结晶水、生产设备简单、生产周期短等优点，但不足的是成品球中含钾、钠高。

表 6-3 列出了含碳冷固结球团、不含碳冷固结球团和普通氧化球团的化学成分，表 6-4 列出的是这三种球团的性能。

表 6-3　球团的化学成分 （%）

化学成分	TFe	C	FeO	SiO₂	CaO	Al₂O₃	MgO	S	P	剩余
含碳球团	60.80	6.50	25.90	5.88	0.30	0.64	0.38	0.03	0.016	2.27
不含碳球团	66.22	0.00	27.55	5.58	0.33	0.55	0.41	0.03	0.016	1.36
氧化球团	65.10	0.00	0.89	5.78	0.33	0.50	0.31	0.014	0.03	0.16

表 6-4　球团的冶金性能

冶金性能	$CS/\text{N} \cdot \text{个}^{-1}$	$DI_{(+6.3mm)}/\%$	$RDI_{(+31.5mm)}/\%$	$RSI^{①}/\%$	$RI^{①}/\%$
含碳球团	1750.0	75.0	96.80	12.0	81.73
不含碳球团	2450.0	81.0	97.20	5.0	48.83
氧化球团	3606.0	91.0	85.00	24.0	71.23

①体积分数。

从表 6-4 中可明显看出在同样原料条件下：

（1）含碳球团的机械强度不如氧化球团，但其强度能够满足竖炉生产的要求。

（2）含碳球团的还原性能（RI）明显优于不含碳球团，同时也高于氧化球团。

（3）含碳球团的还原膨胀率（RSI）和低温还原粉化率（RDI）明显低于氧化球团。

（4）不含碳的冷固结球团，其强度优于含碳球团，但还原性差。

由于传热速度不再是限制性环节，含碳球团的碳在还原过程中发生气化反应，提高了球团内还原性气氛，从而使其还原速度加快。而含碳球团还原膨胀率（RSI）和低温还原粉化率（RDI）低的原因是这种含碳球团在还原过程中没有 γ-(Fe_2O_3) 向 β-(Fe_3O_4) 的相变，因为含碳球团的原料用的是磁铁矿。

因此，将含碳球团用于生产直接还原铁具有以下优越性：

（1）含碳球团对还原气氛成分要求不严，一般只要还原气氛氧化度在 20% 以内，含碳球团就仍能保持较快的还原速度，而不含碳球团则不具此特点（比较图 6-6~图 6-8）。这一点对于用煤生成煤气的直接还原流程来说尤为重要。

（2）含碳球团可以在 1000~1100℃下还原而不黏结，因而会进一步提高其还原速度。

1990 年以来，中国一些中小钢铁企业开始和有关研究单位合作生产水玻璃冷固结含碳球团，并在高炉中使用。实际操作结果表明，在含铁炉料中配加 30% 左右的水玻璃冷固结含碳球团，高炉依然顺行，干焦比下降（因为含碳球团中带入碳）；但高炉煤气利用率有所降低，高炉总燃耗略有上升，究其原因是含碳球团中的碳的直接还原作用，提高了高炉总的直接还原度所致。

6.3.4　其他冷固结法

含碳球团的其他冷固结法有[52~54]：

（1）氯化物黏结法。氯化物对含铁固体颗粒具有较好的黏结作用。20 世纪 20~40 年代，欧洲曾用氯化镁（2%）、焦末（8%~10%）、铁屑（3%~5%）混合加入矿粉中压制球团矿，经过几天的熟化作用后可以达到满足高炉生产基本要求的强度。

（2）碳酸化冷固结法。碳酸化冷固结法是将铁精矿粉和生石灰（CaO）或消石灰（Ca（OH）$_2$）混合造球，然后置于 CO_2 气氛中在 200~400℃ 中进行碳酸化 10~20h。碳酸化的目的是在球团内的颗粒之间形成 $CaCO_3$ 连接桥，这种冷固结球团的强度可达到 1000N/个以上。人们希望在 $CaCO_3$ 分解之前能形成新的熔结桥或其他连接桥以保持球团的强度，但实际上这种球团的高温强度不良，此外碳酸盐分解吸热会导致冶炼工序能耗升高。

（3）铁焦固结法。焦炭中的碳的骨架作用在低温及高温下均有良好的固结强度。把一定量的矿粉混入焦煤中进行混合结焦是铁矿粉造块的一种方法。这种方法曾经历过多次试验，包括工业性试验，如热压焦矿法、半焦矿法。然而这些方法需要大量焦煤，在当今焦煤不断匮乏的情况下，同时考虑到焦化工业的严重污染，铁焦固结法已不为人们所提倡。

6.4　含碳球团预还原过程物料平衡计算和热平衡计算

预还原过程物料平衡计算和热平衡计算分析的目的主要是要确定在给定的对产品质量要求的条件下，所需的还原煤气数量，分析原料条件、还原煤气条件及还原操作条件对煤气消耗量的影响。

气基预还原过程，即含铁原料单纯依赖煤气中的还原性气体的预还原过程，其物料平衡和热平衡的计算较为简单，这一点在 6.1.2 节中已有详细介绍。以下具体分析含碳球团预还原过程。

6.4.1　含碳球团中碳的直接还原度与煤气条件的关系

对含碳球团的还原过程的动力学分析结果可知，只有当温度高于 1073K 时，含碳球团中的碳才会对其中的铁氧化物还原有所作用，因此含碳球团中的碳对其中铁氧化物的还原程度，即直接还原度，与进入含碳球团还原体系内的煤气的温度下降到 1123K（考虑气固间的温度差为 50K）时，除加热球团外所能提供给直接还原的热量有关，这种关系如下所示：

$$R_d = \frac{(T_{g1}V_{g1}c_{g1} - 1123V_{g2}c_{g2})(1-\eta_q) - (P_2c_{s2}T_{s2} - 1073P_1c_{s1})}{\dfrac{P_0w(TFe)}{5600}q_d} \quad \left(\frac{n(C)}{n(O)_{Fe_xO_y}} > R_d\right)$$

$$R_d = \frac{n(C)}{n(O)_{Fe_xO_y}} \quad \left(\frac{n(C)}{n(O)_{Fe_xO_y}} \leqslant R_d \right) \tag{6-25}$$

式中　$n(O)_{Fe_xO_y} = \frac{1}{100}\left(1.5\frac{w(TFe)}{56} - 0.5\frac{w(FeO)}{72} \right)$, mol;

$n(C)$——每千克含碳球团中的碳量, mol;

η_q——竖炉高温区热损失率;

V_{g1}, V_{g2}——分别为进入还原系统的还原气体积和还原过程中煤气温度下降到 850℃ 时的煤气体积, m^3;

c_{g1}, c_{g2}——分别为进入还原系统的还原气热容和还原过程中煤气温度下降到 850℃ 时的煤气热容, $J/(cm^3 \cdot K)$;

T_{g1}——进入还原体系时的煤气温度, K;

P_0, P_1, P_2——分别为含碳球团的最初质量, 还原到 1073K 时的质量和还原最后的质量, kg;

c_{s1}, c_{s2}——分别为含碳球团还原到 1073K 时的热容和还原最后的热容, $J/(kg \cdot K)$;

T_{s2}——含碳球团还原到最后的温度, K;

q_d——还原反应 (FeO + C = Fe + CO) 的吸热量, J/mol;

$w(TFe)$——进入还原体系时含碳球团中的全铁含量, %;

$w(FeO)$——进入还原体系时含碳球团中的 FeO 含量, %。

需要说明的是, 如果严格按照理论推导, 式 (6-25) 中的 q_d 应为 $(1-x)(yq_g + zq_{H_2})/(y+z) + xq_d$ (x 为还原过程中碳用于直接还原铁氧化物所消耗的量占碳总消耗量的比例, q_g 为碳的气化热, q_{H_2} 为水煤气反应吸热量)。但实际上, 一方面含碳球团中的 FeO 不可能是以理论上的纯物质形式存在; 另一方面, 还原煤气中多少含有一些 H_2, 因此用 "直接还原热" 代替 $(1-x)(yq_g + zq_{H_2})/(y+z) + xq_d$。

从式 (6-25) 可以看出, 进入还原体系的还原气体量越多、温度越高, 则含碳球团中的碳的直接还原度越高。换而言之, 如果要提高含碳球团中碳的直接还原作用, 则需要提高进入还原体系的还原气体量及其温度。

6.4.2　含碳球团竖炉还原过程分析

6.4.2.1　固体料及还原剂平衡

一般地, 含碳球团是在铁精矿粉中配以一定量的煤粉或焦粉加以适当黏结剂混匀后冷固结而成, 因此其主要成分有 TFe、FeO、SiO_2、CaO、MgO、Al_2O_3、Na_2O、K_2O、C、CO、CO_2、H_2、CH_4、N_2、S、P、$H_2O(s)$ 等。

用于竖炉还原的煤气, 由于还原煤气是由竖炉底部进入还原体系, 煤气进入还原体系时首先接触到的是已被还原的含碳球团, 为了避免含碳球团中的金属铁再被氧化, 进入竖炉的还原煤气的成分, 视其温度条件, 至少应满足还原反应 (FeO + CO = Fe + CO_2 和/或 FeO + H_2 = Fe + H_2O) 平衡的基本要求。一般的还原煤气的成分为 CO^g、CO_2^g、H_2^g、H_2O^g、N_2^g。

以还原 1t 预还原含碳球团为计算基础, 假设含碳球团的预还原度为 R, 含碳球团中碳

的直接还原度为 R_d，根据给定的含碳球团成分和入反应器煤气成分，此时所需固体还原剂 X_C、充当气体还原剂的煤气量 V_g^R 以及含碳球团的量 P_0 直接存在下述关系。

A　固体料平衡

含碳球团多在 1273K 以上温度下还原，其中因固体还原剂所带入的挥发分及其中的结晶水在还原过程中会被完全挥发和分解，同时必须考虑到在还原过程中，含碳球团内的失碳和失氧量，因此在含碳球团预还原过程中，其固体料存在以下平衡：

$$P_0(1 - A - B - X_C) = 1000 \tag{6-26}$$

挥发分、结晶水及碱金属挥发或分解量 $A(\text{kg})$ 表示为：

$$A = \frac{1}{100}\{w(\text{CO}) + w(\text{CO}_2) + w(\text{H}_2) + w(\text{CH}_4) + w(\text{H}_2\text{O})(\text{s}) +$$

$$w(\text{N}_2) + w(\text{S})\alpha + [w(\text{Na}_2\text{O}) + w(\text{K}_2\text{O})]\beta\} \tag{6-26a}$$

式中　α——预还原过程脱硫率；

β——预还原过程碱金属脱除率。

还原过程失氧量 $B(\text{kg})$ 表示为：

$$B = \frac{16}{100}\left[1.5R\frac{w(\text{TFe})}{56} - 0.5 \times \frac{w(\text{FeO})}{72}\right] \tag{6-26b}$$

直接还原失碳量 $X_C(\text{kg})$ 表示为：

$$X_C = \frac{12R_d}{100}\left[1.5R\frac{w(\text{TFe})}{56} - 0.5 \times \frac{w(\text{FeO})}{72}\right] \tag{6-26c}$$

B　气体还原剂平衡

由于含碳冷压球团的气孔度低，外部气流在其中扩散速度慢，如果用非氧化性煤气（针对 Fe 而言）加热时，含碳球团中的碳首先会直接还原其中的铁氧化物，使含碳球团产生气孔，然后剩余的碳再被外围气流通过扩散进入球团内的氧化性（针对 C 而言）气体所氧化。从图 6-15～图 6-19 可知，当加热煤气的氧化度小于 20% 时，无论含碳球团的条件如何，只有当含碳球团的预还原度大于 90% 以后，其中碳才明显被气流中氧化性气体所氧化。20 世纪 60 年代，北京科技大学（原北京钢铁学院）曾用 100% 的含碳球团在 6m³ 的高炉中进行实验研究，结果发现反应器置顶煤气中的 CO_2 含量只有 6% 左右，煤气的氧化度为 15% 左右。根据这些结果，可以认为利用非氧化性煤气加热还原含碳球团时，球团中的碳直接还原其中的 FeO，剩余的碳再由气流中的 CO_2 和 H_2O 所氧化。因此，在含碳球团的还原过程中气体还原剂存在以下平衡：

（1）直接还原产生的 CO 量（m³）。

$$V_{\text{CO}} = 22.4n_{\text{Fe}} + 2 \times \frac{22.4(n_C - n_{\text{FeO}})}{\varphi(\text{CO}_2^g + \text{H}_2\text{O}^g)}\varphi(\text{CO}_2^g) \quad (n_C > n_{\text{Fe}})$$

$$V_{\text{CO}} = 22.4n_C \quad (n_C \leqslant n_{\text{Fe}}) \tag{6-27}$$

式中，$n_C = \dfrac{X_C}{12}$，$n_{\text{Fe}} = \dfrac{1}{100}P_0\dfrac{w(\text{TFe})}{56}$。

（2）直接还原产生的 H_2 量（m³）。在非氧化性（针对 Fe 而言）的煤气中，直接还原

所产生的 H_2 量可近似按下式计算（当 $R_d > 1$ 时）：

$$V_{H_2} = \frac{22.4(n_C - n_{FeO})}{\varphi(CO_2^g + H_2O^g)}\varphi(H_2O^g) \quad (n_C > n_{Fe})$$

$$V_{H_2} = 0 \quad (n_C \leqslant n_{Fe}) \tag{6-28}$$

（3）FeO 被 C 还原量。在竖炉中，含碳球团在到达 850℃ 的高温区之前，其中的高价铁氧化物（Fe_2O_3 和 Fe_3O_4）基本上已完全被还原，因此 C 还原 FeO 的数量 $X_{Fe}^C(kg)$ 可按下式计算：

$$X_{Fe}^C = 56\min(n_C, n_{FeO}) \tag{6-29}$$

（4）直接还原产生的 CO 还原出铁量 X_{Fe}^{CO}。直接还原时直接在含碳球团内部产生 CO，因此它对 FeO 的还原效果较好，受球团外气流中的 CO_2 的干扰小，可按下式计算：

$$X_{Fe}^{CO} = 56 \times \frac{V_{CO}}{22.4} \times \frac{1 - K_{wfc}}{K_{wfc}}\theta \quad (n_C < n_{Fe})$$

$$X_{Fe}^{CO} = 0 \quad (n_C \geqslant n_{Fe}) \tag{6-30}$$

式中　K_{wfc}——还原反应 $FeO + CO = Fe + CO_2$ 的平衡常数；

　　　θ——煤气还原率。

（5）直接还原产生的 H_2 还原出铁量 $X_{Fe}^{H_2}$。

$$X_{Fe}^{H_2} = 56 \times \frac{V_{H_2}}{22.4} \times \frac{1 - K_{wfh}}{K_{wfh}}\theta \quad (n_C < n_{Fe})$$

$$X_{Fe}^{H_2} = 0 \quad (n_C \geqslant n_{Fe}) \tag{6-31}$$

式中　K_{wfh}——还原反应 $FeO + H_2 = Fe + H_2O$ 的平衡常数。

（6）气体还原及消耗量 V_g^R。

$$V_g^R = \frac{22.4X_{Fe}^g}{56[\Delta\varphi(CO) + \Delta\varphi(H_2)]} \quad (n_C < n_{Fe})$$

$$V_g^R = 0 \quad (n_C \geqslant n_{Fe}) \tag{6-32}$$

式中　$X_{Fe}^g = \left[1.5\left(\dfrac{R}{100} - \dfrac{1}{3}\right)P_0 w(TFe) - X_{Fe}^C - X_{Fe}^{CO} - X_{Fe}^{H_2}\right] \quad \left(R > \dfrac{100}{3}\right)$

$$\Delta\varphi(CO) = \theta\frac{K_{wfc}\varphi(CO)^0 - \varphi(CO_2)^0}{1 - K_{wfc}}$$

$$\Delta\varphi(H_2) = \theta\frac{K_{wfh}\varphi(H_2)^0 - \varphi(H_2O)^0}{1 - K_{wfh}}$$

6.4.2.2　含碳球团还原高温区热平衡

A　高温区热收入

因为预还原多在固态下进行，同时含碳原料中铁氧化物不是理论上的纯物质，间接还原热效应很小，所以预还原体系的热量唯一来源是还原煤气所携带的物理热。在一定的成分及温度条件下，还原煤气所能携带入高温区（>800℃）的热量为：

$$Q_{\mathrm{g}} = \frac{1}{100}V_{\mathrm{g}}^{0}c_{\mathrm{pg0}}(T_{\mathrm{g0}} - 1073) - 1073\big[\,(V_{\mathrm{CO}} - V_{\mathrm{CO_2}})c_{\mathrm{pCO}} +$$

$$(V_{\mathrm{H_2}} - V_{\mathrm{H_2O}})c_{\mathrm{pH_2}} + V_{\mathrm{CO_2}}c_{\mathrm{pCO_2}} + V_{\mathrm{H_2O}}c_{\mathrm{pH_2O}}\big] \tag{6-33}$$

式中　　$c_{\mathrm{pg0}} = \dfrac{1}{100}\sum_{i} ic_{\mathrm{p}i}$（$i$ 分别为 CO、CO_2、H_2、H_2O、N_2 等）；

$c_{\mathrm{pg}i}$——气体定压热容，$J/(m^3 \cdot K)$；

V_{CO}，$V_{\mathrm{H_2}}$——分别由式（6-27）及式（6-28）确定；

$V_{\mathrm{CO_2}} = \dfrac{22.4}{56}X_{\mathrm{Fe}}^{\mathrm{CO}}$，$X_{\mathrm{Fe}}^{\mathrm{CO}}$ 由式（6-30）确定；

$V_{\mathrm{H_2O}} = \dfrac{22.4}{56}X_{\mathrm{Fe}}^{\mathrm{H_2}}$，$X_{\mathrm{Fe}}^{\mathrm{H_2}}$ 由式（6-31）确定。

B　高温区热支出

a　高温区球团吸热量

实际上，含碳球团在竖炉内被加热到 800℃ 以前，其中的铁氧化物基本上已被还原成 FeO，同时由煤粉（如果用煤粉作为固体还原剂的话）带入的挥发分以及黏结剂所带入的物理水或结晶水都将被挥发或分解。因此，进入高温区的含碳球团矿的质量（P_1）及其主要成分（TFe′、FeO′、SiO_2'、CaO′、MgO′、Al_2O_3'、V_2O_5'、TiO_2'、Na_2O'、K_2O'、C′、S′、P′）和含碳球团的原始成分（TFe、FeO、SiO_2、CaO、MgO、Al_2O_3、V_2O_5、TiO_2、Na_2O、K_2O、C、CO、CO_2、H_2、CH_4、N_2、S、P、$H_2O(s)$）存在以下关系：

（1）球团质量（P_1）为：

$$P_1 = P_0\Big\{1 - \frac{8}{100}\Big[\frac{w(\mathrm{TFe})}{56} - \frac{w(\mathrm{FeO})}{72}\Big] - \frac{1}{100}\big[w(\mathrm{CO}) + w(\mathrm{CO_2}) +$$

$$w(\mathrm{H_2}) + w(\mathrm{N_2}) + w(\mathrm{H_2O})(\mathrm{s}) + w(\mathrm{S})\alpha\big]\Big\} \tag{6-34}$$

（2）主要成分为：

$$w(\mathrm{FeO'}) = \frac{72}{56} \times \frac{P_0}{P_1}w(\mathrm{TFe}) \tag{6-35}$$

$$c_i' = \frac{P_0}{P_1}c_i \tag{6-36}$$

式中，i 分别为 TFe、FeO、SiO_2、CaO、MgO、Al_2O_3、V_2O_5、TiO_2、Na_2O、K_2O、C、P、S。

（3）含碳球团带入高温区的热量为：

$$Q_{\mathrm{s1}} = \frac{P_0}{100}T_{\mathrm{s1}}\sum_{i} ic_{\mathrm{p}i} \quad (T_{\mathrm{s1}} = 800℃) \tag{6-37}$$

式中，i 分别为 FeO′、SiO_2'、CaO′、MgO′、Al_2O_3'、V_2O_5'、TiO_2'、Na_2O'、K_2O'、C′、S′、P′。

预还原后球团的质量以 1000kg 计，其重要成分为 MFe″、FeO″、SiO_2''、CaO″、MgO″、Al_2O_3''、V_2O_5''、TiO_2''、Na_2O''、K_2O''、C″、S″、P″，分别如下：

$$w(\text{MFe}'') = \frac{3}{2}\left(\frac{R}{100} - \frac{1}{3}\right)\frac{P_0}{1000}w(\text{TFe}) \quad \left(R > \frac{100}{3}\right)$$

$$w(\text{MFe}'') = 0 \quad \left(R \leqslant \frac{100}{3}\right)$$

(6-38)

$$w(\text{FeO}'') = \frac{P_0}{1000} \times \frac{72}{56}w(\text{TFe})\left[1 - \frac{3}{2}\left(\frac{R}{100} - \frac{1}{3}\right)\right] \quad \left(R \geqslant \frac{100}{3}\right)$$

(6-39)

$$w(\text{S}'') = (1 - \alpha)\frac{P_0}{P_1}w(\text{S})$$

(6-40)

式中　α——预还原过程脱硫率。

$$w(\text{Na}_2\text{O}'') = (1 - \beta)\frac{P_0}{P_1}w(\text{Na}_2\text{O})$$

(6-41)

$$w(\text{K}_2\text{O}'') = (1 - \beta)\frac{P_0}{P_1}w(\text{K}_2\text{O})$$

(6-42)

式中　β——预还原过程碱金属脱除率。

X_C 由式（6-26c）确定，其他成分由下式确定：

$$c_i'' = \frac{1}{1000}(P_0 C - X_\text{C})$$

(6-43)

式中，i 分别为 SiO_2、CaO、MgO、Al_2O_3、$\text{V}_2\text{O}_5''$、TiO_2''、P。

含碳球团带出高温区的热量为：

$$Q_{s2} = \frac{P_0}{100}T_{s2}\sum_i ic_{pi}$$

(6-44)

式中，i 分别为 MFe''、FeO''、SiO_2''、CaO''、MgO''、$\text{Al}_2\text{O}_3''$、$\text{Na}_2\text{O}''$、$\text{K}_2\text{O}''$、C''、S''、P''。

b　直接还原吸热

根据 6.2.1 节中的分析，直接还原吸热量可按下式计算：

$$Q_\text{d} = \frac{R_\text{d}}{100}P_0\left[1.5\frac{w(\text{TFe})}{56} - 0.5\frac{w(\text{FeO})}{72}\right]q_\text{d}$$

(6-45)

c　高温区热平衡

根据以上分析，还原煤气带入竖炉高温区的热量为 Q_g（式（6-33）），球团带入高温区热量为 Q_{s1}（式（6-37）），球团带出高温区的热量为 Q_{s2}（式（6-44）），在高温区直接还原消耗的热量为 Q_d（式（6-45）），假设高温区的热损失率为 η_lost，则高温区的热平衡为：

$$(1 - \eta_\text{lost})Q_\text{g} = Q_{s2} - Q_{s1} + Q_\text{d}$$

(6-46)

当指定直接还原度 R_d 时，为满足热量要求，入反应器的煤气量应为 V_g^H（将式（6-33）代入式（6-46））：

$$V_\text{g}^\text{H} = \frac{1}{c_{pg0}[T_\text{g}^0(1 - \eta_\text{lost}) - 1123]}\{Q_\text{d} + Q_{s2} - Q_{s1} + 1123[(V_\text{CO} - V_{\text{CO}_2})c_{p\text{CO}} +$$

$$(V_{\text{H}_2} - V_{\text{H}_2\text{O}})c_{p\text{H}_2}] + V_{\text{CO}_2}c_{p\text{CO}_2} + V_{\text{H}_2\text{O}}c_{p\text{H}_2\text{O}}\}$$

(6-47)

式中，Q_d、Q_{s1}、Q_{s2}、V_{CO}、V_{H_2}、c_{pg0} 分别由式（6-45）、式（6-37）、式（6-44）、式（6-27）、式（6-28）及式（6-33）求得。

6.4.2.3 含碳球团预还原煤气消耗量

当煤气还原性好，要求直接还原度低时，入反应器煤气量必须满足还原需要；而当煤气还原性弱，要求直接还原度高时，入反应器煤气则必须满足供热要求。因此，在给定的条件下，入反应器煤气量 V_g^0（m^3）应为：

$$V_g^0 = \max(V_g^R, V_g^H) \tag{6-48}$$

6.4.2.4 高温煤气成分

A 高温区煤气中的 CO 量（mol）

高温区煤气中的 CO 包括直接还原产生的和入反应器煤气带入的 CO 减去在高温区 FeO 间接还原消耗的 CO，即：

$$n_{CO} = \frac{1}{22.4}V_{CO} - \frac{1}{56}\left\{X_{Fe}^{CO} + \left[\frac{\varphi(CO^g)}{\varphi(H_2^g + CO^g)}\right]X_{Fe}^g\right\} + \frac{1}{100 \times 22.4}V_g^0\varphi(CO^g) \tag{6-49}$$

式中，V_{CO}、X_{Fe}^{CO}、X_{Fe}^g、V_g^0 分别由式（6-27）、式（6-30）、式（6-32）、式（6-48）确定。

B 高温区煤气中的 CO_2 量（mol）

高温区煤气中的 CO_2 包括入反应器煤气带入的 CO_2 和 FeO 的间接还原产生的 CO_2 减去碳的气化反应消耗的 CO_2，即：

$$n_{CO_2} = \frac{1}{56}\left\{X_{Fe}^{CO} + \left[\frac{\varphi(CO^g)}{\varphi(H_2^g + CO^g)}\right]X_{Fe}^g\right\} + \frac{1}{100 \times 22.4}V_g^0\varphi(CO_2^g) -$$
$$(n_C - n_{Fe})\left[\frac{\varphi(CO_2^g)}{\varphi(H_2O^g + CO_2^g)}\right] \tag{6-50}$$

式中，n_C 和 n_{Fe} 由式（6-27）确定，其他同式（6-49）。

C 高温区煤气中的 H_2 量（mol）

高温区煤气中的 H_2 包括入反应器煤气带入的和水煤气反应产生的 H_2 减去 FeO 间接还原消耗的 H_2，即：

$$n_{H_2} = \frac{1}{22.4}V_{H_2} - \frac{1}{56}\left\{X_{Fe}^{H_2} + \left[\frac{\varphi(H_2^g)}{\varphi(H_2^g + CO^g)}\right]X_{Fe}^g\right\} + \frac{1}{100 \times 22.4}V_g^0 H_2^g \tag{6-51}$$

式中，V_{H_2} 和 $X_{Fe}^{H_2}$ 分别由式（6-28）及式（6-31）确定，其他同上。

D 高温区煤气中的 H_2O 量（mol）

高温区煤气中的 H_2O 包括入反应器煤气带入的和 FeO 间接还原产生的 H_2O 减去水煤气反应消耗的 H_2O，即：

$$n_{CO_2} = \frac{1}{56}\left\{X_{Fe}^{H_2} + \left[\frac{\varphi(H_2^g)}{\varphi(H_2^g + CO^g)}\right]X_{Fe}^g\right\} + \frac{1}{100 \times 22.4}V_g^0\varphi(H_2O^g) -$$
$$(n_C - n_{Fe})\left[\frac{\varphi(H_2O^g)}{\varphi(H_2O^g + CO_2^g)}\right] \tag{6-52}$$

E 高温区煤气中的其他成分量（mol）

高温区煤气中 N_2 成分表示为：

$$n_{N_2} = \frac{1}{100 \times 22.4} V_g^0 \varphi(N_2^g) \tag{6-53}$$

根据以上获得的各种物质的量，高温区煤气的成分及体积可按以下方程求得：

煤气成分：

$$c_i = \frac{n_i}{\sum\limits_i n_i} \times 100\% \tag{6-54}$$

煤气体积：

$$V_g^1 = 22.4 \sum\limits_i n_i \tag{6-55}$$

6.4.2.5 还原尾气及预还原含碳球团成分

A 尾气中 CO 量（mol）

尾气中的 CO 为高温区煤气带出的 CO 和含碳球团挥发分中的 CO 减去高价铁氧化物还原消耗的 CO。假设 CO 和 H_2 还原高价铁氧化物的能力相同，则：

$$n_{CO}^t = n_{CO} + n_{CO}^C - \frac{n_{CO} + n_{CO}^C}{n_{CO} + n_{H_2} + n_{CO}^C + n_{H_2}^C} \min\{n(O)_{Fe_xO_y}R, [n(O)_{Fe_xO_y} - n_{Fe}]\} \tag{6-56}$$

式中，$n_{CO}^C = \frac{1}{100 \times 28} P_0 w(CO)$，$n_{H_2}^C = \frac{1}{100 \times 2} P_0 w(H_2)$。

B 尾气中 CO_2 量（mol）

尾气中的 CO_2 为高温区煤气带出的 CO_2 和含碳球团挥发分中的 CO_2 加上高价铁氧化物还原产生的 CO_2，即：

$$n_{CO_2}^t = n_{CO_2} + n_{CO_2}^C + \frac{n_{CO} + n_{CO}^C}{n_{CO} + n_{H_2} + n_{CO}^C + n_{H_2}^C} \min\{n(O)_{Fe_xO_y}R, [n(O)_{Fe_xO_y} - n_{Fe}]\} \tag{6-57}$$

式中，$n_{CO_2}^C = \frac{1}{100 \times 44} P_0 w(CO_2)$。

C 尾气中 H_2 量（mol）

尾气中的 H_2 为高温区煤气带出的 H_2 和含碳球团挥发分中的 H_2 减去高价铁氧化物还原消耗的 H_2，即：

$$n_{H_2}^t = n_{H_2} + n_{H_2}^C - \frac{n_{H_2} + n_{H_2}^C}{n_{CO} + n_{H_2} + n_{CO}^C + n_{H_2}^C} \min\{n(O)_{Fe_xO_y}R, [n(O)_{Fe_xO_y} - n_{Fe}]\} \tag{6-58}$$

D 尾气中 H_2O 量（mol）

尾气中的 H_2O 为高温区煤气带出的 H_2O 和含碳球团中的 H_2O 加上高价铁氧化物还原产生的 H_2O，即：

$$n_{H_2O}^t = n_{H_2O} + n_{H_2O}^C + \frac{n_{H_2} + n_{H_2}^C}{n_{CO} + n_{H_2} + n_{CO}^C + n_{H_2}^C} \min\{n(O)_{Fe_xO_y}R, [n(O)_{Fe_xO_y} - n_{Fe}]\} \tag{6-59}$$

式中，$n_{H_2O}^C = \dfrac{1}{100 \times 18} P_0 w(H_2O)(s)$。

E 尾气中其他物质的量（mol）

尾气中其他物质的量分别为：

$$n_{N_2}^t = n_{N_2} + \frac{1}{100 \times 28} P_0 w(N_2) \tag{6-60}$$

$$n_{CH_4} = \frac{1}{100 \times 16} P_0 w(CH_4) \tag{6-61}$$

$$n_S = \frac{1}{100 \times 32} P_0 \alpha w(S) \tag{6-62}$$

硫在煤气中一般以 H_2S 形式存在，α 为脱硫率。

此时煤气成分和体积可按式（6-53）及式（6-54）用相同的方法计算。

6.4.2.6 还原尾气温度

以上由高温区对煤气还原能力及供热能力的要求，确定了再给定条件下的入反应器的煤气量。在此考察从竖炉反应器到高温区之间的平衡[31,54,55]。

A 含碳球团的吸热量

含碳球团在竖炉内所吸收的热量包括其自身升温吸热和其中所含煤粉（如果用煤粉作添加剂的话）中的挥发分分解吸热。

含碳球团带入的热量为：

$$Q_{s0} = \frac{P_0}{100} \sum_i i c_{pi} T_{s0} \tag{6-63}$$

式中，i 分别为 Fe_2O_3（$w(Fe_2O_3) = 160(w(TFe)/56 - 3w(FeO)/72)$）、$Fe_3O_4$（$w(Fe_3O_4) = 232w(FeO)/72$）、$SiO_2$、$CaO$、$MgO$、$Al_2O_3$、$Na_2O$、$K_2O$、$C$、$CO$、$CO_2$、$H_2$、$CH_4$、$N_2$、$S$、$P$、$H_2O(s)$ 等，因为含碳冷固结球团未经高温矿化作用，所以可以视为各种物质的混合物。

含碳球团中煤粉挥发分分解吸热为：

$$Q_{c1} = \frac{1}{100} P_0 X_{c1} q_{c1} \tag{6-64}$$

式中 X_{c1}——含碳球团中煤粉配比，%；

$\quad\quad$ q_{c1}——煤粉分解热，J/kg。

球团带出热量即为 Q_{s1}，由式（6-37）确定。

当然，严格地讲，此时还存在各种铁氧化物的还原热效应，但含碳球团在进入高温区之前多只发生高价铁氧化物和部分 FeO 的间接还原，其中还原反应 $3Fe_2O_3 + CO = 2Fe_3O_4 + CO_2$ 和 $FeO + CO = Fe + CO_2$ 为弱放热反应，而其他还原反应均为弱吸热反应，再加上各种形式的铁氧化物理论上均不是纯物质，因此球团在进入高温区之前的各种还原热效应可忽略不计。

B 高温区煤气带入热量

在高温区，煤气带入竖炉中下部的热量为：

$$Q_g^1 = \frac{1123}{100}V_g^0 C_{pg0} + 1123\left[(V_{CO} - V_{CO_2})c_{pCO} + (V_{H_2} - V_{H_2O})c_{pH_2} + V_{CO_2}c_{pCO_2} + V_{H_2O}c_{pH_2O}\right]$$

$$(6\text{-}65)$$

C 竖炉上部热平衡

假设竖炉中上部的热损失率为 η_{lost}^u，则：

$$Q_g^1(1 - \eta_{lost}^u) - V_g^t c_{pg2}T_{gt} = Q_{s1} - Q_{s0} + Q_{c1} \qquad (6\text{-}66)$$

或

$$T_{gt} = \frac{Q_{g1} - (Q_{s1} - Q_{s0}) - Q_{c1}}{V_{gt}c_{p2}} \qquad (6\text{-}67)$$

式中，c_{p2} 为还原尾气定压热容（$J/(cm^3 \cdot K)$），可根据尾气成分求得：

$$c_{p2} = \frac{1}{100}\sum_i ic_{pi}$$

式中，i 分别为尾气成分 CO、CO_2、H_2、H_2O、N_2、CH_4、S。

参 考 文 献

[1] 马兴亚，汪琦，姜茂发. 含碳球团还原技术研究现状[J]. 烧结球团，1999，3：26~29.

[2] 廖建国. 直接还原铁生产新技术综述[N]. 世界金属导报，2001-10-23：6.

[3] 孔令坛，郭明威. 转底炉炼铁新工艺[C]//中国金属学会. 2005 中国钢铁年会论文集（第2卷）. 中国金属学会，2005：3.

[4] 代书华，刘百臣，储满生，等. 含碳球团新技术的应用[C]//中国金属学会非高炉炼铁学术委员会. 2006 年中国非高炉炼铁会议论文集. 中国金属学会非高炉炼铁学术委员会，2006：4.

[5] 赵庆杰，储满生，王治卿，等. 我国非高炉炼铁发展新热潮浅析[C]//中国金属学会非高炉炼铁学术委员会，吉林省合龙市人民政府. 中国金属学会 2008 年非高炉炼铁年会文集. 中国金属学会非高炉炼铁学术委员会，吉林省合龙市人民政府，2008：6.

[6] 方觉，张志霞. 非高炉炼铁工艺值得关注[N]. 中国冶金报，2008-08-21：B02.

[7] 汪琦. 含碳球团还原反应及其技术[J]. 鞍钢技术，2009，4：1~10.

[8] 徐萌，赵志星，赵民革，等. 以含碳球团为原料的炼铁工艺[N]. 世界金属导报，2009-10-20：6.

[9] 吴斌，刘合萍. 以含锌尘泥为原料的含碳球团强度及金属化率的影响因素[J]. 云南冶金，2007，4：23~81.

[10] 伍成波，刁岳川，杨辉，等. 含碳球团还原法处理含锌电炉粉尘的试验分析[J]. 重庆大学学报（自然科学版），2007，9：51~55.

[11] 郭玉华，齐渊洪，周继程，等. 高炉瓦斯灰制含碳球团直接还原试验研究[J]. 钢铁，2010，6：94~97.

[12] 丁银贵，王静松，曾晖，等. 转炉尘泥含碳球团还原动力学研究[J]. 过程工程学报，2010，S1：73~77.

[13] 高岗，李家新，龙红明，等. 提高尘泥含碳球团烘干后强度的实验研究[J]. 安徽工业大学学报（自然科学版），2011，4：319~324.

[14] 曹明明，张建良，邢相栋，等. 硫酸渣含碳球团高温焙烧试验研究[J]. 烧结球团，2013，1：42~45，49.

[15] 郭玉华，徐洪军，周继程，等. 新西兰海沙矿含碳球团成型、还原实验研究[J]. 矿冶工程，2010，6：78~84.

[16] 沈维华. 以含铁海砂为原料的含碳球团直接还原研究[D]. 重庆：重庆大学，2010.

[17] 刘松利，白晨光，胡途，等. 钒钛铁精矿内配碳球团高温快速直接还原历程[J]. 重庆大学学报，2011，1：60~65.

[18] 林重春，张建良，黄冬华，等. 红土镍矿含碳球团深还原-磁选富集镍铁工艺[J]. 北京科技大学学报，2011，3：270~275.

[19] 田宝喜. 红土镍矿制含碳球团实验研究[J]. 黑河学院学报，2011，6：125~128.

[20] 唐小芳，赵文广，彭军，等. 白云鄂博铁精矿含碳球团直接还原实验研究[J]. 内蒙古科技大学学报，2013，2：103~106.

[21] 张建良，王春龙，刘征建，等. 钒钛磁铁矿含碳球团还原的影响因素[J]. 北京科技大学学报，2012，5：512~518.

[22] 张建良，邢相栋，王春龙，等. 钒钛磁铁矿金属化球团固结机理研究[J]. 烧结球团，2012，3：26~30.

[23] 曹明明，张建良，邢相栋，等. 钒钛磁铁矿含碳球团的还原机制[J]. 钢铁，2012，8：5~12.

[24] 曹明明，张建良，邢相栋，等. 钒钛磁铁矿含碳球团直接还原研究[J]. 钢铁钒钛，2012，4：28~33.

[25] 曹明明，张建良，薛逊，等. 钒钛磁铁矿冷压含碳球团的粘结剂选择[J]. 矿冶工程，2012，5：67~71.

[26] 蒋武锋，李运刚，赵利国，等. 粘结剂对含碳球团还原的影响[J]. 钢铁研究学报，2000，4：1~4.

[27] 陈津，刘浏，曾加庆. 竖炉型含碳球团有机粘结剂的选择与应用[J]. 烧结球团，2000，6：29~31.

[28] 曹龙，段东平，韩宏亮. 高炉瓦斯灰含碳球团粘结剂的研究[C]//河北省冶金学会. 2012年河北省炼铁技术暨学术年会论文集. 河北省冶金学会，2012：6.

[29] 贾继华，韩宏亮，段东平，等. 黏结剂对高炉灰含碳球团强度的影响[J]. 钢铁钒钛，2013，6：29~32.

[30] 杨学民，郭占成，杨天钧，等. 含碳球团还原机理研究[J]. 化工冶金，1995，4：118~128.

[31] 黄典冰，杨学民，杨天钧，等. 含碳球团还原过程动力学及模型[J]. 金属学报，1996，6：629~636.

[32] Linder R, Thunlin D. Grangecold pelletizing von eisenerzkonnetraten [J]. Aulfberltungstechn, 1973, 799~802.

[33] Fruehan R J. The rate of reduction of iron oxides by carbon[J]. Metallurgical Transactions B, 1977, 8(1)：279~280.

[34] Turkdogan E T, Olsson R G, Vinters J V. Pore characteristics of carbons[J]. Carbon, 1970, 8(4)：545~564.

[35] Bamford C H, Tipper C F H. Comprehesive chemical kinetics[M]. New York：Elsevier, 1980.

[36] Sharp J H, et al. J. Am. Ceram. Soc., 1966, 49：379.

[37] Rao Y K. The kinetics of reduction of hematite by carbon[J]. Metallurgical Transactions B, 1971, 2(5)：1439~1447.

[38] Abraham M C, Ghosh A. Ironmaking and Steelmaking, 1979, 1：14~23.

[39] Srinivasan N S, Lahiri A K. Studies on the reduction of hematite by carbon[J]. Metallurgical Transactions B, 1977, 8(1)：175~178.

［40］ Huang Dianbing, et al. Acta Metallurgical Sinica, 1994, 7(1)：57.

［41］ 黄典冰，孔令坛. 内配碳磁铁矿球团反应动力学及其模型［J］. 钢铁，1995(11)：1～6.

［42］ Huang Dianbing, Kong Lingtan. A kinetic model for the process of Fe_xO_y-C-O_2 coexistent System［C］//10th PTD Conference Proceedings, Canada, 1992：409.

［43］ Yang Tianjun, et al. Iron Ore Briqutting Containing Carbon (to be published).

［44］ Linder R. Grangecold pelletizing-state of the art AIME［C］//Duluth Mining Symposium, January, 1971, 2.

［45］ Svensson K I V. Swedish patent No. 226608, Class18a, 1/24 Granges Ore News, Marketing Dept. , June, 1975.

［46］ Granges Ore News. Published by Granges Mines, Marketing Dept. , Grangesberg, Swenden, 1975.

［47］ Nippon Steel News. Cold Bonded Pellet Achieved High Performence Trans, Feb. , 1979.

［48］ Goksel M A. Cold bond pelletizing for steel production process［J］. Met. Mater. , 1979：19～26.

［49］ 黄典冰. 庆祝林宗彩教授八十寿辰论文集［C］. 北京：冶金工业出版社，1996.

［50］ Ghosh P C, Tiwari S N. J. Iron and Steel Inst. , London, 1970, 208：254～297.

［51］ Rao Y K. J. Met. , 1983, 35(7)：46～50.

［52］ Goksel M A. Application of the MTU cold bond agglomeration process for production of metallized pellets ［J］. Skiling Minning Revew, 1979：4～8.

［53］ 王筱留. 钢铁冶金学 (炼铁部分) ［M］. 北京：冶金工业出版社，1991.

［54］ Carlos E S, Antonio A R, Manuel G, et al. The rate of dissolution of pre-reduced iron in molten steel［J］. Transactions of ISIJ, 1983, 23(1)：14～20.

［55］ 李心广. 冷结氧化球团工艺的发展概况［J］. 上海金属，1992, 1：6～10.

7 典型熔融还原流程

7.1 Corex 工艺

7.1.1 概述

Corex 法原称 KR 法（KR 是 Kehl-Rhine 地区的缩写），由德国 Korf 公司与奥钢联（VAI，Voest-Alpine）于 20 世纪 70 年代末合作开发，后来由于 Korf 公司经济困难，转让后为奥钢联独有，改称 Corex 法，其目的是以煤为燃料，由铁矿石直接生产液态生铁。

在一个改造的钢包中进行预还原铁矿石的熔化和煤的气化的可行性试验研究之后，1979 年提出了这一流程的技术思想。1981 年 6 月在德国的克尔/莱因（Kehl-Rhine）地区建成了 Corex 早期试验厂，并投入运行，其规模为年产 60000t 铁水。经过 8 年的试验研究，共运行 8000h，试验了各种不同的天然块矿、球团矿和烧结矿，共计 14 种含铁原料，同时试验了从高挥发分煤到无烟煤共 18 种类型的煤种。其间，1984 年受美国能源部和美国钢铁协会委托，用明尼苏达的铁矿进行了 14 天试验，创造了吨铁煤耗 1060kg 的记录，该试验厂于 1989 年关闭并拆除。

1985 年 4 月，南非伊斯科尔公司（ISCOR）与奥钢联签约，在比勒陀利亚（Pretoria）钢铁厂建立年产 30 万吨的 Corex 装置。1986 年初在比勒陀利亚原 1 号高炉处开始建造，于 1987 年 11 月竣工。同年 12 月 13 日开炉，但因 2 号风口上部炉壳烧穿，被迫于同月 19 日停炉。其原因是终还原炉内焦铁混合床层中的焦炭预热不足，导致风口区形成的炉渣结块，挡住了氧气的气流，氧气大量进入炉衬，引起炉壳与耐火砖之间的碳质填料燃烧，导致炉壳烧穿。修复后，于 1988 年 8 月重新开炉，又因为还原煤气未经良好除尘，降低了预还原炉的还原效果，导致进入终还原炉的海绵铁的金属化率太低，因而生产率不高，只能维持在 25t/h 的水平（设计能力为 40t/h）。因此，于 1989 年 2 月再次被迫停炉，进行还原煤气除尘系统的改造。改造后，1989 年 11 月再次开炉。四星期后，操作日渐顺利，生产率逐步达到设计能力，作业率达 90%，1989 年 12 月移交伊斯科尔公司。

在此后的近一年中，该套 Corex 设备生产基本正常。但因还原炉的海绵铁出口处的耐火材料损坏，出口孔径扩大，螺旋给料器不能正常排料，导致海绵铁进入终还原炉的速度失控；同时终还原炉下部冷却设备漏水，造成局部耐火材料崩塌。因此，1991 年底又不得不停炉检修。经检修后，1992 年 3 月 Corex 炉重新开炉，生产恢复正常，铁水质量基本合格。1992 年 7 月 1 日至 1993 年 6 月 30 日年产量为 34 万吨，超过设计能力 13%。

此后，奥钢联又分别在韩国浦项（POSCO）、印度金达尔（JINDAL）、南非萨尔达哈（SALDANHA）等公司先后建成了 4 座 C-2000 型 Corex 设备，年生产能力 70 ~ 90 万吨[1~3]。Corex 流程 C-2000 生产的铁水年均指标见表 7-1，能耗见表 7-2。

表 7-1　2004~2005 年南非 SALDANHA 公司 Corex-2000 铁水的年均指标

渣比/kg·t^{-1}	铁水温度/℃	$w[C]$/%	$w[Si]$/%	$w[S]$/%	$w[P]$/%
394	1554	4.66	0.60	0.065	0.16

表 7-2　2004~2005 年南非 SALDANHA 公司 Corex-2000 年均工序能耗

单耗（铁水）		折算系数	吨铁水消耗标煤/kg
块矿/t·t^{-1}	1.16	0	0
球团/t·t^{-1}	0.315	60	18.9
白云石/kg·t^{-1}	233	0	0
石灰石/kg·t^{-1}	159	0	0
煤比/kg·t^{-1}	944	0.86	811.84
焦比/kg·t^{-1}	148	0.98	145.04
氧气单耗/m^3·t^{-1}	601	0.13	78.13
氮气单耗/m^3·t^{-1}	75	0.04	3.00
LPG 单耗/kg·t^{-1}	0.5	1.58	0.79
新水耗/m^3·t^{-1}	14	0.24	0.336
电力/kW·h·t^{-1}	97	0.32	31.04
Corex 输出煤气/m^3·t^{-1}	1796	-0.30	-538.8
合　计			550.276

当前在世界上共有 12 套 Corex 工艺装置，其中南非 2 座；韩国 4 座；印度 4 座；中国 2 座。目前，最新的 Corex 设备是在中国宝钢建成的 Corex 流程 C-3000 装置，其设计年生产能力 150 万吨，已于 2007 年 11 月正式投产。表 7-3 列出了其主要设计技术经济指标[4]。目前韩国的部分 Corex 工艺已经改造成为 Finex 工艺，中国的 2 座 Corex 已经分别于 2011 年和 2012 年停产进行搬迁工作。

表 7-3　宝钢 Corex-3000 主要设计技术经济指标

项　目	指　标	项　目	指　标
铁水产量/t·a^{-1}	$150×10^4$	石灰石/kg·t^{-1}	163
铁水产量/t·h^{-1}	180	白云石/kg·t^{-1}	144
作业率/h·a^{-1}	8400	石英/kg·t^{-1}	37
铁水温度/℃	1480	氧气(标态)/m^3·h^{-1}	528
渣量/kg·t^{-1}	350	电力/kW·h·t^{-1}	90
煤气输出(标态)/m^3·h^{-1}	$29×10^4$	新水/m^3·t^{-1}	1.33
煤气热值(标态)/kJ·m^{-3}	8200	天然气/m^3·t^{-1}	1.5
煤耗/kg·t^{-1}	931	回收能源/MJ·t^{-1}	13393
小块焦炭量/kg·t^{-1}	49	工序能源/MJ·t^{-1}	12808
块矿、球团/kg·t^{-1}	1464	劳动定员/人	360

7.1.2　工艺流程

Corex 装置由上部还原竖炉、煤气除尘调温系统和下部熔融气化炉组成，其工艺流程见图 7-1。

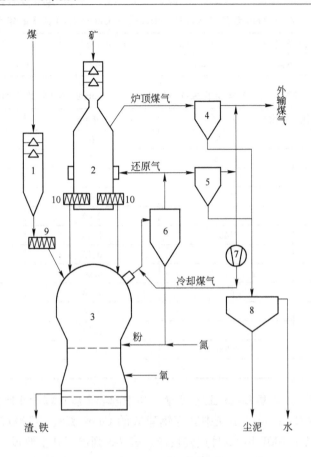

图 7-1   Corex 工艺流程图

1—加煤料斗；2—还原竖炉；3—熔炼造气炉；4—炉顶煤气洗涤器；5—冷却煤气洗涤器；
6—热旋风除尘器；7—煤气加压泵；8—沉淀池；9—熔炼煤螺旋；10—海绵铁螺旋

上部的还原竖炉类似 Midrex 竖炉，采用顶装块矿（天然矿、球团矿或烧结矿），在下降过程中完成预热和还原过程，最后还原成金属化率 90% ~93% 的海绵铁，然后通过螺旋给料机送入下部熔融气化炉[5]。

还原煤气除尘调温系统主要包含热旋风除尘器、下部煤气水冷洗涤器和竖炉炉顶煤气洗涤器三部分。

熔融气化炉出来的煤气成分大致为 CO 占 70%，H_2 占 25%，$CO_2 + CH_4$ 占 5%。煤气温度约为 1000 ~1150℃，在此温度下所有的 C_mH_n 化合物可以全部裂解为单分子化合物，能够防止焦油堵塞煤气系统管道[6,7]。从熔融气化炉出来的高温热煤气和一定比例冷煤气混合降温后，进入热旋风除尘器，粗颗粒粉尘沉降，由粉尘喷嘴回送到熔融气化炉；除尘后的煤气约 90% 进入还原竖炉，剩余煤气进入煤气水冷洗涤器；冷煤气一部分用于调整热煤气温度，一部分用于外供。与此同时，由于煤气可以带走一部分钾钠化合物，故具有排碱作用[8]。

还原竖炉炉顶煤气成分大致为 CO 占 45%，H_2 占 18%，$CO + CH_4$ 占 37%，含尘量较小。排出的煤气温度约 215℃，经洗涤后输出送至用户，煤气发热值为 7.5MJ/m^3[9]。

Corex 下部熔融气化炉承担铁水产生和造气两个功能。煤和海绵铁从顶部加入，氧气由下部吹入，最终燃烧生成 CO，并释放热量，使尚未还原的氧化铁被还原，并进行渗碳和渣铁分离；与此同时，铁浴熔池中不断上升的气流与煤相遇，煤快速热分解而释放出挥发分，并最终气化，形成还原煤气，而后由熔融气化炉送到上部还原竖炉[10]。

7.1.3 原燃料要求

以下是印度 JINDAL 钢铁公司 Corex 流程对原燃料的要求。

7.1.3.1 含铁原料

铁矿石和球团矿的物理性能同样是提高生产率的决定因素。允许粒度在 8~20mm。为了减少渣量，铁矿石的全铁含量大于 60%，SiO_2 与 Al_2O_3 含量之和小于 6%，见表 7-4[11]。

表 7-4 Corex 工艺中铁矿石及球团矿成分与物理性能

项　目	参　数	分析值	项　目	参　数	分析值
化学成分/%	TFe	>60	静态还原试验（荷重下）	还原速度/%·min⁻¹	>0.4
	$SiO_2 + Al_2O_3$	<6		金属化率/%	>90
	P	<0.1	粉碎指数（-0.3mm）	块矿/%	<30
	S	<0.03		球团矿/%	<10
转鼓试验	转鼓指数(+0.3mm)/%	>95	磨损指数（-0.5mm）	块矿/%	<5
	磨损指数(-0.5mm)/%	>5		球团矿/%	<3

7.1.3.2 对煤性能的要求

Corex 工艺中，煤的挥发分和半焦提供热量与煤气，并靠半焦及焦炭保证下层固定床的透气性。同时，煤也应该保持一定的粒度，粒度太小，会造成煤气从终还原炉带出的粉尘太多，使除尘条件恶化。适宜的粒度为 10~50mm 的块煤[12]。

煤在熔融气化炉中受热后，挥发分分解为 CO 和 H_2。从挥发分分解吸热和最终煤气成分来看，Corex 用煤的成分应该有一个最佳的范围，既能产生足够的煤气量，又不会对热制度产生太大的影响。

除了煤的工业分析和元素分析外，半焦的高温性能也是对煤的基本要求。这些性能包括反应后半焦强度（CSR）和半焦反应性指数（CRI），用以评价其对 Corex 工艺的适应性。从预还原竖炉加入的预还原矿和熔剂熔化时，床层中的半焦脱除挥发分后，应该仍然保持稳定状态。在炉料下降过程中，氧气在风口前回旋区产生的 CO_2 将半焦气化，发生焦炭的熔损反应生成 CO。在半焦床中，如果熔损反应进行太快，则碳的消耗量增加，最终导致气流分布不均匀和半焦床热量不平衡。所以，应该考察煤反应后的半焦强度（CSR）和半焦反应性指数（CRI）。

为了调节半焦床的透气性，除 CSR 和 CRI 指标外，半焦的平均粒度（MPS）和热爆裂性也是必要的。随着煤平均粒度的减小，半焦床的透气性会降低，甚至可能形成管道。这样，煤气的显热不能充分传到半焦床，导致铁水温度降低，产量减少。非焦煤的平均粒度优选在 20~25mm。当 MPS 和 CPS 降低时，常常会观察到更多压力峰值。表 7-5 给出了印度金达尔（JINDAL）钢铁公司 Corex 装置所用煤的典型标准[13]。

表7-5 Corex 用煤的典型标准

项　目	指　标	参考值	项　目	指　标	参考值
煤的工业分析	含水量/%	<4	反应后指标	热值/$kJ \cdot kg^{-1}$	>29000
	FC/%	>59		CSR（+10mm）/%	>45
	VM/%	25～27		CRI/%	<5
	灰分/%	<11		热爆裂指数(+10mm)/%	>80
	S/%	<0.6		热爆裂指数(-2mm)/%	<3
				裂解热/$kJ \cdot kg^{-1}$	越小越好
				MPS/mm	20～25

7.1.3.3　对熔剂质量的要求

为了造渣和脱硫，需要加入一定比例的熔剂，一般以白云石和石灰石为主。理论上，熔剂应由预还原炉顶部加入，考虑到迅速调节炉渣碱度的需要，熔剂也可由加煤系统直接加到熔融气化炉中。设计上，直接加入熔融气化炉的能力最大按总熔剂量的30%考虑，至于预还原炉则应按100%的能力设计。加入熔融气化炉的熔剂粒度应比加入预还原炉的粒度小，分别为：熔融气化炉为4～10mm，预还原炉为6～16mm。熔剂化学成分见表7-6[14]。

表7-6 Corex 用熔剂化学成分　　　　　　　　　　　　　（%）

名　称	化　学　成　分					
	CaO	MgO	$Al_2O_3 + SiO_2$	P_2O_5	SO_2	SiO_2
石灰石	≥50		≤3.0	≤0.04	≤0.025	≤3.0
白云石		≥19			≤6.0	≤10

7.1.4　Corex 流程的工艺特点

Corex 流程的工艺特点[15~17]主要有：

（1）可以不用焦煤。焦煤在世界范围内是一种紧缺的资源，而且供应越来越紧张，钢铁行业的发展更加剧了这一趋势。因此，从长远来看，钢铁工业如果要做到可持续发展就必须摆脱对冶金焦的依赖。Corex 工艺可以少用甚至不用焦煤，以煤代替焦炭，符合这一趋势。

（2）环境污染减少。Corex 工艺使用煤而不使用焦炭，减少了炼焦过程产生的废气、废水对环境造成的污染。据统计，Corex 工艺排放的 SO_2、粉尘以及 CO_2 量均小于传统炼铁工艺。

（3）Corex 流程易于调节。由还原竖炉排入熔融气化炉的金属化球团可以随时采样分析，有利于及时调整炉况和铁水成分。熔剂主要从还原竖炉加入，也可以少量直接加入熔融气化炉，这样可以在3～4h内精确调整炉渣碱度。

（4）对碱金属不敏感。众所周知，高炉内碱金属富集十分严重。Corex 工艺即使使用碱金属含量高的矿石，熔融气化炉内也没有发现碱金属大量富集的现象。这是由于 Corex 工艺采用底吹氧工艺，大大减少了碱金属的还原，使碱金属以碳酸盐的形式随煤气输出到炉外，再经洗涤处理后得以脱除。

7.1.5　宝钢罗泾 Corex C-3000 装置

国际钢铁界瞩目的宝钢罗泾 Corex C-3000 是我国熔融还原工艺的首次尝试。它是随着原"上钢三厂"因世博会用地的搬迁应运而生。罗泾分两期建成了 2 座熔融还原炉。1 号 Corex 炉于 2007 年 11 月 8 日投产出铁，2 号 Corex 炉于 2011 年 3 月 28 日投产出铁[18]。

宝钢的 Corex C-3000 装置也是由还原竖炉和熔融气化炉组成，利用煤和氧气在熔融气化炉下部风口回旋区燃烧的热量，粒煤落入熔融气化炉上部半焦床层上完成焦化、气化过程，产生热还原气体，煤气离开熔融气化炉后与冷煤气混合调节到 800 ~ 850℃，再经热旋风除尘器粗除尘后进入上部的还原竖炉。从料仓出来的球团矿、焦炭和熔剂按照一定比例混合后，由皮带输送、万向布料器布料进入还原竖炉，炉料在不断下降过程中被来自熔融气化炉的还原气体还原成海绵铁，热态海绵铁通过螺旋排料机连续加入熔融气化炉中，落到由煤脱除挥发分后形成的半焦床层上，进一步还原熔化、渗碳并进入炉缸形成炉渣和铁水，出铁后，通过撇渣器，铁水进入鱼雷罐中。

Corex C-3000 装置使用的矿种包括南非 Sishen 块矿、CVRD 球团矿、Samarco 球团矿、DRI 烧结筛下粉和球团筛下粉。其配比见表 7-7。该工艺使用的燃料主要是符合奥钢联（VAI）质量要求的块煤，以及部分山西焦和小块焦。由于熔融气化炉中炉温控制和煤气量的需要，挥发分较高的块煤成为用量较大的煤种。表 7-8 是燃料消耗的总量和配比。

表 7-7　原料配比

类　别	CVRD 球团	Samarco 球团	Sishen 块矿	烧结粉矿	CVRD 球团粉	DRI	合　计
总量/kg	730066	78019	50969	43725	6836.2	7049.5	916664.7
单耗/kg	1182.85	126.41	82.58	70.84	11.08	11.42	1485.18
配比/%	79.64	8.51	5.56	4.77	0.75	0.77	100.00

注：表中的单耗数据是以全部铁量（合格 + 不合格铁）计算。

表 7-8　原燃料消耗的总量和配比

类　别	块煤	Samarco 球团	Sishen 块矿	烧结粉矿	CVRD 球团粉	DRI	合　计
耗量/kg	152989.0	32020.8	33975.1	123004.0	11127.7	516.7	641883.3
单耗/kg	247.87	518.90	55.05	199.29	18.03	0.84	1039.98
配比/%	23.83	49.90	5.29	19.16	1.73	0.08	100.00

可是 Corex C-3000 生不逢时，投产以后正遇到钢铁业供大于求，特别是中厚板产品全面走向亏损的时期，最终只能全面停产。因此两座 Corex 炉分别于 2011 年 10 月 18 日和 2012 年 9 月 10 日停炉。

由图 7-2 可见，1 号 Corex C-3000 装置的月产量大致在 7 ~ 10 万吨之间，波动很大，2 号 Corex C-3000 装置波动有所减小，但也在 8 ~ 10 万吨之间，这种产量的波动，给企业的物流和生产稳定造成了不利影响。生产期间没有一个月超过 11 万吨，而月产达产的标准是 12.5 万吨，其主要原因，一方面是熔炼率低，达不到设计的 180t/h 水平；另一方面是作业率波动大，而影响作业率的主要因素是设备故障引起的非计划休风率高、竖炉黏结引起的炉况不顺和竖炉清空作业。后来由于市场不好，当然也有压产的因素。

由图 7-3 可见，1 号 Corex 装置燃料比高，焦炭比例也高，而且两者的波动都很大，说明炉况不稳定；2 号 Corex 装置燃料比和焦炭比例都大幅降低，而且波动较小，说明 2 号 Corex 装置的炉况稳定性比 1 号 Corex 装置大有进步。影响燃料比和焦比的主要因素是竖炉生产的 DRI 的金属化率，金属化率低下必然会影响熔融气化炉的热量不足，从而被迫提高燃料比和焦

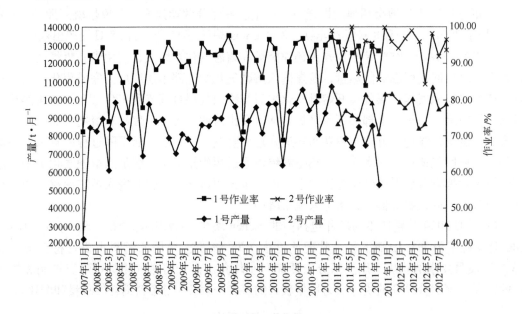

图 7-2 宝钢罗泾 Corex C-3000 装置的产量和作业率

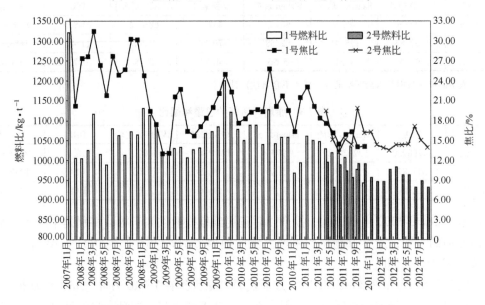

图 7-3 宝钢罗泾 Corex C-3000 装置的燃料比和焦比

炭比例。2 号 Corex 装置的竖炉安装了 AGD (Areal Gas Distribution) 管道，使竖炉的煤气流分布趋于合理，DRI 金属化率明显提高，是 2 号 Corex 装置降低燃料比和焦炭比例的主要原因。

　　1 号 Corex 装置由于设计上存在缺陷，煤气流难以穿透竖炉中心，加上操作理念上缺乏经验，竖炉长期采用中心加粉矿操作，过分发展边缘煤气流，以至于 DRI 金属化率一直偏低，如图 7-4 所示。2 号 Corex 装置设计上做了改进，消除了竖炉加粉矿操作，再加上原料筛分系统的优化，DRI 的金属化率比 1 号炉高出 20% 左右，燃料比相应大幅度下降。图 7-5 示出了金属化率和燃料比的相关关系。

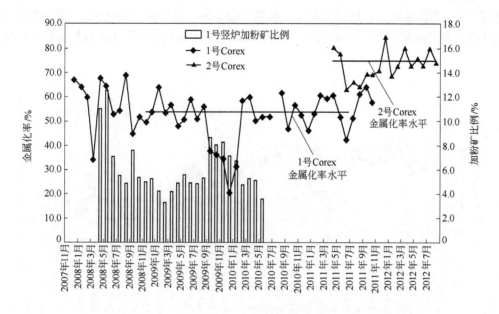

图 7-4 宝钢罗泾 2 座 Corex C-3000 装置金属化率比较图

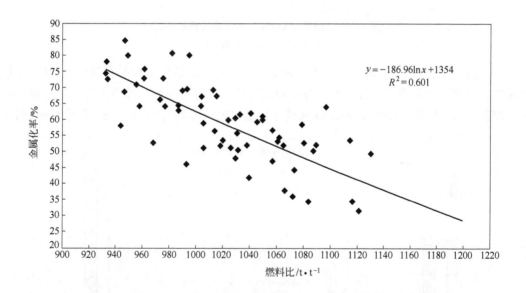

$$y = -186.96\ln x + 1354$$
$$R^2 = 0.601$$

图 7-5 宝钢 Corex C-3000 装置金属化率与燃料比的相关关系图

（根据 2 座 Corex 所有月均数据统计回归）

2 号 Corex 装置的燃料比已经达到和低于设计指标 980kg/t 铁（湿量），焦炭比例在 13%～15% 范围，应当说与南非萨尔达纳的 Corex 装置相仿，但大大低于印度金达尔的水平（大约低 20% 左右）。至于奥钢联的原设计指标焦炭比例 5%，生产实践证明，并不符合 Corex 生产的实际情况。

在注重节能减排的今天，工序能耗是评价一种工艺技术十分重要的参数。Corex 工序能耗的设计值原来是 440.5kg/t，而实际情况却大有区别，见图 7-6，说明能耗设计值可能仅仅考虑了 Corex 本体系统（包括炉子本体、喷煤、煤干燥、煤压块、铸铁机），而未包括球团矿和焦炭的制造能耗。有些专家指出，能耗计算的折算系数与高炉采用的数据也有所差异。

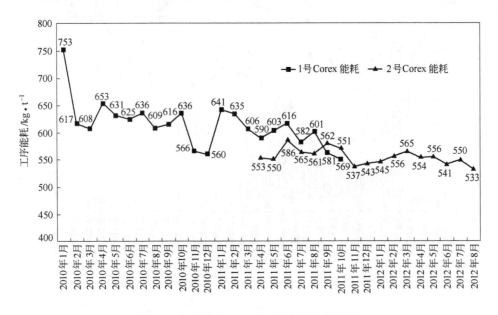

图 7-6   宝钢罗泾 Corex 装置工序能耗趋势图

(数据来源罗泾工厂的能源月报)

Corex 铁水成本较高，缺乏竞争力，是罗泾 Corex 停炉最主要和最直接原因。Corex 铁水成本几乎与主原料成本，即矿价上升呈相同趋势，这与高炉铁水成本走势的规律是一样的。罗泾 Corex 与某厂 2500m³ 高炉铁水成本分项比较见图 7-7。由图可见，2 号 Corex 装置

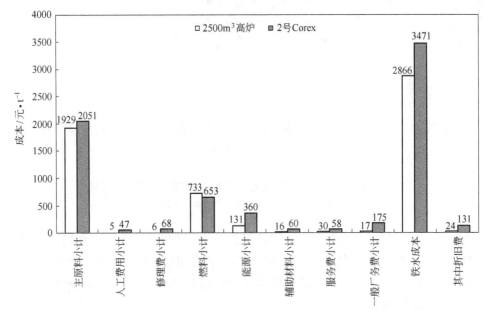

图 7-7   宝钢 Corex 装置与某厂 2500m³ 高炉铁水成本分项比较图

(根据 2011~2012 年各自的成本报表数据进行对比)

铁水成本，比 2500m³ 高炉高出 605 元/t，在钢铁微利时代更显得缺乏竞争力。

   Corex 的设备远比高炉复杂，所以发生故障的概率也相应升高，休风次数多，休风时间长。图 7-8 所示为 1 号 Corex 装置停炉前 12 个月和 2 号 Corex 装置整个生产期间的数据，应当说这一段时期也是 Corex 管理和操作有较大进步的最佳时期，2 号 Corex 装置在吸取了 1 号装置教训的基础上做了不少改进，是卓有成效的。尽管如此，Corex 的休风次数和休风时间也还远远高于高炉。

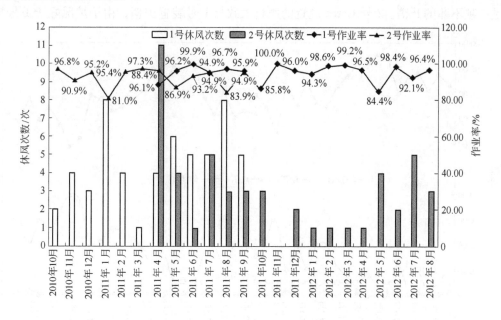

图 7-8   宝钢罗泾 Corex 装置休风次数和作业率推移图

   由图 7-9 可见，引起 1 号 Corex 装置休风的主要因素的影响程度排序如下：第一位是风口损坏，第二位是竖炉黏结，第三位是上料系统故障或堵塞，第四位是螺旋堵塞，第五位是粉尘线故障。

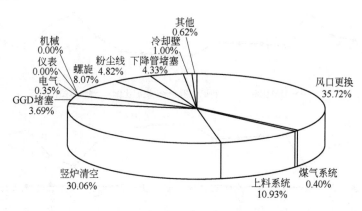

图 7-9   宝钢罗泾 1 号 Corex 装置休风主要原因所占比例图
(以检修的主工事分类，在主工事的时间段内处理的子项目内容不计在内，
可以看出哪些工事是影响 Corex 作业率不高的主要原因)

（1）矿石使用情况。球团矿、块矿、粉矿和 DRI 的使用比例如图 7-10 和图 7-11 所示。1 号 Corex 装置在竖炉停用粉矿之后的 2011 年，块矿年均使用比例达到 29.04%；2 号 Corex 装置在投产第一年，也达到 25.18%。1 号 Corex 装置球团矿以南美产地为主，宝钢自产的龙腾球团质量也属上乘，这些球团矿的铁分大于 65%，抗压强度大于 2500N/个球。块矿以南非的为主，铁粉也大于 65%，是质量很好的块矿。4 年来（2008~2011 年）1 号 Corex 装置还使用了 15191t DRI（未包括开炉用量），平均每年使用量在 3800t 左右，这是一项不菲的开销。2 号 Corex 装置的原料大致与 1 号装置类似，由于炉况好于 1 号炉，

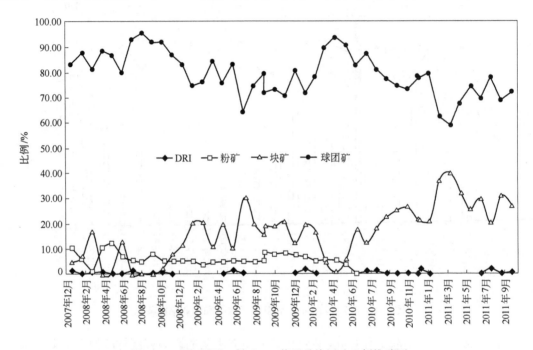

图 7-10   宝钢罗泾 1 号 Corex 装置月均用矿比例推移图

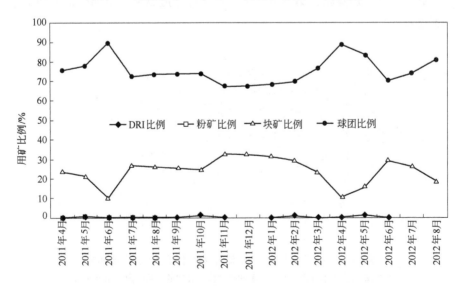

图 7-11   宝钢罗泾 2 号 Corex 装置月均用矿比例推移图

所以块矿用量起步就较高，而且比较稳定。2 号 Corex 装置也使用过少量粉矿，但不是加到竖炉，而是开炉初期因为炉温过高，直接加入到熔融气化炉中。在 17 个月的生产中消耗了 5510t DRI（不包括开炉用量），主要用在两次竖炉清空时。总体而言，宝钢罗泾 Corex 装置使用的优质球团矿达 70% 以上，块矿的使用量有所增加，但一直没有达到设计指标（45%）水平。

（2）块煤和焦炭使用情况。在罗泾 Corex 装置投产之初，为了寻找 Corex 适用的煤种，进行了多次全国性的考察研究，最后确定使用兴隆庄块煤和大同块煤，焦炭则是购买山西大块焦，后来又使用一些质量更好的宝钢焦。燃料消耗及配比见表 7-9 和表 7-10。几年来，工厂也想拓宽 Corex 使用的煤种，但效果不大。后来煤压块项目取得进展，使用压块煤比例达到 10% 左右，但其强度尚存在一些问题，含粉率达 30% 左右，也难以进一步增加用量。在此期间最重要的煤种试验是应用新疆煤，这也是目前 Corex 搬迁新疆的依据之一，但是试验时间很短，比例也不够高，该煤种今后能否担当主打煤种尚待进一步的试验研究。试验的时间和配比见图 7-12。

表 7-9　宝钢罗泾 1 号 Corex 装置燃料消耗年均配比和种类

（炉役时间：2007 年 11 月 8 日至 2011 年 10 月 18 日）

年份	产量	燃料比（湿量）	兴隆庄块煤	大同块煤	压块煤	其他煤种	焦炭	合计	其他煤种类（按用量由大至小排序）	焦炭种类（按用量由大至小排序）
	t/a	kg/t	%	%	%	%	%	%		
2008	1040063.0	1053.90	51.98	21.77	0.00	无	26.25	100.00	无	1. 山西大块焦； 2. 宝钢小块焦； 3. 山西小块焦； 4. 安泰焦； 5. 一钢小块焦
2009	1010603.3	1056.66	62.92	17.40	0.89	0.14	18.65	100.00	少量杂煤	1. 山西大块焦； 2. 宝钢大块焦； 3. 宝钢小块焦； 4. 一钢小块焦
2010	1079578.7	1054.50	55.09	11.31	8.58	5.07	19.95	100.00	1. 平朔块煤； 2. 菏泽块煤	1. 山西大块焦； 2. 宝钢小块焦
2011	830512.4	1023.63	61.08	11.89	9.05	0.70	17.27	100.00	平朔煤	1. 山西大块焦； 2. 宝钢大块焦； 3. 宝钢小块焦

表 7-10　宝钢罗泾 2 号 Corex 装置燃料消耗年均配比和种类

（炉役时间：2011 年 03 月 28 日至 2012 年 09 月 10 日）

年份	产量	燃料比（湿量）	兴隆庄块煤	大同块煤	压块煤	其他煤种	焦炭	合计	其他煤种类（按用量由大至小排序）	焦炭种类（按用量由大至小排序）
	t/a	kg/t	%	%	%	%	%	%		
2011	848854.5	969.50	73.49	10.41	0.16		15.94	100.00	无	1. 山西大块焦； 2. 宝钢大块焦
2012	755412.9	955.20	77.22	4.27	3.63	0.31	14.57	100.00	少量杂煤	1. 宝钢小块焦； 2. 宝钢大块焦； 3. 山西大块焦

注：表中数据统计未包括开炉的 2011 年 3 月份 2 天和停炉的 2012 年 9 月份 10 天。

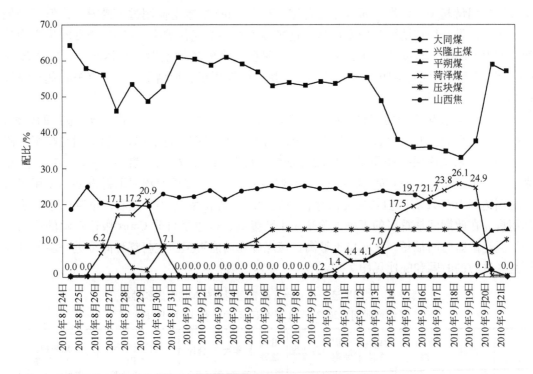

图 7-12　新疆块煤生产性试验的配比推移图

由图 7-12 可见，配比超过 10% 的试验时间，第一次 3 天，第二次 6 天，最高的配比 26.1%，仅仅 1 天时间。一般认为，试验要拿出令人信服的效果，应当把配比提升到主打煤种的配比水平，即大于 50%，而且至少要连续 3 ~ 7 天。

总之，Corex 对煤种还是比较挑剔的，罗泾使用的块煤一直是以质量比较稳定而且也可以配用于炼焦的兴隆庄煤作为主打煤种。

宝钢罗泾 Corex C-3000 装置生产中存在的主要问题[19~21]：

1）入炉原料在原料厂堆积时粒度产生偏析，取料方法尚待改进。常常因为入炉料粉末比例波动较大，造成 Corex C-3000 装置炉况发生波动。

2）含铁粉末经过还原后达到一定的金属化率时，在高温挤压条件下容易黏结，导致竖炉出现黏结现象。

3）竖炉操作中，熔融气化炉的高温煤气经 DRI 螺旋落料管有时反串到上部竖炉，由于高温煤气携带部分煤尘及含铁尘进入竖炉，因而对竖炉行程造成严重的影响。

4）南非 Sishen 块矿使用过程中，竖炉内压差升高，其原因尚待进一步研究。

5）竖炉 DRI 金属化率的波动，将直接影响熔融气化炉的直接还原反应，从而影响耗碳量和炉内热制度，这点值得关注。

7.1.6　宝钢罗泾 Corex C-3000 装置的技术进步

近年来，随着 Corex 工艺在世界各个地区的不断应用，宝钢罗泾 Corex C-3000 装置也有很大改进，主要体现在以下几个方面：

（1）单体产能在不断增大。从 Corex C-1000 的 30 万吨/年，Corex C-2000 的 70 ~ 90 万

吨/年，到宝钢的 Corex C-3000 装置的 150 万吨/年，规模在不断扩大。

（2）Corex C-3000 装置在设计方面有许多创新。吸收大型高炉富氧喷煤及高炉长寿的经验，采用 3 段铜冷却壁加强冷却效果；炉腹角增大到 22°，增大了半焦床层的体积；为了减轻铁水对炉缸的冲刷侵蚀，增加了出铁口的长度以及死铁层的深度；同时，缩小了拱顶自由空间，增加了拱顶的氧气烧嘴；改进了炉尘再循环系统。

（3）Corex C-3000 装置的竖炉有许多改进。增大了还原竖炉煤气围管的直径以及围管下部的高度，增大了竖炉下部的压差；防止或减少了熔融气化炉煤气通过海绵铁下料管直接进入还原竖炉，不致引起竖炉内局部炉料过热产生黏结；与此同时，改进了耐火材料的设计。

（4）竖炉煤气分布和熔融气化炉中布料方式得到大大改善。为了解决还原竖炉布料粒度偏析、密度偏析以及料面分布不均匀等特点，竖炉布料方式由原来的蜘蛛布料方式改为 Gimbal 型动态布料器布料，有效改善了竖炉内的煤气分布，提高了煤气的利用率及海绵铁质量的均匀性。此外，熔融气化炉海绵铁采用了角度可调的挡料板，通过对挡料板角度的调节可以控制海绵铁的布料。熔融气化炉煤的布料方式增加了 Gimbal 型环形旋转动态布料器，可根据需要，对煤的布料方式及范围进行有效的控制。

（5）煤气实现了综合利用。通常，Corex 装置的煤气一般用于加热炉，但热效率较低，也无法全部利用 Corex 炉煤气，导致部分剩余煤气只能向大气放散。为更好地高效利用 Corex 炉煤气，宝钢和美国 GE 公司合作，建成了钢铁行业第一套利用 Corex 炉煤气作为燃料的蒸汽轮机联合循环发电机组。同时，移植宝钢分公司高炉煤气余压发电技术，在 Corex 炉中配套建设 TRT 余压透平发电机组，将 Corex 炉煤气输出过程中产生的剩余压力能转变为机械能，再进一步转化为电能。该机组在不消耗任何原料的情况下，稳定发电可达 6000kW·h。

（6）块煤高效干燥取得突破。Corex 流程要求煤的水分在 5% 以下入炉，而通常精煤的水分为 8% 左右，因此块煤在进入 Corex 之前需要进行干燥。宝钢集团引进奥地利 Binder 公司的振动流化床式干燥机。该型干燥机主要包括 5 个系统：振动流化床系统、热气体发生器系统（烧嘴系统）、除尘系统、水系统以及控制系统。

（7）煤气脱湿技术的创新。由于 Corex 煤气含有大量的饱和水，在管道输送过程中容易凝结，使维护难度增大且带来严重的安全隐患。为了减少上述不利因素，在 Corex 煤气进能源管廊前进行脱湿处理，采用了冷冻法的煤气脱湿装置，通过热量交换的方式降低煤气的温度，使冷凝水析出。该脱湿装置为两级脱湿，第一级为溴化锂冷冻机冷水脱湿，温度为 8℃，第二级为盐水冷冻机脱湿，温度为 5.3℃。煤气复温是利用冷冻机 38℃冷却水与 Corex 煤气热交换，复温至 25℃，最终由脱湿器送出至煤气输送管网。

（8）先进的冷却系统。Corex C-3000 装置冷却系统在 Corex C-2000 的基础上有重大改进，采用了三大冷却水系统，即冷却壁水系统、工艺水系统和设备水系统，有效地解决了影响气化炉寿命的制约问题，同时大量采用密闭循环系统，减少了水的消耗，有力地降低了炼铁成本。

7.1.7 Corex 流程的展望

就整个 Corex 流程而言，尚有一些值得改进之处：

（1）螺旋给料器及其耐火材料外套的寿命有待进一步延长。1993年1~6月，南非依斯科尔公司的Corex装置的作业率为93%。其中计划性检修为3%，其他是因热旋风除尘器和螺旋给料器事故而被迫休风，后来进行了4~5年的改进和调整，目标是最大限度地减少事故停工率，每月计划检修仅8h。

（2）Corex输出煤气应该充分利用。Corex工艺单位产量的煤耗较高，吨铁氧耗也较高，因此如何充分利用该工艺所输出的煤气是提高Corex工艺经济效益的关键，同时考虑到取消焦炉后整个冶金联合企业的煤气平衡，Corex输出煤气应该得到充分利用。

（3）进一步减少过程热损失。在Corex工艺中存在一个很特殊的环节——煤气降温。在Corex流程中，从终还原炉输出煤气的温度在1100~1150℃之间，这种煤气在进入预还原炉之前必须经过降温处理，将温度降到850℃左右。仅这一降温处理就使系统损失热量80~90MJ/t，折合标准煤25~30kg/t。如何回收这一能量，在技术上和回收成本上也是问题。

（4）入炉硫负荷较大。从依斯科尔的Corex装置的运行现状来看，其煤耗在1100kg/t左右，而一般煤炭的含硫量均在1.0%左右，因此在使用一般块煤的情况下，燃料一项就将使该工艺的硫负荷高达12kg/t以上，再加上其他原料带入的硫，该工艺的硫负荷将高达一般高炉硫负荷的两倍以上，这样势必造成其铁水含硫量偏高。

（5）块煤资源问题。由于当今采煤多以机械化方式进行，原煤含粉率较高，该工艺中单一使用块煤也是一个潜在的问题。与此同时，块煤在运输过程中也会产生粉煤。因此，如能有效利用这些粉煤，将能使Corex工艺具有更强的生命力，那么，粉煤的冷压块技术将可能是一种很好的解决途径。

此外，值得关注的还有如下问题：

（1）如何利用Corex熔融气化炉热值高达7500~8000kJ/m³的输出煤气，大幅度降低燃料比，降低铁水成本。Corex工艺在特定地区、特定资源条件下才有生命力。

（2）我国富矿资源短缺，绝大部分矿石需经破碎选矿后才能成为富精矿。在不建设球团厂、烧结厂的情况下，有效直接利用矿粉生产铁水具有更现实的意义。南非伊斯科尔（ISCOR）公司曾通过试验，在装煤系统配入2%~3%铁粉，并取得了成功。奥钢联为浦项设计Corex C-2000装置时考虑使用15%~30%粉状铁矿，当然其还需要进一步实践。由此出发，又催生了Finex流程的诞生。

（3）Corex熔融气化炉的输出煤气热值高达7500~8000kJ/m³，含尘量低（经冷却和净化后），除作为竖炉的还原气以外，还可以用于多个方面，如韩国浦项钢铁公司和印度JINDAL公司均把Corex输出煤气用于发电和钢包、加热炉以及中间包的预热。

（4）Corex工艺输出煤气与现代化工催化技术结合起来，可进一步获得大量氢气、二甲醚、甲醇等清洁能源，这将有利于形成一种良性的能源生态链，促进钢铁企业的可持续发展。

（5）此外，在Corex流程中，从熔融气化炉逸出的煤气（1000~1150℃），在进入预还原炉之前必须降温到850℃左右。所以，在该处理过程中将损失掉大量的热量，如能有效利用这一部分热量，将可进一步降低生产成本。

7.2　Finex工艺

Finex工艺是在Corex工艺基础上进行开发的，浦项钢铁公司（POSCO）与奥地利奥钢联（VAI）从 1992 年就开始联合研发 Finex 技术。1995 年，韩国浦项的 Corex C-2000 投产，感到其工艺存在诸多不足，如还原竖炉中炉料黏结严重影响顺行和作业率，燃料比高，煤种要求太苛刻等，由此更加速了 Finex 流程的开发[22~25]。

Finex 工艺是一种用丰富的铁矿粉和非焦煤，直接生产铁水的新的熔融还原工艺，其技术思想是使用一组流化床代替原有竖炉作为还原单元，同时配以粉煤压块和煤粉喷吹系统。该工艺不需要烧结和炼焦等预处理工序，与高炉炼铁工艺相比，可望降低工序成本，减少污染物的产生。

韩国浦项在试验室进行了铁矿粉流态化还原工艺试验，以及 15t/d 试验厂流态化还原试验。获得必要的操作数据后，于 2001 年 1 月投资约 1.31 亿美元建设年产能力为 60 万吨的 Finex0.6 型示范工厂，并于 2003 年 5 月 29 日竣工投产。在利用原有的 Corex 熔融气化炉基础上，新设计安装了流化床还原反应装置。该 Finex 装置对铁矿石的成分、粒度组成及品种无严格的限制，可直接使用粒度为 0~8mm 的烧结用粉矿，其中粒度为 1~8mm 的粉矿的含量达到 50% 以上；并可使用 100% 非焦煤，煤种适用范围很广。流化床连续运行了 7 个多星期，并无维修后停炉，超过了 4 周的预设目标值。该套装置于 2004 年初连续运行，操作中进一步完善了工艺参数，顺利打通了流程。

2004 年 8 月，POSCO 又投资 4.16 亿美元开始建设年产铁水 150 万吨的工业生产厂，并于 2007 年 4 月投产。通过 50 天的运行，生产能力达到设计水平 88%，产量达到 2300t/d，吨铁燃料消耗 740~750kg/t，喷煤 250~280kg/t，该生产线一直运行正常。2011 年 6 月，产能为 200 万吨 Finex 2.0 工程开工建设，原计划在 2013 年 5 月投产，但出于对产能过剩以及韩国市场钢材需求有限的担心，浦项管理层将投产时间向后推迟。

通过 Finex 工艺演进历程可以看出，浦项公司经过 20 年的研发、生产和改进，200 万吨规模的第三套装备已经初具规模，说明该项工艺已经持续取得重大进展，但世界炼铁界专家对其仍然存有顾虑，目前正在等待大规模商业化推广时机的到来。

7.2.1 工艺流程

Finex 的工艺流程如图 7-13 所示，主要由 3 个工序组成：流化床预还原装置、DRI 粉压块装置和熔融气化炉装置。

首先，铁矿粉被置于流化床反应装置的上部，流化床由 4 级反应器组成，粉矿和添加剂（粒度 8mm 以下）由矿槽经提升后进入流化床反应器（R4 反应器）。炉料在 R4 中干燥预热，并因重力依次进入 R2 和 R3 反应器中进行预还原，最后在底部的 R1 反应器中基本完成还原。经 R1 输出的细颗粒状的直接还原铁（DRI），在热状态下被压制成热压块（HBI），储存在预热炉中，然后装入熔融气化炉[26~28]。

该工艺流程反应方程式如下：

$$3Fe_2O_3 + CO == 2Fe_3O_4 + CO_2$$

$$3Fe_2O_3 + H_2 == 2Fe_3O_4 + H_2O$$

$$Fe_3O_4 + CO == 3FeO + CO_2$$

$$Fe_3O_4 + H_2 \Longrightarrow 3FeO + H_2O$$

$$FeO + CO \Longrightarrow Fe + CO_2$$

$$FeO + H_2 \Longrightarrow Fe + H_2O$$

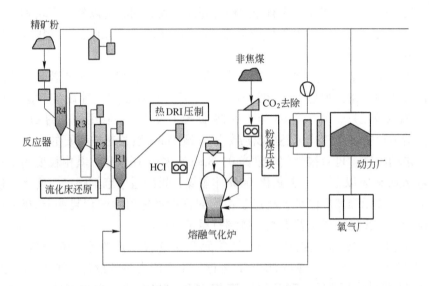

图 7-13   Finex 工艺流程图

如图 7-14 所示，在还原温度小于 570℃时，后两个阶段合二为一：

$$1/4Fe_3O_4 + CO \Longrightarrow 3/4Fe + CO_2$$

$$1/4Fe_3O_4 + H_2 \Longrightarrow 3/4Fe + H_2O$$

其次，粉矿在流化床还原后进入压块工序，变成热压铁块（HCI）；煤通过筛分处理，粒度 80mm 以下的块煤通过加煤管道直接装入熔融气化炉，小于 8mm 的粉煤加入有机黏结剂，机械压成煤块后加到熔融气化炉中。

第三，压块煤在熔融气化炉中燃烧产生热量，把流化床中还原过的热压铁块熔化成铁水和炉渣。粉矿和非焦煤中的硫分以无害化方式随炉渣排出，在煤的处理过程中并不产生煤焦油和 BTX（苯、甲苯、

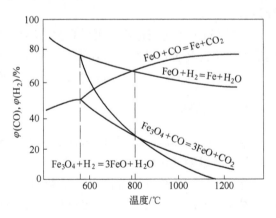

图 7-14   不同温度下 CO、H_2 还原铁
氧化物平衡气相成分

二甲苯）等副产品。熔融气化炉中产生的热还原气体，通入 R1 反应器并依次再通过 R2、R3、R4 反应器，反应后排出成为炉顶煤气。煤气经除尘净化后，约 41% 通过加压及变压吸附去除 CO_2，使煤气中的 CO_2 从 33% 降到 3%，然后回到 R1 反应器作为还原气体再行利用，以节约煤的消耗。当煤比为 850kg/t 时，输出可利用的剩余煤气（标态）约为 1530m^3/t，单位热值约为 7044kJ/m^3，总热值约为 10760MJ/t。

7.2.2 Finex 工艺流程的技术及经济指标

7.2.2.1 原燃料条件

A 铁矿粉

Finex 工艺省去了高炉流程的烧结、炼焦工艺，直接采用资源丰富而且廉价的平均粒度约 1~1.5mm 铁粉矿（目前来自澳大利亚），其粒度分布如表 7-11 所示。TFe 为 60%~62%，在进入流化床之前，矿粉要经过干燥处理，使水分小于 1%，适量配加石灰和白云石，以调节炉渣碱度。

表 7-11 Finex 具有代表性的铁矿粉粒度分布（质量分数）

粒度分布/mm	质量分数/%	粒度分布/mm	质量分数/%
+8	3.0	1~0.5	11.4
8~5	15.5	0.5~0.25	10.2
5~3	16.6	0.25~0.125	4.9
3~1	24.6	-0.125	17.6

B 燃料

Finex 工艺使用的燃料为煤和焦炭，相应的指标要求见表 7-12。采用 100% 粉煤压制型煤入炉。该型煤（粒径约 14.57mm）配用了 20% 焦煤、50% 半炼焦煤和 30% 动力煤，使用的粉煤的灰分为 6%~8%，型煤的强度达到焦炭的 0.8，因此可以仅用 5%~10% 小块焦炭炼铁，喷煤量可达 250~300kg/t。

表 7-12 Finex 用煤和焦炭的主要指标

燃料类别	Ad(灰分)/%	S(硫分)/%	挥发分/%	粒度/mm	CRI(反应性)/%	CSR(反应后强度)/%
喷吹煤	8~10	0.3~0.5	18~32	70~80	—	—
型煤	8~10	0.3~0.5	18~32	60	—	—
焦炭	≤12	≤0.5	—	—	≤27	≥63

7.2.2.2 经济技术指标

POSCO 的 Finex 2.0 装置在 2008 年 2~6 月的生产指标如表 7-13 所示。

表 7-13 Finex 2.0 装置 2008 年 2~6 月的生产指标

生产指标	6月	5月	4月	3月	2月
总的铁水产量/t	123308	135101	116844	103887	110117
日产量/t·d⁻¹	4110	4358	3895	3351	3799
小时熔炼率/t·h⁻¹	171	182	162	140	158
累计铁水产量/kg·t⁻¹	1662251	1538943	1403842	1286998	1183111
燃料比(湿基+黏结剂)/kg·t⁻¹	797	783	829	852	837
燃料比(干基-黏结剂)/kg·t⁻¹	765	751	795	817	802
燃料比(干基-黏结剂-糖蜜)/kg·t⁻¹	718	703	748	765	748

生 产 指 标	6月	5月	4月	3月	2月
煤比(干基)/kg·t^{-1}	748	728	790	796	770
铁水中 Si 含量/%	0.8	0.84	1.02	0.87	0.68
铁水中 S 含量/%	24	25	28	34	29
铁水温度/℃	1526	1530	1521	1524	1531
二元碱度	1.2	1.21	1.19	1.2	1.24
三元碱度	1.58	1.59	1.56	1.62	1.66
四元碱度	0.99	0.99	0.98	1.01	1.02
渣中氧化铝含量/%	17.95	17.6	17.41	17.25	18.14
气化炉氧耗(标态)/m³·t^{-1}	478	454	486	507	499
焦比/%	10	8	13	10	7
煤比/%	71	74	68	74	78
PCI 喷煤比/%	19	18	18	17	15
HCIRD 预还原热压块比例/%	n.a	n.a	n.a	n.a	n.a
出铁速度/t·min^{-1}	3.89	3.92	3.82	3.66	3.74

(1) 燃料消耗。燃料消耗的最好指标出现在 2008 年 3 月，折成煤后的燃料比为 710kg/t（焦炭按 1.4 倍折算，型煤和煤粉按 1.0 倍折算），其中焦炭为 70kg/t，喷煤粉为 120~150kg/t，其余为型煤。含铁原料为澳大利亚粉矿，全铁品位 63%，较多应用弱黏结性煤，其灰分小于 10%，没用动力煤。

POSCO 多项试验表明，焦丁加入量越大，炉况越顺行，燃料消耗越小，若没有焦炭，燃料比将增加 30% 以上。目前，Finex 2.0 实际燃料消耗约为 760kg/t（折合煤），依照前述燃料结构计算，焦炭消耗约为 76kg/t，煤粉消耗为 150kg/t，型煤消耗为 504kg/t。Finex 工艺虽然燃料消耗较大，但煤气均可回收，而且热值高于高炉煤气，考虑到取消了造块和焦化工序，应该说，能耗指标略有优势。

(2) 铁水质量。如表 7-13 所示，Finex 的铁水质量与高炉相当。碳、硫、磷含量分别为 4.5%、0.02% 和 0.1%。目前硅含量保持在 0.8% 左右，比高炉略高一些（浦项 4 号高炉铁水中平均含：Si 0.48%，S 0.03%）。通过改进粉煤压块质量，降低用煤量和改进熔融气化炉中的炉料分布，可把硅含量降到 0.5%。

7.2.2.3 主要工艺特点

POSCO 的 Finex 2.0 装置的主要工艺特点为：

(1) 充分利用资源，减少资源制约。Finex 工艺可以 100% 使用非焦煤，而且对煤适用范围很广。图 7-15 为 Finex 工艺煤种的适用范围。浦项在试验中采用过的煤种十分广泛：固定碳 52.49%~72.26%，挥发分 18.37%~38.32%，灰分 7.32%~16.67%。因为可以通过粉煤混合压块的方法来调节其成分，试验证明对煤种并无严格的限制。块煤 80mm 以下可直接入炉，8mm 以下经压块后入炉。浦项公司目前使用压制型煤 60%~70%，喷煤粉 15%~20%，其余为块煤。非焦煤的使用既解决了匮缺的炼焦煤资源供应问题，又降低了生铁的生产成本。

浦项公司在试验时使用过的矿石成分为：TFe 56.7% ~ 67.7%，脉石 2.93% ~ 10.7%，Al_2O_3 0.71% ~ 2.7%。试验表明，Finex 工艺对铁矿石的成分和粒度组成及品种无严格的限制。粉矿的直接使用，既降低了原料加工成本，同时又拓宽了铁矿资源供应渠道。图 7-16 为 Finex 工艺矿石的适用范围。

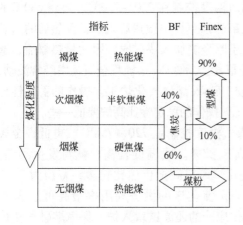

图 7-15　Finex 工艺煤种的适用范围

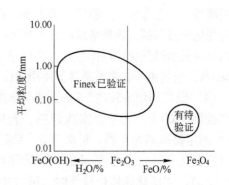

图 7-16　Finex 工艺矿石的适用范围

（2）大幅度减少污染，提高环保水平。Finex 工艺因不需要传统工艺必需的炼焦、烧结、球团等环境污染严重的工艺（Corex 工艺常常需要使用球团矿），因而可明显减少对大气和水域的污染。Finex 流程的本身也可以大幅度减少污染物排放，如图 7-17 所示。首先，熔融气化炉内的煤的燃烧和气化因使用纯氧，所以极少产生 NO_x；而煤中的硫，在熔融气化炉中生成 H_2S，随还原煤气进入流化床，在流化状态下与加入的熔剂生成 CaS 和 MgS，最终在熔融气化炉中随炉渣排出，故 SO_x 的排出量与高炉相比，数量大为减少；铁水中的含 S 量与高炉相近，约为 0.015% ~ 0.025%。此外，因为熔融气化炉中煤是在高温下进行气化，所以不会产生二噁英。与此同时，Finex 工艺是一个紧凑密闭的流程，故烟尘的排放量也更低。

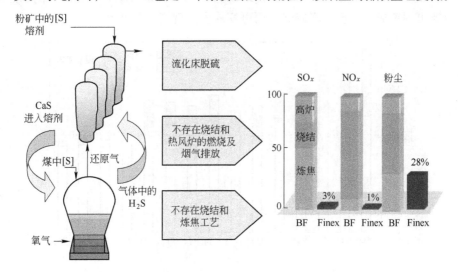

图 7-17　Finex 与高炉环保排放水平比较

据浦项公司发表的资料，Finex 工艺产生的 SO_x、NO_x 和粉尘的排放量分别为高炉工艺流程的 6%、4% 和 21%，也没有焦化过程含酚、氰污水的排放。因此，可以认为 Finex 是一种环境友好型的清洁生产工艺。

（3）流化床和全流程可以连续稳定运行。Finex 流程将流化床生产的金属化率 60% ~ 70% 的海绵铁粉，热压成为热压铁块（HCI），当时温度控制在 720 ~ 750℃，再将 650℃ 的 HCI（或从原料场供应冷 HCI）加入熔化气化炉上部的预热炉中预热后入炉。预热后的入炉原料质量、工艺参数十分稳定。而此前，Corex 预还原竖炉加入块矿时，因大量热爆裂，造成高粉化率及局部过热黏结成块，引起竖炉气流分布紊乱，使 Corex 流程金属化率经常波动，从而影响到熔融气化炉操作顺行。实事求是地比较，Finex 熔融气化炉工艺操作的稳定性比 Corex 高，但是由于在高温条件下使用的设备多，工艺操作的稳定性比高炉要低一些。

（4）设备利用率较高。Finex 流化床的还原煤气温度控制在 720 ~ 750℃ 或更低，金属化率控制在 60% ~ 70%。实践证明，金属化率高于 88%，或温度提高，就易发生黏结。Finex 的定修周期为 8 周，每次 18h。目前熔融气化炉风口破损仍然比较多，寿命为 2 ~ 3 个月；流化床存在的主要问题是黏结和堵塞。Finex 流化床的设备利用率最高可达 82%（300d/a）。当流化床停炉检修时，可以从原料场供应冷的还原铁块入炉，保障熔融气化炉连续生产，目前熔化作业率可达 96%，相比之下，当然高炉作业率更高，可达 98%。

7.2.2.4 成本比较

A 生产成本

生产成本是工厂选择流程和工艺技术的最重要依据。目前 Finex 的炉渣二元碱度为 1.2，MgO 约 11%，由于 MgO 高，可以使用一部分低价矿降低铁水成本，渣中的 Al_2O_3 高达 18% ~ 20% 仍可顺行冶炼。渣比约 300kg/t，除尘灰约 50 ~ 60kg/t。

一个典型的配矿方案是低成本的新西兰海砂 5%，印度粉矿 15%，本溪铁精粉 30%，其余为 TFe 65% 的巴西矿粉，直接入炉冶炼，因此 Finex 铁水的制造成本可比相同产能的高炉流程低 5%，但比 4000m³ 级巨型高炉要高约 3%。

图 7-18 为 Finex 1.5 在 2007 年 5 月 ~ 2008 年 7 月的固定成本和可变成本的示意图。从图中可以看出固定成本呈现下降趋势，而可变成本呈现规律的波动。

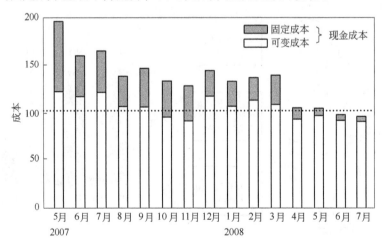

图 7-18   Finex 1.5 的成本示意图

B　设备投资

浦项公司宣称其 Finex 的设备投资为相同产能高炉流程（包括烧结、炼焦、高炉）的 85%。其中熔融气化炉约占 40%，流化床约占 30%，制氧占 20%，其他（包括原料处理、型煤、喷煤及煤气变压吸附脱除 CO_2 加压循环设备等）约占 10%。

图 7-19 为 2 座 Finex 1.5Mt/a 和 1 座 3Mt/a 的高炉的设备投资比较图。

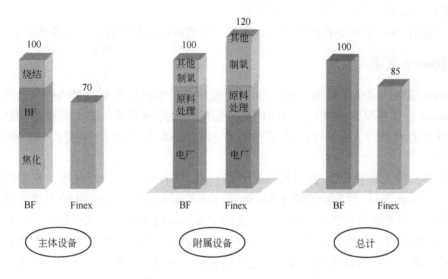

图 7-19　Finex 和高炉设备投资比较图

7.2.3　Finex 工艺应用前景

浦项公司于 2003 年和 2007 年分别投产 60 万吨/年和 150 万吨/年的 Finex 装置，2011 年 6 月，该公司开工建设 200 万吨 Finex 2.0 工程。与此同时，韩国浦项和现代集团还在建设传统高炉，表明 Finex 至今还不能完全取代高炉。

Finex 技术从研发到现在仅有十余年，尚未进入成熟和大力推广阶段，许多专家认为，其还有一些不完善和有待改进的地方，主要表现在：

（1）现阶段能耗高于相同产能的高炉流程。Finex 入炉矿石品位 61%，原煤灰分 6%~8%，使用 20% 的主焦煤，约 40% 的弱黏结性焦煤（即 1/3 焦煤），50kg/t 小块焦；预还原时热压铁块需要多耗能，煤气脱除二氧化碳消耗电能。在上述原燃料和工艺条件下，2008 年浦项 Finex 工艺的煤比为 728~796kg/t（干基），焦炭占 7%~13%，在现有技术发展阶段，应该说 Finex 的能耗要比高炉高，较预期还有一定差距。

（2）现阶段 Finex 的综合成本比高炉高。Finex 工艺虽然摆脱了高炉配烧结和球团，但生产原料仍需配一定比例的焦炭，且增加了多级流化床、热压铁块、大型制氧、二氧化碳脱除装置，在我国目前条件下，投资不一定像韩国浦项公司介绍的那样比高炉流程低。

由于 Finex 工艺因风口寿命短和熔融气化炉每 8 周要检修一次（18h/次），流化床黏结需定期清理等原因，生产作业率提高尚有困难，并且增加了热压铁块和脱除二氧化碳耗电成本，固定成本和维修成本增加，应该说生产运行成本较高。

（3）现阶段 Finex 生产稳定性低于高炉。Finex 高温条件下使用的设备多，操作的稳定性、设备的作业率低于高炉，易造成钢铁联合企业生产物流的不平衡，可能会影响企业整体效率和效益。

（4）Finex 现在生产仍需 7%～13% 的焦炭，粉煤压块需配约 20% 的焦煤，并没有完全摆脱对炼焦煤和焦炉的依赖。Finex 现在使用的铁矿粉平均粒度约 1mm（粒度范围 0.1～10mm），是否适应我国自产的精矿粉（一般而言 0.074mm（200 目）占 40% 以上）还需要进行系统的验证。

（5）浦项 Finex 2.0 装置推迟投产，其投产后的运行效果如何，还有待于验证。

7.3　HIsmelt 工艺

HIsmelt 熔融还原法是现澳大利亚 CRA 公司和美国米德里克斯（Midrex）公司共同组建的 HIsmelt 公司在原有基础上，继续研究开发的一种熔融还原工艺，这种熔融还原法起源于德国克劳克纳（Klockner）公司和澳大利亚 CRA 公司合作开发的一种熔融还原方法[29～32]。

1981 年，澳大利亚 CRA 公司和德国克劳克纳（Klockner）公司合作，在德国马克斯冶金工厂（Maxhutte）的 60t OBM（Oxygen Boden Maxhutte Process）转炉上进行试验。这是一种使用焦炭或煤作为能源，用一部分废钢作为原料的顶底复合吹炼转炉，进行了为期两年的二次燃烧试验，研究了底吹率、煤种、二次燃烧气体性质和流体动力学特性，以及对二次燃烧率及其传热效率的影响。通过试验获得了在最佳条件下，适当使用氧气时，二次燃烧率为 35%，二次燃烧传热效率达 85%；而使用 1200℃ 热空气时，二次燃烧率可达 60%。因此，肯定了二次燃烧的作用和可控性，证明了利用 OBM 转炉进行熔融还原的可行性，在此基础上完成了熔融还原的概念设计。

此后，于 1984 年在德国马克斯冶金工厂（Maxhutte）建立了 10t 的小规模熔融还原半工业试验厂（SSPP，Small Scale Pilot Plant），从 1984 年开始至 1990 年，SSPP 进行了为期 6 年的熔融还原试验，研究了熔融还原的具体工艺参数，结果表明这种熔融还原法有其优越性。此间，德国克劳克纳（Klockner）公司因财政原因退出该项目，由澳大利亚 CRA 公司投资继续研究。

1989 年，澳大利亚 CRA 公司和美国米德里克斯（Midrex）公司合资，各出一半资金组建了 HIsmelt 公司，继续开发这一熔融还原技术，并正式命名为 HIsmelt。1989 年 12 月开始，HIsmelt 公司投资 1 亿美元，至 1991 年建成 HIsmelt 流程的研究开发装置——HRDF（HIsmelt Research and Development Facility）。HRDF 的设计能力为年产铁水 10 万吨，是 SSPP 的 8 倍。该装置于 1992 年 11 月开始冷态试验，其后热态试验，1993 年 10 月出第一炉铁，同年 11 月宣布 HRDF 正式建成。

HRDF 第一期工程的第一次试验生产延续了 12 个月，以 5t/h 的产量证实了 SSPP 的放大结果令人满意。此后，HIsmelt 公司建设了年产 50 万吨工业规模的 HIsmelt 熔融还原装置，并于 1999 年投产。

奎纳纳 HIsmelt 厂区 HRDF 装置的布置见图 7-20。

总的说来，HIsmelt 虽然可以直接使用粉料喷吹，但至今仍没有其熔融还原炉耐材寿命经济性运行的报道，有一些瓶颈性问题仍在开发解决中，距离工业化还有一段距离，例如其铁水中不含 Si，因而如要用于转炉中，还需要一些配套工序进行预处理。

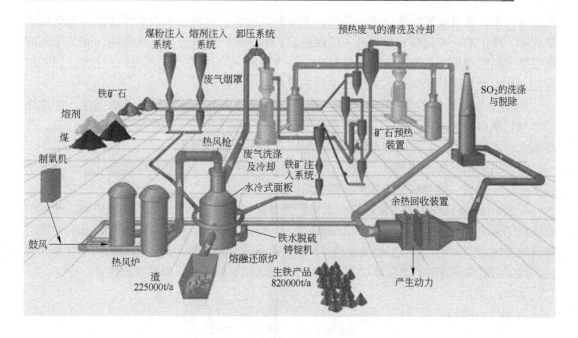

图 7-20 奎纳纳 HIsmelt 厂区布置图

7.3.1 工艺流程

早期 HIsmelt 的工业流程如图 7-21 所示，它是由德国的克劳克纳（Klockner）公司 OBM 转炉炼钢工艺发展而来的。该工艺以 OBM 转炉工艺为基础，改进了炉体设计和喷吹技术，达到较高的二次燃烧率和二次燃烧传热效率。其熔池部分像底吹转炉，以氮气和天

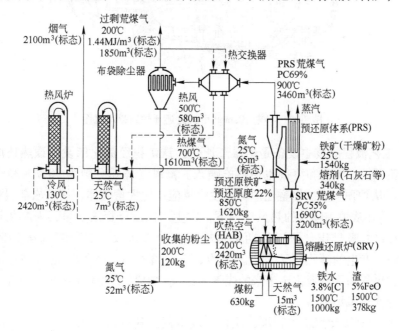

图 7-21 HIsmelt 工艺流程图

然气为载体，通过底部喷嘴向熔池喷煤，煤中的碳很快被溶解进入铁水并还原熔渣中的铁氧化物，产生的一氧化碳和顶吹进入熔融还原炉的热风中的氧进行二次燃烧。底部喷入的煤可最大限度地进行还原反应并搅拌熔池，一氧化碳和氧在熔池上部燃烧产生大量热量，以熔化从熔融还原炉顶部进入的预还原后的矿粉。

HIsmelt 法以铁精矿粉为含铁原料，流程中的预还原炉采用的是循环流化床，在流化床中利用来自终还原炉的煤气，经以水为介质的冷却器冷却后，对矿粉进行加热还原，然后喷入卧式终还原炉，同时冷却煤气的热量以高压蒸汽形式回收。

与其他的熔融还原法相比，HIsmelt 的最大特点有二：一是使用高温空气，而不使用纯氧；二是燃料从熔池底部直接喷入熔池。

早期 HIsmelt 流程中的主要装置有原料研磨设备、循环流化床、球式热风炉和底喷煤的卧式终还原炉。卧式终还原炉的结构如图 7-22 所示。该卧式终还原炉呈水平圆筒状，它既可绕其轴线转动，同时也可沿其轴线倾斜。卧式炉设计成能绕其轴线转动的目的在于在停炉时能将底部的喷煤嘴转到熔池液面以上，避免停炉后因渣铁凝固造成喷煤嘴的堵塞。

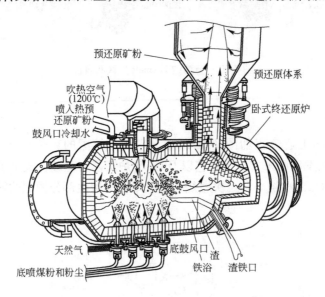

图 7-22   早期 HIsmelt 卧式终还原炉结果示意图

HIsmelt 工艺流程的核心设备是熔融还原炉。铁矿粉经流化床设备预热还原后，由喷枪喷入熔融还原炉；煤粉和溶剂也由喷枪喷入。富氧（体积分数为 30% ~ 35%）高温热风（1200℃）从炉顶喷入。熔融还原炉内发生反应产生大量气体，使熔池剧烈沸腾。熔池逸出的 CO、H_2 在从炉顶喷入的热风作用下，发生二次燃烧释放热量，来熔化喷入的固体原料。铁水经过虹吸排出，炉渣定期从水冷渣口分批排放。炉顶煤气从 1450℃ 冷却至1000℃ 的过程中产生的蒸汽用于发电。大约 50% 的煤气（1000℃）送入循环流化床，其余熔融还原炉煤气和再从流化床出来的煤气，经过除尘器去除固体颗粒，一部分送至发电厂，一部分用作热风炉燃料。

HIsmelt 可以直接使用粉矿和煤，原材料成本低。其可以使用高挥发分的煤（试验中挥发分含量达 38.5%），矿粉 $w(FeO)$ 曾试验过 53.3% 的情况。而且经过中试发现，可处理钢铁厂循环废料，诸如处理高 Zn、高 Pb 的含铁粉料等。

HIsmelt 工艺所生产的铁水 P 低，S 高，几乎不含 Si，不适合直接供传统的炼钢流程使用，需要进行炉外脱硫以及适当调整成分才能达到炼钢要求。

HIsmelt 直接使用粉矿，省去了烧结工序，因而有益环境保护和减排 CO_2。

HIsmelt 工艺的开发相对也经历了较长的历史，从 1980 年开始研发，经历了两个阶段的试验厂阶段（分别为 10000t/a 和 100000t/a），一直到在澳大利亚的奎纳纳地区兴建了年产 80 万吨的世界首家商业工厂。工厂于 2003 年 1 月动工建设，2005 年 4 月建成并开始热调试。

奎纳纳 HIsmelt 厂 80 万吨竖式熔融还原炉（SRV）内部结构如图 7-23 所示。

HIsmelt 工艺的核心是熔融还原炉（SRV），它是由上部水冷炉壳和下部砌耐材

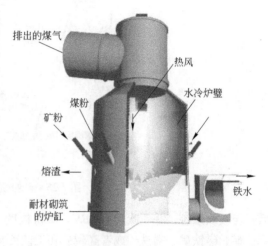

图 7-23　奎纳纳 HIsmelt 厂 SRV 内部图

的炉缸组成。工艺的特点是将铁矿粉和煤通过倾角向下的水冷喷枪直接喷入还原炉内铁浴中。喷入的煤粉经过加热和裂解后溶于铁水，并且保持 4% 的含碳量。喷入的矿石与含碳金属铁反应而熔炼开始。熔融还原炉下部保持低氧势，使反应得以进行，还原动力学条件使得炉渣中亚铁的含量保持在 5% ~ 6%。

熔池产生的气体（主要为 CO）在炉内上部空间进行二次燃烧，提供热平衡所需的能量。富氧热风（含氧 35%，温度 1200℃）通过顶部热风喷枪鼓入炉内，燃烧反应在氧势相对较高的上部区域进行。产生煤气一般二次燃烧率约为 50% ~ 60%。

HIsmelt 工艺的关键是要有效的实现上部区域（氧化区）和下部区域（还原区）之间的热传导，以便保持这一氧势梯度。具体来说就是大量的液滴在两个区域之间喷溅，夹带热量。一部分热量通过水冷壁和喷枪散失，剩下的用于熔炼过程。炉渣通过水冷渣口定期排出，铁水连续经过出铁前炉流出。连续出铁主要考虑该技术的安全性，原因是要对铁水液面进行控制，确保其与水冷喷枪保持一定的距离。

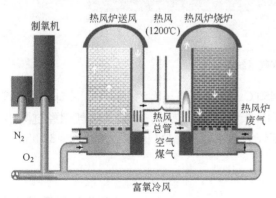

图 7-24　热风炉系统示意图

奎纳纳 HIsmelt 厂热风炉系统如图 7-24 所示。

空气由热风炉加热到 1200℃，热风炉用的燃料使用自身产生的煤气，并辅以部分天然气或其他富化煤气。该热风炉系统的理想风温为 1200℃。一般为了提高产量，会对冷风进行富氧操作，其含氧量在 30% ~ 40% 之间。

奎纳纳 HIsmelt 厂矿粉喷吹系统如图 7-25 所示。

矿粉在预热器中预热至约 800℃，随

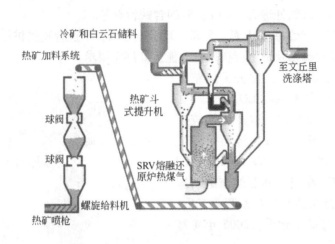

图 7-25 矿粉喷吹系统示意图

后送至喷吹系统，并喷吹进入 SRV。矿粉粒度一般在 6mm 左右，来源较为宽泛，可以使用赤铁矿、磁铁矿、褐铁矿或者高磷矿和工艺废料，如高炉和转炉尘灰、灰泥和轧钢铁皮等。

奎纳纳 HIsmelt 厂煤气系统如图 7-26 所示。

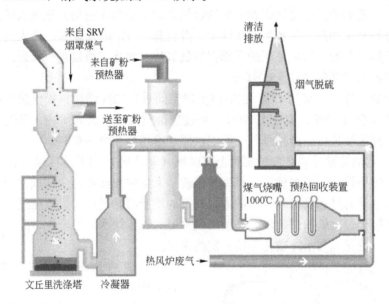

图 7-26 煤气系统示意图

从 SRV 气化烟罩排出烟气温度大约为 1450℃，经冷却降至大约 1000℃，冷却产生的蒸汽用于发电。之后约 50% 温度为 1000℃ 的 SRV 煤气送至预热器，剩余的煤气则经过除尘、冷却后，用作电厂燃料或热风炉烧炉煤气。SRV 产生的煤气热值(标态)大约为 2 ~ 3GJ/m^3。

7.3.2 SSPP 及 HRDF 试验结果

SSPP 试验的目的，在于为研究开发工业规模的熔融还原装置（HRDF）提供设计参数。从 1984 年到 1990 年历经 6 年的试验共进行了 219 天，研究了降低燃耗，原燃料成分、粒度的影响，终还原反应器的容积对还原过程及二次燃烧传热效率的影响，高温煤气的除尘，铁矿粉的预热和还原，排出煤气的净化和炉尘的回收等问题。在 SSPP 试验成功后，从 1993 年 10 月开始对 HRDF 进行了持续 12 个月的试验研究[33,34]。

7.3.2.1　操作参数对工艺过程的影响

通过对 SSPP 进行系统的研究，HIsmelt 的研究者们得出以下结论：

（1）采用底喷煤粉有利于对熔池的搅动。煤粉在铁浴中的爆裂、底吹气流速度、煤粉中碳的溶解速度以及煤粉的性能对工艺过程有重要影响。尽管如此，HIsmelt 法对各种性质的煤都能适应。

（2）采用高挥发分的煤时，通过降低二次燃烧率和提高矿粉的预还原度可以实现低燃料消耗，二次燃烧率低时产生的煤气有助于提高矿粉的预还原度。

（3）底喷煤粉能实现碳的最快溶解和最佳的回收。就碳的溶解和对熔池进行必要的搅动而言，底喷炉料工艺是获得最高冶炼强度的有效措施。通过调节对熔池的喷吹强度和对熔池的搅动程度可以控制终还原炉内的二次燃烧率和二次燃烧传热效率。

（4）稳定喷煤和喷矿的速度是稳定二次燃烧率的必要条件。因此，对喷煤和喷矿的计量是很重要的。

（5）铁浴的温度和含碳量直接影响终还原炉内的二次燃烧率。此外，铁浴的深度对二次燃烧率也有影响。

奎纳纳地区 80 万吨 HIsmelt 厂在生产调试过程中的最大生产率如图 7-27 所示。

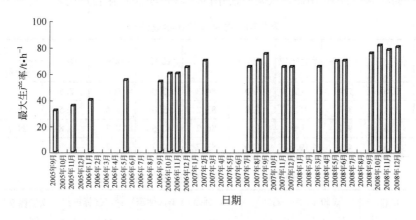

图 7-27　奎纳纳地区 HIsmelt 厂生产调试数据

图 7-27 为随着时间推移所得到的最大小时铁水生产率。这里的最高生产率是维系了10h 或更长时间建立的稳定状态的生产率（需要注意的是，SRV 炉达到稳定生产状态要比高炉快得多）。从适中生产率开始起，小时产量已稳步增长，达到最大 75～80t/h 的水平。

奎纳纳地区 80 万吨 HIsmelt 厂的煤比随生产率的变化如图 7-28 所示。

根据图中趋势，HIsmelt 工艺正在朝着煤比降低到 700kg/t 的目标迈进。

需要注意的是，生产率越高，生铁质量越好，而不是相反。高生产率时，C 含量低，质量分数接近 4.0%；与此相对，低生产率时 C 质量分数为 4.5%。P 含量的变化也与之类似。铁水中的 S 含量远高于高炉中的 S 含量，但可使用标准的钢包铁水脱硫技术，将硫降低到炼钢可以接受的水平。

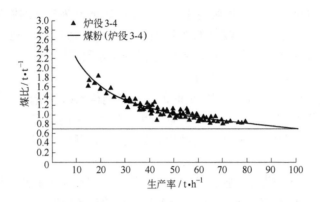

图 7-28   奎纳纳地区 HIsmelt 厂煤比随生产率的变化

7.3.2.2   SSPP 及 HRDF 的操作指标

在 SSPP 和 HRDF 试验中，研究了不同挥发分的煤对该熔融还原过程的影响，具有代表性的煤粉的成分如表 7-14 所示。表 7-15 列出了在矿粉未预热、未预还原情况下，SSPP 及 HRDF 试验所获得的有代表性的操作结果。表 7-16 为 SSPP 及 HRDF 的热平衡结果。与其试验结果相对应的原燃料条件分别如表 7-17 ~ 表 7-20 所示。在 SSPP 和 HRDF 的试验中，所用的矿粉主要是澳大利亚铁矿，在 SSPP 试验中使用的熔剂是马克斯冶金工厂 (Maxhutte) 的石灰，而在 HRDF 试验中使用的石灰是澳大利亚自产的。

表 7-14   各种煤的化学成分

煤　　种	水分/%	灰分/%	挥发分/%	全硫/%	C/%	H/%	N/%	O/%	发热量	
									MJ/kg	%
德国无烟煤	0.6	7.4	5.8	1.0	84.3	3.0	0.6	2.5	32.4	30
高挥发分煤	1.1	3.8	31.3	0.8	83.2	5.0	1.6	4.5	32.9	0
褐煤焦	1.5	9.2	3.6	0.4	86.2	0.6	0.3	1.8	29.7	60
烟　煤	0.5	4.9	19.8	0.9	83.7	4.3	1.2	4.7	32.9	10

表 7-15   SSPP 及 HRDF 操作结果

原料消耗	矿粉 /kg·t^{-1}	煤粉 /kg·t^{-1}	石灰 /kg·t^{-1}	CH$_4$(标态) /m^3·t^{-1}	N$_2$(标态) /m^3·t^{-1}	空气(标态) /m^3·t^{-1}	二次燃烧率 /%	炉尘吹出量 /kg·t^{-1}
SSPP	1629	814	120	38	226	3915	61.5	125
HRDF	1648	992	169	27	421	4486	59.8	102

表 7-16   SSPP 及 HRDF 的热平衡

试验项目	SSPP 热收入 /GJ·t^{-1}	SSPP 所占比例 /%	HRDF 热收入 /GJ·t^{-1}	HRDF 所占比例 /%	试验项目	SSPP 热支出 /GJ·t^{-1}	SSPP 所占比例 /%	HRDF 热支出 /GJ·t^{-1}	HRDF 所占比例 /%
煤粉燃烧热	25.86	77.19	29.91	78.10	铁水物理热	1.19	3.55	1.30	3.39
甲烷燃烧热	1.60	4.78	0.97	2.53	铁水化学热	1.59	4.74	0.99	2.58
鼓风物理热	6.04	18.03	7.42	19.37	炉渣物理热	0.49	1.46	1.01	2.63

试验项目	SSPP 热收入 /GJ·t⁻¹	所占比例 /%	HRDF 热收入 /GJ·t⁻¹	所占比例 /%	试验项目	SSPP 热支出 /GJ·t⁻¹	所占比例 /%	HRDF 热支出 /GJ·t⁻¹	所占比例 /%
炉料物理热	0	0	0	0	炉渣化学热	-0.04	-0.12	-0.11	-0.28
					煤气物理热	12.78	38.15	15.42	40.26
					煤气化学热	8.09	24.15	10.00	9.62
					炉尘物理热	0.17	0.507	-0.05	-0.13
					还原反应热	7.66	22.87	8.16	21.31
					热损失	1.57	4.69	1.58	4.13
总　计	33.50	100.00	38.30	100.00	总　计	33.50	100.00	38.30	100.00

表 7-17　矿石化学成分　　　　　　　（%）

原　料	TFe	SiO_2	CaO	Al_2O_3	MgO	MnO	P_2O_5	Cr_2O_3	H_2O
SSPP	65.56	3.10	0.30	1.50	0.30	0.07	0.39	0.03	0.70
HRDF	62.46	4.42	0.15	2.61	0.14	0.08	0.16	0.02	3.16
Kwinana	62.40	4.40	—	3.06	0.47	0.04	0.067	—	—

表 7-18　石灰化学成分　　　　　　　（%）

原　料	Fe_2O_3	SiO_2	MnO	P_2O_5	Al_2O_3	Cr_2O_3	CaO	MgO	H_2O
SSPP 用石灰	0.62	0.74	1.37	—	0.45		95.10	0.67	0.94
HRDF 用石灰	0.36	1.33	6.95	0.01	0.16	0.52	84.64	5.62	—

表 7-19　煤粉成分　　　　　　　（%）

原　料	水分	灰分	挥发分	固定碳	全硫	C	H	N	O
SSPP	0.73	7.65	5.80		0.78	85.06	3.15	1.49	0.63
HRDF	1.61	9.76	7.80		0.49	80.18	3.33	1.36	3.12
Kwinana	—	12.00	9.80	73.20					

表 7-20　HIsmelt 铁水质量分析

项　目	标准分析	可能范围	说　明
$w[C]$	(4.3±0.2)%	3.5%~4.5%	易于控制
$w[Si]$	—	—	在该工艺中没有 SiO_2 还原
$w[Mn]$	0.1%	0~0.2%	取决于矿石含 Mn 量
$w[S]$	(0.08±0.02)%	0.05%~0.15%	需要铁水脱硫
$w[P]$	(0.03±0.01)%	0.02%~0.05%	矿石 P 含量为 0.12%
反应温度	(1480±15)℃	1450~1550℃	易于控制

　　在表 7-15 中，SSPP 及 HRDF 试验的结果表明，HIsmelt 的吨铁煤耗为 810~990kg/t。但是这些都是单体操作的结果。从库萨克（B. L. Cusack）等人报道的 SSPP 和 HRDF 试验过程的热平衡结果（表 7-16）来看，从卧式终还原炉逸出的煤气中物理热很大，高达总输

入热量的40%。在这些单体操作中,矿粉是未经预热和预还原直接喷入熔池的,煤气中的物理热和其所具有的还原能未得到利用,因此煤耗较高。从1994年底开始,HIsmelt的研究者进行预还原炉和终还原炉的联动研究,在联动操作时,循环流化床把矿粉预热还原成850℃的浮氏体,然后喷入熔池。在这种情况下,和以前的单体试验结果相比,可望降低煤耗200kg/t,这样,最终的HIsmelt流程的煤耗将降至600~800kg/t,这和HIsmelt原来估计的640kg/t很相近。

经过奎纳纳地区HIsmelt工业试验,这个工艺具有如下特点:

(1) 采用高速喷枪进行固体料喷吹的方法,意味着铁水熔池的捕集能力很强,即使超细粉也可以使用。

(2) 炉渣中"与生俱来"的亚铁含量(5%~6%),加之铁水含碳约4%,形成了独特的脱磷特性。一般来说,约80%~90%的磷进入炉渣。

(3) 对煤的原始几何形态没有什么要求,煤需磨碎后喷吹入炉。

上述特点使HIsmelt工艺可以处理低品位的原料,即在高炉流程中基本不能使用的经济原料:

(1) 对多种含铁原料(赤铁矿、褐铁矿、40%和72%还原率的直接还原铁等)分别进行了试验,并就它们的还原水平对生产的影响进行了评估。此外,还进行了使用30%富氧率的热风以提高反应炉生产能力的试验,试验结果见图7-29。

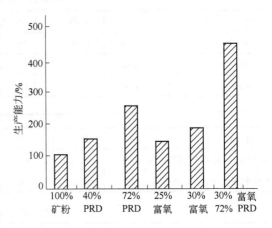

图7-29 提高熔融气化炉生产能力的试验结果

(2) HIsmelt工艺的二次燃烧率较高,通常在60%~70%之间。用冷铁矿粉作原料,使用无烟煤时每吨铁耗煤量约为800~1200kg。

(3) 从试验结果看,该工艺对高磷粉矿(含磷量为0.12%)有较好的脱磷效果,脱磷效率平均达85%~95%。

(4) HIsmelt工艺可以直接使用含铁工业废料,将其与矿粉混合喷入,无需进行原料造块,与使用粉矿作业相似,其铁回收率可超过97%。废料里的锌、铅析出到炉尘中,并可以回收利用。

(5) 该工艺对不同挥发分的煤有较好的适应性。使用挥发分含量较高的煤时,因气化和裂化作用,能耗较高。

(6) 在整个试验期内,生产的铁水质量较为稳定,但和高炉工艺相比其铁水含硫高。该工艺可以对铁水的温度进行控制,也可对成渣条件进行优化,以达到最佳的生产率,提高铁水质量,减少耐火材料消耗。

(7) 耐火材料损耗率较低,预计反应炉连续生产的使用寿命可达到1年以上。此外,固体料喷枪磨损率很低,反应炉自启用以来,未出现喷枪水冷系统漏水现象。

(8) 由于不使用焦炭及烧结矿,同时还能利用钢铁厂废料,HIsmelt工艺具有较好的环保效益,CO_2 排放量与同等规模的高炉比减少20%。

7.3.3 HIsmelt 流程的技术及经济评价

结合奎纳纳地区 80 万吨生产实践经验，HIsmelt 流程具有以下特点：

（1）单体生产效率高。在 HIsmelt 流程中，燃料全部从铁浴底部喷入，而且燃料中的碳迅速溶解入铁液，这样进入熔池的氧化亚铁主要被铁液中的溶解碳所还原。由于溶解碳还原氧化亚铁的速度比固体碳还原氧化亚铁的速度高出 1~2 个数量级，故其还原速度比其他熔融还原方法快。喷入煤粉在铁浴中的爆裂和分解，加强了对熔池的搅拌，这种搅拌效果势必比单纯底吹氮气的效果好得多，加强了熔池中渣铁的混合，进一步提高了熔池中氧化亚铁的还原速度。此外，浸入式喷吹铁矿粉或用顶吹将矿粉喷入搅拌区，可保证喷入矿粉快速和熔池中的碳反应，此时反应产生的一氧化碳气体又进一步加强了对熔池的搅拌。矿粉和铁浴中溶解碳的直接还原过程，有利于限制渣中的氧化亚铁含量。这是因为矿粉不会像在其他熔融还原过程中那样，先熔于炉渣，然后再和熔渣中的固体碳或铁液中的溶解碳反应。因此，铁浴中矿粉的直接还原速度，并不受限于反应区的工作状态和熔渣中的氧化亚铁的含量，故而 HIsmelt 流程的单体生产效率较其他熔融还原流程的高。

（2）铁浴中碳的回收率高。向铁浴底吹煤粉可以提高碳的回收率，向熔融反应器中浸入式喷煤不仅可以回收煤中的固定碳，而且可以使煤粉挥发分中的碳氢化合物裂解产生碳。SSPP 的研究表明，当煤粉在铁水和熔渣温度下进行快速裂解时，其挥发分中碳的回收率比通常的近似分析法获得的数据高出 10%~30%。碳的回收率是一项重要参数，因为未溶解在铁浴中的碳可能和炉气中的氧或二氧化碳反应，降低二次燃烧率。同时未溶解在铁浴中的碳还会随炉气逸出炉外，这将大大降低燃料的利用率和冶炼强度。

（3）二次燃烧率高。由于在 HIsmelt 流程中将煤粉从铁浴底部直接喷入铁液，同时这些煤粉很快被铁液所溶解，可最大限度地降低散入炉气中的碳量，避免碳和炉气中的氧或二氧化碳反应，从而有利于提高二次燃烧率。在 SSPP 和 HRDF 的试验过程中，其二次燃烧率均可稳定地控制在 60% 左右。而在日本 DIOS 的半工业试验中，其二次燃烧率只控制在 30%~50%；美国 AISI 的半工业试验中二次燃烧率只控制在 40%。此外，采用热风操作，可以限制气相中的氧浓度，缩短溅入气相中的铁液液滴和氧的接触时间，从而进一步提高二次燃烧率。

（4）熔池上部反应强烈，二次燃烧传热速度快。底部喷吹引起熔池强烈的搅拌和产生大量液滴，为在熔池上方形成一个理想的传热区提供了有利的条件。金属液滴就像喷泉形成的喷溅那样进入上部空间，将燃烧区的热量迅速带入熔池，如图 7-30 所示。

（5）渣中氧化亚铁含量低，渣层薄，炉衬侵蚀量小。由于采用了底喷燃料，提高碳的回收率，促进煤中挥发分的分解，强化熔池搅拌，从而促进矿粉的快速还原。同时由于采用热风操作，减少对溅入上部炉气铁液液滴的氧化，可保证熔渣中的亚铁含量处于较低的水平。SSPP 和 HRDF 的试验结果表明，在 HIsmelt 流程中，其熔渣的氧化亚铁可控制在 4% 以下。因此，该工

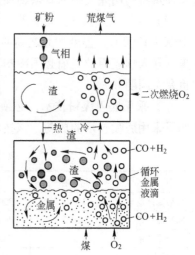

图 7-30　熔渣传递二次燃烧率机制

艺对炉衬的侵蚀程度较其他采用低预还原度操作的熔融还原工艺要小。此外,由于在 HIsmelt 流程中不采用厚渣层操作,渣层厚度小,熔渣对炉衬的侵蚀区域小。

（6）设备投资较低,电力消耗低,适应电力不足的地区。由于采用热风操作,避免了制氧,大大降低了工艺过程的电力消耗。另外,相对而言,建造鼓风机和热风炉的费用比建造相应供氧量的制氧机的费用要低。而除鼓风机和热风炉或制氧机以外的其他设备费用则与其他熔融还原流程的投资相仿,因此,HIsmelt 流程的总投资将比其他熔融还原流程的要低出一些。

（7）吨铁煤耗低。由于 HIsmelt 流程采用了直接向铁液喷吹煤粉的方法,在提高煤粉中固定碳回收率的同时,能够充分回收煤粉挥发分中的碳。加上采用温度高达 1200℃ 的热风操作,直接向铁浴提供大量物理热,相当于铁浴总热收入的 18% ~ 20%。因此,HIsmelt 流程的吨铁煤耗势必较其他熔融还原法要低得多。根据 SSPP 和 HRDF 的试验结果和考虑预还原和终还原联动后操作结果的预测,HIsmelt 流程的吨铁煤耗采用低挥发分煤时可降至 600kg/t,采用高挥发分煤时可降至 800kg/t。而日本 DIOS 的报道数据为 850kg/t。

（8）对环境污染较小。直接向熔池喷吹煤粉,煤粉挥发分在铁浴温度下充分裂解,从而将无任何碳氢化合物进入煤气,因此完全消除了煤粉挥发分中有害的碳氢化合物对环境的污染。同时煤粉中的硫也将直接被铁液和熔渣所吸收,减少进入煤气的可能性,因此也减少了煤气中的硫氧化物（SO_x）的含量。

尽管 HIsmelt 流程有以上诸多优点,其最佳作业指标如表 7-21 所示,但仍然存在一些尚待改进之处:

（1）吨铁煤气量大,导致煤气物理热损失增加。在 HIsmelt 流程中吨铁煤气量（标态）高达 $5224m^3/t$（SSPP 试验结果）~ $6000m^3/t$（HRDF 试验结果）,同时从终还原炉逸出的煤气的温度高达 1600 ~ 1700℃,这样,每冶炼 1t 铁水,从终还原炉逸出煤气携带的物理热高达 12.78 ~ 15.42GJ/t,占总热收入的 38.15% ~ 40.26%（表 7-16）。而将入炉矿粉从 0℃ 加热至 850℃ 只能回收热量 1.5GJ/t 左右,即只能回收煤气带走的物理热的 10% ~ 12%。因此,剩余的煤气物理热的回收必须通过其他途径进行。在 HIsmlt 流程中主要采用管式加热器利用煤气中的剩余物理热产生高压蒸汽加以回收,但仍显不足。

（2）煤气进入预还原流化床之前必须降温。如上所述,逸出终还原炉的煤气的温度高达 1600 ~ 1700℃。温度如此之高的煤气当然不能直接进入任何形式的预还原炉。在将这样的煤气导入预还原炉之前必须冷却,在 Corex、DIOS 和 AISI 等熔融还原流程中,这一点同样也是个问题。

（3）采用底喷煤粉技术,必须用天然气冷却其喷嘴。在 SSPP 和 HRDF 的试验过程中证明了采用底喷技术的成功,该技术给 HIsmelt 流程带来了其他熔融还原法尚无法比拟的

表 7-21　HIsmelt 最佳作业指标

项　目	指　标	时　间	项　目	指　标	时　间
日最高产量	1834t	2008 年 12 月	连续生产记录	68d	2006 年 4 ~ 6 月
周最高产量	11106t	2008 年 12 月	年产量	9000t	2005 年
月最高产量	37345t	2008 年 5 月		89000t	2006 年
最低煤耗	810kg/t	2007 年 8 月		114870t	2007 年
周最高作业率	99%	2008 年 6 月		82218t	截止到 2008 年 6 月

优点。但也正因采用了底喷技术，需用天然气保护喷嘴，尽管天然气的消耗量不大，可也使 HIsmelt 流程产生了对天然气的依赖。因此，HIsmelt 适合于有天然气资源的地区。

（4）采用底喷煤粉对操作技术要求高。底喷喷嘴上方的蘑菇状物（图 7-31）的形状是否保持正常是 HIsmelt 操作是否稳定的基础。在操作过程中要避免喷嘴被烧毁、耐火衬侵蚀过快、铁液回流、喷嘴堵塞和喷入物料反应不完全等现象。在 SSPP 操作中当采用气、固混喷时，为了避免上述情况，要求严格控制气、固量稳定，对于煤粉的计量要求甚高。

（5）要求使用含硫量低的煤种。由于煤粉从铁浴底部直接喷入熔池中的铁熔体，煤粉中的硫进入煤气的可能性减小，这一点对于环境保护来

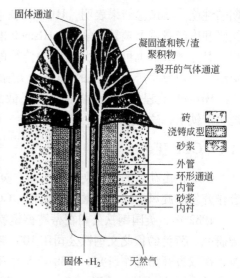

图 7-31　喷吹固体物料时蘑菇状凝固物的正常形态

说无疑是有好处的，但是也增加了该工艺过程的脱硫负担。因此，为了保证铁水质量，在无炉外脱硫的情况下必须选用硫含量低的煤种。

建设奎纳纳工厂的其中一个目的就是希望在大规模工厂生产情况下在可控和安全的条件下发现问题，只有这样才可能在进行大规模商业化之前使该技术日臻完善。其主要的经验教训在于：

（1）铁水在出铁前炉（发生在第一次开炉装铁水）中发生冻结会很麻烦，原因是重新贯通出铁前炉和还原炉炉体之间的连通管是很困难的。如果出铁前炉工作不正常，那么则无法安全的进行冶炼。在制定了相应的对策之后，没有出现过类似情况。

（2）2007 年 3 月，还原炉内出现了碳平衡失控的状况。结果是出现了泡沫渣现象（部分原因是炉渣温度较低加之矿石喷吹过量）。这种情况在没有被发现情况下持续了 6h，在此期间炉内铁水大部分被熔炼成了半钢。结果是造成在水冷壁上结瘤约 200～300mm 厚，并由于冷却的作用下，对管路形成了相当大的应力，因此出现水管破裂。有鉴于此，工厂停炉清除了结瘤，并更换了部分水冷壁。具体的对策是开发了相应的软件识别系统，强化了操作人员培训，设置了在线炉尘含碳量反馈系统，进行实时数据显示，以确保及时发现还原炉中是否发生碳的亏损。

（3）2007 年 12 月，由于耐材热面机械应力和侵蚀原因，导致还原炉发生铁水烧出事故。事故得以安全处理，并且显示炉体设备周围的安全系统工作正常。事故的核心原因是未能及时监控关键区域耐材的状态和由此导致的炉壳的热态行为。具体的对策是除了对操作人员加强培训外，还有选择地安装了渣线铜水箱，以及在关键区域设置了永久性炉壳温度测量装置。

这些经验和教训进一步强化了工艺基础。实际上许多独一无二的技术在最初都需要对出现的问题进行分析应对，才能继续向前推进，这些实际生产过程中积累的诀窍将为工艺的最终成功起到重要作用。

7.3.4　HIsmelt 流程应用前景

HRDF 研究的前 12 个月的试验数据足以证实，从 SSPP 放大的 HIsmelt 工艺接近其预

期的性能。其试验结果表明，HIsmelt流程能够生产出高质量的铁水，同时在其设备建造投资和生产费用上颇具竞争性。HIsmelt的研究者认为，建造小规模的HIsmelt熔融还原流程，其经济效益也可以同大规模的传统的焦炉——高炉流程相媲美。因此，HIsmelt公司曾经计划建设年产50万吨的HIsmelt熔融还原工业生产厂。

　　HIsmelt流程借助其经济优势及对低品位含铁原料的处理能力，已经可以小规模有效地生产铁水，这一点已被公认。

7.4　CCF工艺

　　CCF是由荷兰的霍戈文钢铁公司、英国钢铁公司和意大利的伊尔瓦（Ilva）钢铁公司合作开发的旋风炉式的熔融还原流程。CCF是Cyclone Converter Furnace的缩写[35,36]。

　　1982年，英国钢铁公司在蒂赛德钢铁厂采用双燃烧室熔炼装置对熔融还原过程进行基础研究。荷兰的霍戈文钢铁公司用100t转炉进行喷煤熔化废钢的熔炼试验。1986年7月，英、荷双方开始合作研究。1988年5月开始，将一座日产1000t的高炉改造成CBF（即经改造的高炉，Converted Blast Furnace的缩写）的示范性装置，英国钢铁公司主要承担CBF过程的理论计算，霍戈文钢铁公司承担工程设计和经济分析。1988年意大利的伊尔瓦（Ilva）钢铁公司参与了这项煤基炼铁方法的研究。CBF流程类似当今的Corex流程，它用竖炉将块矿进行充分还原，然后导入终还原炉进行终还原和熔分，煤粉在终还原炉内气化，制成高还原性的煤气供给竖炉预还原。CBF达到了直接使用非焦煤炼铁的目的，但铁矿石仍需造块，因此发展成了CCF法。

　　在CCF流程中利用旋风炉取代了竖炉，目的在于取消铁矿石造块工艺，进一步降低煤基炼铁工艺对环境的污染和减少基建投资及生产环节。

　　从1989年至1992年，荷兰、英国和意大利的三家钢铁公司合作对CCF法进行了第一阶段的研究。CCF的第一阶段是以实验室试验和理论计算为基础，研究建造CCF的中间试验装置。该项研究由英国的钢铁研究中心、意大利的伊尔瓦(Ilva)钢铁公司的CSM、霍戈文以及国际火焰研究所(International Flame Research Foundation)共同完成。他们在霍戈文的1号BOS炉的位置上建立了一套产量为20t/h规模的半工业试验装置。

7.4.1　工艺流程

　　CCF熔融还原流程也属于二步法，包括预还原和终还原两部分。该工艺采用旋风反应器作为矿粉的预还原装置，终还原采用竖式铁浴炉，旋风预还原装置直接"坐"在竖式铁浴炉的正上方，从外形上看像个整体，如图7-32所示。

　　旋风熔融预还原炉（下面简称旋风炉）的内壁由水冷炉墙构成，矿粉和氧从旋风炉上部圆周的切线方向喷入炉内，进行预还原和熔化。预还原后的熔融态铁氧化

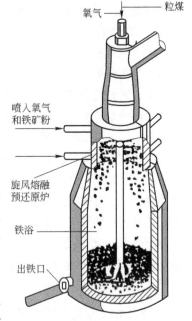

图7-32　CCF炉示意图

物附着在水冷炉壁上，然后在重力的作用下进入下部的铁浴；或者预还原后直接进入铁浴。

在铁浴中同时进行铁氧化物的终还原和粒煤的气化，铁浴中的二次燃烧率控制在 25%，二次燃烧传热效率应该达到 80% 以上，以满足在铁浴内进行终还原和粒煤气化所需的热量需求。从铁浴上升的煤气在旋风炉内进一步燃烧，以提供熔化和预还原所需的热量。在 CCF 流程中最终的二次燃烧率可以达到 75%。

CCF 流程设备简单，在一个反应器内完成熔融还原的全过程。在该流程中，预还原和终还原直接连接，从而取消了高温煤气的处理系统，如高温煤气的冷却、除尘和煤气改质（或重整）等。逸出 CCF 炉的煤气，通过一种类似于氧气顶吹转炉上的煤气回收系统的煤气处理系统加以回收，在该系统中带有一管式锅炉，以在收集煤气的同时回收其中的物理热，生产高压蒸汽供制氧或发电。CCF 的流程如图 7-33 所示。

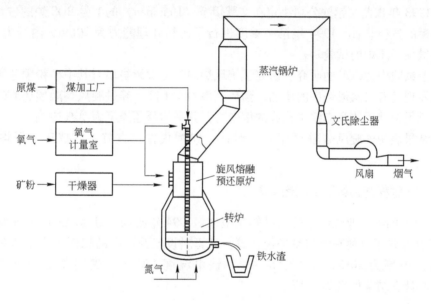

图 7-33　CCF 流程图

7.4.2　旋风熔融预还原炉（旋风炉）

旋风熔融预还原炉是 CCF 流程的主要设备，其特点是：

（1）将预还原和终还原集中在一个反应器内进行，使熔融还原设备简单化；

（2）采用旋风炉后，预还原和终还原直接相连，该过程热能利用率提高；

（3）单位炉容的生产率高；

（4）减轻终还原过程中二次燃烧的负担。

1990 年完成了旋风熔融预还原炉（旋风炉）的试验研究，分析了旋风炉对喷入其中的矿粉的预还原度，以及矿粉的捕集率（CCF 的研究者将实际进入铁浴的矿粉量和喷入旋风炉的总矿粉量的比值，定义为旋风熔化器对矿粉的捕集率）。当然，捕集率越高，进入煤气处理系统而损失的矿粉量越小，反之矿粉损失量越大。

英国钢铁公司、霍戈文钢铁公司和伊尔瓦公司在验证了旋风熔融预还原炉的可行性之后，集中力量研究 CCF 流程的特色技术——旋风熔化过程。当时已经进行了许多有关铁浴熔融还原过程的研究，因此，霍戈文和伊尔瓦不再研究铁浴还原过程，而转向研究矿粉的旋风预还原和熔化过程。此后，伊尔瓦公司曾计划在塔兰托（Taranto）建立一座 CCF 的试验厂，并将其命名为 PDU（Process Development Unit 的缩写），但以后一直未见报道。

进入 21 世纪，据称由于技术转让和资本重组，目前这一流程已归塔塔钢铁公司所有。

7.4.3   旋风熔融炉的试验结果

首次旋风熔融试验是在内径为 400mm 的旋风熔融预还原炉中进行的，该试验装置处理矿粉的能力为 0.5t/h，建在艾默伊登（IJmuiden）的国际火焰研究所内。1992 年，建立了内径为 800mm、处理矿粉能力为 2t/h 旋风熔融预还原炉。这两个旋风炉的试验结果令人鼓舞。1993 年霍戈文钢铁公司决定在艾默伊登（IJmuiden）的 1 号 BOS 炉的位置上建造一座大规模的试验装置。1994 年第一季度进行了矿粉处理能力为 20t/h、内径为 2000mm 的旋风熔融预还原炉的试验。

在以上试验中，CCF 的研究者研究了旋风炉内的二次燃烧率对其中矿粉预还原率的影响，结果发现随着二次燃烧率的增加，预还原率略有下降。经过旋风熔融预还原炉处理后的矿粉形成了由浮氏体和赤铁矿构成的熔融物，其平均预还原度为 20% 左右。

试验结果表明，旋风熔融预还原炉对铁矿粉捕集作用良好，其捕集率平均在 93% 左右。

7.4.4   CCF 过程的物料平衡和热平衡

有关 CCF 的半工业性试验的结果鲜见报道。1994 年梅耶（H. K. Meijer）根据试验结果对 CCF 流程作了物料平衡和热平衡计算。计算时设定铁浴内的二次燃烧率为 25%，二次燃烧传热效率为 80%，铁水含碳 4%，铁水温度 1500℃，逸出铁浴的煤气温度为 1800℃。其计算结果如表 7-22 所示。

表 7-22   CCF 流程的物料平衡和热平衡

物料及热收入			物料及热支出		
粒　煤	640kg	20.4GJ	铁　水	1000kg	9.9GJ
矿　粉	1500kg		炉　渣	270kg	0.4GJ
氧气（标态）	510m³		煤气（标态）	1214m³	3.0GJ
石　灰	110kg		蒸　汽		5.7GJ
			热损失		1.4GJ
合　计		20.4GJ	合　计		20.4GJ

根据梅耶（H. K. Meijer）的计算结果，显然 CCF 流程的煤耗可以和传统的高炉流程相媲美。此外，可利用 CCF 输出的煤气和余热锅炉产生的蒸汽发电。所产生的电量，30% 用于制氧机，生产 CCF 流程所需的氧气。除此之外，每吨铁水还可产生 595kW·h 的电力。

CCF 流程的能量分布如图 7-34 所示。

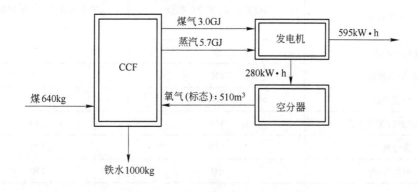

图 7-34 CCF 流程的能量分布

7.4.5 CCF 流程技术及经济评价

CCF 熔融还原流程可以避免炼铁过程对焦化和铁矿粉造块的需求。如暂不考虑设备投资，仅就传统的高炉流程生产铁水的费用和新建 CCF 熔融还原流程生产铁水的费用而言，根据当时欧洲的实际情况，对矿粉和人造块矿、非焦煤和焦炭、氧气和鼓风的成本以及设备投资进行比较，加上 CCF 流程和高炉流程的燃料消耗比较，梅耶（H. K. Meijer）认为，采用 CCF 流程可能将使吨铁的生产成本降低 18 美元。具体数据见表 7-23。

表 7-23　CCF 操作成本的节约情况

项　　目	操作成本的节约/美元 · t^{-1}
非焦煤和焦炭的比较（包括焦化设备投资）	25
矿粉和人造块矿的比较（包括造块设备投资）	11
吹氧和鼓风的比较	−18
总　　计	18

对于新建的钢铁企业，如采用传统的工艺，则需新建焦炉、烧结机（或其他铁矿粉造块设备）和高炉。而现有的钢铁企业都有现成的炼铁设备，只是处于不同的服役时期，需进行不同程度的设备维修或更新。对于不同的情况，梅耶（H. K. Meijer）提出了"单位投资"的概念。单位投资的意义，实际上是新建炼铁厂或对原有的炼铁厂进行不同程度的翻新所需的投资，这些投资决定了在同样的经济效益的前提下，可用于新兴的熔融还原炼铁工艺方面的投资。梅耶做了单位投资分析，如表 7-24 所示。在进行以下单位投资分析时，梅耶（H. K. Meijer）考虑了生产成本的影响。表 7-24 中的单位投资和所采用的熔融还原具体流程无关。在何种情况下采用何种熔融还原流程是否经济，视其建设费用是否比表 7-24 中的某种特定情况下的单位投资低而定。据当时报道，Corex 法的投资为 210 ~ 250 美元/t，AISI 法为 160 美元/t，CCF 法为 150 ~ 180 美元/t[37,38]。

表 7-24   可用于熔融还原设备的最大单位投资

炼铁工艺的条件	取消焦化时的单位投资 /美元·t^{-1}	同时取消焦化和铁矿粉造块时的 单位投资/美元·t^{-1}
新建高炉和焦化厂	300	370
新建高炉和重建焦炉	250	320
新建高炉	180	250
重建焦炉和高炉大修	150	220
重建焦炉	110	180
高炉大修	80	150

7.5   HIsarna 工艺

近年来着力开发的 HIsarna 熔融还原法，是欧洲 ULCOS（Ultra Low CO$_2$ Steelmaking，超低二氧化碳炼钢）项目联盟和拥有 HIsmelt 熔融还原法全部知识产权的力拓（Rio Tinto Group）公司，两家合作开发的一种新的熔融还原工艺[39~44]。这种熔融还原法起源于荷兰霍戈文钢铁公司、英国钢铁公司和意大利的伊尔瓦（Ilva）钢铁公司合作开发的 CCF（Cyclone Converter Furnace）熔融还原法（后属于塔塔钢铁公司）。

2004 年，欧洲钢铁企业发起成立 ULCOS（Ultra Low CO$_2$ Steelmaking，超低二氧化碳炼钢）项目联盟，目的是为了降低 CO$_2$ 的排放，开发出具有突破性意义的冶炼新工艺，实现欧洲钢铁工业到 2050 年至少减排 50% 的目标。2006 年，ULCOS 项目联盟决定开发 Isarna 熔融还原法（Isarna 一词来源于古老的凯尔特语，意为强金属，即铁），该工艺继承了 CCF 熔融还原法中的旋风熔融预还原炉技术。2008 年 11 月，ULCOS 项目联盟和力拓公司宣布进行合作开发，目的是将 Isarna 工艺中的旋风熔融预还原炉（CCF）与 HIsmelt 的熔融还原炉（SRV）合为一体。为反映这两种技术的融合，ULCOS 项目联盟将 Isarna 重新命名为 HIsarna。由此，HIsarna 熔融还原法正式诞生。

2011 年 4 月，塔塔钢铁公司在荷兰艾默伊登（Ijmuiden）建成一个耗资 2 千万欧元、年产铁水 6.5 万吨的 HIsarna 中试厂，并于 2011 年 5~6 月份进行第一炉试验，成功得到合格的铁水。在该中试厂试验之后，ULCOS 项目联盟计划在 ULCOS 二期项目中建设一个年产 70 万吨铁的半工业化示范厂，继续进行 HIsarna 熔融还原工艺的开发工作。

7.5.1   工艺流程

HIsarna 熔融还原法同样属于二步法，包括预还原和终还原。铁矿粉在旋风熔融预还原炉（CCF，简称旋风炉）内预还原和熔化，在下部熔融还原炉（SRV）中进行终还原。该工艺流程直接使用铁矿粉和煤粉，不需粉矿造块和焦化工序，其中煤粉通过煤热解炉热解后形成热的半焦连续加入到熔融还原炉（SRV）中。与高炉流程相比，HIsarna 工艺可以使用更加经济的原燃料，例如非结焦煤和不适合在高炉冶炼的品质较差的铁矿石，并可显著减少煤的用量，大幅减少 CO$_2$ 的排放量。由于 HIsarna 工艺过程使用纯氧，工艺过程产生的气体几乎可以全部处理，因为其废气中没有氮气，废气处理量很小。这使得 HIsarna 工艺十分有利于与碳捕集和储存技术（CCS）相结合，进一步降低 CO_2 的排放。此外，HIsarna 熔融还原法日后还可以应用生物质、天然气或氢气，部分取代煤，形成全新的熔融还原流程。

HIsarna 熔融还原炼铁工艺是 ULCOS 项目中选出的四个突破性炼铁技术之一。该工艺有望减少 CO_2 排放 20%，如果配合 CCS，CO_2 排放量将降低 80%。HIsarna 工艺流程如图 7-35 所示。

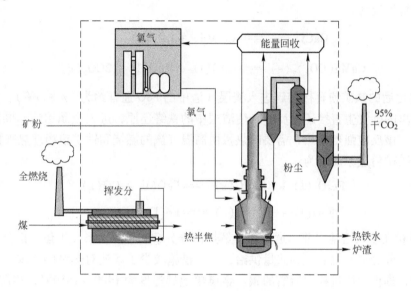

图 7-35　HIsarna 工艺流程示意图

HIsarna 工艺的核心是旋风熔融预还原炉（CCF）和熔融还原炉（SRV）组成的紧凑式反应器，如图 7-36 所示。

HIsarna 工艺中，铁矿石预还原和熔化过程以及铁浴熔池终还原过程，通过部分熔融预还原的矿石与铁浴熔池产生的热态高温气流之间的逆流接触，从而紧密连接在一起。这两个过程在物理意义上都是高度紧密结合的，如图 7-37 所示。

HIsarna 工艺过程可做如下表述：

（1）铁矿粉、熔剂和氧气一起喷入到 CCF 中时，从 SRV 产生的气体在反应器中部与喷入

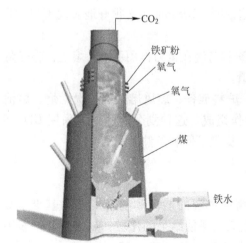

图 7-36　HIsarna 工艺的紧凑式反应器

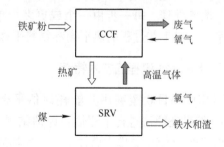

图 7-37　HIsarna 工艺的两个反应阶段

的氧气接触并燃烧，高温气流上升到 CCF 中熔化并部分还原铁矿粉，同时熔剂加热并分解。然后，熔化的铁矿粉和熔剂在重力的作用下落入到 SRV 炉中。铁矿粉的预热温度约为 1450℃。铁矿粉通过加热和熔池烟气的预还原，可使预还原度达到 20%[45,46]。

铁矿粉还原反应为：

$$Fe_xO_y(s) + CO/H_2(g) === Fe_xO_{y-1}(l) + CO_2/H_2O(g)$$

熔剂分解反应为：

$$CaCO_3(s) === CaO(l) + CO_2(g)$$

$$CaMg(CO_3)_2(s) === CaO(l) + MgO(l) + 2CO_2(g)$$

（2）熔化后的铁矿粉直接熔解进入渣层（渣中的 FeO 通常约为 5%~6%），并与熔解在金属熔池里的碳发生直接还原反应，使渣层中的铁终还原，进入金属熔池，同时产生一氧化碳气体。该反应强烈吸热，需要的热量由高温气流的燃烧和铁矿粉物理热来提供。

熔融的铁矿粉还原反应为：

$$Fe_2O_3(l) + [C]/C(s) === FeO(l) + CO(g)$$

$$FeO(l) + [C]/C(s) === Fe(l) + CO(g)$$

（3）煤粉在喷入熔池之前，通过煤热解炉部分分解和预热，形成半焦，部分分解所需的热量由挥发分分解燃烧放出的热量供给，这一措施减少了熔池对热量的需求。半焦进入到金属熔池，提供冶炼过程中所需的碳。金属熔池的温度为 1400~1450℃，熔解大约 4%的碳。在金属铁液中硅含量基本为零，相比于高炉铁水，其他次要的元素含量（例如锰、磷、钛）也非常低。

（4）熔炼产生的一氧化碳与煤的气化产物一起形成向上运动的高温气流。气流向上的运动会在熔池中产生大量飞溅，金属液和炉渣以液滴的形式循环，可以到达反应器的上半部分，实现热量的交换。氧气通过喷枪进入反应器的上半部分，与高温气流接触，使其发生二次燃烧，产生热量，这时煤气温度一般约为 1450~1500℃，二次燃烧率大约为 50%，在 CCF 顶部时二次燃烧率几乎可以达到 100%。这说明，HIsarna 工艺很好地实现了与 CCS 技术的紧密结合。

（5）在重力作用下，熔融的铁矿粉、金属液滴和渣滴在重力作用下落入熔池，将热量由反应器上半部分带到铁浴熔池中，补充熔池热量。

HIsarna 工艺可进一步分解为以下 5 个步骤：炉料准备、旋风熔融、二次燃烧、熔池还原、废气处理。每一步由一个或更多个单元操作组成。这种划分方法，为采用 ULCOS 评估平台，对工艺过程的热平衡和物料平衡分析，提供了便利条件。

7.5.2 HIsarna 流程的技术特点

ULCOS 项目联盟利用其能耗评估平台，以高炉过程的能量和物料消耗为基准，对 HIsarna 熔融还原法进行了评估，评估结果与其他工艺评估结果的比较，见表 7-25。表中还给出了两种 CO_2 减排支撑技术——生物质替代化石燃料及 CCS（CO_2 捕集和存储技术）的应用结果。

表 7-25　ULCOS 平台对各种工艺评估结果　　　　　　　（%）

流　程	高炉流程	RHF—EAF 流程	FB—EAF 流程	HIsarna 流程
主要能耗	100	107	127	83
CO_2 排放量	100	89	96	79
生物质替代化石燃料后的最小 CO_2 排放量	—	62	64	72
采用 CCS 技术后的最小 CO_2 排放量	—	43	40	59

注：100% 代表高炉的参考能量消耗和 CO_2 排放。

　　比较结果表明，HIsarna 工艺是净能耗可以低于高炉工艺的唯一技术路线，CO_2 的排放也可能降低。此外，表 7-25 说明，所有其他工艺的减排效果都好于高炉，特别是在引入了 CCS 等技术之后，其减排效果会更好。这里应该说明，转底炉电炉流程（RHF—EAF）和流化床电炉流程（FB—EAF，FB：Fluidized Bed），CO_2 减排较好，这主要得益于二者使用了天然气和电能，而天然气和电能相比煤来说其本身 CO_2 排放量就很少。ULCOS 评估平台和评估方法在应用过程中已对许多流程进行了评估，不仅已对参加 ULCOS 项目的单位中多座高炉进行评估，而且还对已经开发成功的旋风熔化炉和熔池还原炉等单元设备进行了评估，得到了与实际相近的结果，从而验证了平台的方法在工程中应用的可靠性。

　　将 HIsarna 工艺与之前经过了工业规模开发的工艺，如 Romelt、DIOS、AISI，以及正处于商业开发阶段的 HIsmelt 等工艺相比，可以发现，HIsarna 工艺不仅继承了这些高比例熔融状态还原（熔融状态下终还原的比例不低于 80%）的优点，还有其独有的技术特点：

　　（1）无需炼焦和造块。HIsarna 工艺直接使用粉矿和粉煤进行冶炼，省去了普通高炉炼铁过程中的炼焦和原料造块工序，从而大幅度降低了炼铁全部工序的能耗。

　　（2）原燃料范围广泛。HIsarna 工艺对所使用的煤种要求不高，不需要价格高昂的冶金焦化用煤，从而比较理想地应对了煤矿资源劣化；此外该工艺还可处理高磷矿、高钛矿等难冶炼矿石。广泛使用资源大大降低了成本。

　　（3）技术比较成熟。HIsarna 工艺的两个核心单元，旋风熔融预还原炉（CCF）和熔融还原炉（SRV），已分别在 Hoogven 和 HIsmelt 公司经过了长期的开发和试验，属于成熟技术，将两者以无缝联结的方式，联结成一体化的紧凑单元。

　　这样就为反应器的下述六个主要工艺问题的解决提供了有利条件：

　　（1）降低了反应器下部还原区的二次燃烧率，同时强化了上部氧化区的氧化供热，更好地解决了氧化区和还原区放热和吸热的矛盾。

　　（2）还原炉上部矿粉大部分还原为亚铁后，以熔融态进入终还原区，为还原炉的亚铁控制提供了方便，从而可与其他水冷技术等互相配合，可以大幅度地提高炉衬寿命。

　　（3）尾气能量得到了充分利用，排出气体的各种燃气成分均接近零。

　　（4）使用燃料多样化。HIsarna 工艺添加煤分解炉后，不仅将煤的使用种类扩展到高挥发分煤，而且可方便地应用生物质等其他燃料。

　　（5）低碳炼铁。HIsarna 工艺流程短、投资节约，能效高而且资源应用广泛，排放减少，符合低碳低污染炼铁发展方向。

　　（6）易于采用 CCS 技术。这一流程采用全氧操作，其排放指标低于高炉流程，这样就为应用 CCS 技术提供了条件。

7.5.3 HIsarna 流程半工业试验

目前 HIsarna 还原法还处于半工业试验状态，其半工业试验工厂在荷兰的艾默伊登 (Ijmuiden)，由塔塔钢铁公司于 2011 年 4 月建成，这里以前是塔塔钢铁公司的脱硫试验厂。在此建厂是因为其便利的铁路运输系统、已有的相关设备和合适容量的除尘装置。该试验工厂设计规模为生产铁水 8t/h（大约 13～14t/h 的矿石原料）、喷煤能力为 6t/h。铁矿粉是当地的球团厂所用铁矿粉，由当地的承包商运输（约 15t/h）。所产生的渣和铁水都通过铁路运输。

2011 年 5～6 月份，试验厂成功进行了第一炉旋风炉（CCF）和熔融还原炉（SRV）的热试验，得到合格的铁水。第一炉试验达到了设计能力的 60%，其各项生产指标如表 7-26 和表 7-27 所示。

表 7-26　生产 1t 铁水所需的原燃料数量

铁矿粉	煤粉	石灰石	白云石	旋风炉负荷	旋风炉氧气（标态）	SRV 炉氧气（标态）	矿粉载气（标态）	煤粉载气（标态）
1459kg	483kg	66.8kg	31.8kg	1606kg	$90.8m^3$	$281.2m^3$	$103.5m^3$	$24.1m^3$

表 7-27　生产 1t 铁水的部分技术指标

二次燃烧率	旋风燃烧率	废气量（标态）	废气温度	回收粉尘量	出渣量
42.90%	100%	$987m^3$	487℃	84.2kg	140kg

根据 ULCOS 项目计划，HIsarna 试验项目将在 2012 年和 2014 年的"ULCOS-Ⅱumbrella"项目支持下继续进行，以进一步优化 HIsarna 熔融还原流程。

2014 年 3 月 27 日，塔塔钢铁公司宣布并于 5 月中旬对位于荷兰艾默伊登钢厂的年产能 6 万吨的 HIsarna 中试设备进行第四次试验。此次试验计划持续 6 周。

第四次试验将进行一系列生产铁水的试验，每次持续几天，另外将对不同类型的煤和铁矿石进行测试。对这次试验结果进行分析之后，还将为计划于 2015 年进行的为期 6 个月的第五次试验做准备。如果试验效果好，下一步将为 HIsarna 工业化规模的应用进行设计、建设和试运行。

这种规模的项目不是一个公司能承担的，塔塔钢铁公司与参与 ULCOS 项目的其他钢铁公司和力拓进行了密切合作。鉴于该项目需要耗费巨额资金，目前塔塔钢铁公司正在向欧盟委员会和荷兰政府寻求支持，以使这项突破性炼铁项目能够向前推进。

欧洲超低二氧化碳炼钢项目始于 2004 年，期间对 70 多种工艺路线进行了评价筛选，对选出的技术路线进行中试，期间投入了巨额资金，即使在欧洲经济陷入困境的当下也没有停止。从中可以看出，一项新技术的成功研发和应用需要创新的思维和不懈的坚持。

7.5.4 HIsarna 流程的主要特点

HIsarna 熔融还原法是 ULCOS 欧洲钢铁联盟的一个创新项目，预计将会产生很好的环境和经济的效益。HIsarna 技术的环境效益主要体现在：因为 HIsarna 熔融还原法不需要矿石烧结及炼焦，从而大幅度减少二氧化碳的排放及其他排放物；HIsarna 熔融还原法的经济效益主要在于：可以使用不满足高炉炼铁常规质量要求的廉价原料，以及一些难冶炼矿石，并可以使用范围广泛的各种燃料，而不受到炼焦煤日益减少的限制。

当然，HIsarna 熔融还原法目前尚处于研发阶段，但已展现出其独特的技术优势，预计未来将会给非高炉炼铁带来更大革新。

7.6　DIOS 工艺

DIOS 是铁矿石直接熔融还原工艺（Direct Iron Ore Smelting Reduction Process）的简称。DIOS 法的开发起源于企业的自发研究[47~52]。

20 世纪 70 年代后期，日本 NKK 公司开始熔融还原技术的调查研究工作，1984 年该公司提出了取代高炉流程的熔融还原新工艺的基本概念和主要研究课题。1985 年开始进行基础研究，目的是探索在铁浴式熔融还原炉内获得高热效率和高二次燃烧率的机理。该项研究取得了令人满意的效果。1986 年在日本福山钢铁厂建成了 5t 的多功能试验转炉，以进行基础试验的结果与扩大规模后的对比，同时还对预还原炉进行了流化床中气体还原行为的基础研究。

1988 年日本铁钢联盟获得了日本通产省提供的煤炭生产技术振兴补助金的资助，以 8 家高炉生产钢铁公司为基础，成立了与日本煤炭综合利用中心合作的研究中心。该研究计划进行了 7 年，前 3 年，日本熔融还原开发委员会主要对熔融还原进行基础研究，这些基础研究在新日铁、日本钢管福山厂、住友金属鹿岛厂、川崎制铁千叶厂和神户制钢神户厂 5 个大钢铁厂进行。这 5 家钢铁厂各自研究的条件和任务如表 7-28 所示。

表 7-28　DIOS 基础研究及分工

试验地点	实验条件及设备	主 要 任 务
新日铁	1. 100t 铁浴式熔融还原炉（内型容积 138m^3）； 2. 常压间歇操作； 3. 顶底复合吹氧，最大总氧量为 35000m^3/h（标态）	1. 达到较高的二次燃烧率和二次燃烧传热效率； 2. 收集按比例扩大炉型的问题，研究相应对策； 3. 研究使用高挥发分煤的可能性； 4. 研究终还原炉内的熔炼特征； 5. 研究煤气改质技术
日本钢管福山厂	1. 与预还原流化床直接相连接的 5t 铁浴式熔融还原炉； 2. 加压操作，最大工作压力为 0.186MPa； 3. 单顶吹氧，最大吹氧量为 2500m^3/h； 4. 流化床内型尺寸：ϕ1000mm×8000mm	1. 研究获得较高二次燃烧率和较高二次燃烧传热效率的技术措施； 2. 研究利用高挥发分煤的可能性； 3. 研究终还原炉和流化床联合运行相容性； 4. 研究流化床稳定工作的条件； 5. 研究流化床的还原能力
住友金属鹿岛厂	1. 5t 铁浴式熔融还原炉； 2. 常压间歇操作； 3. 采用顶、底、侧三种方式吹氧，最大总吹氧量为 1400m^3/h（标态）	1. 研究获得较高二次燃烧率和较高二次燃烧传热效率的技术措施； 2. 研究利用高挥发分煤的可能性； 3. 研究在渣层内侧吹氧对终还原炉内各种行为的影响
川崎制铁千叶厂	循环流化床，内型为：ϕ700mm×7300mm	1. 研究流化床稳定工作的条件； 2. 评价流化床的还原能力
神户制钢神户厂	1. 一个由碳化炉和等离子加热器组成的煤气改质炉； 2. 研究煤气改质技术	研究煤气改质技术

7.6.1 DIOS 主要研究结果

7.6.1.1 可以同时获得高二次燃烧率和高二次燃烧传热效率的技术

追求高二次燃烧率的熔融还原工艺的焦点，是提高二次燃烧率的同时，也提高二次燃烧传热效率，这是降低其吨铁煤耗的有效措施。在 DIOS 工艺中，其主要热源是熔融还原过程中产生 CO 的二次燃烧，为此获得较高的二次燃烧率和二次燃烧传热效率必然是该工艺的关键。因此，日本承担 DIOS 研究的各个钢铁厂，对渣层的作用和渣铁浴搅拌的影响，以及加压操作的影响，进行了多方面的研究[53~56]。

A 渣层的作用

终还原采用厚渣层操作是 DIOS 工艺的重要特点。厚渣层的作用在于：吸收二次燃烧热量，熔融并还原铁矿石，保持半焦的存在，阻止铁液的喷溅，减少粉尘逃逸，以及防止金属铁再氧化等。为了研究这些作用机理，针对终还原炉内的熔渣密度、渣层中铁液的分布、渣层中半焦的分布以及渣层内温度分布进行了大量研究工作。

图 7-38 示出了新日铁测定的终还原炉内渣层（包括泡沫渣）厚度和渣量之间的关系。在新日铁的试验过程中，渣层厚度一般保持在 2~3m，渣量为 40t 左右。其研究证明，终还原炉内渣量对渣层厚度的影响不大。

图 7-39 表示熔渣中渣、半焦及气体的比率和渣量的关系。该图描述了新日铁、福山厂和鹿岛厂等各自不同规格的终还原炉的试验结果。从该图可以看出，渣层的平均密度随渣量的增加而增大，而与终还原炉的大小无关。另外，渣层中半焦及气体的比率却随渣量的增加而相应减小。这说明渣量的变化会导致渣中气体含量的变化，从而渣层的平均密度也发生变化，而渣层厚度本身却变化不大。

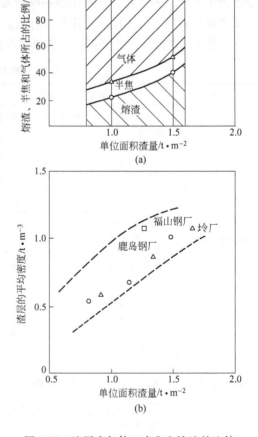

(a)

(b)

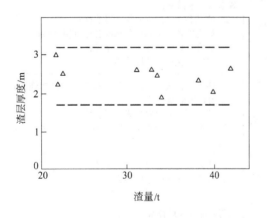

图 7-38 渣层（包括泡沫渣）厚度与渣量的关系

图 7-39 渣层中气体、半焦和熔渣的比较

图 7-40 是新日铁对渣层内温度分布的测定结果。所有的测定结果证明，渣层的温度都有类似图 7-40 的规律，即渣层下部的温度和铁水的温度相近，但渣层上部和渣层下部的温差较大，一般说来，渣层下部的温度比其上层温度低几十摄氏度到几百摄氏度。这说明，由于底吹搅拌的作用，使得铁水温度和渣层下部温度相近；而由于二次燃烧的作用导致了渣层上下部的温度差。很显然，

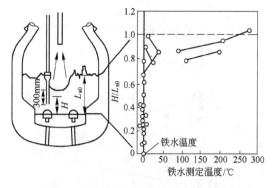

图 7-40　渣层内的温度分布（新日铁）

二次燃烧传热效率与二次燃烧的方式与渣层混合程度有关。

图 7-41 及图 7-42 分别描述了铁滴在渣层中的分布以及半焦在渣层中的分布。测定结果表明，大部分铁滴分布于渣层的下部，而半焦在渣层中的分布则比较均匀。由于铁液中的溶解碳对熔渣中的 FeO 的还原速度，比固体碳对熔渣中的 FeO 的还原速度要快得多，因而渣层中铁液的存在，对于以提高生产率为目的的熔融还原工艺是至关重要的。同时为了保证碳与铁滴或铁水在熔池中的反应，半焦在整个渣层中的分布也是很重要的。在 DIOS 工艺中，为了提高生产率，如何正确控制铁滴及半焦在渣层中的合理分布是非常重要的。

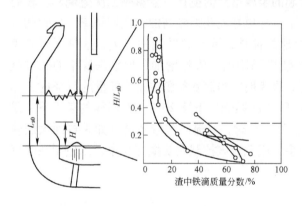

图 7-41　铁滴在渣层中分布

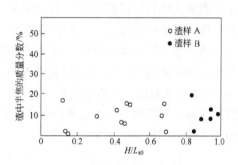

图 7-42　半焦在渣层中分布

B　搅拌的作用

铁浴搅拌对二次燃烧率及二次燃烧传热效率的影响如图 7-43 及图 7-44 所示。新日铁通过加大底吹气量，来加强对铁浴的搅拌，但这样容易加大炉尘的损失；与此同时，渣中铁滴增加，使之与氧的反应增加，可能导致二次燃烧率下降。

此外，鹿岛厂采用侧吹的方法，加强对铁浴的搅拌，没有使过量的铁滴进入渣层，因此使二次燃烧传热效率提高了 5% ~ 10%。

住友鹿岛厂使用顶、底、侧吹气的熔融还原炉研究了不同形式的搅拌对二次燃烧率、二次燃烧传热效率及还原速率的影响。住友的研究结果认为，顶、侧吹氧结合底吹氮，可以控制铁浴中金属熔体和渣层的搅拌强度；由底吹氮控制铁滴在渣层中的分布形态可以控制二次燃烧率和还原速度；侧吹氧搅动渣层，可在防止过量的铁滴进入渣层的前提下，提

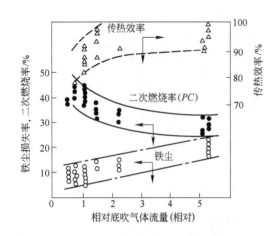

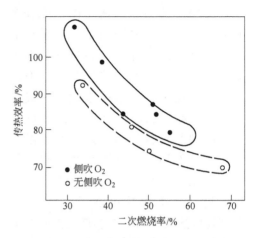

图 7-43　底吹搅拌气体量对二次燃烧及
二次燃烧传热效率的影响

图 7-44　侧吹气体的搅拌对二次燃烧率及
二次燃烧传热效率的影响

高二次燃烧传热效率。

C　底吹氮和侧吹氧对二次燃烧率的影响

在任何吹氧的条件下，通过底吹氮引起的金属熔池的搅拌，会影响二次燃烧率。较弱的金属熔池搅拌功率，在恒定的喷吹条件下，能更好地获得较高的二次燃烧率，尽管此时二次燃烧传热效率可能较低。对于金属熔池的搅拌结果导致铁滴的产生，这是不可避免的；而提高底吹搅拌功率，势必使在吹入渣层周围的铁滴量增加，导致铁滴中的碳被氧化，结果使二次燃烧率下降。住友的研究结果表明，当侧吹氧量占总吹氧量的50%时，如果渣层中铁滴的比例从10%提高到60%，则二次燃烧率下降20%。在同样的条件下，采用100%顶吹氧时，二次燃烧率下降3%。顶吹氧时，气流的位置较高，如果再加大底吹搅拌功率，同样也会使二次燃烧率下降很多，因此应该控制底吹搅拌功率，以控制在吹氧的气流周围不致产生过多的铁滴。

D　侧吹氧对二次燃烧传热效率的影响

与底吹氮相比，侧吹氧对提高二次燃烧传热效率作用机理不同。

如上所述，底吹氮提高二次燃烧传热效率的原因是通过产生大量的铁滴进入渣层而改善了传热条件，铁滴本身能很好地携带热量。但这一方法副作用大，过量的铁滴进入渣层，不但使二次燃烧传热效率降低，同时还会使金属铁再氧化，影响金属铁的回收率。因此，DIOS 的研究者们不得不考虑其他的提高二次燃烧传热效率的途径——搅动渣层。

侧吹氧同时也搅拌了渣层，它对提高二次燃烧传热效率有积极作用。当采用侧吹氧时，渣层内部作为由气体向还原熔池传热的主要场所，渣层的搅动加强了传热过程。渣层的搅动必然使氧气流周围的渣层的温度梯度变小。氧气流周围的渣层是产生热量最多的地方，由热源向渣层的快速热传递产生了一个平缓的温度梯度，使二次燃烧传热效率提高。渣层中温度梯度越小，二次燃烧传热效率越高，而且这一关系和具体的吹氧方式无关。图 7-45 是住友试验厂测定的侧吹氧对二次燃烧传热效率及二次燃烧率的影响情况。

E　加压的效果

在福山厂，为了测定加压后的效果，将试验压力提高到 0.19MPa。通过对铁浴的加压处理，气流速度下降，矿粉和煤粉的吹损量减少[57~59]，而且在保证二次燃烧传热效率的前提下，随压力的提高，二次燃烧率相应增大。因此，DIOS 的研究者们认为提高铁浴的压力可以降低单位煤耗。

F　煤挥发分的影响

DIOS 的研究结果表明，所使用煤的挥发分越高，其二次燃烧率越难提高。日本研究者松尾充高等的研究表明，在同样的吹炼条件下，与使用焦炭相比，使用高挥发分煤时，

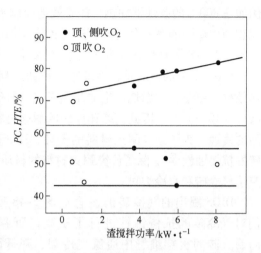

图 7-45　侧吹氧搅拌功率对二次燃烧传热效率
及二次燃烧率的影响

二次燃烧率的绝对值大约下降了 20%~30%。这时降低底吹搅拌强度，可以提高二次燃烧率，但二次燃烧传热效率呈下降趋势。

图 7-46 描述了二次燃烧率和燃料挥发分的关系。同时松尾充高的研究证明，在一定的燃料条件下，二次燃烧率有一极限值，当二次燃烧率小于该极限值时，可保持较高的二次燃烧传热效率，一旦二次燃烧率高于该极限值，二次燃烧传热效率就会急剧下降，如图 7-47 所示。松尾充高的研究结果还表明，当使用焦炭时，该二次燃烧率的极限值为 60%，而使用高挥发分燃料时，二次燃烧率的极限值为 30%[60~64]。

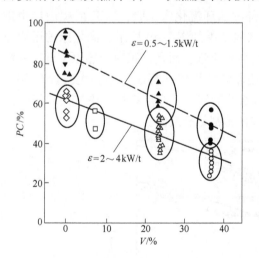

图 7-46　挥发分与二次燃烧率的关系

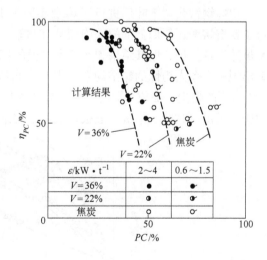

图 7-47　二次燃烧传热效率和二次燃烧率的关系

使用高挥发分煤，不但导致二次燃烧率的极限值降低，同时还会因煤块骤然受热时的爆裂而产生大量粉尘导致终还原炉操作困难。片山裕之的研究结果表明，块煤受激热后爆裂严重，受热后的块煤呈菜花状，粒煤呈部分黏着状。片山裕之认为，将块煤直接加入1300℃以上的高温熔池，靠选择煤的种类很难控制煤的粉化[65]。但如果降低加热速度，

例如在800℃的条件下加热，能有效地控制易飞散的煤粉的形成。因此，控制煤的加热过程和利用煤中的挥发分对矿石进行预还原构成了一个相互矛盾的问题。

7.6.1.2 耐火材料保护与水冷炉衬技术

DIOS 工艺的目的是，力求减少吨铁煤耗，同时获得较高的二次燃烧率和二次燃烧传热效率。由于二次燃烧产生的高温煤气（1600～1800℃），同时导致熔渣中 FeO 含量升高（5%～10%）[66]，因此其终还原炉的耐火材料必将暴露在高温的氧化亚铁熔渣下，受到剧烈的侵蚀。为了减少耐火材料的侵蚀，DIOS 的研究者们主要研究了 Al$_2$O$_3$-C 砖和 MgO-C 砖的抗侵蚀性[67]。除了研究耐火材料的材质之外，还研究了气冷砖和水冷炉衬。

DIOS 提出的气冷砖的概念如图 7-48 所示[68]。他们对气冷砖的抗侵蚀性进行了试验，研究结果表明，向耐火砖的贯穿细管中通氮气冷却、降低耐火砖本身温度，可使其侵蚀量降到原来的几分之一。但是如果全面采用气冷砖，需要大量的氮气，因此只能在局部使用[68]。

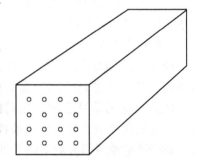

图 7-48 气冷砖结构示意图

新日铁在 100t 的熔融还原炉内，中部和上部装上水冷保炉板，结果表明水冷保炉板工作正常，经过 22 炉役试验，水冷保炉板保持完好。宫崎富夫认为[67]，采用水冷保炉板代替耐火材料，就其提高炉衬寿命而言，其效果非常好，当然热损失也随之增大。宫崎富夫关于炉衬问题的见解仍是今后的研究课题。

7.6.1.3 流化床预还原技术

川崎钢铁公司千叶厂进行了熔融还原炉上部的循环流化床试验，NKK 的福山厂也进行了铁浴熔融还原炉上部的鼓泡流化床试验，试验结果如图 7-49 所示。流化床的还原速率虽然不及竖炉，但其结果和实验室规模的试验结果相近。而且，正由于还原率低，并没有出现一直令人担忧的黏结问题。但是来自终还原炉的煤气（标态）中，大约含有 50～100g/m³ 的粉尘，必须采取防止煤气导致入口堵塞的措施。千叶厂在操作中采用可清扫的炉栅，福山厂试验了平板分散板，试验证明这些措施都是有效的。

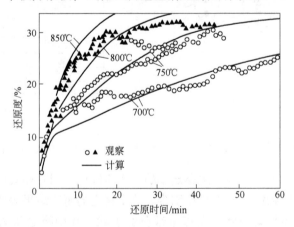

图 7-49 铁粉预还原过程的测定值和计算值的比较

在一系列单元研究中，出现了与实验室规模预期结果完全不同的现象，这就是矿粉的粉化程度的差异。图 7-50 中描述了还原后矿粉粉化的情况，显然还原后矿粉的粒度比还原前的粒度减小了将近一个数量级。

还原条件：

还原方式　流化床

粒度直径　$2.00 \sim 2.83 mm$

气体成分　$\varphi(CO)/\varphi(CO_2) = 50/50$

气体速度　$u_{mf} \times 12$

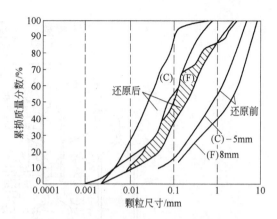

图 7-50　预还原前后矿石的粒度分布[66]

这种激烈的粉化现象一方面是由还原过程中矿粉内部的应力造成的，但从单元试验和实验室规模的试验结果的差异可知，矿石之间剧烈的相互冲击也是导致矿石粉化的重要原因之一。流化床的微粒回收装置通常是旋风除尘器，但是这种除尘器难以捕捉 0.01mm 以下的微粒，这些微粒将逃逸出还原系统，从而降低回收率。因此，宫崎富夫认为，即使采用除尘效果更好的除尘器，将这些粉尘再投入终还原炉，也会导致粉尘再飞散，进而污染还原煤气，导致预还原炉煤气到入口的堵塞。

7.6.1.4　煤气改质技术[66]

向终还原炉输出的煤气中喷煤粉，使煤粉中挥发分和高温煤气中的 CO_2 及 H_2O 反应，以降低煤气氧化度，同时煤粉的干馏吸热可以降低煤气的温度，这是 DIOS 的特有技术。

就其本质而言，DIOS 流程中采用煤气改质，更主要的任务是降低煤气温度。神户钢铁公司对等离子体加热煤气的方法进行了基础研究，首先是煤粉粒度对煤气改质效果的影响，其次是喷入煤粉的结焦特性和焦油产生等方面的影响。关于以喷煤粉的形式进行煤气改质在其联动试验中作了进一步研究。

7.6.1.5　单元试验发现的问题

从 1988 年以来，日本所进行的 DIOS 的单元试验进展顺利，但仍存在两大问题：其一是如何开发热损失小，而且耐高温、耐高 FeO 熔渣侵蚀的炉衬；其二是如何利用从终还原炉排出的高温煤气的显热。

7.6.2　DIOS 半工业试验

7.6.2.1　日本钢管公司福山厂 100t/dDIOS 试验结果[69]

A　试验装置

日本福山的 DIOS 试验装置流程如图 7-51 所示，其主体装置规格如表 7-29 所示。

表 7-29　福山厂 DIOS 实验设备规格

	类型	带循环系统的沸腾流化床		类型	立式转炉形式
预还原炉	尺寸	$\phi 1.2 m \times 9.8 m$	熔融还原炉	熔炼体积	$7 m^3$
	能力	6.5t/h		氧枪类型	多孔双流型
	气体流量	$4000 \sim 8000 m^3/h$		氧气流量	$2500 m^3/h$
	矿石粒度	<8mm 烧结矿		最大产量	100t/h

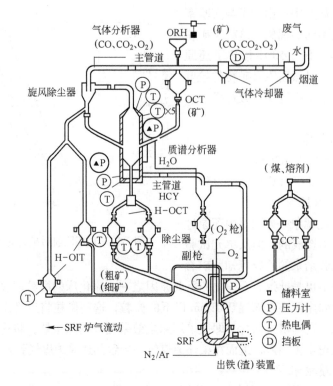

图 7-51   NKK 福山厂 100t/d DIOS 试验装置流程图

B 原料条件

NKK 福山厂 100t/d DIOS 试验所用的原燃料条件如表 7-30 及表 7-31 所示。

表 7-30   铁矿石成分[69]   （％）

序 号	TFe	FeO	SiO₂	Al₂O₃	MgO	P	S	Ig
A	62. 4	0. 2	4. 11	2. 28	0. 05	0. 07	0. 04	3. 20
B	67. 4	1. 8	1. 08	0. 65	0. 13	0. 05	0. 02	1. 28
C	68. 1	1. 6	0. 87	0. 46	0. 08	0. 03	0. 01	0. 21

表 7-31   燃料成分   （％）

燃料种类	工业分析			元素分析				
	A	V	C固定	C	H	N	O	S
高挥发分煤 1	10. 4	31. 7	57. 9	73. 3	4. 6	1. 6	9. 5	0. 5
高挥发分煤 2	9. 2	36. 6	54. 2	74. 4	5. 2	1. 6	9. 3	0. 5
中挥发分煤	12. 3	22. 0	65. 7	77. 7	5. 4	1. 4	2. 9	0. 3
焦 炭	12. 9	0. 5	88. 6	85. 4	0. 3	0. 9	0. 2	0. 2

C 试验结果

图 7-52 是福山厂 100t/d DIOS 试验装置的联动试验典型结果。生产单位质量铁水的煤耗与生产率的关系如图 7-53 所示，煤耗随生产率的提高而降低，用煤炭时，煤耗可降至 850kg/t 左右，用焦炭时，燃耗可降至 800kg/t 以下。DIOS 的研究人员认为，作为一种高

炉炼铁工艺的变革,这种能耗是可行的。吨铁燃料消耗在很大程度上,还取决于二次燃烧率、二次燃烧传热效率和终还原炉的热损失。有人分析了二次燃烧率、二次燃烧传热效率和终还原炉的热损失对吨铁煤耗的影响,结果如图 7-54 和表 7-32[70] 所示。图中 *FCR* 的物理意义是顶吹氧燃烧的固体碳占总固体碳的比率。他们的计算结果和福山厂的实际试验结果非常接近。

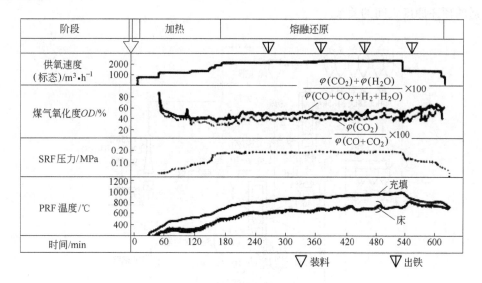

图 7-52 福山厂 100t/d DIOS 试验装置的联动实验典型结果[69]

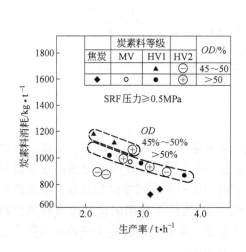

图 7-53 日本福山厂综合试验系统煤耗[70]

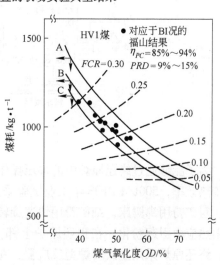

图 7-54 二次燃烧率煤耗的影响[71]

表 7-32 三次工况的效率及热损失

工 况	η_{PC}/%	热损失/GJ·t^{-1}
A	80	1.016
B	90	1.016
C	90	0.418

NKK 福山厂的 100t 级 DIOS 的联动试验获得成功，并证实了其预还原炉可适合于粒度分布范围很广的矿石。

7.6.2.2 500t/d DIOS 半工业试验

A 500t/d DIOS 工艺流程

500t/d DIOS 工艺流程如图 7-55 所示。该流程的重要依据是考虑终还原的二次燃烧率和合适的预还原度之间的关系。

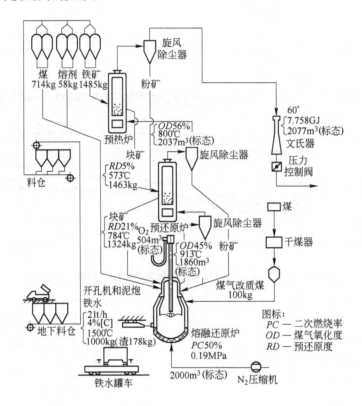

图 7-55 500t/d DIOS 工艺流程图

为了能够通过终还原炉中的加压操作和控制吹氧来强化 CO 的二次燃烧，提高二次燃烧传热效率，500t/d DIOS 半工业试验采用了二步法。该流程中预还原部分采用复合流化床，粗矿粉用沸腾床，细矿粉用快速旋转床。为了进一步利用煤气中的物理热，避免铁矿石因热应力引起粉化，在预还原炉上部，还增设了一套预热铁矿用的沸腾床或快速旋转床；终还原炉采用立式转炉型反应器；在终还原炉和预还原炉之间设有煤气改质装置，以煤粉和石灰作为改质剂。该流程的设备参数如表 7-33 所示。

B 500t/d DIOS 流程试验过程及其结果

NKK 京浜制铁所 1991 年开始建造 500t/d DIOS 半工业试验装置，于 1993 年竣工，1993 年 10～11 月开始进行第 1 炉役试验，试验了 15 炉次，总试验时间为 148h。1994 年 1～2 月进行了第 2 炉役试验，共试验了 6 炉次，试验时间累计 212h。第 1、2 炉役试验分别对终还原炉、终还原炉和预还原炉联动，以及终还原炉、预还原炉和预热炉总联动进行了综合试验，同时研究了耐火材料的抗侵蚀性。

表7-33　500t/d DIOS流程设备参数

项　目		规　格	项　目		规　格
设备规模	生产能力	500t/d(21t/h)		炉　型	铁浴式
供料设备	供矿能力	最大45t/h	终还原炉	内型容积	3700mm×9300mm
	供煤能力	最大25t/h		工作压力	≤0.2MPa
	供辅料能力	最大4.6t/h		顶吹氧量	最大2000m³/h(标态)
预还原炉	炉　型	流化床		底吹氮气	500～6000m³/h(标态)
	内型容积	2700mm×8000mm	煤气改质设备	喷煤能力	最大4t/h
	还原能力	最大39t/h	出铁设备	形　式	泥炮/开口机
				铁口直径	70mm

　　1994年4～5月进行了第3炉役试验。此次共试验8炉次，累计时间305h，1994年7～8月，又进行了第4炉役试验，共试验7炉次，累计试验时间400h。这两次试验研究了终还原炉、预还原炉和预热炉三体联动的连续操作性能。

　　可能是耐火材料的原因，在500t/d DIOS流程半工业试验过程中，二次燃烧率多半控制在30%～50%之间，据报道，在这样条件下，其二次燃烧传热效率可以达到95%以上。DIOS半工业试验第1～3炉役的试验结果如图7-56所示。在第3炉役的145h的试验中，其产量达24t/h，煤耗为900kg/t左右。试验表明，流程中增设矿石的预热炉后，大幅度地提高了DIOS装置的生产率，降低了吨铁煤耗。

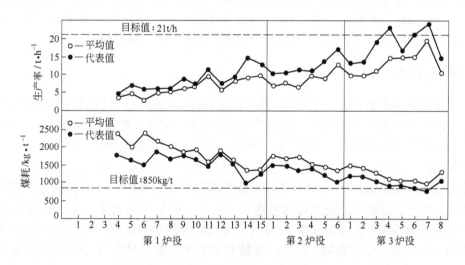

图7-56　500t/d DIOS流程半工业试验结果

7.6.3　DIOS流程的技术及经济特征

　　DIOS流程可适应各种不同类型的煤炭，同时可以直接使用粒度小于8mm的矿粉，这样它不但解决了非焦炼铁的问题，而且还可以直接使用富矿粉和精矿粉。与传统的高炉炼铁工艺相比，DIOS可省去铁矿石造块和焦化这两大块铁前工艺。因此，整个炼铁流程的设备投资降低，据DIOS研究人员分析，和现有的高炉炼铁工艺相比，用DIOS可使吨铁成本降低 10%。

在 DIOS 工艺中，铁矿石的还原绝大部分是在高温熔池中进行的。众多关于熔融还原的动力学研究表明，由于反应温度的提高和其他因素的作用，在熔池中氧化亚铁被固体碳和溶解碳还原的速度，比氧化亚铁在 900℃左右用 CO 还原的速度快 1~2 个数量级。因此，DIOS 流程的生产效率很高。

由于 DIOS 装置开停炉方便，加上省去了铁矿石造块和焦化工艺，减少了生产环节，该生产流程在操作上和经营管理上颇具灵活性。

就环境保护而言，DIOS 也颇具优越性。由于 DIOS 流程不需铁矿石造块工艺和焦化过程，这样利用 DIOS 炼铁，可使 CO_2 的排放量降低 5%~10%。

厚渣层操作是 DIOS 流程的特色。通过对渣层和铁浴中铁液的搅拌，可提高二次燃烧传热效率。通过单元试验和 100t/d 级的联动试验证明，其二次燃烧率可达到 50%~60%，同时二次燃烧传热效率可达到 85%~95%。但 1993~1994 年期间，在 500t/d 级的半工业性试验中，其二次燃烧率控制较低，一般为 30%~50%。

降低吨铁煤耗是各种熔融还原所追求的重要指标之一，500t/d 级半工业性试验的吨铁煤耗已逐渐降至 900kg/t（图 7-56）。单元试验和 100t/d 级的联动试验结果表明，DIOS 的吨铁煤耗可降至 850kg/t 左右。

DIOS 面临的最大问题是炉衬的寿命问题，估计其出路在于采用水冷炉壁。另外，如何更有效地利用终还原炉输出的煤气中的热量，也是尚待解决的问题。再者，由于渣中 FeO 含量较高，这对金属铁的回收和脱硫也将有一定影响。此外，大型粉矿流化床在生产上也还有一些问题需要解决，许多专家对于大型粉矿的流化床在生产中的稳定性和可靠性表示怀疑。上述问题也是 DIOS 至今没有进行商业化生产的主要原因。

7.7 AISI 工艺

AISI 工艺是美国钢铁协会（AISI）和美国能源部（DOE）合作开发的直接炼钢的一种新工艺。1987 年 7 月美国钢铁协会组织了由钢铁工业专家和知名教授组成的考察小组，对世界熔融还原和直接炼钢发展趋势进行了评价，以此来选择最具竞争力的工艺方法。此后他们对 8 个国家的 22 个单位进行了考察，经过仔细的研究分析，提出了一项针对美国钢铁工业未来的开发计划，于 1988 年 7 月上报美国能源部，1988 年 11 月美国能源部接收了这一计划。随之美国钢铁协会委托麻省理工学院和卡内基梅隆大学对该工艺进行基础研究，委托墨西哥的海尔萨（Hylsa）公司进行球团矿的预热和还原研究，同时在匹兹堡建造了 5t/h 级半工业性试验车间。此外，蒙特利尔大学、麦克马斯特大学和美国联合碳化物公司针对 AISI 装置中的流体力学和传热行为进行了研究[72]。1990 年 5 月，美国钢铁公司建立了一套立式铁浴炉，通过 14 个月的立式铁浴熔融还原研究，1991 年 8 月完成了立式铁浴炉的半工性试验。1991 年末，又将原来的立式熔炼炉改为水平圆筒状的逆流双熔炼区卧式熔炼炉，以进一步降低产品的碳含量，最终把从熔融还原炉冶炼出来的铁水中的碳降到了 0.1% 以下，为钢包处理创造了条件。

AISI 直接炼钢法随后进入开发的最后阶段，1994 年美国钢铁协会负责运行建在美国通用公司的第三套熔融还原试验装置，利用最后试验数据建立一套年产 36.3 万吨的示范厂。按其计划，36.3 万吨的示范厂于 1994 年 2 月份开始设计，加上 18 个月的建造时间，到 1997 年才能开始试生产。但在 1994 年，由于开发集中在熔融还原，熔融还原炉变成用于处理制铁所排出的氧化铁废弃物，因此 1995 年没有获得 DOE 的资助，故中断了开发。

年产 36.3 万吨规模的 AISI 装置的主要设备参数和操作参数如下：

竖炉容积　　　　130m³
铁浴炉容积　　　130m³
生产能力　　　　50t/h
预还原率　　　　27.5%
利用系数　　　　10t/(m³·d)
二次燃烧率　　　40%
炉衬侵蚀速度　　0.25mm/h

7.7.1　工艺流程

AISI 直接炼钢工艺流程如图 7-57 所示。该流程由竖炉、立式铁浴炉、卧式熔炼炉和钢包精炼炉等部分组成。

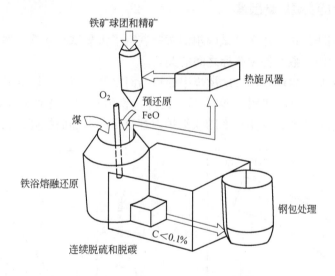

图 7-57　AISI 直接炼钢法工艺流程图

预还原炉使用的含铁原料是球团，利用来自终还原炉经过热旋除尘器净化后的高温煤气将其加热还原至氧化亚铁。

立式铁浴炉是 AISI 的关键设备之一。经过预还原至氧化亚铁的热态球团、氧气、煤和熔剂加入铁浴炉，氧化亚铁在铁浴炉内还原成高温铁水。该立式铁浴炉操作较灵活，可从顶部和侧面加入炉料，同时配以底吹搅拌。熔融还原炉内的二次燃烧率控制在 40% 左右。

立式铁浴炉和卧式熔炼炉连接，该卧式熔炼炉应用渣铁逆流熔炼的原理，结构如图 7-58 所示。卧式熔炼炉的作用在于脱碳、脱硫，以提供适合钢包处理的钢液。

AISI 流程的设计特点是在一个密闭的系统内完成球团矿的预还原、氧化亚铁的熔融还原、铁水脱碳、脱硫、脱磷，直至生产出合格钢水的全过程。

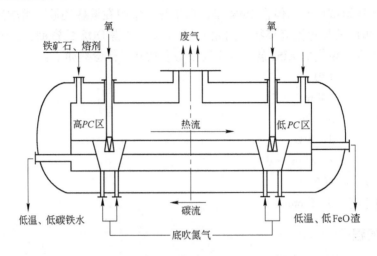

图 7-58　AISI 流程中的卧式熔炼炉结构

7.7.2　AISI 流程的主要影响因素

　　AISI 直接炼钢法经过 4 年多个试验组的试验获得了大量试验数据。通过中试取得了操作业绩，弄清了操作参数和各项指标之间的关系。

　　由实验结果可知，生产率随二次燃烧率的提高而提高，当二次燃烧率为 40% 时，利用系数可达 12.7t/($m^3 \cdot d$)，如图 7-59 所示。此外，铁浴炉内存渣量对生产率也有明显作用，AISI 的研究结果表明，其生产率随铁浴炉内存渣量的增加而提高，如图 7-60 所示。

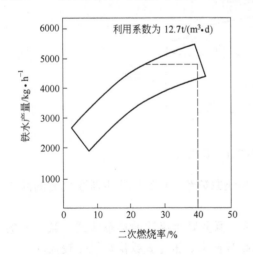

图 7-59　生产率和二次燃烧率的关系

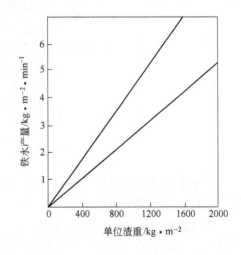

图 7-60　存渣量和生产率的关系

　　AISI 直接炼钢法的吨钢煤耗与二次燃烧率的关系和其他熔融还原流程相似，其单位煤耗随二次燃烧率的提高而降低，当二次燃烧率为 40% 时，平均煤耗为 740kg/t。

7.7.3　AISI 流程技术及经济指标

　　AISI 流程技术及经济指标为：

（1）吨钢煤耗。AISI 的半工业试验结果如表 7-34 所示。该表列举了煤焦混合使用以及使用不同挥发分煤时的试验结果。同时该表中还列出了稳定操作条件下的单位燃料消耗，这是考虑了炉体温度变化对煤耗影响后的计算结果。此外，从该表中还可以看出，煤的挥发分越高，被煤气带出的炉尘比例越高，其原因是高挥发分的煤爆裂严重。一般而言，设备规模越小，吨铁热损耗越大，表 7-35 列出了 AISI 的研究人员预测该流程在工业放大后的燃料消耗指标。

表 7-34　AISI 使用不同燃料时的单位煤耗

燃料种类	焦炭 + 煤	无烟煤	布哈纳煤	阿姆拉特煤	苏兰德煤	尔科煤
挥发分/%	9.5	5.6	19.9	22.9	29.4	38.2
燃耗/kg·t^{-1}	1014	1226	1297	1270	1482	1828
稳定操作时燃耗降低量/kg·t^{-1}	30	42	22	5	16	9
稳定操作时燃耗/kg·t^{-1}	984	1184	1275	1265	1466	1819
炉尘回收燃料量/kg·t^{-1}	35	141	161	158	337	385
净燃耗/kg·t^{-1}	949	1043	1115	1106	1129	1434
燃烧水分/%	2.74	3.33	2.15	2.53	3.85	4.61
固定碳/%	80.3	84.5	69.9	68.8	64.1	53.4
稳定态下碳耗/kg·t^{-1}	768	968	872	848	904	930
稳定态下挥发分消耗/kg·t^{-1}	91	64	248	282	415	662
固定碳净耗/kg·t^{-1}	741	852	762	742	696	733
挥发分净耗/kg·t^{-1}	88	56	217	247	320	522

表 7-35　AISI 半工业试验向商业性应用放大后的燃料消耗指标

燃料消耗指标	半工业试验	炉尘回收后	降低热损失后	工业试验计划指标
二次燃烧率/%	40	40	40	40
炉尘损失/kg·t^{-1}	309	26	26	26
热损失/MJ·t^{-1}	578.853	578.853	334.960	334.960
进入铁浴时矿石温度/℃	25	25	25	25
吨钢燃耗/kg·t^{-1}	1176	893	867	761

研究人员在预测 AISI 装置放大后的燃料消耗指标时，主要考虑了热损失率、炉尘中碳的回收以及进入铁浴的矿石温度的影响。放大后预测计算中的第一步措施，是对炉尘处理技术的改进，改进装煤技术和煤气收集系统，可减少系统碳损失 1.5%。其次是研究人员认为 AISI 的规模扩大后，吨钢热损失可从 578.853kJ 降至 334.960kJ，降低 75%。第三是系统联动后进入铁浴的球团温度可从 25℃提高至 800℃，仅此一项可使该流程的吨钢燃耗下降 106kg/t。因此，对于采用挥发分为 29%左右的烟煤，吨钢煤耗约为 760kg/t。

（2）利用系数。AISI 半工业试验装置的小时产量达到 50t。根据由反应速率和泡沫渣体积等建立的反应器模型推测，当铁浴的操作压力为 0.1MPa 时，利用系数可达 9.3 t/(m^3·d)。而当铁浴的操作压力为 0.3MPa 时，利用系数可达 15t/(m^3·d)。该流程年产 36.3 万吨的工业装置的利用系数是按 10t/(m^3·d)设计的。

（3）设备费用。根据 AISI-DOE 方法的研究人员分析，焦炉/高炉流程每年的设备费用为 250 美元/t，而 AISI 流程每年的设备费用仅为 160 美元/t，AISI 直接炼钢法的设备投资远小于传统的焦炉/高炉流程，并且 AISI 流程的生产效率高，传统的大型高炉的利用系数一般为 1.5~2.5t/(m³·d)，而按 AISI 法的研究人员分析，AISI 流程的利用系数可望达 10t/(m³·d)。

（4）生产费用。根据美国钢铁协会和一家独立的设计公司的估计，就北美的生产厂家而言，采用 AISI 直接炼钢法的生产费用较采用传统的焦炉/高炉流程，每吨生产费用将降低 9~14.5 美元。

和其他熔融还原法一样，AISI 流程直接使用非焦煤，无需炼焦，而比其他熔融还原更进一步的是 AISI 可直接生产半钢。该流程开炉、停炉容易，同时也易于调节生产率。

但当时遇到的主要问题是，由于矿石的预还原度低，终还原负担重，需用热值较高的煤种。此外，由于采用留渣操作，炉衬的寿命也是难以解决的问题。

7.8 Romelt(PJV) 工艺

Romelt 是典型的一步法熔融还原炼铁工艺，之所以称为 Romelt，是为了纪念莫斯科钢铁学院的冶金学家罗米尼兹（V. A. Romenets 和 B. A. Pomehe），同时该法又称为 PJV。

20 世纪 70 年代后期，莫斯科钢铁学院开始研究一步法熔融还原炼铁新工艺（MISA），其基本原理是在大容量的、强烈搅拌的熔渣池中进行各种反应和二次燃烧传热过程。Romelt 的开发起源于 Vanyukov 工艺的工业生产经验。Vanyukov 工艺是一种在液相熔池中采用氧化熔炼的方法精炼硫化铜镍矿的工艺。但 Vanyukov 工艺和 Romelt 工艺在物理化学反应方面有原则性的区别，前者是氧化过程，而后者是还原过程。然而它们的操作原理却很相似，即它们都需要大容量的、靠浸入式喷嘴喷入氧化性气体对其进行强烈搅拌的液态渣池。Vanyukov 工艺的成功经验和各种熔融还原炼铁方法的良好前景，引起了新利佩茨克（Novolipeski）钢铁公司的极大兴趣。新利佩茨克公司在其第二转炉车间的铁水跨的末端建立了一座 Romelt 流程的半工业试验厂。该半工业试验装置的有效容积为 140m³。

1985 年该半工业试验厂开始生产铁水。从 1985~1987 年，Romelt 试验厂发展了创新的操作工艺，并向新利佩茨克公司展示了 Romelt 流程的可行性。截至 1994 年共试炼了 2.7 万吨铁水。1988 年，新利佩茨克公司认同了 Romelt 流程的竞争力，并着手进行年产一百万吨的 Romelt 工业装置的工程设计，以代替准备新建的高炉。

由于苏联的解体，取消了增加铁产量的计划，此后在俄罗斯，停止了采用 Romelt 工艺生产生铁的计划。新利佩茨克钢铁公司被迫修改原方案，只计划建立一套年产 30 万吨的 Romelt 流程，以利用新利佩茨克钢铁公司的含铁废料生产铁水。这套新建的 Romelt 装置是长寿耐用的，其形式和半工业试验装置一样，只是其生产能力略大些。

7.8.1 工艺流程

Romelt 的工艺流程如图 7-61 所示。其工艺过程是将含铁氧化物、矿粉、轧钢皮和所需要的熔剂以及煤粉等不经特殊处理装入原料仓，各种原料从各原料仓按一定的比例，连续地卸在一个普通的皮带机上。搭配好的原料无需混合，直接从 Romelt 熔融还原炉顶部的装料溜槽加入熔融还原炉，然后混合料以"半致密流（Semicompact Stream）"的形式，倾入充有熔渣的反应器[56]。

熔池中温度高达 1500～1600℃、被
剧烈搅拌的熔渣，吞没了进入熔池的混
合料，并使其迅速熔化。混合料中的碳
既是还原剂也是燃料。该工艺流程中，
一次风是富氧空气，从较低的一排风口
喷入熔融的渣层，对渣层进行必要的搅
拌，同时将熔渣中的碳燃烧成一氧化碳。
二次风是纯氧，经较高的一排风口从熔
池表面喷入，对熔池表面的一氧化碳进
行二次燃烧。熔池剧烈的鼓泡和液态渣
的飞溅，产生了巨大的反应界面，同时
飞溅起来的渣滴返回渣池时，将二次燃
烧热量带回熔池。低风口位于相对平静

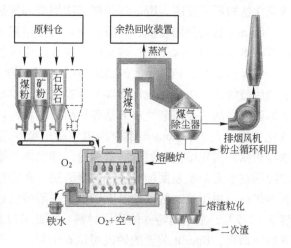

图 7-61　Romelt 工艺流程图

的渣层，金属化的铁液从该处进入金属熔体，同时渣铁从该处开始分离。渣、铁分别从
Romelt 炉两端的虹吸口排出。

Romelt 炉的尾气温度取决于二次燃烧率，一般在 1500～1800℃ 之间，经余热锅炉后，
排入煤气除尘系统。该煤气除尘系统和通常的碱性氧气转炉的除尘系统一样。

Romelt 流程在 24.5Pa(2.5mm 水柱) 的弱负压下操作，因此不需特殊密封装置，简化
了这一炼铁工艺[57]。

Romelt 半工业试验炉结构尺寸如图 7-62 所示。其炉膛面积为 20m²，设计生产能力为
36～40t/h。然而其实际的生产率与入炉原料的含铁量和二次燃烧率有关，当以 80% 转炉
污泥和 20% 高炉瓦斯灰为原料时，其最大的连续产量为 18t/h。目前，Romelt 半工业试验
炉的生产能力主要受限于水冷系统冷却能力和煤气系统对其尾气的除尘能力。有时也出现
生产率低于 18t/h 的情况，其原因是水冷系统的冷却能力不足。

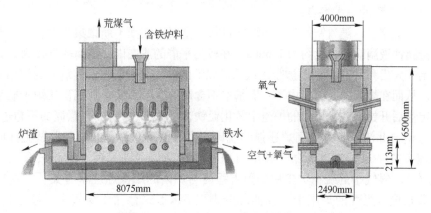

图 7-62　Romelt 半工业试验炉结构尺寸

7.8.2　Romelt 流程的技术特点

Romelt 的基本原理就是在大容量和强烈搅拌的熔池内进行各种反应，尤其是熔融液相

铁氧化物的还原反应。Romelt 强调二次燃烧和传热过程，从而完成渣铁分离。

Romelt 直接使用粉矿，无需造块，可使用富矿粉、铁精粉或各种含铁原料，所有还原过程在熔融炉内一次完成；熔池内形成强还原气氛，具有较高的铁回收率；适合使用低挥发分的煤作燃料；炉料带入的硫约 80% ~90% 随煤气排出炉外，8% 随炉渣排出，具有较强的脱硫能力；Romelt 流程能够实现高二次燃烧率和高二次燃烧传热效率。此前任何一步法熔融还原的主要限制性环节是各种耐火材料的炉衬承受不住高二次燃烧率时的高温和高氧化亚铁的侵蚀，Romelt 流程利用水冷炉壁挂渣方法解决了以上问题。在 Romelt 炉内，水冷炉壁只用在熔池中的渣层范围内，即水冷炉壁只与熔渣接触，并使熔渣受水冷炉壁的激冷后在水冷炉壁表面形成一定的凝渣层。在炉缸（即铁水区和渣铁虹吸区）使用耐火材料为炉衬。由于这一区域的温度较低，一般熔渣虹吸区的温度为 1450℃，铁水虹吸区的温度为 1375℃，故不需特殊的耐火材料。由此可以预料 Romelt 炉将是长寿的，有文献报道，就整体而言，Romelt 装置的炉役可达 6 个月。

Romelt 流程之所以能获得高二次燃烧率和较高的二次燃烧传热效率，是因为存在以下因素的作用：

（1）对渣层的剧烈搅拌和炉渣的流动提供了大的反应界面；

（2）溅入二次燃烧区域的渣滴将二次燃烧热带回渣池；

（3）冷料直接加入渣层上部，降低了渣层表面温度，提高了二次燃烧区对渣层的辐射传热。

利用熔渣循环的原理的确能使二次燃烧热量传回熔池。Romelt 炉每平方米截面积的二次燃烧传热能力为 $2 \sim 5MW/m^2$，这种传热能力可使 Romelt 炉在高达 70% 的二次燃烧率下操作。试验结果证明，在二次燃烧率为 70% 的条件下，Romelt 炉的二次燃烧传热效率为 60% ~70%。

经装料溜槽进入 Romelt 炉的混合料立即被剧烈搅动的熔渣所吞没，这种不断受到搅拌而翻滚的熔渣成了进入 Romelt 炉的炉料的载体。在 Romelt 炉内，熔渣和炉料的体积比接近 1。由于熔渣不断翻滚，其成分并不十分重要。熔渣中的碳一部分直接将其中液态铁氧化物还原成铁滴，其他部分在渣中循环并与一次风中的氧进行部分燃烧，形成气体还原剂 CO。这样渣层内部保持很强的还原性，大大降低了最终排出的炉渣中的氧化亚铁含量。这也是 Romelt 流程的一大特点。

在翻滚的渣层中，随着铁氧化物还原的进行，金属铁液滴不断聚集长大，在激烈搅动的渣层内，金属铁液滴的直径大约为 1.6mm，在较为平静的渣层内，铁滴的直径为 3.2mm。当铁滴变得足够大后和（或）铁滴被带入低风口以下的静止的渣层时，在重力的作用下，渣铁开始分离。从而在炉缸的上部形成了一层基本不含铁的渣层，铁水则沉积在炉子底部。当铁水达到一定量后开始出铁。排出的炉渣中氧化亚铁含量在 1.5% 左右，最高的不超过 3%。

此外，Romelt 流程具有比高炉还强的脱硫能力。Romelt 流程的半工业试验证明，随炉料带入的硫有 80% ~90% 进入煤气而排出炉外（在高炉中进入煤气的硫只有入炉总硫量的 10% 左右）。煤气中的硫在炉尘中的附着程度与炉内的二次燃烧率有关，但这些硫绝大部分是附着在进入煤气的炉尘中，其他部分则以 SO_2 形式存在于煤气中。经净化处理后，煤气中的硫含量可降至原含量的 4% ~10%。

Romelt 的研究者通过试验研究发现，在 Romelt 炉内，硫在渣、铁及煤气中的分配机理如下：煤在熔池中高温分解时，煤粉挥发分中的硫一部分随煤中的挥发分直接进入煤气，另一部分则在煤的高温燃烧时烧成 SO_2 进入煤气；而只有很少一部分在向铁滴渗碳时进入铁液。含铁炉料中的硫在熔炼时进入炉渣。另外，由于在 Romelt 炉中熔渣被强烈搅拌，铁滴和熔渣得以充分混合，加强了渣铁间的脱硫效果，因此进入铁滴的硫大部分被熔渣所吸收。此外，熔渣中的硫一部分被喷入渣层的一次风中的氧所燃烧而再次被带入煤气。Romelt 试验证明，随炉料带入的硫只有 8% 随炉渣排出。因此，对于一般的硫负荷，Romelt 流程可以轻松处理。

7.8.3 Romelt 流程半工业试验

Romelt 流程的半工业试验，头三年是为了开发和验证该工艺是否满足新利佩茨克公司决策层的要求。从 1988～1993 年，该半工业试验装置一直在新利佩茨克公司的管理下，进行阶段性的各种工艺条件的试验和演示。1994 年新利佩茨克公司和美国钢铁协会（AISI）签约，为美方专家组进行 Romelt 工艺演示性生产。

迄今为止，Romelt 工艺共试验了 7 种以上的不同含铁原料和不同冶金企业的各种含铁废料，如粉矿、铁精矿、复合矿（包括钒钛矿）、转炉污泥、轧钢皮、含铁铜锌的炉渣（铜/锌矿熔炼后的废渣）和含油切屑等。在 Romelt 炉中，熔炼含铁品位低于 28% 的各种含铁原料在操作上没有任何困难，但其氧耗和煤耗会随燃料中含铁量的降低而增加，这和人们所预料的一样。

因为 Romelt 半工业试验装置和主转炉炼钢车间共用公共系统，这样该装置只能在不影响新利佩茨克公司正常生产的情况下操作，同时也没有连续处理大量炉料所必需的辅助设备，所以所有的演示性生产和试验炉役都较短。另外，罗米尼兹（Romenets）认为，就考察该工艺的可行性和操作指标而言，也没有必要进行更长时间的连续运行试验，因为一旦操作达到稳定状态，两天的操作观察结果和两周的操作观察结果是一样的，由此可以料想，即使再连续观察几个月结果也不会有什么区别。在 1987 年 11～12 月间 Romelt 半工业试验装置曾连续运行了 14 昼夜。

7.8.4 Romelt 流程的技术经济指标

7.8.4.1 Romelt 流程的物料平衡计算和热平衡计算

Romelt 流程的物料平衡计算和热平衡计算的结果如表 7-36 和表 7-37 所示。该物料平衡计算和热平衡计算的条件如下：

（1）以转炉污泥为含铁原料，其含铁品位为 52%；

（2）煤粉热值为 34MJ/kg；

（3）二次燃烧率分别为 55%、71% 和 93%；

（4）生产率 30t/h。

表 7-36 Romelt 流程的物料平衡计算

收 入	$PC=55\%$	$PC=71\%$	$PC=93\%$	支 出	$PC=55\%$	$PC=71\%$	$PC=93\%$
转炉污泥/kg·t^{-1}	1970	1960	1940	铁水/kg·t^{-1}	1000	1000	1000
煤粉/kg·t^{-1}	1050	710	600	炉渣/kg·t^{-1}	490	460	440
氧气（标态）/kg·t^{-1}	1333.3 (933.3)	1092 (764.5)	1011.3 (707.9)	煤气/kg·t^{-1}	3160	2400	2150
空气/kg·t^{-1}	406.7	198	128.7	炉衬/kg·t^{-1}	110	100	90
总收入	4760	3960	3680	总支出	4760	3960	3680

表 7-37 Romelt 流程热平衡

热收入	PC/%				热支出	PC/%					
	55	71	93			55		71		93	
	GJ	GJ	GJ	%		GJ	%	GJ	%	GJ	%
煤粉燃烧热	33.6	24.2	21.1	100.0	氧化物还原及分解热	8.1	24.1	7.8	32.2	7.73	36.7
					渣铁物理热	2.1	6.1	2.0	8.3	2.0	9.3
					煤气物理热	6.7	19.9	5.8	24.0	5.7	27.2
					煤气化学热	11.7	34.8	4.5	28.6	2.1	10.0
					热损失	5.06	15.1	4.1	16.9	3.55	16.8
总收入	33.6	24.2	21.1	100.0	总支出	33.6	100.0	24.2	100.0	21.1	100.0

罗米尼兹（Romenets）认为，当 Romelt 流程在正常的生产率下操作时，良好的操作指标是可以达到的，其理由是半工业试验证明，Romelt 流程的煤耗及氧耗随其生产率的提高而降低。就现有的有关 Romelt 的文献报道情况看，其吨铁煤耗多在 1000kg/t 以上，这有可能是采用水冷炉壁后炉体热损失增大所致。

7.8.4.2 操作参数的影响

Romelt 流程第 11 次试验和第 12 次试验的实际煤耗和氧耗与其生产率的关系如图 7-63 所示。在第 11 次试验中一次风使用的是纯氧，在第 12 次试验中一次风使用含氧量为 78%（富氧率为 57%）的富氧空气。正如图 7-63 所示，一次风加入空气后提高了 Romelt 流程的能量利用率。罗米尼兹（Romenets）认为，在一次风中加入空气进一步促进了熔渣循环，提高了二次燃烧传热效率。

但一次风中采用过多空气会导致煤气体积增加，使煤气带出的热量增大，因此也有不利的一面。当 Romelt 装置在生产率为 13t/h 时，其氧耗和煤耗与一次风中含氧量的关系如图 7-64 所示。从图 7-64 中可知，当一次风采用纯氧时，其煤耗和氧耗都相当高，分别为

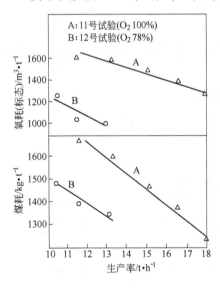

图 7-63 Romelt 流程煤耗及氧耗与其生产率的关系

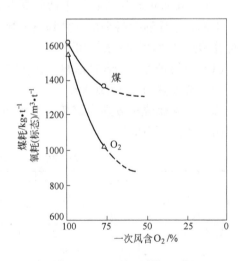

图 7-64 Romelt 流程煤耗及氧耗与其一次风中含氧量的关系

1600kg/t 和 1600m³/t（标准）。而用含氧量为 78%的富氧空气时，其煤耗和氧耗分别降至 1350kg/t 和 1000m³/t（标准）。

　　在一次风中采用适量的空气，因空气含氧，降低了 Romelt 流程的氧耗是必然的，同时由于加强了对渣层的搅拌也提高了渣层的传热效果，使其煤耗降低。但在一次风中过多采用空气时，对 Romelt 流程的煤耗有不利的一面。因此在一定的生产率的条件下，要使 Romelt 流程的煤耗和氧耗均降至最低值，一次风中的含氧量势必存在一最佳值。罗米尼兹（Romenets）认为，该最佳值在 50%~60% 之间。

　　Romelt 流程的生产率对其煤耗和氧耗的影响很大。该流程的二次燃烧率及煤耗与其生产率的关系如图 7-65 所示。图中，曲线 A 代表以纯氧作为一次风时的情况，曲线 B 则代表一次风含氧 60% 时的情况。

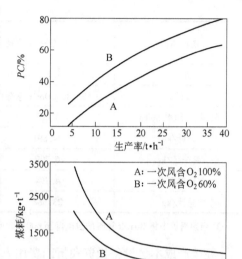

图 7-65　二次燃烧率及煤耗与生产率的关系

　　Romelt 炉内的二次燃烧率，是决定其生产率的关键因素。罗米尼兹（Romenets）认为，Romelt 流程只有在高生产率下才能实现高二次燃烧率，因为渣层上部的温度需要有大批量的炉料对其进行激冷，才能有效地将二次燃烧区的热量传给熔池。炉膛面积越大，要求炉料批量也就越大。因此，对于建在新利佩茨克公司的 Romelt 装置，只有当其生产率提高到 20t/h 以上时，才能使其在理想的二次燃烧率下操作，将煤耗和氧耗降到合理水平。如图 7-65 所示，当其生产率提高到 20t/h 以上时，其煤耗和氧耗随生产率的提高而下降的幅度变小。

　　另外，由于采用了水冷炉壁，对于一定大小的 Romelt 装置，其水冷强度是一定的，在单位时间内炉体的热损失基本上也是不变的。如果 Romelt 的生产率低，就意味着吨铁热损失大，因此煤耗高。如生产率提高，则可降低其煤耗。

7.8.4.3　Romelt 流程与高炉流程的消耗及设备投资比较

　　评价任何一种新兴的熔融还原流程的经济性如何，人们自然都要将其与传统的高炉流程比较，Romelt 流程当然也不例外。

　　在流程总能耗方面，罗米尼兹（Romenets）比较的结果如表 7-38 所示。从表中可知，Romelt 流程的总能耗将比高炉流程低 5%~10%。

表 7-38　矿石品位为 61.5% 时高炉流程及 Romelt 流程的总能耗　　　　　　（GJ）

消耗项目	烧结—炼焦—高炉流程	Romelt 流程	
		PC = 71%	PC = 93%
炼焦煤	20.784(716kg)		
非焦煤		23.420(862kg)	18.692(688kg)
天然气	4.849(143.9m³（标准）)	0.568(17m³（标准）)	0.568(17m³（标准）)

消耗项目	烧结—炼焦—高炉流程	Romelt 流程	
		$PC = 71\%$	$PC = 93\%$
电耗	3.645(391.2kW·h)	2.242(233kW·h)	2.242(233kW·h)
氧气	0.555(132.0m³(标态))	3.766(893m³(标态))	3.360(799m³(标态))
鼓风、冷却水等/kg	5.062	0.108	0.108
合计/kg	34.891	30.09	24.970
副产品/kg	6.709		
二次能源/kg	4.794	7.733[①]	3.996[①]
总计/kg	23.388	22.366	20.974

① 余热锅炉中将 Romelt 尾气的温度降至 600℃ 时所利用的尾气物理热。

在生产成本、设备投资和折旧费用方面，罗米尼兹（Romenets）的比较结果如表7-39所示（在进行比较时，以一座有效容积为 3200m³、炉况良好的高炉生产指标为基准）。比较结果表明，当二次燃烧率大于 71% 时，Romelt 流程的生产成本比高炉流程低 2.6% ~ 13.2%，单位设备投资减少 40.1% ~ 51.2%，折旧费用减少 14.2% ~ 24.8%。

表 7-39　Romelt 流程和高炉流程的经济指标比较

指　标	高炉流程	Romelt 流程($PC = 71\%$)	Romelt 流程($PC = 93\%$)
生产成本/%	100.0	97.4	86.8
单位投资/%	100.0	59.9	48.8
折旧费用/%	100.0	85.8	75.2

7.8.5　Romelt 流程的主要特点

Romelt 流程是典型的一步法。该流程无单独的预还原装置，还原过程和渣铁熔分在同一个装置中完成，因此设备简单，单位投资小。同时，该流程不存在二步法所需的预还原和终还原的生产速度的协调问题，因此操作简单、易于控制。

Romelt 流程直接使用粉矿，对原料要求并不严格，因此，它既可利用富矿粉、铁精矿为原料，也可处理各种含铁废料乃至城市垃圾。

Romelt 流程采用侧吹氧，渣层内还原气氛强，铁的回收率较其他高二次燃烧率的熔融还原流程的高，当以含铁量为 52% 的转炉污泥为含铁原料时，铁的回收率为 97.9%，排出的炉渣中含氧化亚铁为 2% 左右。

Romelt 流程直接使用粉矿和煤粉，省去了炼焦和铁矿石造块工艺，加上无需预还原装置，其生产成本、单位投资等都比传统的高炉流程低。

较其他高二次燃烧率的熔融还原工艺而言，Romelt 流程中所采用的工艺技术比较成熟，对操作技术要求也不高。

由于在渣层范围内采用水冷炉壁，避免了高温高氧化亚铁的熔渣对炉衬的侵蚀，Romelt 装置的寿命较其他高二次燃烧率的熔融还原装置长得多。但相比较之下，也正因为 Romelt 装置中采用了水冷炉壁，也才使其吨铁热损失增大。据罗米尼兹（Romenets）本人计算，Romelt 流程的吨铁热损失为 3.55 ~ 5.0GJ 之间。而其他的高二次燃烧率的熔融还原工艺的吨铁热损失在 1.5 ~ 2.0GJ 之间。

此外，就所采用的吹氧方式而言，Romelt 采用侧吹，与采用顶吹的熔融还原工艺相比，Romelt 的二次燃烧传热效率低于其他高二次燃烧率的熔融还原流程。

Romelt 法由莫斯科钢与合金研究所开发并取得发明专利，新日铁和 Missho Iwai 公司取得了该工艺的商业化设计和设备供货的许可证。1985 年以来已试验性地生产了近 300 次，每次开炉持续约 2 周，几年来共试验加工铁粉矿及钢厂含铁粉尘 3.5 万吨，冶炼出生铁 1.5 万吨。

作为一步法熔融还原炼铁生产工艺，Romelt 法的主要特点是可以直接使用 0 ~ 25mm 粉矿、钢铁厂粉尘和廉价的非炼焦煤（<100mm），这可使其原燃料成本比高炉法或竖炉法低 1/3 以上。试验生产中得出的主要生产指标为：铁收得率 95%，最佳煤耗量 1250 ~ 1400kg/t，氧耗量约 800m³/t，空气耗量 200m³/t，这种卧式炉的生产率可达 1.0 ~ 1.2t/(h·m²)，如果作业率能够保证，有效面积 40m² 的试验装置的生产能力可达到 35 万吨/年。该法生产的铁水成分如表 7-40 所示，矿石品位为 61.5% 时高炉流程及 Romelt 流程的吨铁能耗比较如表 7-38 所示，Romelt 流程与高炉流程经济指标对比如表 7-39 所示。

表 7-40   Romelt 法的铁水成分   (%)

[C]	[Mn]	[Si]	[S]	[P]
4.0 ~ 4.8	0.01 ~ 0.20	0.01 ~ 0.10	0.05 ~ 0.25	0.05 ~ 0.15

Romelt 法二次燃烧率为 74%，生产 1t 铁将产生 2000m³ 温度约为 1800℃ 的废烟气。该法冶炼过程中炉渣碱度为 0.6 ~ 1.2，炉渣中 $w(FeO)$ 为 25% ~ 35%，而终渣中 $w(FeO)$ 仅为 2.0% ~ 2.5%。为了克服炉渣侵蚀及二次燃烧的剧热，在熔池中采用了水冷炉壁挂渣技术。这种技术用极少的热损失（3%）节约了大量耐火材料，当然同时也存在漏水和爆炸的潜在风险。遗憾的是，虽然小型试验装置和衍生装置曾有耳闻，但是该项目至今仍无建成投产的大型商业化炼铁装置的报道。

7.9 Oxycup 工艺

7.9.1 工艺流程

随着全球气候变化和资源的减少，人们对工业排放和资源的有效利用提出了更高的要求，因此，整个炼铁工艺必须从废弃物排放大户向废弃物排放最小化和兼备处理社会部分废弃物功能转变，提高资源利用率，采用新型绿色化工艺，走绿色制造的道路。钢铁生产过程产生大量粉尘，主要包括烧结、高炉、转炉和电炉生产过程中产生的大量粉尘和尘泥。钢铁厂的粉尘处理是当前冶金界的一个研究热点，特别是对于含有有用金属元素的炼钢厂粉尘，其中含有非常宝贵的锌、铁、铅、钙等有价元素。通常电炉粉尘中的锌含量达到 20% 左右，并且如果粉尘又返回电炉，有时粉尘中锌超过 30%。含锌粉尘的处理近 10 年来引起了国内外冶金学者的广泛关注[70]。传统的处理含锌铁回收料方法是进行烧结处理，其主要缺点是无法脱锌铅等有害元素，锌在高炉中会循环富集，降低炉衬寿命，破坏炉内反应的稳定，影响高炉顺行。目前国内外处理锌铁回收料较好的方法是转底炉法、回转窑法和竖炉法。国外许多钢铁厂已经实现该类粉尘的工业化处理，有条件地回收其中的铁、锌、铅等有价值的元素。但是转底炉法等目前存在生产效率不高等不足。

德国蒂森-克虏伯钢铁公司在 2004 年开启了对传统冲天炉的工业试验改进，并于近年开发出了新型竖炉 Oxycup 工艺，用于处理钢厂含铁类废物（包括含锌粉尘），其主要产品为铁水、熔渣和煤气。该工艺在蒂森厂投产以来，经过不断优化，已经取得了很好的经济和环境效益[69]。太钢近年来引进了该工艺，于 2011 年 4 月份投产。随着技术的不断进步，Oxycup 综合了传统冲天炉融化炉料的功能和传统高炉还原炉料的功能。中国钢铁企业每年产生大量含锌含铁尘泥，如何高效地回收其中的有益元素，去除有害元素，是当前面临的一项紧迫任务。Oxycup 竖炉技术可以实现零废弃物排放的目标，对解决这一任务十分重要。因此，研究 Oxycup 的技术思想对中国自主创新研发钢铁企业废弃物处理工艺具有理论指导意义。

Oxycup 工艺流程如图 7-66 所示。含铁砖块、焦炭、添加剂和废钢通过炉料加料斗由竖炉上部加入炉内。竖炉内还原所产生的烟气通过加料斗下面的环形排气室排出，经过净化和预热后再由竖炉的中部通入炉内，以供加热炉料和熔化渣铁。生成的渣、铁由竖炉下部排出竖炉[59~62]。

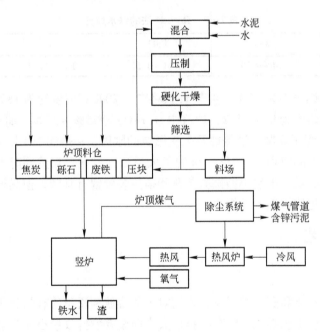

图 7-66　Oxycup 工艺流程图

Oxycup 竖炉内的还原过程如图 7-67 所示。在竖炉的中上部砖块发生预还原，生成海绵铁。在竖炉的中下部，在 2200℃ 范围内，含铁砖块发生熔分，形成热态金属和熔渣。

TKS 竖炉处理含铁废物工艺的最大优点是它可以处理钢铁厂所有的含铁废物，包括所有废钢铁、粉尘、铁水罐渣壳和转炉溅渣，以及铁鳞、污泥等，从而达到含铁废物资源的全回收，即"零废物"；其次是该工艺的产品是铁水和炉渣，与高炉产品相似。与其他处理方法比较，该工艺简单。

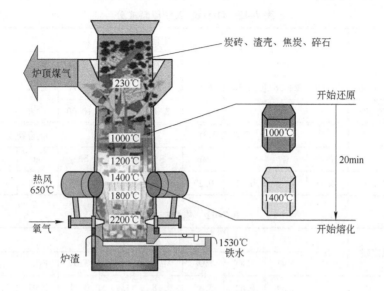

图 7-67   Oxycup 竖炉还原过程

7.9.2　德国蒂森-克虏伯钢铁公司 Oxycup 工艺的技术经济指标

7.9.2.1　原料条件

Oxycup 所用主要原料为自压还原块，它是将钢铁厂的高炉污泥、转炉烟尘等废弃物配加炭粉，并通过水泥固结而成的自还原炉料。其铁品位在 45% 左右，铁的主要来源为含铁 60% 左右的转炉烟尘。高炉污泥中含铁量相对转炉烟尘较低，但是其中含碳量较高，可以为还原块提供必需的还原剂。为了保证压块充分的自还原，还需要配入足够的炭粉，炭粉可以来源于碎焦炭、石油焦、无烟煤、木炭或煤粉，以及熄焦过程产生的炭粉。炭粉的尺寸需小于 1mm，灰分小于 20%，灰熔点温度大于 1300℃，挥发分小于 2%。最后通过水泥将各种粉尘固结成自压还原块。

除了自压还原块之外，Oxycup 的入炉原料还有废铁、焦炭、砾石。由于 Oxycup 竖炉的尺寸受到限制，根据较大冲天炉的经验，处理自压还原块的 Oxycup 竖炉的内径不能超过 3m。这样的 Oxycup 竖炉每年最多能够处理 52 万吨废铁或者 36 万吨还原块。蒂森钢铁公司在 2005 年底通过试验证明了 Oxycup 竖炉能够处理 100% 的自压还原块，因此对于任意不超过处理极限量的自压还原块和废铁配方均能够入炉。但是较为稳定和经济的配比为 70% 左右还原块和 30% 左右废铁。

通常 Oxycup 采用 70% 的还原块和 30% 的废铁，还原块和废铁的详细成分如表 7-41 所示，根据铁平衡方程以及还原块和废铁的比例分别计算出吨铁的用量，结果见表 7-41。为了保证压块的还原性，需要保证压块内部的碱度大于 1，因此为了调节炉内的碱度以及最终炉渣碱度，还需在入炉原料中加入 87kg 的砾石。焦炭的用量为 326.67kg/t，其成分见表 7-42。

7.9.2.2　冶炼生产条件

Oxycup 的预定生铁成分如表 7-43 所示。

表 7-41 Oxycup 入炉原料成分

原料/kg·t⁻¹		化合物成分/%									
		Fe₂O₃	FeO	C	ZnO	SiO₂	CaO	MgO	Al₂O₃	MnO	合计
自还原压块	1199.36	39.60	23.76	14.50	1.10	7.34	9.47	2.64	1.43	0.15	100.00
矸 石	87.00					48.00	35.00	10.00	7.00		100.00

原料/kg·t⁻¹		元素成分/%						化合物成分/%			
		TFe	C	Si	Mn	S	P	SiO₂	CaO	MgO	合计
废 铁	527.36	76.78	4.50	0.41	0.29	0.04	0.20	8.48	4.58	4.73	100.00

表 7-42 焦炭成分 (%)

燃 料	固定碳	S	灰 分								水分
			FeO	CaO	SiO₂	MgO	Al₂O₃	TiO₂	P₂O₅	合计	
			0.54	0.53	5.87	0.18	4.43	0.21	0.07	11.83	
焦 炭	86.69	0.43	挥 发 分								0.1
			CO	CO₂	CH₄		H₂	N₂		合计	
			0.384	0.384	0.039		0.066	0.177		1.05	

表 7-43 Oxycup 预定铁水成分 (%)

Fe	C	Si	Mn	P	S	合计
95.12	3.92	0.50	0.23	0.13	0.10	100.00

Oxycup 竖炉模型如图 7-68 所示，炉子下方有一个焦炭层，500~620℃ 的富氧热风通过水冷风口的喷枪吹入炉子内，与焦炭反应产生 1900~2500℃ 的高温。含铁氧化物与炭粉反应生成金属液滴，之后金属液滴再经过焦炭层渗碳成为铁水。焦炭燃烧产生 CO_2 和 CO 的混合气体，混合气体在上升过程中一部分能量用于为自还原块的内部还原提供热量，另一部分能量用于在气-固对流中预热和融化炉料。根据蒂森厂的生产经验，生产一吨铁水大约消耗 1100~1200m³ 热风和 150~200m³ 氧气（标态），以燃烧风口处的 200~300kg 焦炭。在初始计算过程中，设定热风温度为 620℃，鼓风中的氧气浓度为 31.12%，最终出来铁水温度为 1500℃。

由于 Oxycup 竖炉在炉料接收料仓下方有环形炉

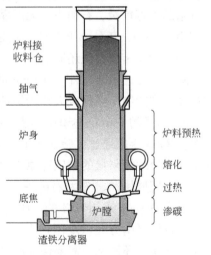

图 7-68 Oxycup 竖炉模型

气集气室，这种布置使得炉顶没有烟气放散，所有炉气从环形集气室内被抽走，因此可以认为炉顶温度为环形集气室与炉身交接处的温度，大概在 300℃ 左右，在初始计算中设定为 300℃。炉尘的量为 38kg/t，其成分见表 7-44。

表 7-44　Oxycup 竖炉炉尘量及成分

原料/kg·t⁻¹		成分/%								
		TFe	Si	FeO	C	ZnO	SiO₂	CaO	MgO	Al₂O₃	合计
炉尘	38.00	17.89	2.33	23.00	14.00	38.00	5.00	4.00	14.00	2.00	100.00

7.9.3　Oxycup 工艺特点

通过计算可以明确 Oxycup 入炉总碳的各个去向，其作用分布如图 7-69 所示。从图中可以很明显看出绝大多数碳用于在风口处燃烧为竖炉提供热量，而用于还原的碳只占 29.25%。从前面的计算可知，所有还原需要碳为 159.24kg，而在自还原块内的碳为 173.91kg，即自还原块内的碳对于还原金属氧化物已经完全足够。因此，在 Oxycup 竖炉内，炉料中所加焦炭的作用主要用于在风口燃烧提供能量，并且在炉内下降过程中作为炉内原料的骨架增强透气性。所以，在 Oxycup 竖炉内常采用反应性低、块度大、气孔率小、具有足够抗冲击破碎强度以及灰分和硫分低等特点的铸造焦。

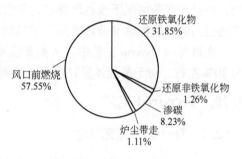

图 7-69　入炉总碳在 Oxycup 竖炉内的作用分布

与普通高炉炼铁工艺相比，Oxycup 工艺主要是利用焦炭的骨架作用，并最大程度地发挥了焦炭的发热剂作用，其焦炭完全燃烧度达到 0.54，而在高炉中为实现还原性气氛，焦炭基本全部为不完全燃烧，从而牺牲了焦炭的部分发热作用。通过计算可知，每千克焦炭完全燃烧放出的热量（32825kJ）大约为不完全燃烧放出热量（9800kJ）的三倍，所以 Oxycup 工艺的热量收入中，接近 90% 来源于碳的完全燃烧，如图 7-70 所示。并且在热量支出中，由于炉内还原反应发生在压块内部，基本全为直接还原，因此直接还原耗费了大多数热量，最终产生的煤气中 CO 含量占到 30% 左右，其热值较高炉煤气热值有所提高。炉渣和铁水带走热量相对适中，其余主要为废铁升温和炉顶煤气带走热量。此外，由于 Oxycup 炉缸内铁水通过虹吸系统连续流出，所以在炉内焦炭与铁水的接触时间大幅缩短，渗碳作用也很小。

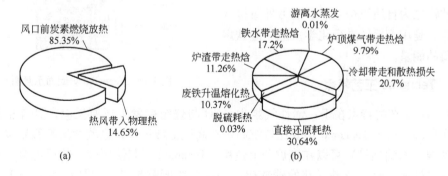

图 7-70　Oxycup 炉内能量的流向比例分布
（a）热收入；（b）热支出

结合以上分析可以看出，Oxycup 将铁氧化物的还原单独放在压块的内部进行，从而实现还原过程与熔分过程的相对独立；而高炉的还原过程与熔分过程在高温区域则是交叉进行的。所以高炉内的气氛必须是全还原性气氛，而 Oxycup 竖炉内必须存在部分氧化性气氛，以保证部分焦炭的完全燃烧，这也是两种工艺的本质区别。

由于在 Oxycup 冶炼工艺的热量来源中，绝大部分能量来自碳的完全燃烧，而鼓风带入的热量所占的比例很小，提高鼓风温度对于 Oxycup 工艺的热量收入影响不大，起决定性作用的是氧量，这与普通高炉工艺有较大区别。对于高炉工艺，富氧是不能带入热量的，但对于 Oxycup 工艺，富氧是实现碳完全燃烧的先决条件，也是保证热量收入的重要调剂手段。因此，氧气无论作为鼓风中的富氧还是通过分开的喷枪喷入都能带来很多益处，并且大多数情况下效益能够超过氧气成本。特别是当炉料中铁氧化物含量较高时，氧气通过与碳反应能够维持焦炭层足够高的温度来保证炉内反应的顺利进行。

在目前的 Oxycup 工艺中，风温普遍不高，一般为 650℃ 左右，但富氧程度很高，一般为 30% 左右。对于最佳风量和富氧率之间的比例关系，还有待进一步的理论分析研究。

7.10 Tecnored 工艺

7.10.1 Tecnored 工艺流程

Tecnored 熔融还原方法，是将预还原竖炉"坐"在终还原熔炼炉上，成为一个反应器，因此也可以称之为改良竖炉。其工艺流程可以分为两步：首先，自还原烧结矿充满整个竖炉，并直达竖炉底部，终还原的煤气经二次燃烧后进入竖炉的上部，逆流加热并预还原烧结矿；其次，预还原后的烧结矿直接进入竖炉的下部，进行终还原和渣铁分离。Tecnored 炉剖面示意图如图 7-71 所示[63,64]。

Tecnored 工艺以自还原烧结矿为主要原料。它是通过含铁粉状物料（高品位铁矿、低品位铁矿、尾矿、含铁黏土等）和炭粉、熔剂以及黏结剂之间的自熔化并粘接，然后自还原，因此称之为自还原烧结矿。而另外直接入炉的燃料，是用于提供进行化学反应、渣铁熔分所需要的能量。

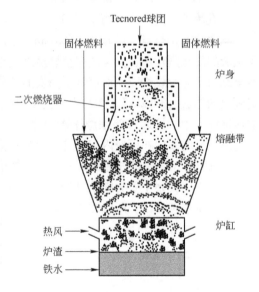

图 7-71 Tecnored 炉剖面示意图

7.10.2 Tecnored 工艺特点

Tecnored 工艺的特点在于：惰性气氛中，CO 与烧结矿发生还原反应，具有非常快的熔融反应速率。由于 Tecnored 炉要比传统高炉在高度上矮很多，也就意味着低品位固体燃料（如块煤、石油焦等）可以在该炉子上使用。Tecnored 工艺使用冷、热风混合工艺。热风从铜风口鼓入，使得炉子下部的碳气化，提供反应所需热量，保持铁和渣处于熔融状态；冷风则从炉体上部软熔区鼓入，使上升 CO 气流良好燃烧，以提供烧结矿在还原区内快速还原所需的热量。

Tecnored 工艺的优点在于：

（1）可以使用低品位铁矿粉、尾矿、废弃含铁氧化物作为含铁原料。

（2）可以使用廉价的普通煤或其他含碳物料作为还原剂和提供热源，而不使用焦炭。

（3）其产品为熔融铁水，可以直接用于电炉炼钢或转炉炼钢。

（4）Tecnored 工艺是一种环境友好型工艺，可回收利用多种废弃资源（约有三分之一有用），可完全避免焦炉和烧结对环境的污染。

（5）Tecnored 工艺成本较低，具有一定竞争力。

（6）Tecnored 炉剖面为矩形，意味着该工艺可以很容易通过扩容来增加产能。

当然，Tecnored 工艺也有一些尚待改进之处：

（1）用高温烟气或弱还原性气体加热自还原烧结矿来进行预还原，还原过程产生的可燃性气体的化学能，在反应器内没有得到充分利用；需要的烟气量随要求的还原度的增加而增加，预还原度达到 80% ~90% 时，炉内气体量达到 3000~4000m^3/t，比高炉多 1.5~2 倍，不仅热损失增加，给操作也带来困难。

（2）煤中的挥发分没有经过燃烧就随煤气排出炉外，其中有害气体会对环境造成污染，煤焦油可能会在煤气管道中沉积，严重时可能堵塞管道。

7.10.3 Tecnored 工业试验

Tecnored 工艺示范工厂（IDP）建于巴西圣保罗州平达莫尼扬加巴市（Pindamonhangaba）AcosVillares 钢铁公司最大的电炉旁边。

Tecnored 工艺示范工厂目前生产能力为 250 t/d，以后通过增加炉长和相应设施（图 7-72），预计其产能可以达到 1000t/d 甚至 4000t/d。

与典型的炼铁厂相类似，Tecnored 工艺示范工厂包括三种主要装置及工作区，它们分别是：原料场（烧结料场）、炼铁区和辅助设备。原料场的设备都是一些在各钢厂广泛使用的常规设备，如卸料机、装取料机、混料机（煤、铁矿和

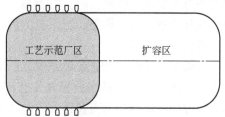

图 7-72　Tecnored 工艺示范炉扩容的可能性示意图

熔剂混匀）、压球机、固化器/干燥器、料仓等。炼铁区是工厂的主要部分，主要由炉子及相关设备组成，如炉体、控制系统、热风系统、鼓风机、气体除尘系统等。辅助设备包括各种公用设备和维护设备，如铸机、水处理系统、电力及控制系统、炉尘控制系统、炉渣处理系统以及脱硫装置等。

由于炉子截面为矩形，炉子由预先装配好的组件构成，因此大胆设想，允许炉子沿着一个方向，通过增加更多组件的方法，来对炉子进行扩容。根据市场需要或者公司经营计划，炉子产量可以从最初的 250t/d，扩容到 4000t/d，甚至 8000t/d。图 7-72 示出如上所述的炉子扩容的技术思想。

7.11 其他熔融还原工艺

7.11.1 Redsmelt 法

7.11.1.1 历史沿革

1974 年美国 Inmetco 公司开始研究把转底炉用于处理电炉生产不锈钢产生的氧化物粉

尘的方法。1978 年 Inmetco 在宾州埃尔伍德市建成一座年处理 5.6 万吨电炉钢厂粉尘能力的转底炉，回收锌及可用作电炉原料的含 Cr、Ni 的还原铁。

Inmetco 转底炉直接还原设备采用天然气为热源，每吨 DRI 消耗天然气 3GJ，废气预热助燃空气，每吨 DRI 用 400kg 煤粉为还原剂。转底炉中含碳球团处于静料层中，因此，对球团强度要求不高，含碳球团自还原速度快，不会发生结圈事故，并可脱除 Zn、Pb 等有害元素。转底炉的主要缺点是采用内配碳球团，使煤的灰分及硫全部留在 DRI 中，使 DRI 的脉石的质量分数达 9%，硫的质量分数达 0.15%～0.4%。因此为了生产合格的 DRI，对铁矿粉及煤的质量要求很高[65]。

德国曼内斯曼公司于 1985 年获得 Inmetco 转底炉技术许可证，并将其与用作熔化、脱硫的埋弧电炉组成 Redsmelt 法熔融还原炼铁工艺，年产 30 万吨装置报价约 7500 万美元。美国动力钢铁公司已在印第安纳州建成年产能力 52 万吨的炼铁设备，其转底炉 DRI 的金属化率为 85%，碳的质量分数为 1.5%～7.0%，Redsmelt 法电耗 550kW·h/t，耗煤 410kg/t，耗天然气 80m³/t。Redsmelt 是一种已得到生产应用的成熟的短流程炼铁新工艺。

7.11.1.2　工艺流程

该法在德马格转底炉中生产直接还原铁，在埋弧电炉中生产铁水；在原料准备部分把还原剂、铁矿和黏结剂制成生球，而后生球在转底炉中加热进行化学还原。球团矿在转底炉内通过 3 个主要区段：（1）加热区；（2）主还原区；（3）最终还原区。3 个区段的气氛用烧嘴和观察口空气调整，与工艺的热工和冶金需要相配合。在炉子的最终还原区达到最高温度约为 1371℃。

埋弧电炉接受热的直接还原铁，已准备好的煤和生石灰加至直接还原铁料罐中随其一起加入。炉子的电极基本放置在工艺渣池中，稳定的电流流过渣层，因其电阻转化为热能。该方法在熔池中为直接还原铁的各种冶金反应、加热和熔化产生热量。约为 843℃ 的热直接还原铁用 1 个衬有耐火材料的料罐运输，并通过埋弧电炉炉顶的 1 个供料管系统连续给入炉内。炉底永久地留有液态铁水，上面被渣和顶层焦炭所覆盖。每 1～2h 出约 1427℃ 的铁水一次，渣则通过另设的出渣口每 2～3h 出一次。即热的直接还原铁在埋弧电炉中转化成铁水，如果需要降低铁水的含硫量，则在随后的脱硫站中进行。

7.11.1.3　技术特点（包括物料平衡和热平衡计算）

德马格转底炉的主要特点概述如下：

（1）生产能力在 5～60 万吨/年之间（最大的转底炉直径约 60m）。

（2）年作业时间 8300h。

（3）转底炉的直接还原铁单位面积生产率为 60～80kg/(m²·h)。

（4）转底炉的料层厚度为 2～3 层球。

（5）极短的还原（或工艺）时间（10～18min）。

（6）金属化率达到 95%，直接还原铁的碳含量可在 1.5%～7% 之间调节。

（7）使用赤铁矿或磁铁矿的质量范围较宽。

（8）可使用多种还原剂，如锅炉用煤、无烟煤、焦炭和石油焦等。

（9）粗颗粒矿石、粉矿和超细粉矿都可使用。

（10）转底炉中产生的灰尘少。

（11）用蒸汽锅炉和自备发电机回收余热。

（12）使用的燃料范围宽（转底炉甚至可用煤或油烧嘴）。

（13）可靠的给料和卸料系统。

（14）空气动力学最佳的烧嘴和观察口空气。

（15）最佳废气调节和余热回收。

（16）投资省、维修费和生产费用也低。

用于生产铁水的德马格埋弧电炉的特点如下：

（1）1套装置的生产能力可达到100万吨/年。

（2）炉底直径可能达到20m。

（3）电极单耗低(3~7kg/(MW·h))。

（4）用炉渣脱硫，达到高炉工艺相同的程度。

（5）由于埋弧电炉为还原气氛，能使用效率高的热直接还原铁装料（无再氧化的危险）。

（6）变压器的容量为30~120MV·A。

（7）极平稳的操作和所需维修少（即更换炉衬周期达到10年）。

（8）采用埋弧操作方式，噪声极低。

（9）废气体积少，可利用其作为燃料或者产生蒸汽。

（10）使用德马格 Messo 脱硫站，脱硫率高。

（11）稳定的铁水成分和铁水温度。

（12）具有竞争性的投资、操作费用和维修费用。

7.11.1.4　半工业或工业试验结果

由美国动力钢公司在印第安纳州巴特勒城兴建的年产50万吨的 Redsmelt 法炼铁设备已于1999年5月中旬建成投产。该设备包括由美国布里科蒙工业炉公司制造的 Inmetco 转底炉和德国曼内斯曼·德马格公司提供的埋弧电炉，生产的铁水含 S 量约0.105%，含 Si 高于1%，含 C 高于3%。美国动力钢公司用该铁水炼钢，使电炉的冶炼时间缩短14min；由于使用热铁水，吨钢能耗降低约30%；电炉使用35%的热铁水，吨钢能耗降低了30%，生产成本降低了约30美元。

欧洲煤钢共同体（ECSC）与德国西马克公司、意大利 Lucchini 公司签订联合协议，决定在意大利 Piombino 创建一座示范厂，以进行新式 Redsmelt NST（新式冶炼技术）炼铁技术的开发。该设备主要可进行含铁副产品的生产，其设计生产能力约为5t/h。

7.11.2　川崎法

7.11.2.1　历史沿革

日本川崎钢铁公司自20世纪70年代初以来，通过小型试验，用细粒矿石熔融还原生产铁及铁合金，现已开发出一种流程，使用廉价铁矿粉、低质焦炭和煤，以及未经预处理和烧结的铁矿粉，可以节省能源、减少污染。该工艺可用于铁及铁合金（例如铬铁）的生产。

7.11.2.2　工艺流程

1986年川崎钢铁公司进行了熔融还原的半工业试验。图7-73为川崎法熔融还原装置，图7-74为流程示意图。此法的特点是熔融还原炉配有焦炭床及双排风口，图7-74(a)有预还原炉，图 7-74(b)无预还原炉，在这两种情况下，预还原矿或原矿粉均通过上排风口喷入熔融还原炉。

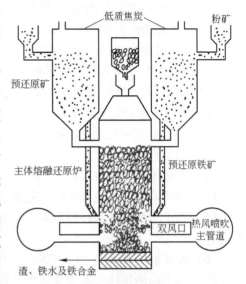

图 7-73 川崎法熔融还原装置

7.11.2.3 技术特点（包括物料平衡和热平衡计算）

在带有预还原炉的情况下，将来自熔融还原炉的含 CO 较高的热煤气送入预还原炉，加热并还原流化床内的粉矿。使用流化床反应器的粉矿预还原工艺具有的特点是：可以直接使用未经烧结的粉矿，粉矿所需的还原时间较短，由于流化作用可以使粉矿与还原气体得到充分接触，例如在铬矿粉预还原的情况下，用碳氢化合物作还原剂可使还原温度降低到约 1100℃，而使用回转窑型的传统预还原工艺，还原温度高达 1300 ~ 1400℃，并且还原时间也较长。使用重力传送系统将处于热状态的预还原矿从流化床预还原炉排出，并通过上排风口与热空气一起吹入熔融还原炉。在没有预还原炉的情况下，原粉矿与热空气一起由上排风口吹入熔融还原炉。吹入的铁矿很快就在风口前面熔化，熔化的铁矿在通过焦炭床滴落时被还原成金属。

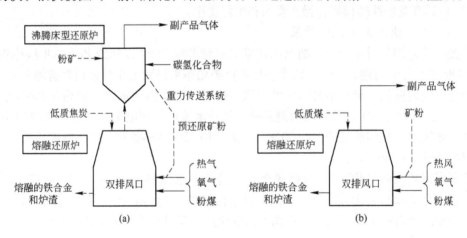

图 7-74 川崎法流程示意图
(a) 带预还原炉；(b) 不带预还原炉

在此工艺中，双排风口起了重要的作用。由于风是通过双排风口吹入，因而可以很容易地控制炉内加热区的范围和还原状态，对于难还原的矿石（例如铬矿）特别有用。熔融还原炉中，可使用劣质焦炭，因为铁矿不是从炉顶加入，因此不需要焦炭具有较高的强度以防止在炉内较低处由于铁矿的压力而造成的破碎。此外，由于通过风口吹入非焦煤，可大大降低焦炭的消耗。川崎法不必使用烧结矿和球团矿，因而可提高生产率，节省能源，减少污染，并允许使用廉价粉矿。预计此工艺的生产成本有可能比高炉生产成本低 15% 左右[66,67]。

7.11.2.4　半工业或工业试验结果

图 7-75 给出了流化床半工业试验装置的示意图。这个炉子在气体分配器处的内直径为 600mm，在自由空间处内径为 1500mm，还原气体是用石油液化气在部分氧化燃烧器里产生的，并且气体温度通过加入氮气控制在 1000℃ 左右。气体的流量为 1000m³/h，其成分为 25% H_2、20% CO、50% N_2 和其他成分。铁矿为巴西矿，粒度范围为 0.07~2mm，炉子可以在 870℃ 下操作，没有黏结，在铁矿加料速度约为 2t/d 的情况下，还原度超过 95%。熔融还原炉半工业试验于 1986 年春进行，炉膛直径 1.2m，装有两排风口（上部三个风口，下部三个风口），生产率可达 10~15t/d。半工业试验结果（图 7-76）表明，这种工艺可用于生铁和铁合金（如铬铁）的生产，生产铁合金时，金属中铬的含量取决于铬矿与铁矿的比例。很明显，渣中的 TCr 和 FeO 的含量非常低，并且不会因金属中 Cr 含量的变化而变化（图 7-77）。

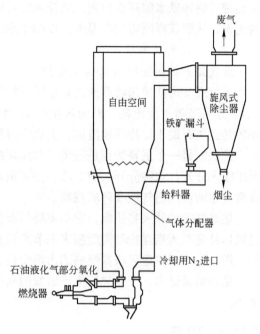

图 7-75　流化床半工业试验装置

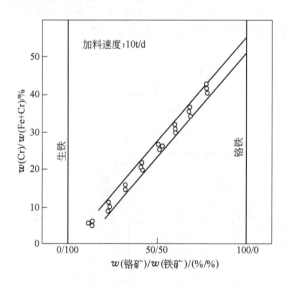

图 7-76　金属中铬含量与铬矿/铁矿比值的关系

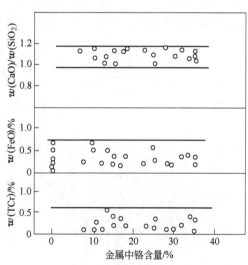

图 7-77　金属中铬含量与炉渣中 TCr，FeO 及炉渣碱度的关系

熔融还原炉从炉顶装入焦炭，炉底附近设置有双排风口，较低的风口用来喷吹热风或氧气，热风使焦炭燃烧，供给热量和使炉内产生强还原气氛。由于焦炭燃烧，炉内温度可达 1500℃，炼铁合金时为 1550~1650℃。预还原矿石从较高的风口喷入，送至炉子下部

高温带。熔融铁水储存在炉底，双排风口可以做到有规律地鼓入热风，调整还原矿石喷吹的比例，从而获得所需的高温带，以助于难还原的铬矿还原。

7.11.2.5　评价及展望

现代高炉炉料配比约80%为烧结矿，烧结所需费用每吨2000～2500日元。该法矿石不需预处理，可使像川崎钢铁公司这样规模的企业节约费用数千亿日元（相当于几十亿美元）。还可节省大量能耗，因为每生产1t烧结矿要消耗1672000～1381000MJ热量。更重要的是此法有助于保持环境清洁，而烧结过程则是造成钢铁厂环境污染的主要原因之一。

此法的另一个主要优点是避免了对焦煤的依赖。劣质焦炭装入熔融还原炉，它同预还原矿喷入分开，这种分开入炉方法将保证焦炭不易破碎，避免了在大高炉内因炉料负重而常常发生的炉内透气性变坏的现象。

熔融气化炉装入劣质焦，它不需要具有像常规焦炭那种强度或硬度，矮炉型很容易通过风口补充喷入烟煤粉和褐煤粉末来节约焦煤。熔融气化炉设计还考虑了能适应不同的矿物、燃料，炉子作业可根据燃料的市场价格，在煤、油或煤气之间取舍。

试验结果证实，工业规模生产装置的利用系数为每立方米炉容日产铁4t，或生产铁合金1t。

7.11.3　XR法

在上述川崎法的基础上，川崎钢铁公司又制定了理想化的XR(excellent kawasaki smelting reduction)方案。该流程具有一系列理论上的优越性，但实现工业化的难度也较大。

如图7-78所示，XR法采用两个流化床分别进行矿石的预还原和熔炼造气，目的是实现粉矿全煤冶炼。粉矿自炉顶连续加入还原流化床，利用熔炼造气流化床（煤炭流化床）产生的煤气作还原剂，还原至$f=50\%～70\%$，然后从还原炉直接排入熔炼炉。

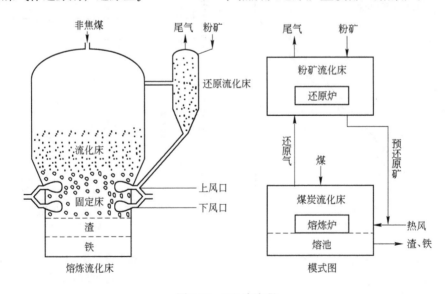

图 7-78　XR 法流程

煤炭流化床熔炼造气炉采用双风口，用于吹入富氧热风。非焦煤通过炉顶装料设备加入熔炼炉，小粒度煤加入上部的煤炭流化床，大粒度煤穿过流化床降落在流化床下部的固定床上。在此过程中，入炉煤高速升温、挥发，并进行固定碳的气化反应。

预还原矿与川崎法一样，自上风口喷入熔炼炉。在熔炼炉中，矿石继续完成预还原炉内未完成的还原反应，并进一步熔炼成生铁。

XR 法与川崎法的最大区别是可直接使用非焦煤，从而在取消粉矿造块的基础上进一步取消炼焦工艺，使炼铁生产从传统的三大块结构缩减成单一的炼铁工艺。据统计，这种结构的简化可使同等能力的炼铁厂基本投资降低一半。同时，由于使用低质量的原燃料和能量利用率的提高，生产费用约可降低 20%。此外，据开发者估计，同等规模的 XR 法装置的生产能力约为高炉的 4~6 倍（从 Corex 的实践看，可能性不大）。

但是，实现这一流程还要解决大量的技术难题，如铁矿石在流化床还原过程中的黏结失流问题耐火材料问题以及泡沫渣问题等。

7.11.4 Combismelt 法

Combismelt 法是德国 Lurgi 和 Mannesmann Demag 公司提出的，如图 7-79 所示，该流程的实质是两个成熟技术回转窑直接还原和埋弧电炉炼钢的松散结合，其间不存在海绵铁热装和还原剂交换等内在联系。

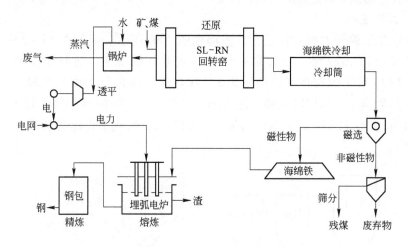

图 7-79 Combismelt 法流程

埋弧电炉熔炼单元的产品是成分介于钢和铁之间的半钢。连接二者的纽带是一套循环流化床锅炉能量回收系统，Lurgi 认为，该系统的开发是整个工作中最重要的部分之一。可以发现，该流程的开发工作，包括工业化在内几乎没有什么风险。

还原单元是一个标准的 SL-RN 直接还原回转窑，包括其冷却塔筒部分和产品性质，海绵铁采用传统方式处理后，冷装进入电炉进行熔炼。尾气和非磁性产品中的残煤则加入余能回收系统，回收其中物理热和化学热。

余能回收系统的关键设备是一个循环流化床型的锅炉。循环流化床是 Lurgi 的成熟技术。其用于还原可能存在一些问题，但在回收余能的氧化条件下工作是可靠的。在该系统内不仅可回收回转窑尾气中的物理热和化学能，残煤和含碳粉尘中的化学能也可通过燃烧得到回收。通过补加燃烧煤，可调节锅炉的蒸汽产量。产生的蒸汽用于发电，供埋弧电炉使用。调节补充煤可使厂内用电达到自给自足，不受网电影响。

埋弧电炉以回转窑生产的海绵铁为原料，配加部分煤炭作还原剂。产品经钢包处理即得到钢水。

为了降低风险，Combismelt 法流程选用的多为可靠性很强的工艺，其中以海绵铁冷装入电炉最具代表性，但这也大大限制了流程的热效率。应用该流程得到 1t 产品约需煤 26GJ，电力 480kW·h。设发电热效率为 35%，则单耗达 31GJ，明显高于传统高炉流程和多数熔融还原流程。

7.11.5 CIG 法

7.11.5.1 历史沿革

日本与瑞典合作，对 CIG 法进行了两年的可行性研究（1982～1983），并作为国际能源机构（IEA）的一个有关钢铁工业节能的合作题目。联合研究的日方负责单位是日本钢铁协会，日方研究小组由三家钢铁公司组成，即日本钢铁公司、日本钢管公司和神户制钢公司；瑞典研究小组由瑞典国家技术发展局（STU）为负责单位，成员包括工程设备公司、皇家技术协会（PIT）和冶金研究实验厂（MEFOS）。日方研究小组侧重研究炼铁炼钢工艺，瑞典方面侧重研究煤的气化方法。

7.11.5.2 工艺流程

瑞典皇家工学院开发的 CIG 法工艺流程如图 7-80 所示。他们在 15～30kg 级、常压下用浸入式顶吹和 10kg 级、压力为 $4 \times 10^5 Pa$ 底吹的情况下，进行了实验室的基础研究。此后，1984 年在 6t 级的转炉中用 3.5～4t 含碳铁水进行了中间实验，所产生的煤气回收且显热后除尘，采用底吹喷，用 C_3H_8 保护。1985 年在 6t 铁浴中做了高压下煤的气化实验（称为 P-CIG 法），炉内压力为 $3.5 \times 10^5 Pa$，采用不连续排渣操作（每 10h 左右排一次渣）。

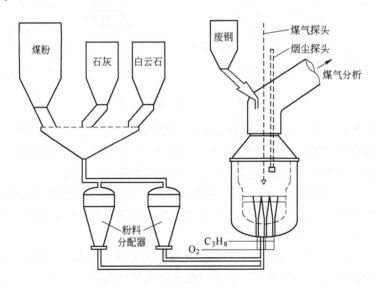

图 7-80 CIG 法煤气铁水熔池气化中间试验厂流程

由计算机模拟和实验室试验，CIG 法熔融还原可采用表 7-45 所列的工艺。

表 7-45　CIG 法熔融还原不同工艺特征

工　艺	特　　征	参见图号
A	预还原 + 熔融还原	图 7-81
B_1	预还原 + 熔融还原 + 二次燃烧	图 7-82
B_2	B_1 + 脱除 CO_2	图 7-82
C	B_2 + 煤粉气化装置	图 7-83

图 7-81 示出了 CIG 工艺熔触还原主要流程，在压力可变的熔融还原炉中送入经预还原的铁矿粉、煤粉和氧气。煤粉既作为终还原剂又可制取还原煤气，并为还原反应提供热量。预还原炉可考虑为二段流化床，炉料为经预热的铁矿粉，还原剂是由熔融还原炉来的还原性气体。为保持炉内热平衡，有时补充一些氧气[68,69]。

若熔融还原炉中部分 CO 和 H_2 二次燃烧生成 CO_2 和 H_2O，且由煤气向熔池的传热效率很高，则炉中的能量平衡将会发生明显变化。但是，熔融还原炉产生的煤气的氧化程度会影响煤气的还原能力。若将这种还原能力已变得很低的含有 CO_2 和 H_2O 的还原性气体通过预还原炉，势必会影响铁精矿粉的预还原率。所以，必须用净化设备脱除煤气中的 CO_2 和 H_2O，这是一种改进了的 CIG 工艺，即工艺方案 B_2（图 7-82）。

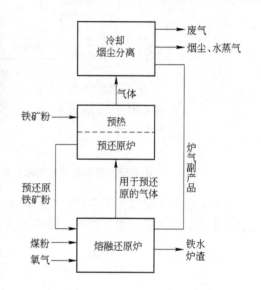

图 7-81　CIG 熔融还原法的主要流程（工艺 A）

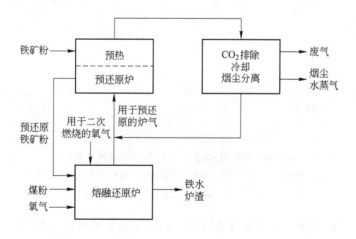

图 7-82　二次燃烧并脱除 CO_2 的 CIG 熔融还原流程（工艺 B_1、B_2）

另一种改进的工艺是 C 工艺（图 7-83），采用这种工艺时，将熔融还原炉设计成二次燃烧率很高的炉子，用单独的煤粉气化装置生产预还原所需的还原煤气。其基本操作是向高压熔池中喷吹煤粉、氧气和造渣剂。这种流程不使用煤气净化设备，必要时可用熔融还原炉生产的煤气同来自气化器的煤气一起作为预还原炉所需的煤气。

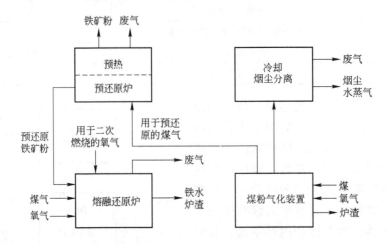

图 7-83   有单独煤粉气化装置的 CIG 熔融还原流程（工艺 C）

根据数学模型对以上工艺进行模拟计算，如图 7-84（a）所示，当预还原率下降时，煤耗急剧上升。吹入的煤粉（87% ~93%）主要用来加热熔池，一小部分用于还原铁矿粉。

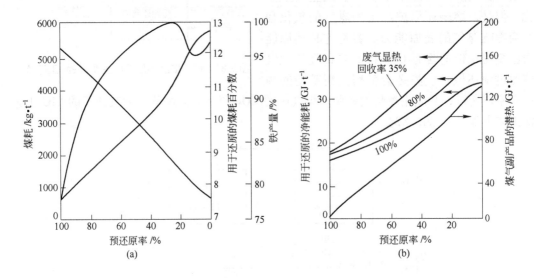

图 7-84   CIG 法熔融还原工艺 A 的煤耗与能耗
（a）总能耗、用于还原的煤耗百分数和铁产量与预还原率的关系；
（b）净能耗和煤气副产品潜热与预还原率之间的关系

如果只增加煤粉用量，就会使渣量剧增，同时还会增加烟尘，降低铁水产量，影响生产率。实验结果表明，铁损的 80% 将形成烟尘，这种烟尘含硫，可能影响烟气的循环利用。所以，用于预还原的煤气是否需要冷却、防尘，能否进行高温防尘，能否将未经过加工处理的煤气直接送入预还原炉，这些都是值得进一步研究的问题。为了保证能将还原煤气直接送入预还原炉，熔融还原炉中的煤气压力应保持在 $(3 ~5) \times 10^5 Pa$ 范围内。由图

7-84(b)看出，熔池中产生的未用于预还原的过剩气体数量，随着预还原度的变化而急剧变化。虽然联合企业内部可以利用部分剩余煤气的能量（5~10GJ/t），但是向厂外出售剩余煤气及其副产品，影响到这种工艺的总经济效益。影响净能耗的主要因素是铁矿粉的预还原率，预还原率越高，净能耗就越低。预还原率对熔融还原炉中的能量平衡也有一定影响，因为随着预还原率的提高，加热用煤量也必然增加，从而还原煤气、炉渣和烟尘所造成的热量损失以及过剩气体的体积均会增加。以工艺A为基础的生产过程，若煤气达到平衡，或有少量煤气副产品用于厂内其他单位，则此工艺就要求铁矿石有很高的预还原度，这就对预还原炉提出了很高的要求，特别是对流态化预还原炉的要求尤为严格。在预还原度低的情况下，废气显热的回收利用十分重要，而且余热利用在一定程度上取决于废气处理方法。用湿式洗涤系统回收热能的可能性是很小的，而采用装有锅炉的干式回收系统，显然又会出现烟尘黏附在炉壁上的现象。另外，还存在析碳问题，其原因是煤气主要由CO和H_2组成，其中CO_2含量很低。

以工艺A为基础的生产方法，其经济效益在很大程度上取决于厂外的能源消耗。许多厂家的余热都找不到用户，所以需要尽量减少过剩煤气。下面介绍两种完善CIG工艺方法。其一是在熔融还原炉中采用二次燃烧法，从图7-85（a）可以看出，随着氧化度的升高，煤耗降低，即使在中等或较低还原度的情况下，其仍然存在这一关系。图中虚线表示熔融还原炉和预还原炉的煤气平衡极限。对预还原反应来说，来自熔融还原炉的煤气，其体积和还原势并不比上述极限值低多少。煤气向金属的传热效率对图上数据影响很大（所有计算中，不论氧化度高低，均取传热效率为80%）。影响传热效率的因素有氧化度、熔体温度、熔池和渣层的搅拌、炉渣类型等。预还原率为70%、传热效率分别为100%和60%时，相应的吨铁煤耗分别为732kg和911kg。而传热效率为80%时，吨铁煤耗是817kg。净能耗及与其对应的预还原度与二次燃烧率的关系见图7-85（b）。在表示预还原度的曲线上，可找出熔融还原炉和预还原炉之间的气体平衡点，净能耗也随二次燃烧率的提高而增加。进一步降低煤耗的一种方法是回收预还原炉废气，充分利用余热。废气中的CO_2可以

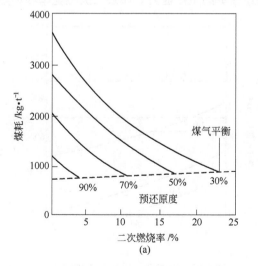
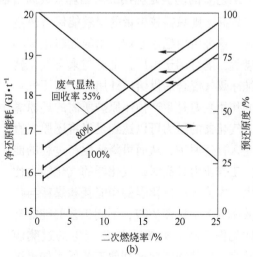

图 7-85　CIG 熔融还原 B 流程的煤耗与能耗

（a）不同预还原度时煤耗与二次燃烧率的关系；（b）净还原能耗和预还原度与二次燃烧率的关系

通过阿迈因法（Amine Guard）或本费尔德法（Benfield）去除，其能耗为 4.8 ~ 5.9MJ/m^3。既进行二次燃烧又排除 CO_2 的 B_2 工艺，其净能耗见图 7-86。煤气净化的单位能耗，对生产流程的总能耗乃至设备投资和产品成本都至关重要。

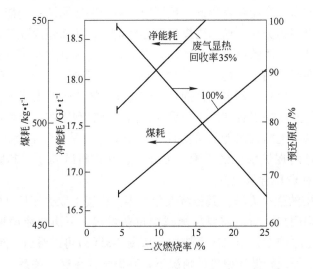

图 7-86   煤耗、净能耗和预还原度与二次燃烧率的关系

工艺 C 则是根据工艺过程，把熔融还原炉分为气化和还原两部分，这种工艺比工艺 A 的灵活性大，其优点如下：

（1）符合反应器的设计原则，使还原和气化过程均具有较好的工作条件；

（2）反应炉中的压力可以不同，并可分别单独控制；

（3）可以根据每个装置的运转情况选择炉渣和铁水的最佳组成和数量；

（4）载能物质的组成可以不同。

工艺 C 的前提是利用二次燃烧来提高熔融还原炉的生产能力。如果二次燃烧率和传热效率较高，则只需较少量的煤就能保持热量平衡。这种由熔融还原炉排出的发热量较小的废气，既可用于本厂，也可与来自气化器的纯净煤气混合后供给厂外用户。高压气化器的作用主要是生产预还原炉所需的还原煤气，气化器的压力可以达到足以将还原气直接送入预还原炉，从而可降低生产过程的能耗。工作压力较高时，气化器的气化能力比较大。本流程中气化器的净能耗和煤耗与传热效率的关系见图 7-87，不同工艺的纯能耗对比见图 7-88。虽然工艺 C 产生的过剩煤气较多，但其净能耗比其他工艺低。如果采用包括脱除 CO_2 工序的二段熔融还原工艺（工艺 B_2，见表 7-45），则总能耗最低，但

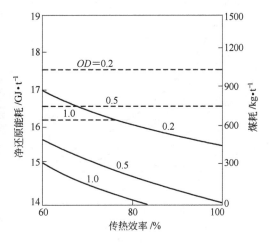

图 7-87   净能耗、煤耗与传热效率的
关系（预还原度为 60%）
——煤耗；------净能耗

其净能耗却高于工艺 C。如果根据当地条件充分利用过剩能量，则可大大提高工艺 C 的经济效益。

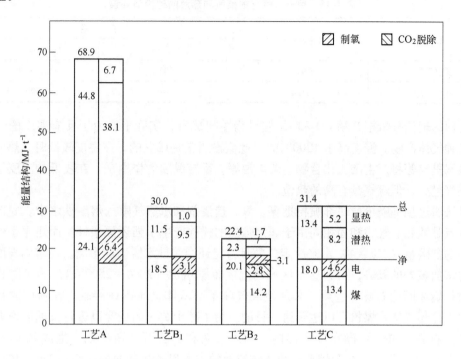

图 7-88 CIG 法熔融还原不同工艺流程的能耗比较
（按还原度 70%、传热效率 80%、转换系数 10.3MJ/(kW·h) 计算）

将气化和还原分开的优点之一是有利于脱硫。铁水中的硫含量随加入还原炉的总煤量而变化，当使用高硫煤时，铁水含硫量会进一步增加。若向反应器中加入额外的造渣剂，又势必破坏其平衡，出铁温度与铁水中 Si、C 含量偏低都会影响后步的炼钢生产，所以应尽量避免对铁水进行炉外脱硫处理。尽管现在有办法将含硫 0.15% 或更高的铁水进行脱硫，但是，保证铁水低含硫量还是很重要的。CIG 工艺的一个特点是在操作上具有较大的灵活性，例如，可以将气化器的压力控制在与预还原炉相适应的水平，而熔融还原炉仍可采用常压下分批装料方式操作。采用双反应器的另一个优点是熔融还原炉所需的加热煤粉数量较小，这样就可以提高该装置的单位生产能力。

7.11.5.3 技术特点（包括物料平衡和热平衡计算）

若采用 Illionois 煤粉，并以氧和蒸汽为气化剂，则物料平衡与能量平衡如下：

$$C_{60}H_{50}O_6N_{0.9}S + 27O_2 \longrightarrow 60CO + 24H_2 + 0.45N_2 + H_2S \tag{7-1}$$

$$C_{60}H_{50}O_6N_{0.9}S + 54H_2O \longrightarrow 60CO + 78H_2 + 0.45N_2 + H_2S \tag{7-2}$$

每吨煤粉产生的煤气分别回收 23.9GJ 和 39.3GJ 高发热值煤气。而原煤的热值为 29.3GJ。假设不考虑温度的变化，那么，用氧气化每吨煤将要放出 5.3GJ 能量。用蒸汽时，气化每吨煤将要吸收 10.1GJ 能量。考虑温度变化时，反应（7-1）能够自供能量，而反应（7-2）则需要补充能量。反应所需的氧和水蒸气以及所产生的煤气量如表 7-46 所示。放出的气体的温度越高，就越趋近于反应（7-1）。无论用什么方法，只要在合适的温度下（1200～1500℃），气化反应可以按照式（7-2）大量进行[70~72]。

表 7-46 用于煤气化的氧气和蒸汽的理论消耗量

反　应	煤气量/m³·t⁻¹	消　耗　量	
		O_2/m³·t⁻¹	H_2O/kg·t⁻¹
式（7-1）	1914	605	—
式（7-2）	3124	—	972

上面的理论分析把产物 CO 和 H_2 假设为主要成分，实际上，由于反应温度的影响会生成各种气体产物。温度高于1200℃时，此假设通常是成立的，在温度较低时，热分解反应及蒸汽重整等将产生碳氢化合物、煤焦油等。反应温度的作用是，在较低的温度下，产生的煤气量少，但煤气具有高的热值。

该法通过顶部喷枪或底部喷枪把煤、氧、造渣剂和水蒸气喷入熔融铁水中。底部喷吹法的特点是液相、气相和固相间由于非常强烈的搅拌产生了强还原条件。而还原条件要由金属中的含碳量（2%～4%）来决定，并且肯定还会受铁水脱硫的影响。在熔体表面下喷氧，将增加该处的氧势，引起这个区域的温度急剧增加（2000～2500℃）。为了防止由于耐火材料烧坏而造成喷枪过热，必须使氧气流不与液体金属迅速接触。在喷枪的环形出口，加入冷却气体或煤粉可以达到这一目的。为了减少炉衬的烧穿以进行长期的作业，将碱性耐火材料（MgO）砌在反应器内，加入石灰和白云石作造渣剂，生成碱度（CaO/SiO_2）为 1～2 的炉渣，这种炉渣可防止炉衬腐蚀，并以硫化钙的形式溶解3%～4%的硫。

在大部分喷吹煤粉和氧气的浸入式喷枪系统内，反应产生于接近进口的气体-金属界面，氧气与铁水的主要反应如下：

$$O_2(g) + 2Fe(l) \longrightarrow 2FeO(l) \tag{7-3}$$

煤粉的反应可以描述为：（1）渗入铁水内的煤粉快速升温（<0.1s）；（2）由于热分解反应和气体的逸出，煤粉分裂成碎屑；（3）煤屑在铁水中溶解；（4）按反应（7-4）与氧化物反应：

$$FeO(l) + C \longrightarrow Fe(l) + CO(g) \tag{7-4}$$

此时，最终煤气的组成由下面碳的气化反应和水煤气反应来决定：

$$C(s) + CO_2(g) \longrightarrow 2CO(g) \tag{7-5}$$

$$CO(g) + H_2O(g) \longrightarrow CO_2 + H_2(g) \tag{7-6}$$

被脱气煤粉的溶解受到扩散控制，反应的动力是煤粉和四周铁水中碳的活度差。在浸入法中，整个溶解反应将受到煤粉裂碎的强烈影响，因为随着液相的强烈搅动，其表面积相应增加。碳与碳氢化合物或炭黑的裂解一样，可能是以一种还没有完全弄清楚的方式进行反应的。产生的未处理的煤气含有大量微小的金属微粒，大部分微粒是在极高温度的喷枪前端蒸发的铁。金属粉尘中还有由 H_2S 和 Fe 微粒反应生成的 FeS 微粒。有着很大表面积的铁粉尘将作为气相的脱硫剂，它能将气体中含硫量降到非常低的水平（（20～300）× 10^{-6}）。

表 7-47 为不同煤种的物料平衡及热平衡计算结果，它表明除 D 种煤外，加入水蒸气

可控制热平衡。但煤中含碳量低时，总热值就要求燃烧适量未处理的煤气，以使 CO_2 含量（1.3%）稍有增加。粗略估算，每吨煤消耗 $600m^3$ 氧气和 $50kg$ 铁，产生 $2000m^3$ 干煤气，其组成约为 70% CO 和 30% H_2。

表 7-47 不同煤种的物料平衡及热平衡

种 类		A 焦炭	B 烟煤（Donetz）	C 烟煤（Kutznets）	D 褐煤（Illinois）
工业分析	挥发分/%	1.4	17.3	28.1	35.2
	灰分/%	12.4	7.7	12.9	9.1
	固定碳/%	80.7	71.4	57.8	—
	水分/%	3.6	3.6	—	10.0
元素分析	C/%	84.2	83.1	73.1	72.0
	H/%	0.4	4.3	4.3	5.0
	O/%	0.6	1.7	6.9	9.6
	N/%	0.9	1.7	1.9	1.1
	S/%	1.0	1.7	0.8	3.2
高热值	MJ/kg	26.0	32.5	29.4	29.2
气化介质	氧气/m^3	723	675	578	597
	水蒸气/kg(400℃)	38	95	38	22
	载气 N_2/m^3	57	53	57	54
其他原料	石灰/kg($B=1.5$)	141	68	142	80
	废钢/kg	40	48	49	45
产品煤气	未处理煤气/m^3	1750	2220	1980	1960
	CO/%	89.5	69.1	68.7	66.6
	H_2/%	6.7	27.8	27.5	28.6
	CO_2/%	—	—	—	1.4
	N_2/%	3.9	3.2	3.9	3.4

注：加热速度：400kg/(t·h)（含2%的水分）；
　　反应器的热损失：72MJ/(t·h)；
　　铁水熔池温度：1450℃；
　　铁损：5%铁（渣中）；25g/m^3（粉尘中）。

7.11.5.4 半工业或工业试验结果

MEFOS 研究所在装 3.5~4t 铁水的 6t 转炉里进行了几个炉役的工业试验。原料经混合后装入两个粉料给料器的槽内，固体用氮气送入风口并在出口处与氧气混合，通过交替使用粉料槽，在转炉内可以不间断地进行半连续造气，排出的煤气在进入煤气罩后用二次风燃烧并用传统的方法处理。

试验着重研究了不同种类煤粉的造气，煤的进料速度大部分是 0.8~1.2t/h，相当于 0.2~0.3t/(t·h)。煤粉（-1mm）在同石灰（有时采用煅烧白石灰）、铁精矿混合前干燥至 1.5%~2% 含水量，再通过风口喷入炉子底部。矿石或废钢主要用作铁水的冷却剂。几次试验（表 7-48）的结果表明，所产生的气体纯度高，只含有少量 CO_2 和硫，不同类型的煤,所产生的气体成分与表7-47中计算的成分非常一致。排出气体中粉尘(Fe)浓度平均为$25g/m^3$,其颗粒大小为$0.2\sim0.6\mu m$。该颗粒的大小表明,粉尘是转炉底部喷枪出口附近高温部位铁的挥发所造成的。焦炭气化产生的气体粉尘浓度平均值稍大于其他类型的煤,这可以解释为煤快速热分解能量较少,导致这种分解会影响局部温度以及焦炭气化时铁的气化。

表7-48   CIG法工业试验结果

煤的种类		A	B	C
铁水质量/t			$3.5\sim4$	
进煤速率/t·h^{-1}			$6.8\sim11.2$	
铁水温度/℃			$1350\sim1500$	
铁水含碳量/%			$1\sim4$	
铁水含硫量/%			$0.05\sim1$	
渣碱度(CaO/SiO$_2$)			$0.8\sim2.0$	
氧气/m^3·t^{-1}		830	796	620
丙烷/m^3·t^{-1}		55	58	35
石灰石/kg·t^{-1}		70	68	$50\sim130$
白云石/kg·t^{-1}		—	—	$0\sim100$
废钢/kg·t^{-1}		50	100	250
铁矿石/kg·t^{-1}		100	—	—
气体/m^3·t^{-1}		2040	2510	2160
气体成分/%	CO	$83\sim87$	$67\sim73$	$65\sim69$
	H$_2$	$9\sim12$	$23\sim29$	$26\sim30$
	CO$_2$	<0.5	<0.5	<0.5
	N$_2$	<4	<4	<3
	H$_2$S + COS	<50	<130	<170
粉尘/g·m^{-3}		$34\sim40$	$18\sim36$	$15\sim40$
总热值/MJ·m^{-3}		12.0	11.7	11.5
能效[①]/%(冷煤气)		80.0	78.6	76.0

① 较高的煤气发热值/(较高的煤气发热值 + 丙烷发热值)。

特别需要注意的是C类煤粉气化时炉内炉衬的侵蚀。工作炉衬主要由焦油浸透的含MgO 96%的砖组成,也做过其他不同等级砖的试验,用不同方法进行过炉衬侵蚀的研究。每次试验之后,将整个炉役前后直接测量到的情况与停炉后测得的各种耐火砖的情况以及炉渣平衡计算进行了对比,反应器的平均侵蚀在$7.4\sim9.6kg/t$煤之间时,炉渣平衡计算得到的值最高,其相应的炉墙侵蚀约为$0.5mm/t$煤,炉底侵蚀约为$1.1mm/t$煤。从炉渣平衡计算中也可得到不同造渣剂对炉衬侵蚀的影响情况。仅用石灰作为造渣剂,并且渣碱度(CaO/SiO$_2$)为1.6时,炉衬的平均侵蚀速度为19kg/t煤。而石灰-白云石(40%MgO)混合物作造渣剂时,该值为3kg/t煤,虽然这些数据受到炉子小以及操作不连续的影响,但仍然可以看出延长炉衬寿命的重要性。

CIG 法是在两液相中发生反应，每相都使产品煤气的成分稳定。金属相中碳的含量使体系中氧势降低。渣相对脱硫非常重要，不同种类的煤中，硫的含量变化很大，在稳定的操作条件下，可将硫从炉渣、粉尘中除去。图7-89是工业试验的结果。在使用碱度高的炉渣操作时，主要由炉渣脱硫；而在低碱度炉渣操作时，主要由炉尘脱硫。煤气本身含有少量的硫。煤中的其他杂质，如 Zn、Pb、Cd 和 As，从带有炉尘的气相中除去。

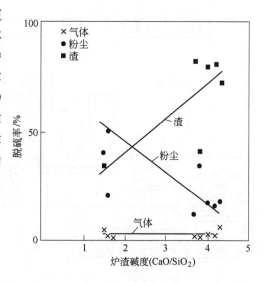

图 7-89　工业试验时硫在渣、粉尘、气体中的分配及与炉渣碱度的关系

7.11.6　CGS 法

7.11.6.1　历史沿革

日本住友公司从1978年开始研究铁水熔池气化过程，即 CGS 法。这一方法采用顶吹非浸入式喷枪的转炉气化装置。他们在研究不同煤种、不同粒度、不同喷入方式（图7-90）对煤气化的影响以及铁水中各元素的行为后，做了15t 级中间试验（60t/d）。此后还做过分批排渣和连续排渣的试验（图7-91），其半工业试验流程如图7-92所示。

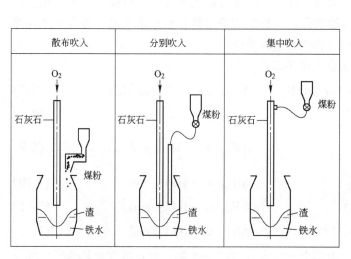

图 7-90　CGS 法基础试验的不同吹入方式

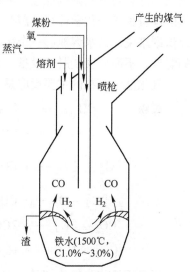

图 7-91　CGS 气化工艺

7.11.6.2　工艺流程

喷入高温铁水中的煤粉几乎立刻就溶解，碳溶解在铁水中，氢以气体的形式释放出来，气化过程非常快。由于熔池湿度高，含硫量高，促进了氧、蒸汽和溶解碳的反应，在熔池表面形成 CO。煤的灰分在铁水中熔融，一经造渣就形成炉渣，因而很容易去除这种

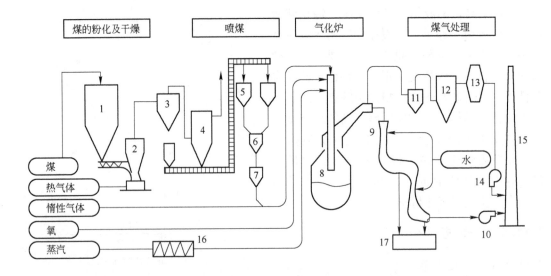

图 7-92   CGS 半工业试验流程

1—中间料仓；2—粉煤机；3，11—旋流器；4，12—袋式过滤器；5—储存槽；6—闭锁料斗；7—给料斗；
8—气化器；9—文氏管；10，14—风机；13—吸收器；15—烟囱；16—过热器；17—水处理

含有灰分和残余硫的炉渣。

煤中的碳溶解在铁水中，然后与氧反应形成一氧化碳。因此，如果铁水中的含碳量比按化学计算与氧和蒸汽反应所需的数量多的话，铁水中的含碳量就要增加；反之，如果提供的碳量少于按化学计算所需要的碳量，铁水中的含碳量就要降低。因此，就为气化反应提供碳来说，铁水熔池起一个缓冲器的作用。煤中的硫溶解在铁水熔池里，可以生产纯净的煤气，不需要安装脱硫设备，溶解的硫将进入渣中。

气化器中存在的主要反应是（参见图 7-91）：

$$煤粉 \qquad CH_{(n/m)} \longrightarrow C + (n/2m)H_2 \qquad \Delta H_{298} = -400kJ/kg(煤) \qquad (7\text{-}7)$$

$$C \longrightarrow [C] \qquad \Delta H_{298} = -25kJ/mol \qquad (7\text{-}8)$$

$$[C] + \frac{1}{2}O_2 \longrightarrow CO \qquad \Delta H_{298} = +136kJ/mol \qquad (7\text{-}9)$$

$$[C] + O_2 \longrightarrow CO_2 \qquad \Delta H_{298} = +419kJ/mol \qquad (7\text{-}10)$$

$$CO_2 + [C] \longrightarrow 2CO \qquad \Delta H_{298} = -148kJ/mol \qquad (7\text{-}11)$$

$$[C] + H_2O \longrightarrow H_2 + CO \qquad \Delta H_{298} = -106kJ/mol \qquad (7\text{-}12)$$

当只用氧作为气化剂时，铁水中将会产生大量的剩余热量，喷入蒸汽和其他反应物质可以控制产生的剩余热量。这种喷吹可以减少氧的耗量，增进氢的形成。另一个方法是，通过加入废钢或铁矿来控制产生的过剩热量，在这种情况下，得到的铁水呈气化的副产品。

7.11.6.3   半工业或工业试验结果

试验所用煤的成分如表 7-49 所示，加入废钢、不吹蒸汽、控制化学反应产生过剩热量的试验结果如表 7-50 所示。

表7-49 煤的成分

煤	工业分析（空气干燥）				元素分析					低发热值/kJ·t^{-1}
	固定碳/%	挥发分/%	灰分/%	水分/%	C/%	H/%	O/%	N/%	S/%	
烟煤（澳大利亚）	55.4	34.4	8.0	2.2	84.3	5.2	7.9	1.8	0.8	29940
烟煤（日本）	44.3	38.7	14.8	2.2	83.4	6.2	8.4	1.7	0.3	28360
褐煤（澳大利亚）	44.3	45.0	1.7	9.0	68.4	4.7	26.3	0.4	0.2	21360
石油焦（日本）	59.2	40.4	0.5	0.1	84.0	6.1	1.6	1.0	5.5	35320
褐煤碎焦（澳大利亚）	82.5	4.7	1.7	11.1	88.8	1.0	9.5	0.5	0.2	26580

表7-50 不喷吹蒸汽的气化试验结果

参数		煤1	煤2	煤3	石油焦	碎焦
气化器压力/kPa		101	101	101	101	101
气化器温度/℃		1500~1600	1500~1600	1500~1600	1500~1600	1500~1600
加煤量/t·h^{-1}		2.5~3.0	2.5~3.0	2.5~3.0	2.5~3.0	2.5~3.0
喷煤量/m^3·t^{-1}		665	629	437	779	670
废钢量/kg·t^{-1}		680	40	0	885	1930
石灰用量/kg·t^{-1}		80	170	0	80	0
产品气体量/m^3·t^{-1}		2000~2050	1900~1950	1670~1720	2400~2450	1800~1850
产品气体成分/%	CO	64~68	61~64	59~63	61~65	76~79
	H$_2$	24~26	27~29	28~30	27~32	11~14
	CO$_2$	3~6	3~6	4~6	<3	4~6
	CH$_4$	痕量	痕量	痕量	痕量	痕量
	N$_2$+Ar	4~5	4~5	4~5	<4	5~6
	H$_2$S+COS	0.001~0.026	0.006~0.019	0.009~0.016	0.001~0.084	0.001~0.017
气体发热值/kJ·m^{-3}		11050	10930	10840	11220	11090
碳转化率/%		798	>98	>98	>98	>98
产品气体的热效率/%（低发热值）		74.7	74.2	80.5	77.0	76.2

按这一方式运行的气化器（生产能力为每天处理60t煤）的热平衡如图7-93所示。由于设备规模小，辐射热损失很大，约占产生的总热量的20%。不过，采用大规模的工业生产设备，可以把这种损失减少到最低程度，即占产生的总热量的5%左右，这时过剩热量很大，因此，可以提高废钢加入量。另外，在剩余热量很大的情况下，可同时喷吹蒸汽和加入废钢。

喷吹蒸汽可以降低氧气耗量，这种操作方法的试验结果如表7-51所示。由图7-94可以看出，喷吹蒸汽可提高产生的煤气总量和煤气中氢的比例。因此，与使用废钢吸收过剩热时产生的煤气总发热量相比，喷吹蒸汽时产生的煤气的总发热量（或能量的效率）要高些。

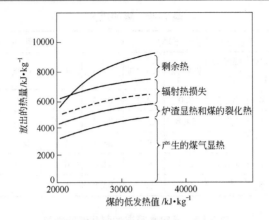

图 7-93   加入废钢、不加蒸汽的 CGS 法热平衡图

表 7-51   喷吹蒸汽采用煤 1 的气化试验结果

加煤量/t·h⁻¹		2.5 ~ 3.0	2.5 ~ 3.0
喷氧量/m³·t⁻¹		631	575
蒸汽喷吹量/kg·t⁻¹		50	150
石灰加入量/kg·t⁻¹		80	80
熔剂加入量/kg·t⁻¹		10	10
产品气体量/m³·t⁻¹		2050 ~ 2100	2150 ~ 2220
产品气体成分/%	CO	62 ~ 65	59 ~ 63
	H₂	26 ~ 29	29 ~ 33
	CO₂	3 ~ 6	4 ~ 5
	CH₄	微量	微量
	N₂ + Ar	4 ~ 5	1 ~ 5
	H₂S + COS	0.007 ~ 0.028	0.014 ~ 0.031
产品气体发热值/kJ·m⁻³		11010	10930
碳转换率/%		>98	>98
产品气体的热效率/% （低发热值）		76.3	78.4

脱硫效果与煤的含硫量的关系如图 7-95 所示。在未经处理的气体中，把含硫量维持

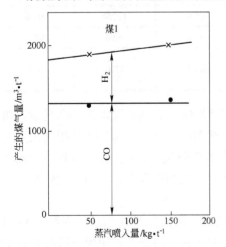

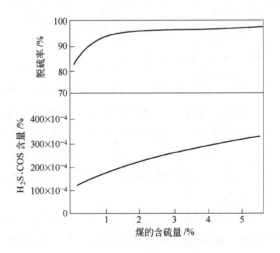

图 7-94   喷吹蒸汽对产品气体成分的影响　　　　图 7-95   产品气体中含硫量、气体脱硫效果
　　　　　　　　　　　　　　　　　　　　　　　　　　　　　　与煤中含硫量的关系

在$(10 \sim 300) \times 10^{-6}$的范围内是很容易的。

改变由喷枪喷入的原料中的$\eta(C)/\eta(O)$比,其试验结果如图7-96所示。喷入的碳量保持不变,改变喷氧量,并连续检测熔池中的碳含量。结果表明,溶解的碳作为一个碳源,可向反应区域适时地提供碳。

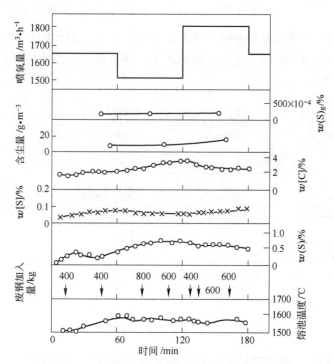

图7-96 改变喷入原料$\eta(C)/\eta(O)$比的试验结果

$w(S)$—渣中含硫量;$w[S]$—熔池中含硫量;$w[C]$—熔池中含碳量;$w(S)_g$—产品煤气含硫量

7.11.6.4 技术经济指标

CGS工艺与炼钢结合使用具有许多优点。如果仅用氧气作为气化剂,在熔池中就会产生大量的剩余热量。此外,可直接向气体反应区即"着火区"喷煤。这些特点有利于将CGS工艺用于冶炼废钢或金属矿石、氧化物的熔融还原。在此基础上进行了铁矿、铬矿和镍氧化物的熔态还原试验,根据每一种煤的熔炼能力,表7-52列出了试验结果及所用原料的化学成分。

表7-52 CGS法熔融还原试验结果

冶炼矿物及氧化物的化学成分/%								
原料	TFe	Ni	C	Al_2O_3	CaO	Cr_2O_3	FeO	MgO	SiO_2
铁矿	66.04			1.01	0.2		0.16	0.05	2.13
铬矿				9.95	0.26	50.47	19.04	13.53	5.44
镍氧化物	0.30	75.29	0.22						

煤的冶炼能力/kg·t^{-1}		
原料	煤1	碎焦
铁矿	320	610
铬矿	360	670
镍氧化物	360	860

熔融还原时存在的主要反应是:

$$Fe_2O_3 + 3[C] \longrightarrow 2Fe(l) + 3CO \qquad -\Delta H_{298} = -443kJ/mol(Fe_2O_3) \qquad (7\text{-}13)$$

$$Cr_2O_3 + 3[C] \longrightarrow 2Cr + 3CO \qquad -\Delta H_{298} = -776kJ/mol(Cr_2O_3) \qquad (7\text{-}14)$$

$$NiO + [C] \longrightarrow Ni + CO \qquad -\Delta H_{298} = -122kJ/mol(NiO) \qquad (7\text{-}15)$$

当 STB 法与铁水脱磷同时采用时,STB 法(顶吹氧气,底吹惰性气体)可用于转炉精炼不锈钢。STB 法与 CGS 法结合使用,就形成了一种新的可行精炼法(图 7-97),这个方法可使用便宜的原料。

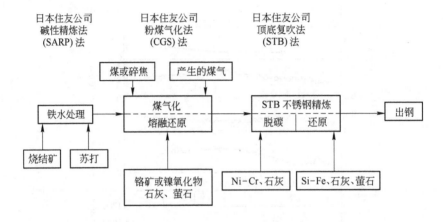

图 7-97   CGS-STB 不锈钢精炼流程

精炼 AISI304 钢时,在脱磷后的铁水熔池上进行碎焦气化过程中,熔态还原 NiO,生产含 Ni 为 12% 的基体金属,然后进行不锈钢的精炼,即排渣后采用 STB 法,在同一个转炉内进行基体金属的脱碳。精炼时加入适量的高碳铬铁和石灰,经过脱碳,熔体碳含量达到 0.01% ~ 0.05% 以后,向熔体加入硅铁和石灰,进行熔体的脱氧和脱硫。上述试验的结果如表 7-53 所示。最终金属的 Ni 回收率大于 98%。

表 7-53   采用 CGS-STB 工艺精炼 AISI304 钢的结果

工 艺	冶炼阶段	熔池中金属的成分/%					熔池中金属的温度/℃	添加的原料
		C	P	S	Cr	Ni		
SARP 法	铁水	4.29	0.010	0.002			1215	烧结矿、苏打
CGS 气化法	气化前	1.50	0.013	0.004			1550	碎焦、NiO
	气化后	1.53	0.017	0.024		11.78	1575	(排渣)
STB 精炼法	脱碳后	0.03	0.019	0.025	16.12	8.92	1750	高碳铬铁、石灰
	还原后	0.04	0.025	0.002	18.43	8.59	1700	Si-Fe、石灰、萤石

精炼 AISI410 钢时,在脱磷后的铁水上面进行碎焦气化过程中,通过铬矿的熔态还原,生产含 Cr 为 11% 的熔融金属。气化结束后,加入 Fe-Si 和石灰,以促进渣中 Cr_2O_3 的

还原，最后得到含 Cr 为 12% 内基体金属。排渣后采用 STB 法对熔体脱碳，然后像生产 304 钢一样，加入 Fe-Si 和石灰。操作结果如表 7-54 所示。

表 7-54 采用 CGS-STB 工艺精炼 AISI410 钢的结果

工艺	冶炼阶段	熔池中的金属成分/%				熔池中金属温度/℃	添加的原料
		C	P	S	Cr		
SARP 法	铁水	4.51	0.005	0.002		1225	烧结矿、苏打
CGS 气化法	气化前	1.12	0.007	0.003		1580	碎焦、铬矿
	气化后	2.35	0.010	0.062	11.05	1610	
STB 精炼法	用 Fe-Si 还原后	2.27	0.015	0.024	12.22	1540	Fe-Si、石灰（排渣）
	脱碳后	0.01	0.012	0.011	10.52	1695	石灰
	还原后	0.02	0.020	0.001	12.05	1645	Fe-Si、萤石

这种方法的特点是：

（1）由于铬的活度较低，它比生产铬铁时还原得更快、更彻底；

（2）因为省去了生产铬铁的过程，生产不锈钢的整个系统热效率高；

（3）该工艺与铁水脱磷相结合，可节约低磷焦炭；

（4）与冶炼碳钢时使用的原料和燃料是相同的，例如铁水、焦炭和氧气；

（5）利用熔融还原过程产生的 CO 作为气体燃料。

用 10t 复吹转炉进行了各种试验，图 7-98（a）示出了原始的 CGS 法，通过喷枪，将煤粉与氧气一起吹入铁水熔池，将煤的气化反应产生的剩余热量用于熔化矿石。高碳铁水和

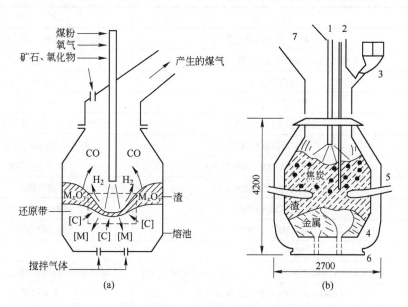

图 7-98 铬矿熔融还原的 CGS 法

（a）开始采用的 CGS 法；（b）后来改进的 CGS 法

1—主枪（氧枪）；2—副枪（熔池及炉渣测温）；3—料斗（加入铬矿、焦炭、石灰石、硅石）；

4—镁铬砖；5—侧吹（N₂、O₂）喷枪；6—底吹喷枪（N₂）；7—集尘器

产生的 CO 用作还原剂，通过原始的 CGS 法熔态还原得到的不锈钢水含 12% 铬和 2% 碳。然而，正如表 7-55 所显示的那样，该方法有几个弱点，例加当渣量增加时，难以控制钢中的含碳量。

为了消除存在的这些问题，又开发了另一种熔态还原方法，这种改进的 CGS 方法如图 7-98(b)所示。

表 7-55　最初的 CGS 法的特点和存在的问题

类　别	最初的 CGS 法	改进的 CGS 法
反应位置	铁水表面	焦炭是在铁水表面浮动
供热方法	煤粉吹入铁水后，通过铁水中的碳的氧化供热	向渣内供给焦炭，以渣中碳的氧化来供热
实际还原结果	$w[Cr] < 13\%$,$w(Cr) \approx 10\%$	$w[Cr] < 35\%$,$w(Cr) \approx 1\%$

问　　题	对　　策
当渣量超过 400kg/t 时，控制碳含量困难	改变主要反应位置
因金属中的铬的再氧化，使还原不充分	利用大量的渣铁使铁水和氧分离
效率不高	利用作为热源的焦炭增加反应面

在这种方法中可以利用熔炼形成的炉渣，将适当的块状焦与矿石一起加入其中。为了供热，向漂浮在煤池左面的焦炭吹氧，利用氧气把焦炭加热到非常高的温度，并通过底部吹氮和侧面吹入氮及氧使极高温度的焦炭进入渣内，来加热转炉内各部分的渣和金属，热焦炭还用于还原渣中的氧化铬。利用改进的 CGS 法可经济地生产碳和铬含量高的铁水（最高含量为 32% Cr 和 7% C，这对生产不锈钢是足够的）。该方法的特点列入表 7-56。

表 7-56　改进的 CGS 法的特点

类　目	项　　目	说　　明
加　热	顶吹氧:大量吹向渣上软吹	提供高密度能量防止炉渣喷溅
	侧吹氧:在加矿石期间,补充顶吹氧	用于搅拌炉渣
	底吹氧:无	防止再氧化
	碳的来源:块状焦	便于供给
搅　拌	金属:由底部吹少量氮	通过炉渣供热,防止金属滴入渣中
	渣:在加矿石期间侧吹氧和氮	容易控制流速,不会增氮
原　料	终点 $w(Cr) < 40\%$（20% 左右）	铬矿还原容易
	供料方式:由顶部稳定加料	容易操作
温　度	金属:1550 ~ 1650℃	只要不凝固即可
	渣:1600 ~ 1700℃	保持稳定操作
	气相:>1800℃	
渣成分	$w(TCr) \leqslant 20\%$（加铬矿期间）$w(TCr) \leqslant 2\%$（最终还原之后）	确保渣的流动性根据生产率而定
	$w(CaO)/w(SiO_2)$:控制炉渣流动性	促进热传递
煤　气	$\varphi CO_2/\varphi(CO + CO_2)$;20% ~ 40%	
化学成分 /%	[C]　[Si]　　[P]　　　[S]　　[N]　　[Cr] 6 ~ 7　0.1　0.01 ~ 0.04　< 0.01　< 0.01　20 ~ 40	[P]含量取决于低磷焦占的比例

7.11.6.5　评价及展望

综上所述，CGS 法煤粉气化工艺的特点是：

（1）用不插入熔池的顶吹法操作喷枪，可使冶炼造成的喷枪损坏减少到最低程度，从而保证向气化器稳定地提供还原剂，气化器就可以生产质量稳定的含 H_2 高的 CO 煤气。

（2）最佳的操作条件和最佳的喷枪结构，可生产含硫低（$(10 \sim 300) \times 10^{-6}$）的煤气。因此，这种煤气可作为工业燃料，不需要昂贵的脱硫处理。

（3）可以很容易地去除煤灰，使之进入炉渣中，能连续排渣而不中断气化过程。通过添加石灰和熔剂，调整炉渣的碱度和黏度，这一过程可以顺利地进行。

（4）由于气化反应，在铁中产生的大量剩余热量，可用于冶炼废钢和熔融还原金属矿物和气化物。

（5）本工艺为常压操作，设备和气化器的操作非常简单。为了提高用于化工和直接还原工艺的煤气的利用率，还待开发利用铁水熔池进行煤的高压气化的新工艺。

铬矿熔融还原 CGS 法的主要特点是：

（1）仅用铁水和铬矿生产不锈钢，通过最初的 CGS 法使铬矿经济地还原是困难的，因为这种熔态还原过程只用铁水中的碳作还原剂。

（2）为了解决上述问题，开发了改进的 CGS 法，通过炉渣的强烈搅拌作用，可采用充足的焦炭作为还原剂。通过改进的 CGS 法，可容易地生产含有 20% Cr 和 6% ~ 7% C 的不锈钢。

（3）改进的 CGS 法的生产率高，装入 5t 铁水和 5t 铬矿，每炉的熔态还原时间为 120min。

7.11.7　COIN 法

联邦德国克虏伯公司（Krupp）COIN 法的工艺流程如图 7-99 所示，最初曾在 300tBOF

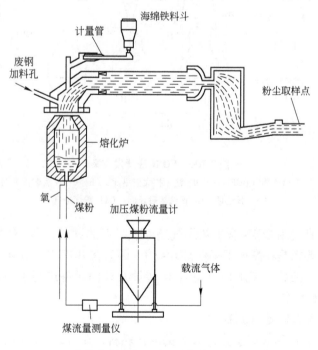

图 7-99　COIN 工业试验示意图

转炉上做过提高废钢比和改善熔池运动状况的试验。为了进一步利用这种煤气进行直接还原，先后在150kg级和3t级气化装置上做中间试验，装置底部装有双层喷枪3支。此喷枪可广泛用于各种煤种，碳氧比范围大。

7.11.7.1 COIN法的工艺特点

这种工艺最重要的特点是用双层套管喷嘴喷吹煤粉和氧气，煤粉随载气从环形通道喷入，而氧气通过中心管道喷入。克虏伯公司专门研制的这种喷嘴利用煤粉流来保护氧气喷嘴不致过热，因此可以不用冷却剂。在其他系统中，用碳氢化合物作为冷却剂，这就使喷嘴设计更复杂，并增加生产费用。

从均匀结料的装煤斗通过气体输送给炉子供煤，一个装煤斗供给几个喷吹系统，每个喷吹系统由一个质量流量阀和一个散料质量流量探头组成，通过连续称量给煤斗来监控总喷煤量。煤必须经过预先干燥，使含水量降低到2%～3%，并破碎到–1mm的粒度范围。多次试验证明，由焦粉直到挥发分高于40%的煤，碳氧原子比为0.5～2，喷嘴的功能仍很正常。根据煤氧化的不同，使用这类喷嘴有可能对熔体进行渗碳或精炼，也有可能在熔池含碳量固定情况下只产生熔化的能量。

迄今进行的工作集中在开发应用煤-氧喷吹的熔化和气化工艺上，此外，还研究了将COIN煤气用于不同场合、不同炉料和采用不同操作方式的几种方案（图7-100）。现在看来，COIN法主要有三种用途：（1）用于复合吹炼，提高BOF转炉的废钢比；（2）用于废钢的熔炼；（3）用于还原熔化工艺。

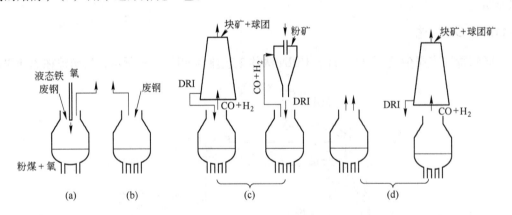

图7-100   COIN法开发方案

（a）复合吹炼（BOF）＋COIN法：扩大废钢比；（b）COIN法熔化废钢；
（c）预还原＋COIN法熔融还原；（d）粉煤造气

目前还在进行直接用COIN含尘热煤气还原铁矿石的试验，即COIN熔化法与直接还原相结合。其主要要求是在高压下操作COIN炉，因为在BOF转炉和还原装置之间压缩含尘煤气是不现实的。因此，克虏伯公司对3t转炉及外国设备进行了改造，使之能在2×10^5Pa的标准压力下操作。

7.11.7.2 COIN法熔融还原流程

图7-101(a)中，使用含挥发分为15%的煤作燃料，在COIN炉中会产生很高的过剩热量，以致熔炼炉所产生的煤气量大体上可满足铁矿石还原的需要。当用焦炭或无烟煤作燃

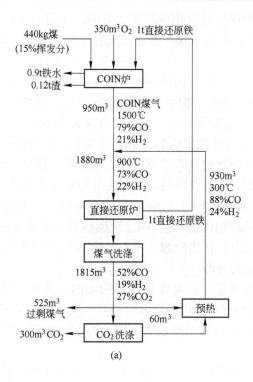

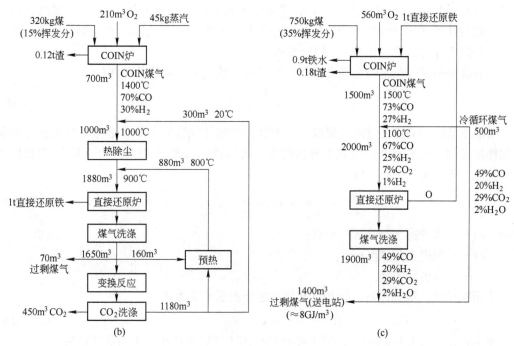

图 7-101 COIN 法熔融还原的不同方案

料时，最好和氧气一起喷入一定量的蒸汽以便将熔炼炉中的过剩热量用于煤与蒸汽的气化吸热反应。高挥发分煤提供的过剩热量不多，这样，产生的煤气量会超过本方案还原的需要量。因此，预先将这种煤进行炭化可能是适宜的。采用 COIN 法，既可用煤生产煤气，同时又可熔炼用这种煤气还原的直接还原铁，就能量利用来说，这是特别有利的。下面对图 7-101（a）所示的方案与图 7-101（b）所示的方案加以比较。这里 COIN 炉只用来生产煤气，过剩热量被适当的吸热反应（例如喷入水蒸气）所抵消。每吨直接还原铁所需要的煤和氧气分别减少 120kg 和 140m³，但要多吹入 45kg 蒸汽，过剩煤气量减少 455m³。总的来说，每吨直接还原铁的一次能耗下降 1.8GJ。考虑到发电的效率，1.8GJ 热量约相当于 180kW·h，这个数字比用电弧炉熔炼 1t 直接还原铁所需要的电量要少得多。

直接还原装置后面所配置的 CO_2 洗涤器在上述方案中是一个成本高的因素。如果未利用的炉顶煤气全部或大部分循环使用的话，则这个 CO_2 洗涤器是必不可少的。但是，如果炉顶煤气的发热值约为 8360kJ/m³，这种炉顶煤气可以用于其他场合，那么就可以取消 CO_2 洗涤器。例如，炉顶煤气作为发电厂的二次燃料看来是可行的，因为炉顶煤气完全脱除了硫，有助于减少从发电厂排出的 SO_2，这个方案示于图 7-101（c）中。

7.11.7.3   COIN 法的熔化过程

要限制每个喷嘴的供氧量，以避免金属过分喷溅，试验时使用瘦煤，供氧量为 3 ~ 4m³/min。采用适当数量的喷嘴，借助金属、渣和气体弥散作用形成的发泡现象，测定允许的最大煤气量，从而也就测定了热输入，因为弥散的体积一定不会超过熔化炉的有效容积。

当喷吹煤和氧气时，形成的气体（$CO + H_2$）会使熔体的原始体积（熔体静止时的体积）V_m 增加到 V_f（弥散时的体积），从而得到炉子最大的可利用的体积。V_m 可根据金属量进行近似地计算（不计渣量），V_f 由测定的弥散高度 H_f 和炉子内部的几何形状得到。由熔体内上升的气体的流量（体积）用 V_G 表示。

可直接根据试验测定的上述参数得出气体在熔体内的平均停留时间 τ：

$$\tau = \frac{V_f - V_m}{V_G} \tag{7-16}$$

气泡在液体中的停留时间一般取决于液体的性质和气泡的大小，熔体的表面张力和黏度的作用有利于气泡上升，气泡上升的速度主要由浮力（K_g）和惯性力（K_Q）的数值大小来决定，于是可得下列方程式：

$$\frac{K_g}{K_Q} = Fr = \frac{v^2}{gH_f} = C \tag{7-17}$$

式中 Fr——弗劳德（Froude）准数；

v——气泡上升速度；

g——重力加速度。

采用积分法，得到停留时间和填充高度之间的简单关系式：

$$\tau = C \sqrt{H_f} \tag{7-18}$$

克诺依格（P. J. Kreyger）证实上述计算可用于气体在顶吹转炉内的停留时间。

把方程（7-16）和（7-18）组合起来，可得到熔化炉内的填充体积和通过的气体量之间的关系：

$$\frac{V_f}{V_m} = 1 + C \frac{\sqrt{H_f}}{V_m} V_G \tag{7-19}$$

根据方程（7-19），用测量数据作图（图7-102），可以求出常数值，用这个常数值可从数量上估计熔化效率。这些数值在一个分散的范围内，图中用两条直线画出了这些数值的范围。为确定方程（7-19）中的参数，可把这一数值范围上面的直线，即试验中观测到起泡最严重的情况作为基础。

COIN 法试验：LD 转炉；碱性贝塞麦转炉；碱性贝塞麦转炉（最大体积）。

使用 3t 转炉，用海绵铁和不同大小的废钢进行试验，熔化的炉料由炉罩冷装到喷吹的炉内。测定熔体温度的变化，可以确定熔化速度。图 7-103 表明了根据试验进行的在

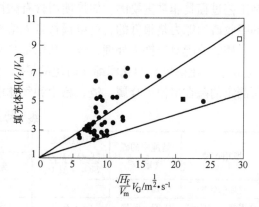

图 7-102　熔化炉的填充体积与
气体通过量之间的关系

喷吹条件不变，不加入任何冷却剂，炉内金属料一定的情况下，观察到熔池温度的增加。在最初测定温度以后，接着加入金属，再测量熔池温度，把经过时间 Δt 后的温度 T_2 与 T_1 比较，下一步计算温度差 $\Delta T = T_2 - T_1$。假设在 Δt 时间内，加入的炉料还没有完全熔化，那么熔化速度为：

$$v_m = \frac{c_n}{\Delta H} \frac{\Delta T}{\Delta t}$$

式中　c_n——比热；

　　　ΔH——熔态金属的焓。

将熔化速度 v_m 与熔池平均温度作图（图 7-104），得到海绵铁、废钢的熔化速度曲线，可以看出随着熔池内温度的增加，熔化速度略有增加。1500℃时，得到 $v_m = 32\text{kg}/(\text{t} \cdot \text{min})$；1600℃时，得到 $v_m = 37\text{kg}/(\text{t} \cdot \text{min})$。在所得到的精确度范围内，可以发现各种废钢差别不大。

7.11.7.4　COIN 法硫的分配与煤气粉尘

向熔池内喷煤时，不可避免地要带入一定数量的硫。硫在熔池、渣、废气和粉尘中的分配对于控

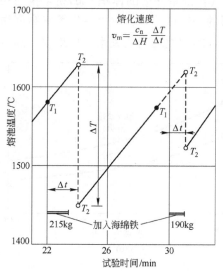

图 7-103　由熔池温度变化测定熔化速度

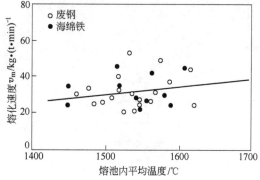

图 7-104　废钢和海绵铁的熔化速度与熔池内平均温度的关系

制工艺过程是非常重要的。如果使用含有酸性灰分的煤，不用碱性熔剂，那么所形成的渣的吸收硫的能力是很低的，可以预料带入熔池的硫主要进入金属中。

硫的分配对于铁水处理、煤气利用都具有重要意义，因此应计算使用高硫煤和低硫煤（瘦煤、炭化褐煤）熔化海绵铁时硫的平衡。表 7-57 列出了熔池内的硫含量、炉渣碱度和所测定的硫在熔池内金属、渣、粉尘和气体中的分配（金属的碳含量为 1% ~ 3%）。

表 7-57　硫平衡

所用煤种	熔池中的硫含量/%	炉渣碱度 $\dfrac{CaO + MgO}{SiO_2 + Al_2O_3}$	硫的分配/%			
			金属中	渣中	粉尘中	气体中
瘦煤(1%S)	0.10 ~ 0.20	0.6	89	2	8.2	0.8
褐煤焦(0.3%S)	0.03 ~ 0.11	1.0	88.5	7	4.5	0.5

使用酸性灰分的煤时，形成的渣中只含有少量硫；当使用具有碱性灰分的煤时，加入渣中的石灰较多，炉渣吸收硫的能力增加。根据热力学计算，带入的部分硫（这部分硫不能忽略）以 H_2S、COS 形式进入气相，当温度降低时，其在炉外与废气中细小的铁粉尘反应，形成非常纯的 FeS。因此，除尘后的气体实际上是不含硫的。

当把粉尘返回熔化炉时，所带入的硫最终集中在铁水中，正如试验所表明的那样，使用适当的脱硫剂，如细粒的 CaC_2-CaO 混合物，可以有效地将硫从铁水中除去。

熔化过程排出的废气中含有粒度极细的粉尘，其平均成分（避免任何形式的再燃烧）为：1% ~ 3% C，2% ~ 3% ($SiO_2 + CaO$)，0 ~ 3% FeS，其余的是金属铁。也就是说，粉尘主要是由铁组成的。铁以蒸气的方式进入气泡，在气泡熔体上升时的冷却过程中，铁在气泡内冷凝成微小的铁滴。因为蒸发量取决于温度，可以预料煤的挥发分数量对煤气量会有影响。此外，随着停留时间的增加，熔体会重新吸收粉尘，所以粉尘量与熔体中气体的停留时间（即填充高度）之间存在一定关系。

图 7-105 (a) 示出了使用硬煤焦、褐煤焦（4% 挥发分）、瘦煤（10.3% 挥发分）和碎焦（15% 挥发分）时，每立方米（CO + H2）煤气（标准条件下的体积）的粉尘量与相应的炉内填充高度的关系。在以前使用硬煤焦和瘦煤的一组试验中，仅以平均填充高度作为确定粉尘量的基础，可以看出粉尘量、填充高度和煤的种类之间的关系。如果填充高度

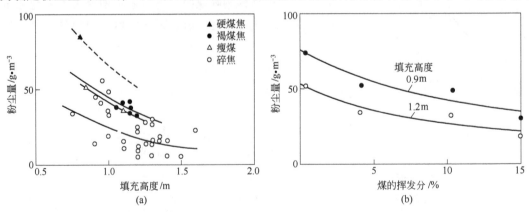

图 7-105　煤气粉尘量与填充高度和挥发分的关系
(a) 填充高度的影响；(b) 煤挥发分的影响

一定，结果如图 7-105(b)所示，粉尘量与煤的种类有关。当煤的挥发分增加时，粉尘量显著减少。根据上述结果，可以预料每吨铁水可能产生最高为 1% ~3% 的粉尘。

7.11.8 Elred 法

1971 年，斯托拉公司（Stora Koppqarberg）登记申请了第一个专利。1972 年，斯托拉公司和阿泽阿公司（Asea）决定联合研究 Elred 法。1973 年，开始在联邦德国鲁奇公司进行预还原的基础试验，并在瑞典鲁留地区（Lulea）的联合炼铁研究中心进行了终还原的基础试验。1975 年，上述三个公司签订了合作协议，把鲁奇公司的快速流化床的技术用于预还原。1976 年末，在伐斯特拉斯地区（Vasteras）的阿泽阿公司建立了试验设备，该设备每小时生产 500kg 预还原料。1977 年以来，瑞典多拉锐茨公司（Domnarrets Jernverk）用一个改造成直流电操作的电弧炉开展了终还原的试验，电炉的输入功率达 8 ~9MW，每小时出铁约 7t，该电炉生产了 1000 多吨生铁。

7.11.8.1 Elred 法的基本思想

Elred 工艺的技术思想在于：

（1）本法用于冶炼 BOF 法炼钢生铁（BOF 炼钢法比海绵铁电弧炉法成本低得多）。

（2）直接应用铁精矿粉和煤粉，具有很大的反应表面积，可取消烧结和炼焦过程。

（3）在反应器内生产还原气体，因而不需要别的造气装置。

（4）还原费用较低。虽然每吨铁水的还原剂消耗量并不一定最少，但利用煤气发电（不必重整和再循环）还可降低还原费用。

为达到上述要求，还原过程需分两步进行：

（1）在反应器内进行固体还原。

（2）在直流电弧炉内进行液态终还原。

该法使用的原料是细粒铁精粉、煤粉和空气。产品是铁水、炉渣、少量富余的电能和煤气。系统产生的粉尘返回造渣，煤气可用于发电。系统的主要工艺是：预还原、终还原、煤气处理和发电。

Elred 法可用不同种类的煤，如无烟煤、各种挥发分的煤和褐煤。把煤破碎成合适的粒度（平均粒度为 0.2 ~0.3mm），并经干燥后再喷入流化床。最好是锅炉用煤，其挥发分大于35%，灰分小于 15%。生产 1t 生铁约消耗700kg 普通锅炉煤。

Elred 法所用的铁精矿是平均粒度小于0.1mm 的细粒状赤铁矿和磁铁矿，为了减少渣量，以含铁量大于 65% 的精矿为宜，因为终还原阶段是用电熔化脉石。

7.11.8.2 Elred 法工业试验结果

预还原在高压循环流化床内进行(图 7-106)，内部是衬有耐火材料的罐式反应器，内径 3 ~10m，高约 25m。反应器底部有流化气进口，

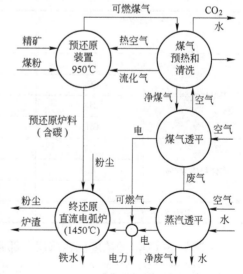

图 7-106 Elred 法流程图

炉壳上设有几个空气和还原剂的喷入孔。还原性的煤气是由煤局部燃烧形成的，它在反应器中产生强烈的混合。烟气从反应器出来，经过旋风分离系统，将固体料分离并返回反应器下部。系统中还包括一个连续进料和精矿预热装置。

循环流化床与普通流化床的根本区别在于有较高的气流速度（在 $5 \times 10^5 Pa$ 时约 2m/s），床层过剩碳及高速气流可以防止铁矿石黏结。由于床层中物料强烈循环的结果，可形成十分均匀的温度分布。

图 7-107 列出了在典型试验装置上，煤气及固体物料沿床层三个部位的温度及化学组成。床层固体料的浓度是通过沿床层的压力测定计算出来的，煤粉及空气直接喷入床层，同时产生铁矿石还原所需要的热量和煤气，煤粉在床层中迅速加热，并很快气化。从表 7-58 煤气化学成分分析结果可见，大量的碳在流化床较低部位被气化，这就意味着空气中的氧同铁发生反应生成

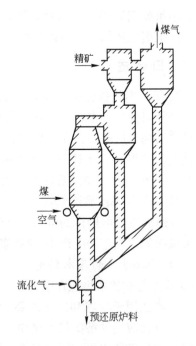

图 7-107   Elred 循环流化床预还原装置

FeO，从反应器空气进入孔向下转移使炭素气化。其化学反应为：

$$Fe + \frac{1}{2}O_2 = FeO \tag{7-20}$$

$$FeO + CO = Fe + CO_2 \tag{7-21}$$

$$CO_2 + C = 2CO \tag{7-22}$$

表 7-58   Elred 法预还原装置的温度及成分

反应器位置		底 部	中 部	上 部
温度/℃		970	990	980
干煤气成分/%	CO	33	18	19
	CO$_2$	15	9	10
	H$_2$	6	8	9
	CH$_4$	<1	<1	1
固体料成分/%	TFe	57		35
	MFe	25		17
	C	26		55
固体料浓度/kg·m^{-3}		600	200	100

$\varphi(CO)/\varphi(CO_2)$ 的浓度比在床层下部和上部都接近反应（7-21）的平衡状态，说明铁矿石还原很快，而反应式（7-22）的 CO 生成速度是决定性因素。煤粉中的碳氢化合物在流化床气氛下很快被氧化，煤粉中的硫则与 Fe 作用，气氛是还原性的，极少形成 SO$_2$。否

则这些化合物会给焦化厂和烧结厂带来环境污染问题。

从反应器出来的烟气的显热在不同方面可以加以利用（如精矿和空气的预热）。粉尘、水、CO_2 被除去之后，30% ~50% 的煤气用于反应器下部流态化，剩余煤气用来发电。预还原生成的含有一定碳的部分金属化产品，在反应器底部连续排出，通过调整物料在反应器中停留时间和温度，产品金属化率控制在 50% ~70%。

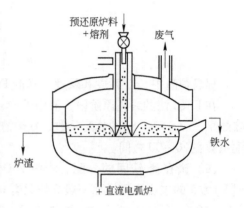

图 7-108   Elred 法终还原直流电弧炉

预还原产品的最后还原阶段在直流电炉内（图 7-108）进行。在炉子顶部中央装有一支空心碳电极，连接整流设备阴极，阳极接炉底电极，它直接同熔融铁水接触。预还原产品连同适当的熔剂和循环返回粉料一起，经电极孔装入炉内，进入到电极下部的高热等离子区。

电弧伸入到泡沫渣内，垂直延伸到下部熔池，大部分热的混合预还原料（700℃）浸入熔池内，温度保持在 1450℃，装入料的金属部分在熔池内熔融并混合，大部分碳溶解于铁中（[C]含量4% ~5%），其余被燃气携带参加再循环。在铁水熔池的电弧加热区域，大部分铁被溶解的碳按以下熟知的反应迅速还原：

$$[C] + FeO(l) \rightleftharpoons Fe(l) + CO(g) \tag{7-23}$$

炉渣中所含的部分铁氧化物，在炉子表面的渣-熔池界面上缓慢还原。脉石及煤的灰分熔化，同时酸性氧化物与石灰反应形成炉渣。

由于炉渣中含有较高的 FeO，以及此处熔池温度略低，因此硅、锰、磷在渣中氧化物的还原，明显地比高炉内的还原程度小。但在反应带的较高温度区域内，这些氧化物可能较多被还原，由于同炉渣周围铁氧化物接触可能发生再氧化，因此，MnO 及 SiO_2 还原在铁中总的极限含量为 0.05%。

电弧区域内还原能力非常强，常常发现离开炉子的粉尘中有 MgO 富集现象。有碳存在时，渣中 MgO 在电弧区被还原，镁蒸气从渣相逸出，较低温度下可能又被氧化，煤灰分中的碱金属也可以假定有类似 MgO 的行为。

由于还原产生 CO 而造成泡沫渣，它吸收电弧的辐射热，保护了炉墙内衬。加入石灰及白云石保持炉渣碱度（CaO/SiO_2）约为 1.20，可以获得含铁量较低的炉渣，降低炉渣黏度，加快还原速率，提高脱硫效果。加入白云石还可以进一步控制渣中含镁量，减少炉渣对炉衬的侵蚀。

冶炼过程中，铁与渣的熔池水平面上涨，前者较缓慢，后者由于产生泡沫渣上升较快，可以从渣口连续排渣。同高炉一样周期性出铁，铁水温度约为 1450℃，成分（%）如下：

C	P	Si	S	Mn	N
3.0~4.0	0.02~0.7	0.05	0.3~0.5	0.05	0.003

（1）硫在渣-铁间的分配。在预还原阶段，原料带入的硫仅有5%跟随烟气排出，主要

部分都生成了 FeS。在终还原阶段，硫分布在渣相和铁相之中，可以用以下平衡反应描述：

$$(CaO) + [Fe] + [S] \rightleftharpoons (CaS) + (FeO) \tag{7-24}$$

$$K = \frac{a_{CaS} a_{FeO}}{a_{CaO} a_{[S]}} \tag{7-25}$$

$$\frac{w(S)}{w[S]} = \frac{f_{(S)}}{f_{CaS}} K \frac{a_{CaO}}{a_{FeO}} \tag{7-26}$$

提高炉渣中 CaO 活度和碱度，降低 FeO 活度，有利于获得高的分配系数。

在 Elred 法的终还原阶段，渣中 FeO 还原很慢，得到的 FeO 活度不足以获得良好的脱硫效果，$w(S)/w[S]$ 的分配系数，在炉渣碱度为 1.2 时测得为 2，而在通常高炉法中其分配系数在 20 ~ 30 之间。

(2) 磷在渣-铁间的分配。渣中 FeO 相对含量较高，是 Elred 法磷分配系数 $w(P)/w[P]$ 为 3 的主要原因（而一般高炉只有 0.2）。在一次试验中测定的分配系数为 2.7 ± 1.6（表 7-59）。例如，矿石中含磷为 0.7%，得到的铁水成分为：0.7% P，0.05% Si，0.05% Mn。

表 7-59　Elred 法熔融还原试验中磷的行为

	试　验　期	1	2		试　验　期	1	2
装入料	磷含量/%	1	低	炉渣成分/%（平均）	MgO	21	19
	总产量/t	110	530		Al$_2$O$_3$	9	12
	$w(P)/w[P]$分配系数	2.7 ± 1.6	3.7		ΣFe	10.5	9
炉渣成分/%（平均）	CaO	27	24		P$_2$O$_5$	1.6	0.2
	SiO$_2$	22	23		CaO/SiO$_2$	1.22	1.03

来自预还原煤气的热量，通过气体处理装置，可用于加热精矿粉、空气，并能循环使用，剩下的煤气用来发电。煤气的能量用一个包括煤气和蒸汽透平的先进电力循环系统进行回收，这个发电系统效率高，投资低。

终还原的煤气是常压的，只能用于生产蒸汽，供透平机使用，或供气体处理装置使用。

发电设备可满足 Elred 法所需要的全部用电量，另外每吨铁可有 300 ~ 400kW·h 的剩余，这样就减少了由外部向整个钢厂的供电量。

7.11.8.3　Elred 法熔融还原工艺及经济分析

A　煤气利用与发电

在较小的 Elred 装置中，产生的煤气外供，可以节省其他昂贵的燃料。在这种情况下，将有可能不经过发电的途径而获得煤气的纯收益。例如，煤气的应用范围可以是：生产远距离供热系统或其他工业企业所用蒸汽，以及作为钢坯或板坯加热炉用的燃料。在用于这些目的的 Elred 装置里，生产每吨生铁可提供使用的煤气的数量和质量大致如下：

由预还原阶段产生的煤气：1300m^3，5862kJ/m^3；

由终还原阶段产生的煤气：130m^3，11304kJ/m^3。

这种煤气用于生产蒸汽是完全够用的。但是，预还原阶段所产生的煤气（约占煤气总量的90%）的发热值对于通常以油或天然气为燃料的加热炉来说是不够的，如果加热炉只用 Elred 装置产少的煤气，则必须通过试验验证。

由此得出这样的结论：预还原阶段产生的煤气发热值很低，若降低预还原度，则终还原阶段的还原工作加重，每吨铁的电耗从 $700kW \cdot h$ 升到约 $1500kW \cdot h$，这时直流电弧炉将产生数量更多的高发热值煤气（约 $505m^3/t$，发热值为 $11304kJ/m^3$），这种煤气用作加热炉的燃料是毫无问题的。一方面是选用石油或天然气作加热炉燃料，另一方面是电炉的电耗增高，这二者之间的价格比对这种工艺方案的经济性有决定性作用。

当然，另外一种可能性是完全取消预还原，铁精矿的全部还原都在直流电弧炉中一步完成。在一座 30t 电炉中进行的有关试验表明，这种方式是完全可能的，不过每吨生铁得消耗大约 $2400kW \cdot h$ 的电能。只有电价很低的国家，用这种方法生产生铁经济上才是合算的。但是，在铁合金生产方面，这是一种有意义的解决办法。

B　熔融还原工艺炼钢

经过脱硫的 Elred 铁水，一般用氧气转炉炼钢。与生产海绵铁的其他直接还原法相比，Elred 法在这方面是有优点的，因为氧气转炉炼钢比海绵铁的电炉炼钢要经济得多。因此，对于新的 Elred 装置，或者是以 Elred 装置作为对现有高炉的补充而言，氧气转炉炼钢法都是最合理和最经济适用的方法。

但是，如果涉及现有的以废钢为基础的电炉钢厂，并且由于废钢价格和质量的原因试图以生铁代替一部分废钢，那么脱硫后的 Elred 铁水是一种有利的可供选择的原料。

经过脱硫的 Elred 铁水中，S(<0.01%)、Mn(0.05%)、Si(0.05%)和 C(2.5%)含量都很低，它是一种很纯的炼钢原料，既不需要很长时间的精炼，也不会在电炉冶炼中产生较大渣量。在瑞典一家钢厂进行的试验表明，装入 50% 废钢和 50% Elred 铁水，钢的质量明显改善，同时钢产量几乎提高 1 倍。如果在这种情况下建设 Elred 装置而不建发电厂，并且使产生的煤气适应现有加热炉的要求，那么就可以给炼钢生产带来很大的经济效益。

另一种可能性是 Elred 法与 KMS 法相结合。在这种情况下，KMS 法转炉产生的废气可以用在 Elred 法的联合发电厂中发电。粗略地计算得出，Elred 法 + KMS 法比 Elred 法 + LD 法降低成本约 12%，比高炉法 + KMS 法降低成本约 28%。

C　熔融还原生产铁合金

某些 Elred 法工艺方案用来生产铁合金时能够带来经济效益，这也是 Elred 法的一个应用范围。采用空心电极的直流电弧炉（正如它被用在 Elred 法的终还原阶段那样）作为铬铁矿的熔炼炉已经得到工业应用。拥有变压器功率为 $20MV \cdot A$ 的一座直流电弧炉，1984 年初在南非米德堡公司（Middelburg）投产，结果令人满意。

在这种工艺中，细粒铬铁矿加入电炉中，直接落到直流电弧的高温区，电弧把炉渣吹散，使加入的铬铁矿能够与裸露的熔池表面接触。

D　经济分析

对用 Elred 法生产的生铁进行的成本计算表明，Elred 生铁的成本预计一般比高炉生铁低 15% ~20% 左右。当然，随地区不同，生铁成本会有波动，因为原料和能源的价格决定着生铁的成本。图 7-109 表明电能价格对各种方法生产的粗钢成本影响。由于 Elred 法可产生过剩的电能，因此，该法的竞争能力随着电能价格的提高而增强。如果取电价为 5 美分/($kW \cdot h$)（这是许多工业国家目前普遍的价格），则得出图 7-110 所示的关系曲线。

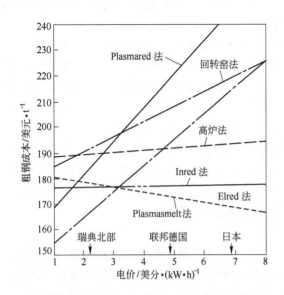

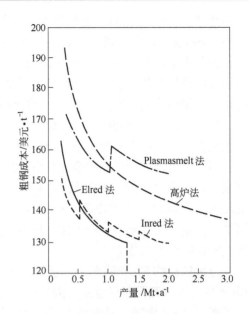

图 7-109 粗钢生产成本与电价的关系 　　图 7-110　生产规模对粗钢成本的影响

（生产规模：1Mt/a；动力煤价：58 美元/t；焦煤价：　　（电价：5 美分/(kW·h)）

82 美元/t；铁水由转炉精炼，海绵铁由电路精炼）

7.11.9 SC 法

1981 年日本住友金属开发了以煤粉为主要燃料的煤氧喷吹熔融还原 SC 法，S 表示 Sumitomo（住友）、Shaft 和 Smelting，C 表示 coal、coke 和 cupola，即用还原竖炉和熔融气化炉实现熔融还原工艺，图 7-111 示出了流程图。1982 年和 1984 年分别建了 8t/d 熔融气化炉和 17t/d 的竖炉，经过 22 次试验，包括竖炉和熔融化炉的连接操作，获得初步成功。

7.11.9.1 SC 工艺特点

SC 法是将高炉的还原熔化功能分成还原竖炉和熔融气化炉两个部分。在 SC 法工艺中，还原炉是普通的竖炉，炉型作了一些改进；熔融气化炉则具有多种新的特征。

在熔融气化炉中，纯氧和煤粉通过风口喷入焦炭填充床，从而产生高温煤气，用这一煤气还原并熔化从熔融气化炉顶部装入的热还原矿。从熔融气化炉出来的煤气用于竖炉中铁矿石的还原。

在竖炉中，铁矿石在与来自熔融气化炉的煤气的对流中被还原，热态还原矿直接装入熔融气化炉。

为产生高温煤气，熔融气化炉使用纯氧，其目的如下：

（1）由于大量喷吹煤粉，焦比降低到总燃料比的三分之一；

（2）生产高还原性煤气以供矿石还原。

熔化和还原分离的目的是：

（1）在无载荷条件下熔化矿石，软熔带消失，保证了较高透气性，使矿石很快熔化并有可能使用低质矿石；

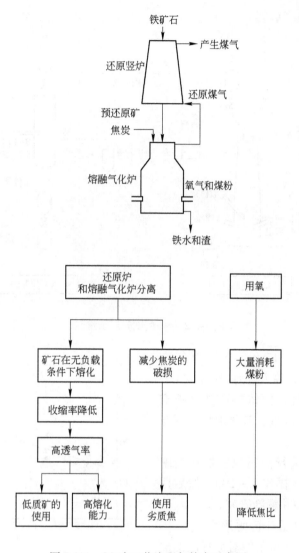

图 7-111　SC 法工艺流程与特点示意图

（2）在熔融气化炉中，消除了碳的熔损反应，减少了焦炭的爆裂，使有可能使用低质焦炭。

7.11.9.2　SC 法工业试验

图 7-112 示出的 SC 试验厂，竖炉与熔融气化炉是并排建立的，当然还原竖炉也可以放在熔融气化炉的上面。

熔融气化炉高 3.3m，炉子上、下部内径分别是 0.75m 和 0.9m，有效容积为 2.0m³。炉子最高压力为 1.96×10^5Pa，熔化能力为 8.0t/d，为控制火焰温度，通过三支水冷喷枪喷吹氧气、煤粉和水蒸气，能力分别是 200～300m³/h、100～360kg/h 和 20～70kg/h。

在喷枪水平面上装有烟尘取样管作为熔融气化炉的监测装置，以检测煤粉燃烧率的变化。煤气的压力分布是由炉壁上的压力表计量的。

还原竖炉高 3.1m，内径 0.75m，有效容积 1.8m³。炉子可在最大压力 1.96×10^5Pa 下操

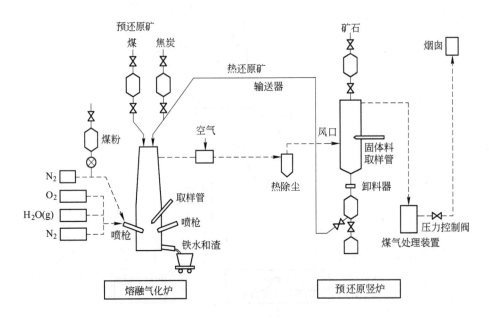

图 7-112   SC 法试验厂示意图

作，最大还原能力为 17t/d。还原煤气在 800～900℃的温度下，喷入量为 1000m³/h。

为测矿石还原度，固体料取样管被安装在风口上方 1750mm 处，气体取样孔开在 7 个不同的位置上。

在稳定状况下进行预还原竖炉和熔融气化炉的单独和连接操作 5～10d，然后用氮气对炉子进行冷却并解剖研究。

A   喷射纯氧时风口循环区的形成

图 7-113 概括了送风条件对循环区形成的影响，在喷入纯氧时循环区深度可用与高炉同样的方程来描述。

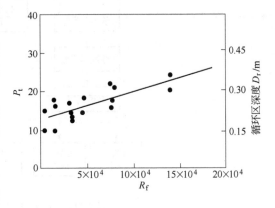

图 7-113   循环因子与渗透因子的关系

$$P_t = 7.1 \times 10^{-4} R_f + 12.7 \tag{7-27}$$

$$P_t = D_r / D_t \tag{7-28}$$

$$R_f = \frac{1}{g_c} \frac{\rho_g (V_g/D_t)^2}{d_c \rho_c} \tag{7-29}$$

式中 P_t——渗透因子；

      R_f——循环因子；

      ρ_g——燃烧气体的密度，kg/m³；

      V_g——燃烧气体的体积，m³/s；

      d_c——焦炭的粒径，m；

      ρ_c——焦炭的密度，kg/m³；

D_r——循环区的深度，m；

D_t——风口直径，m。

B 煤粉的可燃性

图 7-114 示出了煤氧比与燃烧率的关系。一方面，在高炉使用热风的情况下，煤氧比在 0.2kg/m³ 以上则燃烧率迅速下降；另一方面，在正常压力下，用氧或加压用氧能明显提高燃烧率，直至 1.2kg/m³ 的煤氧比，仍保持着较高的燃烧率，这一煤氧比接近于反应 $2C + O_2 \rightarrow 2CO$ 的反应当量界限 （1.6kg/m³）。图 7-115 表明煤粉的可燃性和氧的分压有关。

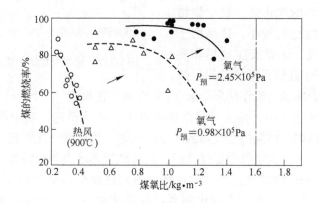

图 7-114 氧浓度和压力对煤的燃烧率的影响

――― 反应当量界限

C 预还原矿的熔化

所用预还原矿有 Wakayama 钢铁厂生产的低粉尘球团矿和竖炉还原的预还原烧结矿，用这两种预还原矿，SC 工艺的熔化能力比高炉大 3 倍，而气流阻力仅是高炉的 1/6。

高生产率和高透气性的原因是加入的矿石在炉子上部迅速熔化，无明显的软熔带形成。这从图 7-116 所示的解剖研究得以证实。

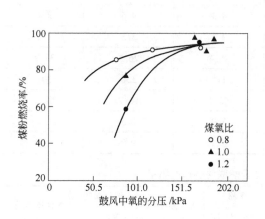

图 7-115 鼓风中氧的分压对煤的燃烧率的影响

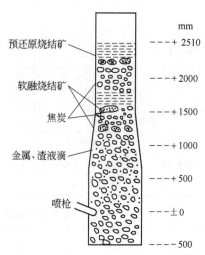

图 7-116 熔融气化炉的解剖结果

D　焦炭质量对操作的影响

由于有预还原，除风口区附近外，焦炭气化反应很少发生。因此，虽然焦炭的冷强度变化非常明显，但其对熔融气化炉的透气性影响不大。图7-117表明焦炭产生剥裂的现象极少。

还原竖炉使用各种矿的操作结果如表7-60所示。在SC工艺中，矿石在竖炉中经预还原直接加入熔融气化炉。对于烧结矿来说，极细颗粒的比例较小，这是由于使用含CO高的煤气，还原反应放热和烧结矿破损的温度范围明显下降的结果。熔

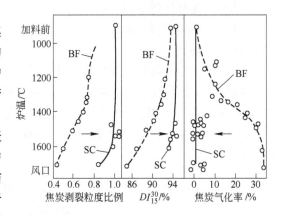

图7-117　熔融气化炉中焦炭的剥裂现象

融气化炉和还原竖炉的联动操作结果如表7-61所示。含粉尘（<5mm）占10.8%的还原矿被直接加入熔融气化炉中，在大量喷煤的条件下，熔化迅速，表中所示的铁水成分说明，熔融气化炉和高炉一样保持着较强的还原性气氛。从熔融气化炉出来的煤气，在喷入竖炉前经预处理，吹入二次空气使煤气升温，通过热旋风除尘器清除煤气中的粉尘，以得到含尘量小于14.5g/m³的煤气。烧结矿在竖炉中的还原率达60%以上。在联动运行中，生产率在3.34t/m³以上，证实了熔化和预还原分离的SC工艺的优越性。在热损失为2048MJ/t铁时，燃料比为900kg/t铁，若考虑生产率为2000t/d的工业规模SC工艺过程，较大工业设备热损失会大幅度降低，燃料比将低于600kg/t铁。

表7-60　还原竖炉的操作结果

参　　数		烧　结　矿		球　团　矿	
		实例A	实例B	实例C	实例D
还原煤气量/m³·t⁻¹		2226	1507	1987	1267
还原煤气温度/℃		878	790	841	777
还原煤气成分/%	CO	41.6	49.7	42.0	47.2
	H₂	21.2	11.1	23.8	9.6
	CO₂	6.4	8.3	4.6	8.1
	H₂O	4.7	2.5	3.3	1.2
	N₂	26.1	28.4	26.3	33.9
压降/mm·m⁻¹		153	196	138	302
预还原矿	还原率/%	95.8	60.4	96.7	62.5
	粒径占比（-5mm）/%	4.0	3.9	0.5	—
	生产率/t·d⁻¹	7.9	13.6	9.0	16.0

表7-61　熔融气化炉和还原竖炉联动操作的结果

燃烧条件	O₂ /m³·h⁻¹	N₂ /m³·h⁻¹	水蒸气 /kg·h⁻¹	煤粉 /kg·h⁻¹	火焰温度/℃	炉身煤气 /m³·h⁻¹	炉预压力/Pa
	2549	133.4	38.5	204.2	2284	901.6	1.47×10⁵

位 置		温度/℃	体积/m³·h⁻¹	成分/%					粉尘含量/g·m⁻³
				CO	CO₂	H₂	H₂O	N₂	
煤气条件	熔融气化炉顶部	811	929	58.0	8.5	18.8	0	14.8	23.5
	竖炉喷嘴	788	1038	47.6	11.8	15.4	1.4	23.8	14.5
	竖炉顶部	326	1038	36.1	23.3	11.7	5.1	23.8	4.4

烧结矿的还原	竖 炉	460kg/h	8.35t/(d·m³)
	熔融气化炉	433kg/h	5.32t/(d·m³)
	总 计	433kg/h	3.34t/(d·m³)

生产率	竖 炉	460kg/h	8.35t/(d·m³)
	熔融气化炉	433kg/h	5.32t/(d·m³)
	总 计	433kg/h	3.34t/(d·m³)

铁水成分/%	C	Si	Mn	P	S
	4.49	1.44	0.43	0.206	0.063

单位能耗	焦炭/kg·t⁻¹	煤/kg·t⁻¹	燃料/kg·t⁻¹	O₂/m³·t⁻¹
	431	472	903	589.0

熔融气化炉的热平衡/MJ·t⁻¹	热输入	燃烧产生热	5994
		热料显热	945
	热输出	炉顶煤气带走热	2487
		熔化耗热	2408
		热损失	2044

7.11.9.3 SC 法的应用前景

SC 工艺的规模对操作性能的影响如图 7-118 所示，热损失随生产规模的增大而减少，因此燃料比和生产率将有所改进。图 7-119 对 SC 工业试验厂与生产率为 2400t/d 的高炉进行了比较。

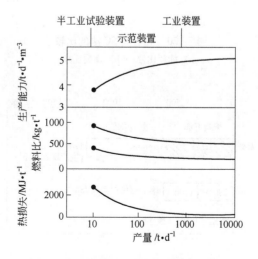

图 7-118 SC 工艺不同规模的效果

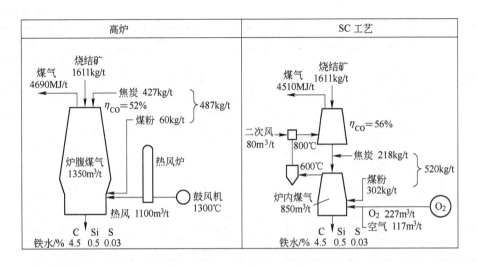

图 7-119　SC 工艺和高炉的比较

用与高炉相同的原料（烧结矿 85%，球团矿 5%，块矿 10%），SC 工艺的燃料比为 520kg/t 铁，比高炉略高。但是如图 7-120(a) 所示，若综合考虑高炉热风能耗时，SC 工艺的能耗略低于高炉。如图 7-120(b) 所示，SC 工艺大量地使用煤粉和含有 40% 非焦煤的劣质焦，焦煤用量的减少有重大意义。而且，SC 工艺生产率为 2400t/d 时，所需的炉容仅为高炉的 2/5，但生产率却增大了 2.5 倍（图 7-121）。

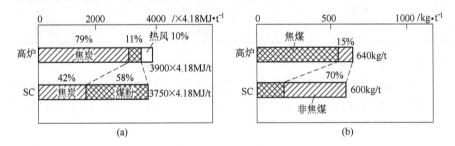

(a)　　　　　　　　　　　　(b)

图 7-120　高炉与 SC 法的比较

(a) 能耗比较；(b) 煤质比较

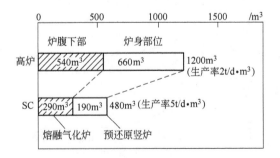

图 7-121　高炉法与 SC 法所需炉容的比较（日产 2400t）

SC 工艺是一种能够使用低质原料而具有与高炉相同的高生产率和高热效率的新流程，经过 22 次试验生产获得下列结果：

（1）大量喷煤，焦比大幅度下降；

（2）除焦比下降外，使用了非焦煤含量高的劣质焦，这意味着焦煤的用量减少；

（3）不仅可使用烧结矿，而且可使用 100% 的球团矿；

（4）可获得与高炉相同的热效率。

7.11.10 COSRI 法

COSRI（coal-oxygen smelting reduction ironmaking）煤氧熔融还原炼铁技术是中国 1993 ~ 1998 年期间在"国家攀登计划"项目研究中成功开发的具有自主知识产权的熔融还原技术。该法借鉴了 Corex 和 DIOS 技术的优点，采用中等还原度（金属化率 70%）和低二次燃烧率（10% ~ 15%）的二步熔融还原法，其工艺流程如图 7-122 所示。

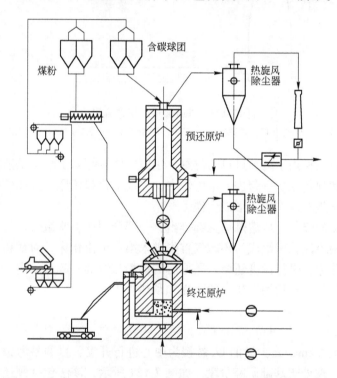

图 7-122 COSRI 工艺流程

COSRI 工艺具有以下技术特点：

（1）以冷固结含碳球团为原料；

（2）采用铁浴渣焦流动床进行终还原；

（3）向熔渣浸没喷吹煤氧制造还原煤气；

（4）终还原铁浴熔池在强搅拌条件下实现渣铁分离。

该流程也曾进行过半工业试验，并取得了某些较好的结果，后由于资金问题被迫终止。

7. 11. 11 Plasmasmelt 法

Plasmasmelt 是瑞典 SKF 钢铁公司开发的等离子熔炼电炉流程。如图 7-123 所示，该流程由熔炼单元焦炭移动床和还原单元流化床组成。

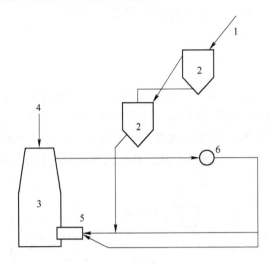

图 7-123 Plasmasmelt 工艺流程
1—矿石；2—流化床预还原器；3—竖炉；4—焦炭；5—等离子风口；6—压气机

等离子喷枪设在相当于高炉风口的位置。还原气体被等离子装置迅速加热成超高温气体，并负载煤粉和预还原矿一起进入熔炼炉中，完成熔化和还原。金属熔体在炉缸内继续进行渣铁反应并与焦炭床作用，形成生铁。

煤燃烧后形成的煤气，从熔炼炉上部排出，一部分用作喷吹载气，另一部分用作还原气。还原单元由两个流化床组成，还原气首先进入第一个流化床，对矿粉进行还原；然后再进入第二个流化床，进行深度还原。还原后的矿粉与熔剂一起被等离子超高温气体吹入熔炼炉中。还原尾气排出后用于矿石的干燥和预热。

7. 11. 12 LB 法

该法以加拿大 Mcmaster 大学的 Lu 教授为中心进行开发，目的是考虑利用加拿大廉价的电能和小铁矿，现处于基础研究阶段。如图 7-124 所示，该法包括预还原和等离子熔炼两大部分。预还原先将精矿粉与煤粉混匀，然后装入用耐火材料管制的预还原炉内，通过位于中心的螺旋给料器，使其在管内移动，还原后同残余碳一起落入熔化区。在熔化区产生的 CO 气体，用空气进行燃烧，通过加热管子外壁给还原反应供热。在熔炼炉内用等离子装置加热，进行终还原，使铁水加热、增碳。

该法具有以下特点：

(1) 粉矿和煤粉在预还原区进行大面积接触，还原速度快；

(2) 反应在完全密闭的条件下进行，反应生成的 CO_2 能再次与碳反应生成 CO，提高了碳的利用率；

(3) 预还原受耐火材料的限制，反应温度在 900 ~ 1000℃ 之间。

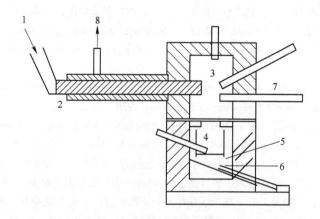

图 7-124　LB 法示意图

1—煤、矿粉料混合物；2—螺旋给料器；3—煤气烧嘴；4—等离子电弧；
5—炉渣；6—铁水；7—取样管；8—废气

　　预还原区由长 75cm、内径 5.1cm 的莫来石管与内径为 8.3cm 的碳化硅管所组成。矿石在还原时为吸热反应，温度不高，所以内部的螺旋给料器选用钢制材料。矿石在预还原区停留的时间在 10min 以内，还原金属化率达 80% ~ 95%。熔化区的内径为 36 ~ 41cm，下部有一个以氩气为载气的等离子区。铁水的生产能力为 15kg/h。熔炼后的渣铁从装置下部排出。

参 考 文 献

[1] 秦民生. 非高炉炼铁[M]. 北京：冶金工业出版社，1988.

[2] 杨天钧，刘述临. 熔融还原技术[M]. 北京：冶金工业出版社，1991.

[3] 蔡博. 对 Corex 炼铁法的分析和评价[J]. 炼铁，1992(6)：1 ~ 6.

[4] 李维国. Corex-3000 生产现状和存在问题的分析[J]. 宝钢技术，2008(6)：11 ~ 18.

[5] 沙永志，王凤岐，周渝生. 引进 Corex 工艺需要注意的问题[J]. 炼铁，1994，2：38 ~ 41.

[6] 张寿荣. 关于高炉炼铁工艺和熔融还原炼铁工艺的评述[J]. 炼铁，1995，14(2)：45 ~ 48.

[7] 吴俐俊，苏允隆. Corex 炼铁法的现状及发展前景[J]. 钢铁，1996，31(9)：69 ~ 74.

[8] 牟慧妍，周渝生. 洁净铁生产工艺的现状[J]. 钢铁，1997，32(6)：70 ~ 74.

[9] 陈炳庆，张瑞祥，周渝生. Corex 熔融还原炼铁技术[J]. 钢铁，1998，33(2)：10 ~ 14.

[10] 杨天钧，黄典冰，孔令坛. 熔融还原[M]. 北京：冶金工业出版社，1998.

[11] Eberle A，Siuka D，hm C B，et al. Corex 技术的现状及最新进展[J]. 钢铁，2003，38(10)：68 ~ 72.

[12] hm C B，Millner R，Stockinger J，et al. 温室气体排放与钢铁工业——聚焦 Corex 技术[J]. 中国冶金，2004(4)：37 ~ 41.

[13] 王泽慜，王彦. Corex 流程与高炉流程比较[C]//2005 年中国钢铁年会论文集. 2005：390 ~ 396.

[14] Siuka D，Bohm C，Wieder K. Corex and FINEX technology—process updates 2006[J]. BaoStell BAC 2006：8 ~ 16.

[15] 贾国利，张丙怀，阳海彬，等. Corex300 熔融还原炼铁工艺能量利用特征[J]. 中国冶金，2007，17(3)：43 ~ 47.

[16] 王臣, 曲迎霞, 等. Corex 工艺模型软件的开发[J]. 过程工程学报, 2008, 8(2):73~76.

[17] Sun Guishan, Shi Ke, Zhu Qingjie. Analyses of Corex equipment running status and items of equipment defects eliminating[C]//Proceedings of 5th International Congress on the Science and Technology of Ironmaking. 1250~1254.

[18] Zhang Qing, Guo Li, Chen Xudong. Analyses of Corex competence[C]//Proceedings of 5th International Congress on the Science and Technology of Ironmaking. 1230~1232.

[19] Xu Wanren, Guo Yanling, Wang Chen. Analysis of the factors affecting the fuel rate in the Corex process and improvement measures[J]. Baosteel Technical Research, 2011, 5(1):45~50.

[20] 杨若仪, 金明芳, 王正宇. 关于 Corex 与 FINEX 的流程比较[J]. 钢铁技术, 2011(2):17~20.

[21] 钢铁工业技术考察组. 南非熔融还原炼铁工艺 (Corex 法) 的技术考察报告[R]. 1993, 8.

[22] 胡俊鸽, 周文涛, 毛艳丽. Finex 熔融还原技术的新发展[J]. 冶金信息导刊, 2007, 4:12~14.

[23] 张绍贤, 强文华, 李前明. FINEX 熔融还原炼铁技术[J]. 炼铁, 2005, 4:49~52.

[24] 唐恩, 周强, 翟兴华, 等. 适合我国发展的非高炉炼铁技术[J]. 炼铁, 2007, 4:59~62.

[25] 张文静, 侯健, 王婷婷. FINEX 流程的特点以及与高炉流程的比较[J]. 甘肃冶金, 2011, 1:88~90.

[26] 封常福. POSCO 的 FINEX 工艺技术[J]. 山东冶金, 2004, 26(4):69.

[27] 张龙强, 周翔. FINEX 与高炉炼铁工艺对比[J]. 中国钢铁业, 2012, 4:18~21.

[28] 徐书刚, 李子木, 吕庆. 浦项 FINEX 熔融还原工艺技术考察[J]. 炼铁, 2008, 5:59~62.

[29] Keoga J V, et al. 50th Ironmaking Conference Proceedings[C]. Washington DC, ISS/AIME, 1991, 4.

[30] Cusack B L, et al. 2nd European Ironmaking Congress Proceedings by the Institute of Metals[C]. Glasgow, UK, 1991.

[31] Innes J A, et al. Direst smelting of iron ore in a liquid iron bath-the HIsmelt process[C]//The 7th Process Technology Division Conference of ISS. Toronto, 1988, 4.

[32] 胡俊鸽, 高战敏. Corex、Finex 和 HIsmelt 技术的发展近况[J]. 钢铁研究, 2007, 35(4):55~58.

[33] Mark Cross. The 10th Process Technology Division Conference of ISS[C]. Toronto, 1992.

[34] Cusack B L. Initial operation of the HIsmelt research and development facility[C]//18th Advanced Technology Symposium (Ironmaking 2000). Myrtle Beach, South Carlina, 1994, 10.

[35] Meijer H K A, et al. The cyclone converter furnace (CCF)[C]//18th Advanced Technology Symposium (Ironmaking 2000). Myrtle Beach, South Carlina, 1994, 10.

[36] Pollock B A. Ironmaking and Steelmaking, 1995(1):33.

[37] Kreulitsch H. Iron and steelmaking of the future[J]. Journees Siderurgique ATS, 1992.

[38] 范彦军. COREX 熔融还原炼铁技术的探讨[J]. 冶金丛刊, 2006(4):41~43.

[39] Aukrust E. Planning for the 400, 000 t/a AISI ironmaking demonstration plant[J]. Proceedings of Ironmaking Conference. Washington DC, ISS/AIME, 1991.

[40] Koen Meijer, Mark Denys, Jean Lasar, et al. ULCOS: ultra-low CO_2 steelmaking[J]. Ironmaking and Steelmaking. 2009, 36(4):249~251.

[41] Meijer K, Guenther C, Dry R J. HIsarna Pilot Plant Project[C]. 北京: 中国金属学会, 2011.

[42] 王东彦. 超低碳炼钢项目中的突破型炼铁技术[J]. 世界钢铁, 2011(2):7~12.

[43] 李宏军, 黄盛初. 中国 CCS 的发展前景及最新行动[J]. 中国煤炭, 2010(1):13~18.

[44] 胡俊鸽, 周文涛, 赵小燕. ULCOS 项目——走低碳发展的创新之路[N]. 中国冶金报, 2010, (C02).

[45] Stephens D, Tabib M, Schwarz M P. CFD simulation of bath dynamics in the HIsmelt smelt reduction vessel for iron production[J]. Progress in computational fluid dynamics, 2012, 12(2):196~206.

[46] Tokuda M, Kobayashi S. Process fundamentals of new ironmaking process[C]// Process Technology Conference Proceedings. ISS/AIME, 1988.

[47] Aukrust E, Downing K B. AISI direct steelmaking program[C]//50th Ironmaking Conference Proceedings. Washington DC, ISS/AIME, 1991, 4.

[48] Huang R, Lv X W, Bai C G. Solid state and smelting reduction of Panzhihua ilmenite concentrate with coke[J]. Canadian Metallurgical Quarterly, 2012, 51(4):434~439.

[49] Shiohara K. Research program of JISF—new direct iron ore smelting reduction project (DIOS Project)[C]//2nd European Ironmaking Congress. Glasgow, UK, 1991.

[50] Keoga J V. 50th Ironmaking Conference Proceedings[C]. Washington DC, ISS/AIME, 1991, 4.

[51] Minoru Ishikaw. Resent Development in the DIOS Process. R&D Task Force, DIOS Project JISF, Japan.

[52] Aukrust E. 熔融还原新工艺——AISI/DOS 直接炼钢试验结果[D]. 沈阳：东北大学, 1993.

[53] Mardle G J. Adaptation of injection technology for the HIsmelt process[C]//Proceedings of the Savard/Lee Internation al Symposium on Bath Smelting, 1992.

[54] Inatani T. The current status of JISF research on the direct iron ore smelting reduction process[C]//50th Iromaking Conference Proceeding. Washington DC, ISS/AIME, 1991, 4.

[55] Hirata T, et al. Improvement of iron bath smelting reduction process through side and botton blowing[C]// 50th Iromaking Conference Proceeding. Washington DC, ISS/AIME, 1991, 4.

[56] Naito M, Yamaguchi K, Ueno H, et al. Improvement of blast furnace reducibility by use of high reactivity coke[J]. CAMP-ISIJ, 1990, 4(3): 1172.

[57] Kanamori K. Development of large scale mitsubishi furnace at Naoshima[C]//Proceeding of the Savrad/Lee International Symposium on Bath Smelting, 1992.

[58] Murayama T. Stepwise reduction of hematite powder with CO_2 gas mixtures in a fluidized bed[C]//International Conference on New Smelting Reduction and Net Shape Casting Technology for Steel, 1990.

[59] Birat J P, Vizioz J P. CO_2 emissions and the steel industry's available responses to the greenhouse effect[J]. La Revue de Metallurgie, 1999, 10: 1203.

[60] Yin Ruiyu. The problem of green produce and iron and steel making green revolution[J]. Technology and Industry, 2003, 3(9).

[61] Hwong-Wen Ma, Kazuyo Matsubae, Kenichi Nakajima. et al. Substance flow analysis of cycle and current status of electric arc furnace dust management for zinc recovery in Taiwan[J]. Resource Conservation and Recycling, 2011, 56: 134.

[62] Satoshi Itoh, Akira Tsubone, Kazuyo Matsubae, et al. New EAF dust treatment process with the aid of strong magnetic field[J]. ISIJ International, 2008, 48(10):1339.

[63] Wang Dongyan, Chen Weiqing, Zhou Rongzhang. The INMETCO process dealing with the in plant Zn Pb bearing dusts[J]. Environmental Engineering, 1997, 15(3):50.

[64] Yamad S. Simultaneous recovery of zinc and iron from electric arc furnace dust with a coke-packed bed smelting reduction process[J]. Iron and Steel Engineer, 1998, 74(8):64.

[65] 曾晖, 李建云, 译. Tecnored 工艺——一种新型环保、高效的炼铁技术[J]. 莱钢科技, 2007(6): 76~78.

[66] 张喻松. 一种环境友好成本低廉的 Tecnored 炼铁工艺[J]. 烧结球团, 2008, 33(3):54.

[67] Xu Xiusheng, Chen Ping. Study on recycling with Zn in the blast furnace[J]. Express Information of Mining Industry, 2002, 5(10):3.

[68] Jiang Jimu. Status and sustainable development of lead and zinc smelting industry in China[J]. The Chinese Journal of Nonferrous Metals, 2004, 14(1):55.

[69] Doromin I E, Svyazhin A G. Commercial methods of recycling dust from steelmaking[J]. Metallurgist, 2011, 54: 9.

[70] Jiang Junpu. Application oxycup technology to recycle iron from steel plant residual waste[J]. The World Metal Serially, 2007, 3(20).

[71] Lu Jian. Technical research on treatment of zinc and iron containing dust and sludge[J]. Sintering and Pelletizing, 2011, 36(3):50.

[72] Gudenau H W, Senk D, Wang S W, et al. Research in the reduction of iron ore agglomerates including coal and C-containing dust[J]. ISIJ International, 2005, 45(4):603~608.

8 利用生物质的炼铁方法

8.1 关于生物质的基础理论

8.1.1 生物质的概念及资源状况

生物质是指地球上一切有生命的物质，是对直接或间接从植物（包括藻类、树木、作物等）所获得有机物质的统称。生物质通常可定义为所有碳氢化合物材料，主要由 C、H、O、N 等化学元素组成。生物质资源种类繁多，通常可分为木质生物质和草本生物质。常见的可用生物质资源包括农作物及农业有机剩余物、林木及林业有机剩余物、工业及社会生活有机废弃物等，如废木板、碎木料、木屑、锯末、玉米秸、麦秸、稻壳、棉秆等。

生物质资源分布广泛，储量丰富，据统计，世界上生物质资源的年产量约为 1460 亿吨（干重）。我国的生物质资源十分丰富，可获得的生物质资源量超过 3 亿吨，其中薪材约 1.2 亿吨，秸秆约 1.7 亿吨。

8.1.2 生物质的基础特性及利用

生物质的主要有机成分是纤维素、半纤维素和木质素。生物质是一种清洁的可再生能源，同时也是唯一的可再生碳源。如果将生物质资源作为一种能源加以利用，首先必须考虑生物质资源的各种基础特性，以便对其进行加工处理。

（1）水分含量（Moisture，M）。就生物质的水分含量而言，需要考虑其中两种形式的水：固有水分（不受天气状况的影响）和自由水分（受收获时天气状况的影响），实际情况下往往关注其固有水分。

（2）发热值。发热值通常是指单位质量或体积的物质在空气中完全燃烧所释放出的热量。燃料的热值有两种表达形式，即高位热值（High Heat Value，HHL）和低位热值（Low Heat Value，LHV）。低位热值代表了实际的可用能量值。对于生物质的发热值和产量，通常是在干燥无水的基础上进行统计和计算的。

（3）固定碳（Fixed Carbon，FC）和挥发分（Volatile Matter，VM）。与煤炭等固体燃料相似，生物质中的化学能主要以固定碳和挥发分的形式储存。挥发分是物质在加热时（加热至 950℃ 保持 7min 进行检测）以气态形式释放出来的那部分（包括水分）；固定碳含量是物质中的挥发分析出后所剩余的质量，不包括灰分和水分。

（4）元素组成。与化石燃料相比，生物质中的 H 和 O 含量非常高，而 C 含量偏低。由于 C—H 键和 C—O 键所含的能量低于 C—C 键，因此，生物质原料所含能量通常要小于煤炭。此外，生物质中 Na、K、Mg 等碱金属的含量对于任何热化学转化过程而言都十分重要。这是因为碱金属与灰分中的硅反应会生成胶质液相，并可能引起管道堵塞。对于炼铁工艺而言，碱金属亦属于有害元素，可以在反应器内循环富集乃至结瘤，严重影响炼铁生产。因此，若将生物质用作高炉炉料，必须严格控制其碱金属含量。

生物质资源的物理转化包括干燥处理、切割破碎、压缩成型等。生物质资源的化学转化包括生物化学转化和热化学转化等，其中热化学转化主要包括直接燃烧、气化、热解等。生物质能源转化技术和产品如图 8-1 所示。生物质经热化学转化可获得直接的热能或生物油（生物乙醇和生物柴油）、可燃气体、生物质焦（木炭等）等。生物质经热解转化为生物质焦后，其能量密度大大提高、可磨性大大改善，是一种优质的生物质碳源。

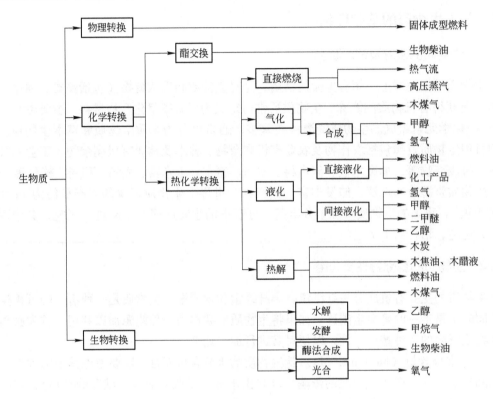

图 8-1　生物质能源转换技术及产品

（1）直接燃烧。生物质直接燃烧被广泛用于获得热能、动力或电能。生物质燃烧可产生约 800 ~ 1000℃ 的热气体。理论上任何生物质都可用于燃烧，而实际上水分含量高于 50% 的生物质便不适于进行燃烧利用（一般用于进行生物转化），除非经过预先干燥处理。

（2）气化。气化是指将生物质在高温下（如 800 ~ 900℃）部分氧化进而转化成可燃混合气体的过程，包括生物质与 CO_2 气化、生物质蒸汽气化、生物质空气气化。生物质的气化反应性越高越好。

（3）热解。热解是将生物质在隔绝空气的条件下加热至一定温度，从而获得所需的液态、固态和气态产品的过程。生物质的热解过程通常可分为三个阶段：1）脱水阶段（室温 ~100℃），在这一阶段生物质只发生物理变化，主要是失去水分；2）主要热解阶段（100℃ ~380℃），在这一阶段生物质在缺氧条件下受热分解，随着温度的不断升高，各种挥发分相应析出，原料发生大部分质量损失；3）炭化阶段（>400℃），在这一阶段发生的分解非常缓慢，产生的质量损失比第二阶段小得多，该阶段通常认为是 C—O 键和 C—

H 键的进一步裂解所造成的。

8.1.3　生物质能的碳中性

与传统的煤炭等化石能源相比，生物质资源具有清洁、可再生、碳中性等突出的优点。其中，生物质的碳中性特点使得在利用生物质碳源替代传统化石燃料时，可以减少向大气中排放的 CO_2 量，缓解温室效应，这也是研究者的重要出发点和理论依据之一。

按燃料在其生产及消耗过程中向大气排放的 CO_2 总量，可将燃料分为三大类：碳正性燃料、碳中性燃料和碳负性燃料，由此对应着碳正性、碳中性和碳负性三种碳循环系统，如图 8-2 所示。

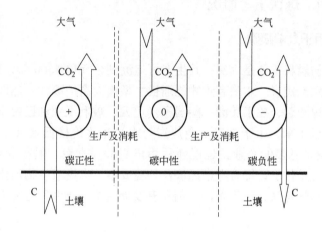

图 8-2　碳正性、碳中性和碳负性循环系统

（1）碳正性（Carbon Positive）燃料。碳正性燃料可理解为在一定的时间范围内，其生产及消耗过程导致大气中碳含量向正向变化，即会导致大气中碳含量增加的燃料，主要是指碳的化石燃料，如传统的煤炭等化石燃料即可归为碳正性燃料。煤炭等碳正性燃料属于不可再生的地下碳源，在其燃烧和消耗过程中会向大气中排放大量 CO_2，不断增加大气中的碳含量。碳正性燃料的大量开采及其在工业生产中的大量消耗通常被认为是造成温室效应的主要原因。因此，减少碳正性燃料的开采、使用和消耗是缓解温室效应的重要方式。

（2）碳中性（Carbon Neutral）燃料。同样的，碳中性燃料可以理解为在一定的时间范围内，其生产及消耗过程不会导致大气中碳含量发生明显变化的燃料，通常所说的碳中性燃料主要是指生物质。生物质之所以是碳中性燃料是因为其在生长过程中会不断吸收大气中的 CO_2，并通过光合作用将 CO_2 以化学能的形式存储下来；在生物质的燃烧及消耗过程中，又会将之前固存下来的碳再以 CO_2 的形式等量地排回大气中。也就是说，在生物质的生长及消耗的总过程中，不会消耗地下碳源，不会对大气中的碳含量造成影响，此即所谓的碳中性[1-3]。

（3）碳负性（Carbon Negative）燃料。碳负性燃料也是指生物质，其在生长过程中吸收大气中一定量的 CO_2，而在其燃烧和消耗过程向大气中释放的 CO_2 总量小于其从大气中吸收的 CO_2 量，即总的效果是在其生长及消耗过程中减少了大气中的 CO_2 量。生物质之所以能够成为碳负性燃料，主要通过两个途径实现：一是生物质中的一部分碳未形成 CO_2 进入大气，而是以生物质炭的形式进入土壤，成为地下碳源，例如将成熟期的绿色植物部分埋入地下，或是将植物在无氧环境下进行热解，转化成木炭后再埋入土壤中保存；二是运用碳捕集与封存技术（CCS）减少生物质在燃烧和消耗时向大气中排放的 CO_2 量，从而实现其碳负性[4]。

综上可知，对可再生生物质资源的生产和利用本身就是一个环境友好的过程，如果再考虑其碳中性及替代炼铁过程中化石能源的作用，则可以大大减少炼铁工艺总的 CO_2 排放量，若再结合 CCS 技术，就可进一步实现炼铁过程的 CO_2 减排。

8.2 生物质应用于炼铁工艺概况

8.2.1 生物质应用于高炉喷吹

炼铁工艺的最初燃料主要是木炭，其生产可追溯到公元前 4500 年，直到 18 世纪初期发现可以利用煤炭生产焦炭，木炭高炉才逐渐被大型焦炭高炉取代。然而，由于本国铁矿资源丰富而煤炭资源匮乏，拉丁美洲一些国家（巴西、玻利维亚和巴拉圭）的铁水生产仍然大量应用木炭。近年来，由于进口冶金焦炭与木炭相比价格低廉（木炭占生铁成本的40% 以上），巴西越来越多的企业，也逐渐利用焦炭替代木炭。但在焦炭资源日益短缺，环境形势日益严峻的条件下，综合考虑经济及环境成本，木炭或生物质焦仍可能成为炼铁的优良原料，木炭高炉炼铁在特定条件下仍具有发展潜力。图 8-3 为利用焦炭和木炭炼铁的技术路线示意图。

图 8-3   木炭炼铁和焦炭炼铁技术路线对比

巴西用于生产木炭的木材有 49% 来自人工种植的林木，其中主要是桉树。桉树是一种速生林木，由澳大利亚移植而来，再生造林的周期为 7 年。巴西是世界上桉树人工林面积最大的国家，达36.5亿平方米，约占其人工林总面积的52%，目前巴西桉树人工林年均生长量可达500万立方米。传统的巴西木炭是在直径5m、高2m的砖窑中生产出来的。木炭的主要特点之一是体积密度较小（一般小于230kg/m³），从而导致炉料在炉内停留时间较短，造成铁矿石不能在高炉上部充分还原，而通过向木炭高炉内喷吹木炭粉可以延长炉料在热储备区的停留时间。木炭高炉的最显著特点是其渣量特别低（通常小于200kg/t），仅为焦炭高炉的一半左右，这是由于木炭的灰分含量通常小于1%，远远小于煤粉和焦炭。此外，木炭高炉所生产铁水的硫含量很低，一般而言，铁水含硫量仅0.004%~0.007%，不需对铁水进行脱硫处理。

目前，高炉喷吹的生物质多用木炭，国外（尤其是巴西等国家）对高炉喷吹木炭粉进行了研究。研究表明，高炉木炭喷吹达到200kg/t时，大约可以减少CO_2排放量28%，然而在此大喷吹量条件下，高炉的产量会有所降低[5]。

日本 Hiroshi Nogami 等人对木炭高炉炼铁系统的能耗进行了分析，并与传统高炉系统进行对比，结果表明，木炭炼铁系统需要更多能耗输入，但在钢铁企业其他工序中却可生产出更多可用能量，因此总体来说，木炭炼铁系统的能耗损失与传统炼铁系统类似。此外，有效利用生物质资源可以降低大气中CO_2和SO_2的排放，与传统炼铁工艺相比，喷吹木炭粉能减少30%以上的净CO_2排放量；木炭高炉产生的渣量不到现代传统高炉的一半，且铁水质量有望得到提高[6]。

由于巴西煤的硫和灰分含量高，其高炉喷吹煤粉依赖进口，J. G. M. S. Machado 等人对高炉喷吹煤粉、木炭粉及煤粉与木炭粉混合喷吹进行了研究，为合理利用当地资源并减少对进口煤的依赖提供了思路[7]。他们利用 TGA 方法对巴西煤粉、木炭粉及混合料的CO_2反应性进行了分析，并利用德国亚琛工业大学的煤粉实验设备，模拟了这些炭粉喷入高炉回旋区内的行为，对其燃烧行为进行了评价。实验结果表明，在所研究的条件下，向高炉喷吹木炭粉是切实可行的；巴西煤粉因高灰分而不适合单独喷吹，配加木炭粉后其灰分大大降低；木炭粉的整体转化率比煤粉高，这也说明喷吹木炭粉产生的未燃尽碳比较少，与煤粉喷吹相比，高炉可以接受更高的木炭喷吹量。

巴西的 P. S. Assis 等人利用模拟装置研究了木炭粉喷入高炉风口的行为，认为在一定的范围内，木炭粉的物理参数（孔隙度、粒级、比表面积等）并不是提高木炭喷吹比的限制因素；并推测，木炭粒径可以增至0.162mm而不会影响其燃烧性能[8]。R. N. B. Braga 等人对 Acesita 2 号高炉喷吹木炭粉进行了研究，分析了木炭粉喷吹对高炉操作参数的影响，并研究了与木炭粉喷吹相关的经济问题[9]。巴西 Ferroeste 集团 Gusa Nordeste 炼铁厂对其三座高炉（1号高炉155m³，2、3号高炉163m³）进行了为期18个月的木炭粉喷吹，在无富氧鼓风的条件下，实现了木炭粉喷吹达到50~60kg/t，木炭置换比达到1:1[10]。

目前限制木炭高炉炼铁在全世界普遍推广的因素主要有两点：（1）产量低。由于原料的差异，导致木炭高炉的容积均远小于焦炭高炉，进而导致其产量不可能与现代大型焦炭高炉相比。目前超大型焦炭高炉的日产量可以超过13000t，年产量可达500万吨，而木炭高炉最大年产量也仅为焦炭高炉的十分之一。（2）各地木炭资源有巨大差异，巴西森林资源丰富，气候适宜人工林生长，木炭资源比较丰富；而世界上的其他区域，如中国则森林覆盖面积较低，且大部分地区的森林生长速度缓慢，人工林成材周期较长，如果大范围使用木炭高炉进行炼铁，势必对仅存的森林资源构成严重的威胁。

  F. G. Emmerich 等人通过实验研究发现，巴巴苏（巴西的一种棕榈树）的完整坚果经 1000℃炭化后得到的生物质焦，可以作为还原剂直接替代高炉所用的焦炭[11]。实验所得巴巴苏生物质焦的 S、P 含量远低于冶金焦炭，反应性远好于传统焦炭，抗碎强度指标 M_{40} 大于 80%，耐磨强度指标 M_{10} 小于 8%，抗压强度大于 40MPa（作为参考比较的冶金焦炭的抗压强度为 15MPa），它是少数能直接替代大容积高炉内焦炭而不用造块的生物质原料之一。将这种高强度生物质焦与传统冶金焦炭混合后用于高炉炼铁，也许能减少 SO_2 等的排放及改善铁水的质量。

  借助日本新能源与工业技术发展机构（NEDO）的资助，作者课题组与日本东北大学有山达郎教授合作，对利用生物质的炼铁工艺进行了深入研究，其中胡正文博士侧重研究了生物质焦的制备与应用[12]。研究表明，用于炼铁的生物质焦（以木质为原料）的最佳制备条件是，采用恒温加热模式，将生物质原料加热至 500℃进行炭化，然后保温 30min 左右而制得。而高炉喷吹生物质焦粉应该关注如下方面：

  （1）生物质焦粉的喷吹基础特性。

  1）成分组成。由生物质焦的工业分析结果来看，生物质焦的水分含量与煤粉相近，灰分含量仅约为煤粉的 10%，挥发分含量按喷吹煤的标准属于低挥发分，固定碳含量符合要求，硫元素含量仅为低硫分喷吹煤的 10% 左右，氮含量也较低。因此，生物质焦的成分组成符合要求，可以直接或与煤粉混合后用作高炉辅助喷吹燃料，且与喷煤相比可以明显降低高炉硫负荷及渣量。

  2）燃烧性能。生物质焦粉的各个燃烧特征温度均低于其他燃料，其中燃尽温度比烟煤低 180℃，比无烟煤低 260℃以上，比焦粉低近 400℃，比实际喷吹混合煤粉低约 200℃，即喷吹后，生物质焦最先燃烧完全，且按照燃烧性由高到低的顺序为：生物质焦 > 烟煤 > 混合煤粉 > 无烟煤 > 焦粉。因此，从燃烧性的角度考虑，生物质焦明显优于普通的喷吹煤粉。也就是说，相对于煤粉而言，在相同条件下，生物质焦或许可以更迅速和充分地在风口前燃烧，因此，高炉可以接受更高的生物质焦喷吹量。

  3）灰分及熔融性。生物质焦与煤粉和焦粉的灰分之间的不同之处为：① 灰分含量低；② 灰分碱度高。因此，高炉使用生物质焦代替煤粉和焦炭，会大大降低灰分带入量，减少熔剂的加入量，进而可以降低渣量和焦比。

  此外，高炉对原燃料的碱金属含量有一定的要求，尽管生物质焦的灰分中碱金属氧化物含量稍高于煤粉，但由于生物质焦中灰分含量仅为 1% 左右，而煤粉的灰分含量可超过 10%，按此比例计算，生物质焦中的碱金属总含量（Na_2O 和 K_2O）仅为煤粉的 20% 左右，完全可以满足高炉要求。

  此外，生物质焦不仅灰分含量十分低，而且其灰熔点较高，与无烟煤接近，符合高炉喷吹的要求。

  4）其他性能。由研究结果可以看出，生物质焦的爆炸性非常弱（几乎无爆炸性），比较安全；生物质焦的着火点最低（着火点仍在 300℃以上，比烟煤低 10℃左右），燃烧性良好，一般不会带来安全隐患；生物质焦的发热量与无烟煤相当，在 30MJ/kg 以上，大于烟煤及混合煤粉，这意味着喷吹生物质焦可能实现较高的置换比。

  综合以上研究、分析及对比可知，生物质焦粉具有良好的喷吹性能，各项喷吹基础性能指标均符合高炉要求，可以用来替代煤粉作为高炉用辅助喷吹燃料以降低焦比，并能够实现高燃烧率、高置换比、低渣量、低硫负荷、低焦比等良好的喷吹及高炉冶炼效果，进而可以实现高炉炼铁的节能减排。

（2）喷吹生物质焦对高炉冶炼的影响。以某实际生产高炉的原燃料条件及操作状况为参考，研究喷吹生物质焦对高炉冶炼过程的影响。该高炉有效容积为 $580m^3$，焦比为 $349kg/t$，煤比为 $179kg/t$，喷吹混合煤粉及焦炭成分如表 8-1 所示，炉渣二元碱度值为 1.11。

表 8-1 燃料的成分（ad） （%）

试样	工业分析				元素分析				
	M	A	V	FC	C	H	O	N	S
生物质焦	1.40	0.94	16.63	81.03	85.15	3.03	9.28	0.25	0.05
混煤	1.90	9.98	22.96	65.15	73.94	3.24	7.23	0.92	0.52
焦炭	0.31	12.83	1.30	85.56	85.78	1.21	0.44	0.62	0.70

1）对置换比的影响。该高炉日常生产喷吹煤粉的理论置换比为 0.708，如果在相同条件下改为喷吹生物质焦，则理论上置换比可达到 0.823，提高了 16% 以上。因此，与喷吹煤粉相比，高炉喷吹生物质焦很容易实现更高的置换比，从而可以实现节能减排。

2）对高炉渣量的影响。高炉用喷吹生物质焦粉替代喷吹煤粉时，渣量的变化与燃料喷吹比呈正比，即生物质焦代替的煤粉喷吹比越高则高炉渣量降低得越多。参照实际高炉的生产条件，煤比为 $179kg/t$ 时，如果改为喷吹生物质焦粉，可以降低高炉渣 $3.25kg/t$，同时由于喷吹生物质焦的高置换比，相比于喷煤时可以多置换焦炭 $20kg/t$ 以上。此外，当煤比为 $150kg/t$ 时，如果改为喷吹等比例的生物质焦，可以降低高炉渣量 $2.72kg/t$，多置换焦炭约 $17kg/t$；当煤比为 $200kg/t$ 时，如果改为喷吹等比例的生物质焦，可以降低高炉渣量 $3.63kg/t$，多置换焦炭约 $23kg/t$，具体关系如图 8-4 所示。

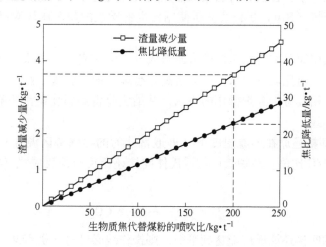

图 8-4 喷吹生物质焦代替煤粉对高炉冶炼的影响

综合以上计算及分析可知，对于有效容积为 $580m^3$ 的高炉，焦比为 $349kg/t$，煤比为 $179kg/t$ 时，相同条件高炉喷吹生物质焦比 $208kg/t$ 可以实现较高的置换比，用生物质焦代替煤粉进行高炉辅助喷吹可以获得低渣量和低焦比的冶炼效果。

8.2.2 高炉使用含生物质焦的铁矿压块

8.2.2.1 生物质用于铁矿造块研究

（1）生物质含碳球团。Hirokazu Konishi 等人研究了生物质焦中残余挥发分对含生物质焦复合球团中铁矿还原的影响[13]。他们将日本柏树木材从室温分别加热至不同温度（550℃、800℃和1000℃）进行炭化，从而获得残余挥发分含量不同的生物质焦，将其破碎筛分成一定的粒度后与试剂 Fe_2O_3 混合并加入黏结剂造球，最后，在 N_2 气氛下将所得复合球团分别加热至800℃、900℃和1000℃进行自还原。实验表明，550℃炭化生物质焦的残余挥发分很多，主要为 H_2，用该生物质焦制成的球团在800℃和900℃条件下保温60min 的还原率分别为19%和40%，高于其他的含生物质焦复合球团；在1000℃和保温60min 的自还原条件下，三种含不同生物质焦球团的还原率均超过90%，即在1000℃时，含生物质焦复合球团的还原性不受残余挥发分的影响。

（2）生物质含碳压块。Shigeru Ueda 和 Kentaro Watanabe 等人对配加生物质焦的含碳铁矿压块进行了反应性和还原行为的研究，以期实现高炉的低还原剂操作[14]。研究结果表明，在惰性气氛下，配加生物质焦铁矿压块的反应性较好，开始还原温度约为550℃，远低于配加焦炭的铁矿压块。含生物质焦铁矿压块的反应模型分析表明，生物质焦能改善含碳铁矿压块的还原行为，尤其是在较低温度区域。随后，他们经过进一步研究提出了新型的含碳铁矿压块炉料，即向含生物质焦铁矿压块中添加亚微米级铁氧化物粉末（通过钢铁厂钢板酸洗液的流化焙烧而获得）。压块中的生物质焦包裹了活跃的铁氧化物粉末，这些粉末可作为碳气化反应的催化剂，从而提高了含生物质焦压块的反应性，高炉若使用这种新型炉料可以降低还原剂用量。

8.2.2.2 生物质焦铁矿压块的理论分析

在高炉炼铁工艺中，含铁炉料的还原性和焦炭的反应性对于高炉冶炼过程具有重要影响。下面结合里斯特（Rist）操作线分析使用含生物质焦的铁矿压块对高炉冶炼过程及能量平衡等的影响。

里斯特操作线用简单的直角坐标图将原料成分、生铁成分、炉顶煤气成分、直接还原度及热平衡状态和燃料比联系起来，是分析高炉冶炼过程、能量平衡及利用以改善冶炼状况的常用手段，可用其分析高炉操作的现状，并给出降低燃料比的潜力和途径。图 8-5 即为高炉里斯特操作线。

图中 W 点为间接还原在还原温度下（即通常认为的热储备区温度）反应达到平衡时所能达到的最大 O/C 比值。高炉焦比与浮氏体间接还原反应即反应式（8-1）进行的程度有关：

$$Fe_xO + CO \longrightarrow Fe + CO_2 \tag{8-1}$$

假定浮氏体的间接还原反应能达到平衡，则操作线必经过平衡点 W，那么 W 点的坐标 x_w 和 y_w 由以下方法确定：

$$y_w = 1.05 \tag{8-2}$$

$$x_w = \frac{\varphi(CO + 2CO_2)}{\varphi(CO + CO_2)} = 1 + \frac{\varphi(CO_2)}{\varphi(CO + CO_2)} = 1 + \eta_{CO_2} \tag{8-3}$$

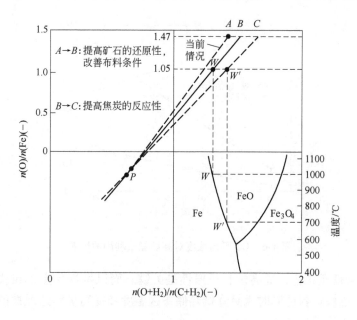

图 8-5 高炉里斯特操作线

铁氧化物间接还原消耗的还原剂量是由 FeO 到 Fe 的间接还原反应决定的，浮氏体还原反应的平衡气相组成受高炉热储备区温度影响，而高炉热储备区温度又由炭素熔损反应温度决定。当炭素熔损反应温度降低时，高炉热储备区温度降低，比如从 1000℃ 降到 700℃，W 点向右移动到 W' 点，则直接还原的开始温度降低，高炉内直接还原区向下移动，直接还原温度区间变宽，从而使煤气在此温度区间提供的物理热增多，作为吸热反应的直接还原便可以得到更多的热量，平衡气相中 O/C 比的值提高，煤气利用率提高，进而可以相应地减少风口前燃烧的炭素量，降低燃料比。

由之前不同种类还原剂还原铁矿的试验可知，与普通冶金焦炭及煤炭相比，生物质焦具有更低的起始反应温度和更高的反应速率。因此，理论上高炉使用具有高反应性的含生物质焦铁矿压块可以降低高炉热储备区温度，降低平衡气相成分中的 CO 分压，并提高反应速率。

为了预测使用含生物质焦铁矿压块的节能潜力，基于某生产高炉的原燃料条件、操作条件及高炉里斯特操作线建立了高炉能量利用模型，根据物料平衡及热平衡计算不同 CO 平衡分压时，高炉燃料比、直接还原度以及煤气利用率的变化。在计算过程中固定焦比为 320kg/t，调整煤比，并假设间接还原反应均能达到平衡，计算的收敛条件为直接还原生成的 CO 和为保证热量需求燃烧碳产生的 CO 之和刚好满足间接还原需要的 CO 量，计算结果如图 8-6 所示。

同时应该看到，燃料比降低的前提是间接还原反应能够达到平衡。根据还原反应动力学，一方面 CO 平衡浓度降低，在还原剂初始浓度不变时，还原的驱动力增大，还原速率增加；但另一方面反应温度降低，气体扩散系数下降，化学反应速率常数下降，又会造成反应速率降低。如果温度的影响大于平衡浓度的影响，会造成间接还原远离平衡，使炉身效率下降，这反而会使直接还原度升高，造成燃料比上升。因此，为实现通过降低平衡时

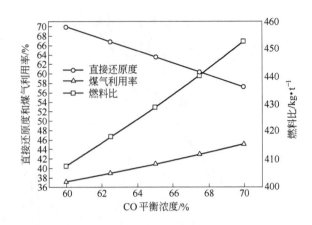

图 8-6 CO 平衡浓度对高炉能量利用的影响

CO 浓度的方法降低燃料比，提高炉料还原性是关键。而以生物质焦粉和铁矿粉为原料的含生物质焦铁矿压块炉料能同时满足降低热储备区温度和提高炉料还原性的要求，高炉使用这种炉料有助于降低燃料比。

由于生物质焦具有高反应性，配加生物质焦的铁矿压块具有良好的还原性，可以降低高炉热储备区温度和 CO 平衡浓度。理论分析及计算表明，与焦比为 320kg/t 相比，高炉使用配加相同量生物质焦的铁矿压块炉料在 700～1000℃ 的温度范围内可以降低 CO 平衡浓度约 3%～5%，降低燃料比 13.83～20.60kg/t。

8.2.3 生物质作为辅助原料在炼铁及相关工艺中的应用

8.2.3.1 生物质用于还原并磁化铁矿

磁化焙烧是目前处理劣质铁矿和难选铁矿资源的有效方法之一，气基或煤基还原焙烧法是铁矿石的磁化焙烧技术中比较成熟的工艺，其中利用生物质还原并磁化铁矿具有较大的优势。

澳大利亚的 Vladimir Strezov 对松木锯末还原纽曼铁矿进行了实验研究，并进行了相应的动力学分析[15]。结果表明，纽曼铁矿中加入质量分数为 10% 的锯末，便可将赤铁矿（Fe_2O_3）完全还原成磁铁矿（Fe_3O_4），并将部分磁铁矿还原成浮氏体（FeO）；加入质量分数为 30% 的锯末，便足以将纽曼铁矿还原成金属铁，还原反应开始于 670℃，至 1200℃ 几乎反应完全。因此，生物质在铁矿预还原和直接还原炼铁方面具有很大的开发潜力。

国内的汪永斌等人[16]对生物质还原磁化褐铁矿进行了实验研究，发现与用褐煤还原磁化褐铁矿相比，生物质还原可防止还原过程黏结，还原磁化效果较好，且还原温度可降低 100℃ 以上（降至 650℃ 左右）。徐頔等人[17]对生物质磁化焙烧处理高磷赤铁矿进行了研究，结果表明当生物质（锯木屑）的用量为铁矿的 20% 时，在 650℃ 的条件下焙烧铁矿 40min，再经动态磁选装置（转速为 600r/min）磁选 40min 后，铁矿品位可由原来的 53.02% 提高到 64.05%，同时铁矿的脱磷率达到 65.64%。

8.2.3.2 生物质用于炼焦工艺

作为一种碳源，生物质同样可以替代炼焦过程中的部分煤炭。日本的 Takehiro Matsumura 等人对炼焦过程中配加木质生物质制备冶金焦炭进行了研究，并对所得焦炭的特性进行了分析[18]。结果表明，将生物质在室温条件下压制成小于 10mm 的颗粒后，可以将炼焦原料中生物质的配比增至 1.5%，并可防止焦炭产量的降低；200℃ 压制成型生物质的密度比室温压制的高 60%，说明可以进一步提高焦炉中生物质的配比，并防止焦炭强度的降低；将压制成型的木质生物质与煤混合后制备冶金焦炭是可行的。

加拿大的 J. A. MacPhee 等人对利用木炭及煤粉炼焦进行了实验室研究，其中木炭的添加比例分别为 2%、5%、10%，随着木炭配比的增加，所制焦炭的 CSR 降低，CRI 升高，这可能是由于木炭灰分中的 CaO 含量较高导致的。在某个较小的范围内，改变混料组成不会对焦炭的质量产生影响[19]。此外，配加较大粒级的木炭比配加细粒木炭制得的焦炭质量要好。

8.2.3.3 生物质用于烧结工艺

烧结过程中焦粉的燃烧会产生 CO_2、SO_x、NO_x 等污染物，此外，随着焦炭需求量的增加和焦化能力的限制，焦粉的供应问题已不容忽视。利用生物质资源作为铁矿粉烧结的燃料，从而替代部分传统的烧结焦粉，是一种有效的环保手段。Mohammad Zandi 等人通过实验室烧结杯试验，对橄榄残渣、葵花籽壳、杏仁壳、榛子壳、甘蔗渣等食物类生物质原料与铁矿粉的烧结行为进行了研究[20]。其烧结杯试验的燃料中生物质原料与焦粉的配比分别为 25% 和 75%（按碳含量计算），并与全焦粉烧结过程进行了对比。发现配加生物质的烧结过程温度较低，烧结时间略有缩短；烧结过程中排放的 SO_x 大大减少，而 NO_x 的排放无明显变化。澳大利亚联邦科学与工业研究组织（CSIRO）对一系列生物质焦的特性进行了研究并进行了小范围烧结试验，认为利用其中一些生物质焦代替焦粉进行烧结可以生产出质量相当的烧结矿，提高烧结生产率，大幅降低 SO_x 和 NO_x 的排放量[21]。

8.2.4 生物质能辅助炼铁系统

生物质能辅助炼铁（biomass energy auxiliary ironmaking）是在资源、能源及环境危机日益严重的形势下产生的绿色炼铁技术，即利用具有清洁、可再生、碳中性等优势的生物质能作为炼铁工艺中的辅助还原剂和发热剂，以实现炼铁过程的节煤、降焦、减排以及资源的合理利用等效果。所有将生物质能应用于炼铁的技术均可称为生物质能辅助炼铁技术，如图 8-7 所示。

由图 8-7 可以看出，绿色植物在其生长过程中，通过光合作用将大气中的 CO_2 固定成生物质碳源；将这些生物质碳源经过适当的预处理即可得到生物质焦、可燃气等适于工业应用的生物质能；所制得的新型配加生物质焦的含铁炉料在达到一定强度后可以单独或与传统炉料混合后从炉顶加入高炉，而制得的生物质（焦）粉则可以部分或全部代替煤粉，作为辅助燃料通过高炉下部风口喷入以降低焦比；生物质能还可以用于直接还原和熔融还原，从而可以大幅减少传统化石碳源的消耗和污染物的排放；同时，高炉生产消耗碳源后排放到大气中的 CO_2 气体可以再次被绿色植物固定，从而部分实现炼铁过程的闭合碳循环，即碳中性循环。

生物质能之所以能够在炼铁工艺中起到节能减排的作用，主要通过以下三个方式实现：

（1）由于生物质具有碳中性的优势，利用其替代煤炭等化石能源，可以使炼铁过程中

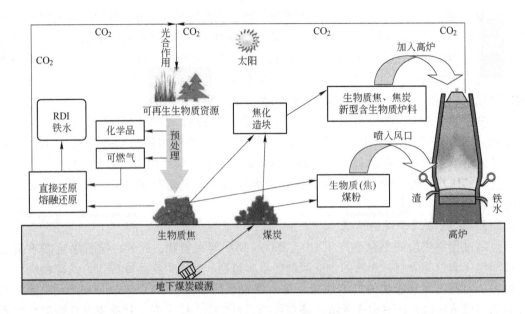

图 8-7   生物质能辅助炼铁系统

消耗的部分碳源具有碳中性,从而改变了炼铁耗碳的性质,即从碳正性不可再生的化石能源转变为碳中性且可再生的生物质能,而这一部分被替代的化石能源所能导致的碳排放转变为可循环的生物质碳排放,这部分碳排放即被认为是由使用生物质能所带来的且是不会增加大气中 CO_2 含量的碳排放。

(2)利用高反应性的生物质焦制备高反应性高炉炉料,可以降低高炉内热储备区的温度,进而可以提高煤气利用率,降低燃料比,从而直接实现炼铁过程的节能减排。

(3)由于生物质能的灰分含量特别低,可以大大降低炼铁的渣量,进而减少炉渣耗热,降低燃料比,提高冶炼效率,实现 CO_2 减排。生物质能辅助炼铁减排 CO_2 的途径如图8-8 所示。

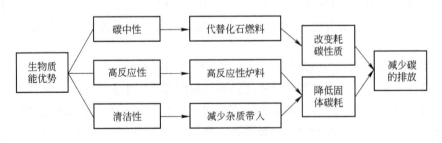

图 8-8   生物质能辅助炼铁减排 CO_2 的途径

因此,生物质能辅助炼铁技术实现节能减排主要是通过替代煤粉或焦炭等化石能源来实现的,即替煤代焦。通过分析得出生物质能在炼铁工艺中主要有以下应用方式:

(1)用于焦炉炼焦。生物质或生物质焦能够代替炼焦配煤中的部分非结焦煤,将其按一定比例与炼焦煤混合后生产高炉焦炭,可以大大降低焦炉炼焦过程的污染。

(2)用于铁矿造块。利用生物质能可以生产新型的含碳球团或压块等炉料,将这些高反应性炉料应用于高炉，可实现高炉低还原剂操作或低碳炼铁。将生物质能用于铁矿石烧结，能代替部分焦粉等高硫燃料，从而可降低烧结过程中 SO_2、NO_x 等污染物的排放。

（3）用于高炉炼铁。生物质或生物质焦可以部分或完全代替高炉喷吹用煤粉而通过高炉风口喷入，这已经在工业生产中得到了实践。某些高强度生物质焦可以与焦炭混合直接加入高炉，从而可以代替部分冶金焦炭。

（4）用于非高炉炼铁。生物质或生物质焦或可代替煤基直接还原工艺和煤基熔融还原工艺中的煤粉，起到发热剂和还原剂的作用，从而可较清洁地生产高质量直接还原铁（DRI）或铁水。

此外，生物质能还可用于铁矿的还原磁化、球团矿的焙烧以及热风炉的加热等。

8.2.5 生物质能辅助炼铁及 CO_2 减排潜力

在炼铁过程中，减排主要通过节能来实现，也就是主要通过降低碳消耗来实现，而在生物质能辅助炼铁时存在着如图 8-9 所示的碳平衡变化。就高炉炼铁而言，焦比和燃料比决定了最终的碳排放量。高炉合理地使用生物质焦，可以大幅降低焦比和燃料比，进而降低输入 C，同时，生物质焦消耗产生的 CO_2 可认为被生物质生长所捕集，进而可以大大降低输出 C。

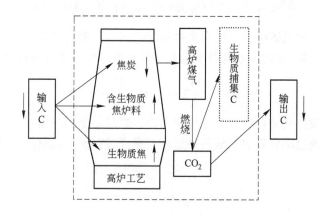

图 8-9 生物质能辅助炼铁的碳平衡

为定量分析生物质能辅助炼铁技术减排 CO_2 的潜力，对生物质能辅助炼铁节能减排的计算式进行推导，容易得出高炉的 CO_2 排放量 $E_{CO_2}(\mathrm{kg/t})$ 与燃料消耗量 $M_f(\mathrm{kg/t})$ 之间存在以下关系式：

$$E_{CO_2} = M_f \tau \tag{8-4}$$

式中，τ 为固体碳燃料的 CO_2 排放系数，即完全燃烧单位质量碳燃料所导致的 CO_2 排放量（kg/kg）。对于纯碳，在其完全燃烧的情况下，τ 的值为 $\tau = \dfrac{M_{CO_2}}{M_C} = \dfrac{44}{12} = \dfrac{11}{3} \approx 3.67 \mathrm{kg/kg}$，然而实际上碳燃料的碳含量和完全燃烧生成 CO_2 的比率均小于 100%，对于碳含量为 $\omega(\%)$ 的燃料，其完全燃烧率为 $\eta(\%)$，则有：

$$E_{CO_2} = M_f \tau_{实} = M_f \tau \omega \eta = \frac{11}{3} M_f \omega \eta \tag{8-5}$$

则在生物质能辅助炼铁过程中，用生物质焦粉代替同质量的煤粉时所带来的减排量可按下式计算：

$$\Delta E_{\text{喷CO}_2} = E_{\text{喷煤CO}_2} - E_{\text{喷生CO}_2} = \frac{11}{3} M_{\text{煤f}} \omega_{\text{煤}} \eta_{\text{煤}} - \frac{11}{3} M_{\text{生f}} \omega_{\text{生}} \eta_{\text{生}}$$

$$= \frac{11}{3} M_{\text{f}} (\omega_{\text{煤}} \eta_{\text{煤}} - \omega_{\text{生}} \eta_{\text{生}}) \tag{8-6}$$

对于煤比为 γ kg/t 的高炉，如果改为喷吹 γ kg/t 的生物质焦，则可直接实现的 CO_2 减排量为：

$$\Delta E_{\text{喷CO}_2} = \frac{11}{3} \gamma (\omega_{\text{煤}} \eta_{\text{煤}} - \omega_{\text{生}} \eta_{\text{生}}) \tag{8-7}$$

由于生物质焦的碳含量和燃烧率均大于煤粉，因此计算出的 ΔE_{CO_2} 值应为负值，也就是说在相同喷吹比的条件下，由于喷吹生物质焦会带入更多的碳，在相同的完全燃烧率情况下，喷吹生物质焦并不能直接减少高炉的碳排放量。但是生物质焦的发热值高于煤粉，可以带入高炉更多的热量，从而可以实现更高的喷吹置换比，降低高炉焦比的幅度势必大于喷煤。假设降低焦比的幅度比喷煤时高 χ kg/t，则有：

$$\Delta E_{\text{喷CO}_2} = \frac{11}{3} \gamma (\omega_{\text{煤}} \eta_{\text{煤}} - \omega_{\text{生}} \eta_{\text{生}}) + \frac{11}{3} \chi \omega_{\text{焦}} \eta_{\text{焦}} \tag{8-8}$$

如果考虑生物质焦的碳中性，假设生物质能喷吹后释放的二氧化碳完全被绿色植物所固定，则有 $E_{\text{喷生CO}_2} = 0$，此时喷吹生物质焦代替煤粉带来的二氧化碳减排量为：

$$\Delta E_{\text{喷CO}_2} = \frac{11}{3} \gamma \omega_{\text{煤}} \eta_{\text{煤}} + \frac{11}{3} \chi \omega_{\text{焦}} \eta_{\text{焦}} \tag{8-9}$$

除了喷吹生物质焦代替煤粉并降低焦比之外，通过前面的分析可知，使用含生物质焦的铁矿压块也可以通过降低高炉热储备区温度而降低燃料比，通过该方式实现的 CO_2 减排量为：

$$\Delta E_{\text{块CO}_2} = \frac{11}{3} \varepsilon \omega_{\text{燃}} \eta_{\text{燃}} \tag{8-10}$$

式中 ε——通过该方式而降低的燃料比，kg/t。

因此，使用生物质能辅助炼铁的总减排量至少为：

$$\Delta E_{\text{总CO}_2} = \Delta E_{\text{喷CO}_2} + \Delta E_{\text{块CO}_2}$$

$$= \frac{11}{3} \gamma \omega_{\text{煤}} \eta_{\text{煤}} + \frac{11}{3} \chi \omega_{\text{焦}} \eta_{\text{焦}} + \frac{11}{3} \varepsilon \omega_{\text{燃}} \eta_{\text{燃}} \tag{8-11}$$

根据前面参照的高炉，取喷吹比为 180kg/t，$\omega_{\text{煤}}$ 仅取 70%，$\eta_{\text{煤}}$ 取 80%，焦比取 350kg/t，由之前的研究可知喷煤改为喷生物质焦置换比提高了 0.115，则可相应地降低焦比 40.25kg/t，故至少可取 χ 为 40kg/t，根据之前的计算至少可取 ε 为 10kg/t，对于 $\omega_{\text{焦}}$ 至少取 80%，$\omega_{\text{燃}}$ 至少可取煤粉的碳含量 70%，$\eta_{\text{焦}}$ 和 $\eta_{\text{燃}}$ 也可取煤粉的完全燃烧率 80%，将以上各数值带入可计算出 $\Delta E_{\text{喷CO}_2}$ 为 463.5kg/t，$\Delta E_{\text{总CO}_2}$ 为 484kg/t。

也就是说，在煤粉喷吹比为 180kg/t 且焦比为 350kg/t 的条件下改为喷吹等量的生物质焦粉，且使用含生物质焦炉料时，生物质能辅助炼铁至少可以实现 CO_2 减排量 484kg/t。

即使不使用含生物质焦压块，仅仅将喷煤改为喷吹等量的生物质焦，即可以实现 460kg/t 以上的 CO_2 减排量。而此时如果不使用生物质能辅助炼铁技术的 CO_2 排放量为：

$$E_{总CO_2} = E_{煤CO_2} + E_{焦CO_2} = \frac{11}{3}\gamma\omega_煤\,\eta_煤 + \frac{11}{3}K\omega_焦\,\eta_焦 \tag{8-12}$$

计算可得此时 CO_2 排放量约为 1191kg/t，故生物质焦辅助炼铁技术至少可以减排 CO_2 约 40.64%，即使仅仅使用生物质焦辅助喷吹技术也可以实现 38.62% 的 CO_2 减排率。固定燃料比为 500kg，则生物质能辅助炼铁的碳减排率 Ω 为：

$$\Omega = \frac{\Delta E_{总CO_2}}{E_{总CO_2}} = \frac{\gamma\omega_煤\,\eta_煤 + \chi\omega_焦\,\eta_焦 + \varepsilon\omega_燃\,\eta_燃}{\gamma\omega_煤\,\eta_煤 + K\omega_焦\,\eta_焦} \quad (\gamma + K = 500) \tag{8-13}$$

根据前面的分析，至少可取 $\eta_焦 = \eta_燃 = \eta_煤 = 80\%$，则

$$\Omega = \frac{\gamma\omega_煤 + \chi\omega_焦 + \varepsilon\omega_燃}{\gamma\omega_煤 + K\omega_焦} = \frac{0.7\gamma + 0.8\chi + 0.7\varepsilon}{0.7\gamma + 0.8K}$$

$$= \frac{0.7\gamma + 0.092K - 7}{0.7\gamma + 0.8K} \quad (\gamma + K = 500) \tag{8-14}$$

如果仅考虑喷吹生物质焦代替煤粉减少煤炭消耗带来的减排效果，则有：

$$\Omega = \frac{\gamma + 0.1314K}{\gamma + 1.1429K} \quad (\gamma + K = 500) \tag{8-15}$$

将式（8-9）绘制成图形可得高炉改为喷吹生物质焦和使用含生物质焦铁矿压块时的 CO_2 减排率 Ω 与喷吹比 γ 和焦比 K 之间的关系，如图 8-10 所示。可以看出，随着喷吹比的增大 CO_2 减排率增大，生物质焦喷吹比为 120kg/t 时即可实现 CO_2 减排率 30% 以上，喷吹比达到 180kg/t 时减排率达到 40% 以上。需要说明的是，该 CO_2 减排率计算过程中取的很多值均是差于一般情况的值，即实际上喷吹生物质焦的 CO_2 减排率应高于该减排率。若考虑到生物质焦的燃烧性好，高炉的生物质焦粉喷吹比可以达到 200kg/t 甚至更高水平，故实际过程中改为喷吹生物质焦粉很容易实现 40% 以上的 CO_2 减排率。此外，使用生物质焦还可以降低高炉渣量，这也可以在一定程度上降低炉渣带走的热量，降低焦比及燃料消耗，进而实现 CO_2 减排。

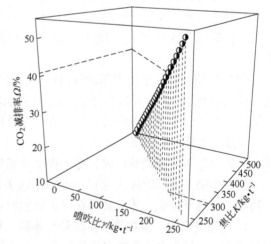

图 8-10　生物质焦的喷吹比、焦比与 CO_2 减排率之间的关系

对于实际高炉炼铁过程，一般可有如下能量和质量平衡关系式：

$$Fe_2O_3 + 3.8C + 1.35O_2 + 4.52N_2 == 2Fe + 1.9CO + 1.9CO_2 + 4.52N_2 \tag{8-16}$$

由式（8-16）可以计算出，理论上高炉每冶炼 1t 铁需要消耗燃料约 500kg，产生碳排

放约 1.49t，每减少 1kg 碳消耗可以减排 CO_2 约 3.67kg。由于高炉内焦炭的料柱骨架作用无法代替，因此必须保证一定的焦炭量，而其他的碳耗均可以用辅助喷吹燃料等方式代替，也就是说理论上完全可以依靠生物质能和必不可少的一部分焦炭进行炼铁，从而不用或少用喷吹煤粉。综合以上计算及分析可知，在正常普通高炉的生产条件下，如果充分利用生物质能辅助进行炼铁，除了可以发挥生物质焦的碳中性优势，还可以降低燃料比、降低渣量，从而可以将目前高炉炼铁工艺的 CO_2 排放量减少 40% 以上。

鉴于炼铁工艺的能源需求和 CO_2 减排的需要，根据以上研究可以发现，利用生物质资源辅助炼铁是一个良好的选择。生物质能并不能完全代替炼铁工艺中的各种能源，尤其是焦炭在高炉内起到的料柱骨架作用。然而，生物质能辅助炼铁与传统的全化石能源炼铁相比，具有巨大的优势。

（1）燃烧性和反应性好。研究表明，生物质（焦）的燃烧性和气化反应性都好于煤炭和焦炭。若将生物质用于高炉喷吹，则生物质在风口回旋区可以迅速反应，从而可以减少未燃碳量或增加喷吹量。若将其与传统焦炭一起直接加入高炉，则在高炉上部生物质即可被消耗掉，不会对高炉的透气性造成影响；若生物质到达高炉下部，则可以代替部分焦炭的熔损反应，从而降低焦比。此外，生物质在高炉内可迅速气化吸热，从而降低高炉热储备区的温度，提高煤气利用率，实现高炉的低还原剂操作。

（2）清洁而且可以再生。生物质资源比传统的煤炭等化石能源清洁，其有害元素的含量较低，可用于生产优质的直接还原铁或高质量的洁净钢铁材料。此外，生物质的灰分和硫含量很低，其使用可以减少高炉的石灰用量，进而可以降低高炉渣量和炼铁成本。若将其用于炼焦工艺，取代部分煤炭，则可以大大降低污染物的排放。生物质资源具有可再生性，只要进行适当规划，通过培育薪炭林及回收农、林等产业的废弃生物质作为炼铁用的能源，合理加以转化利用，则不会出现化石能源的短缺危机，实现真正的可持续循环生产。

（3）环境友好。生物质辅助炼铁可以将废弃的生物质资源作为发热剂和还原剂，在实现资源充分利用的同时还减少了相应的环境污染。鉴于生物质能的碳中性特点，利用生物质辅助炼铁可以部分实现炼铁工艺的碳中性循环，通过减少化石能源消耗而控制大气中的 CO_2 含量。此外，生物质资源比较清洁，N、S 含量比煤炭低，从而可以大大减少传统炼铁工艺的 SO_2 等污染物的排放，更大程度地实现炼铁工艺的环境友好性。

但是生物质能辅助炼铁也有一定的限制条件，制约了其大规模用于生产实际。目前，生物质能应用于炼铁工艺主要存在以下限制因素：

（1）经济因素。生物质能虽然储量丰富，但是集中程度不高，成分差异较大，水分含量普遍较高，体积密度和能量密度较低，可磨性较差。这就需要对各种生物质资源进行采收、集中、分类、干燥，然后进行必要的破碎、压制成型或预处理（炭化等），以获得较适合工业运输、加工和应用的生物质能形式。这些步骤都会增加应用成本，而且目前生物质能工业利用体系不够完善，缺乏稳定的生物质资源加工、处理和供应渠道，这在一定程度上增加了生物质能的应用成本并限制了其广泛应用。

（2）环境因素。生物质能的预处理工序会产生较多的副产物（如对生物质进行炭化生产生物质焦时会产生大量可燃气体、生物油等化学物质），如果不适当处理可能会造成环境污染。如何在保证生物质焦产量和质量的前提下合理采集利用各种副产物，并尽可能地降低污染，仍需进行较多的研究和实践。生物质能的大范围应用可能会给森林等生物质资源带来威胁。

（3）技术因素。有关生物质能辅助炼铁的研究开发不足，技术产业化基础薄弱。

尽管大范围推广利用生物质能作为炼铁工艺的能源尚存在一些限制性因素，但是恰当地利用生物质能将极大促进炼铁过程的节煤降焦、CO_2减排和技术进步。

8.3　生物质焦的基础研究

8.3.1　生物质焦

生物质经热解处理后所得到的固体产物——生物质焦在炼铁过程中具有较大的应用前景。生物质焦可定义为：生物质在一定温度的缺氧环境下热解，脱除大部分挥发分后所得的高碳固体残余物[22,23]。与煤焦类似，生物质焦除含有固定碳外，还含有部分挥发分和较少的灰分等物质。热解条件（热解温度、升温速率和保温时间等）直接影响生物质焦的产率、成分组成及特性。一般情况下，随生物质热解温度的提高和保温时间的延长，生物质焦的产率降低，挥发分含量减少，反应性增高。木炭是一种最常见的典型生物质焦，全球年产量约为4000万吨。干燥木材的理论木炭产量为50%～80%，然而现代工业生产的实际木炭产量仅为25%～37%，甚至低于20%，但其生产周期却长达一周。因此，若将生物质焦广泛应用于炼铁工业，开发适宜的生物质焦生产技术及提高生物质焦产率十分重要。

生物质中的纤维素导致了其较差的可磨性，而经过热解炭化处理后（300℃以上），纤维素会被分解掉。生物质转变为生物质焦之后，其可磨性和能量密度等均得到大幅提高。

研究人员对各种生物质焦的制备及其特性进行了比较广泛的研究，认为生物质焦是一种高碳、高热值、低污染的优质固体燃料，可代替部分化石燃料，这为生物质焦在炼铁过程中的应用奠定了理论基础。

一般而言，与煤等化石燃料相比，生物质焦普遍具有以下优点：

（1）清洁，环保，可再生。与生物质一样，生物质焦也具有可再生、碳中性、硫含量低、氮含量低等特点，这有助于缓解化石能源消耗危机，有利于减少CO_2、SO_2和NO_x的排放。

（2）杂质少，成分纯净。生物质焦一般碳含量较高，灰分含量很低，氮、硫、钾、钠等杂质元素含量很少，即成分纯净度较高。

（3）物理、化学性质好。生物质焦一般是多孔结构，其孔隙率、孔容积及比表面积都较高，图8-11（a）和图8-11（b）分别为利用松木制得生物质焦破碎前的侧面和截面SEM照片，由图中可以看出生物质焦的微观结构特性。生物质焦的燃烧性、反应性等特性明显好于煤炭。

8.3.2　生物质焦的气化反应性及其影响因素

传统炼铁工艺属于碳冶金，即利用碳作为主要的还原剂和发热剂，将铁矿石在一定条件下还原成金属铁。生物质能属于碳基能源的一种，为将生物质能作为一种还原剂应用于炼铁工艺，需对生物质能的特性进行研究，尤其是对比生物质能与煤炭、焦炭等碳基能源

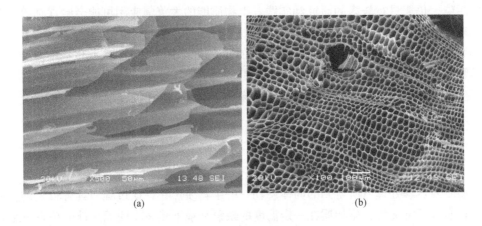

图 8-11　典型生物质焦的微观孔隙结构

的气化反应性，确定生物质能与传统碳基能源的相似之处与独特之处，以及对利用生物质能进行炼铁的优势进行分析，为下一步的利用生物质能代替煤粉或焦炭还原铁矿的试验提供理论依据。

8.3.2.1　不同还原剂的气化反应性

生物质焦粉是在实验室条件下，将生物质原料（废木料）在 500℃ 的氮气气氛中炭化 30min 后冷却，经破碎、筛分后得到。表 8-2 为各种还原剂成分表。

表 8-2　各种还原剂的成分（ad）　　　　　　　　（%）

试样	工业分析				元素分析				
	M	A	V	FC	C	H	O	N	S
生物质	4.98	0.45	78.18	16.39	48.04	5.6	39.77	0.37	0.06
生物质焦	1.40	0.94	16.63	81.03	85.15	3.03	9.28	0.25	0.05
无烟煤	2.55	11.52	8.26	77.67	79.21	2.52	2.64	0.94	0.62
焦粉	0.18	16.75	2.24	80.83	81.94	0.48	0.31	0.44	0.90

各种还原剂的扫描电镜照片如图 8-12 所示，可以看出，生物质焦粉大多呈板片状结构或疏松多孔结构，无烟煤粉和焦粉则呈密实的可近似看作球体或矩形的颗粒状结构，因

图 8-12　生物质焦粉（a）、无烟煤粉（b）和焦粉（c）的 SEM 照片

此，直观上便可以看出生物质焦具有更高的孔隙率和更好的反应条件。

表8-3为试样的粒度分布测试结果，其中 X_{10}、X_{50}、X_{90} 分别表示累积分布为10%、50%、90%时的对应粒径，为试样粒度分布的重要参数，即所谓的小粒径、中粒径、大粒径；SA 为试样的比表面积；RR-N 与 RR-B 分别表示 Rosia-Rammber 分布双对数坐标直线的斜率和截距，RR-N 值大则粒度分布窄，值小则粒度分布宽；RR-B 值大则粒度小，值小则粒度大。图8-13为生物质焦和烟煤的粒度累积分布曲线和频度分布直方图。

表8-3　试样的粒度分布参数

试　样	$X_{10}/\mu m$	$X_{50}/\mu m$	$X_{90}/\mu m$	RR-N	RR-B	$SA/m^2 \cdot g^{-1}$
生物质焦粉	2.986	7.482	16.685	1.9970	0.01123	1.596
煤　粉	3.199	12.367	31.495	1.5999	0.00956	0.548
焦　粉	3.992	14.893	32.254	1.5468	0.00899	0.498

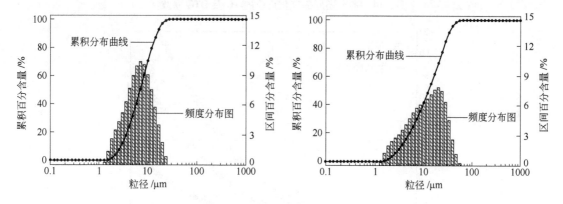

图8-13　生物质焦粉及煤粉的粒度分布

由表8-3及图8-13可以看出，生物质焦粉的大粒径最小，仅为16.685μm，小粒径与煤粉接近，中粒径小于煤粉；生物质焦粉的粒度分布最窄，粒度最小；生物质焦粉的比表面积约是煤粉的3倍。也就是说，在同样的制备条件下，生物质焦粉的粒度分布最窄，粒度最小，比表面积最大，因此生物质焦的可磨性最好，最容易将其磨至较小的粒度并获得较高的反应性能。

各种还原剂与 CO_2 反应的 TG、DTG 曲线如图8-14所示。

由图8-14可以看出，生物质焦粉的反应性要好于无烟煤粉，而无烟煤粉的反应性好于焦粉。各种还原剂与 CO_2 反应的速率差别较大，从气化反应速率角度来看，生物质焦粉反应最快，其次是无烟煤粉，焦粉反应最慢。

图8-15为各种还原剂与 CO_2 反应的碳转化率（α）曲线，可以看出，在相同的温度条件下，生物质焦粉气化反应的碳转化率高于无烟煤粉，而焦粉的碳转化率低于无烟煤粉。

综合以上分析可知，与无烟煤粉和焦粉相比，生物质焦粉的气化反应性好于无烟煤粉，无烟煤粉的反应性好于焦粉。

8.3.2.2　生物质焦的气化反应性影响因素

A　粒度对气化反应性的影响

不同粒度生物质焦气化反应性试验的 TG 及 DTG 曲线如图8-16所示。

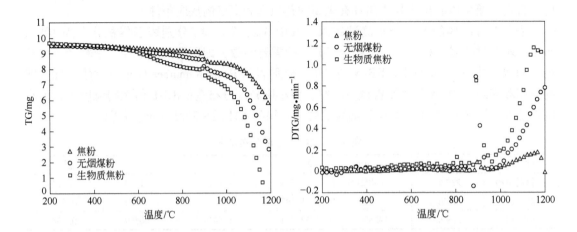

图 8-14　各种还原剂气化反应的 TG 及 DTG 曲线

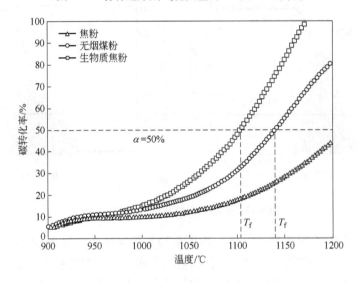

图 8-15　各种还原剂与 CO_2 反应的碳转化率

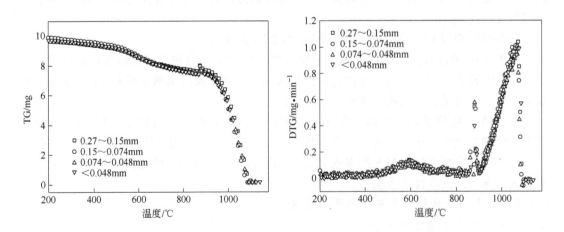

图 8-16　不同粒度生物质焦气化反应性试验 TG 及 DTG 曲线

从图8-16可以看出粒度变化对生物质焦最大气化速率的影响基本可以忽略。

图8-17为不同粒度生物质焦气化反应试验的碳转化率曲线。试验结果表明，粒度变化对生物质焦粉气化反应碳转化率的影响很小，且规律不够明显。

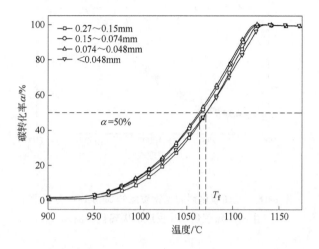

图8-17 不同粒度生物质焦气化反应性试验碳转化率曲线

B 催化剂对气化反应性的影响

图8-18和图8-19为添加了各种金属氧化物催化剂的生物质焦的气化反应性试验结果。由图得出金属氧化物可以促进生物质焦的气化反应，其中添加$1\% MnO_2$可以提高生物质焦气化反应的最大反应速率约53%，提高平均反应速率约11%，并减少气化反应时间约10%。而添加$1\% MgO$和$1\% CaO$对生物质焦气化反应速率的促进作用较小。

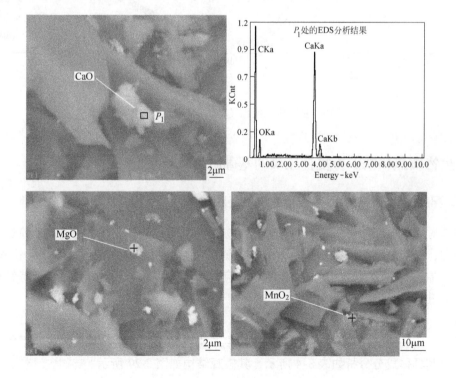

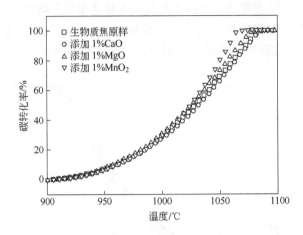

图 8-18   配加催化剂的生物质焦的 SEM-EDS 分析及
生物质焦催化气化反应的碳转化率曲线

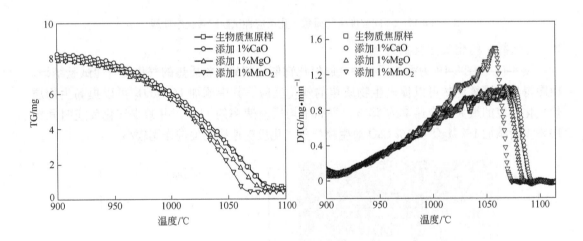

图 8-19   生物质焦催化气化反应的 TG 及 DTG 曲线

8.4   生物质焦和铁矿粉复合压块的基础研究

8.4.1   配加生物质焦粉的铁矿粉混合物的还原规律

本节对粉状的配加生物质焦的铁矿混合物（以下简称 BC-O 粉）的直接还原过程进行试验研究，并与分别配加煤粉和焦粉的粉状铁矿混合物（以下分别简称 AC-O 粉和 CE-O 粉）的还原过程进行对比，对于将生物质焦应用于直接还原工艺以替代煤粉及炼铁技术进步具有促进意义。

8.4.1.1   试验原料及准备

试验所用的铁矿粉为取自某钢铁厂烧结生产所用的赤铁矿粉和某种磁选所得的磁铁矿精矿粉，其具体成分分析如表 8-4 所示，其微观结构如图 8-20 所示。

表8-4 试验所用铁矿粉的成分分析（质量分数） （%）

类　别	TFe	FeO	CaO	SiO$_2$	Al$_2$O$_3$	MgO	S	P
赤铁矿	62.02	0.33	0.052	3.79	2.08	0.066	0.005	0.022
磁铁矿	65.44	24.5	1.18	4.65	0.94	1.21	0.099	0.021

（a） （b）

图8-20　赤铁矿粉（a）和磁铁矿粉（b）的 SEM 照片

选定含碳铁矿粉混合料的 C/O 比分别为 1.00、1.15 和 1.30 后混匀；在不同粒度生物质焦粉还原铁矿粉的热重试验中，将生物质焦粉筛分成 0.270～0.150mm、0.150～0.074mm、0.074～0.048mm 和 <0.048mm 四个粒级，并分别与铁矿粉按照 1.15 的 C/O 比进行混匀。

8.4.1.2 生物质焦粉还原赤铁矿粉过程

对赤铁矿粉在 Ar 保护下的单独加热过程进行热重分析，结果如图 8-21(a) 所示。在 314℃ 附近，铁矿粉的 DTG 曲线上有一个明显的失重峰，对应 TG 曲线上在 252～385℃ 的范围内有一次明显的失重过程，同时 DTA 曲线出现一个明显的峰值，在该温度范围内主

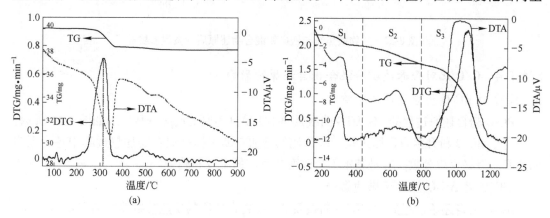

图8-21　赤铁矿粉升温过程的 TG/DTG/DTA 曲线及 BC-O 粉自还原过程的热重曲线

要发生铁矿粉中结晶水的吸热分解。因此，在赤铁矿粉的还原过程中，不可忽略因其自身结晶水析出导致的失重。

图 8-21(b)是生物质焦粉-赤铁矿粉的混合物($x(C)/x(O) = 1.15$)，即 BC-O 粉自还原过程的典型热重曲线。该还原过程分为 3 个阶段：

(1) 结晶水析出段 (S_1)，温度范围为 200~465℃，总失重率为 3.15%。

(2) 挥发分析出和固体碳还原段 (S_2)，温度范围为 465~848℃，总失重率为 5.98%，主要进行生物质焦中挥发分的析出和固体碳还原赤铁矿粉。此时，主要进行固定碳与赤铁矿粉的还原反应，还原产物主要是 Fe_3O_4 等铁的低价氧化物。此外，少量生成的 CO 气体也会参与赤铁矿的还原过程。

(3) 碳气化反应和气体 CO 还原段 (S_3)，温度范围为 848~1200℃，失重率为 25.75%。

8.4.1.3 还原试样的 SEM-EDS 分析

图 8-22 为 BC-O 粉($x(C)/x(O) = 1.15$)加热至 1200℃还原后 SEM 照片，可以明显看出，还原后出现了较多的亮白色的团聚物(图 8-22(a))或颗粒物(图 8-22(b))。对其中一部分进行观察，如图 8-23 所示，EDS 成分分析表明，图中呈不规则薄片状的灰黑色物质主要成分为 C，即为反应结束后残余的生物质焦，呈较规则的球形或颗粒状的亮白色物质为铁矿粉的还原产物，其主要成分为 Fe。

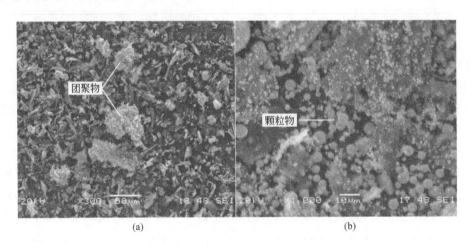

图 8-22   生物质焦粉与铁矿粉混合物还原后的微观形貌

8.4.1.4 C/O 比对含赤铁矿粉混合物自还原的影响

A   C/O 对 BC-O 粉自还原的影响

BC-O 粉自还原过程的 TG/DTG 曲线及 BC-O 粉自还原的反应分数曲线如图 8-24 所示。

对于 BC-O 粉升温自还原过程，C/O 比的增加有助于提高混合物加热过程中各个反应的速率、最终反应分数，但是基本不会改变各反应的温度和趋势。

B   C/O 比对 AC-O 粉自还原的影响

AC-O 粉自还原过程的 TG/DTG 曲线及 AC-O 粉自还原的反应分数曲线如图 8-25 所示。

因此，对于 AC-O 粉升温自还原过程，C/O 比的增加有助于提高气化反应速率、还原

图 8-23 铁矿还原产物与残余的生物质焦

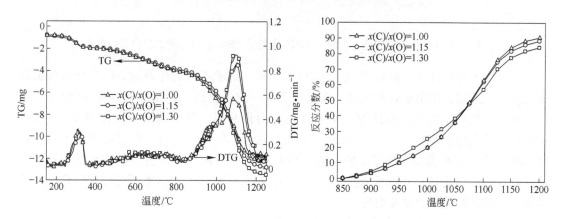

图 8-24 BC-O 粉自还原过程的 TG/DTG 曲线及 BC-O 粉自还原的反应分数曲线

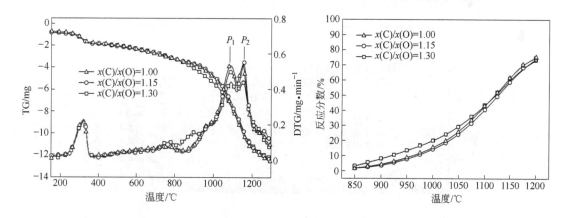

图 8-25 AC-O 粉自还原过程的 TG/DTG 曲线及 AC-O 粉自还原的反应分数曲线

反应速率和最终反应分数,但是对气化反应温度和还原反应温度基本不产生影响。

C C/O 比对 CE-O 粉自还原的影响

对于 CE-O 粉升温自还原过程,C/O 比的增加对于气化反应速率、还原反应速率和最终反应分数无明显影响，对气化反应温度和还原反应温度也无明显影响。

CE-O 粉自还原过程的 TG/DTG 曲线及 CE-O 粉自还原的反应分数曲线如图 8-26 所示。

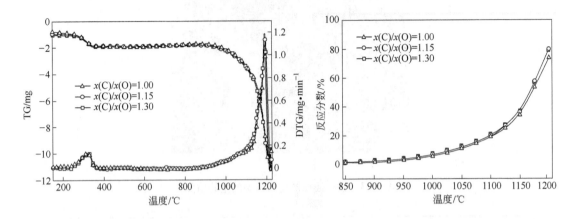

图 8-26   CE-O 粉自还原过程的 TG/DTG 曲线及 CE-O 粉自还原的反应分数曲线

综合以上分析可知，在 C/O 比为 1.0 ~ 1.3 时，对于不同的还原剂，C/O 比的增加对于还原过程的促进作用是有差别的。在其他条件一致的情况下，相对于煤粉和焦粉而言，C/O 比的增加对于生物质焦还原铁矿的促进作用最明显，可提高最大反应速率约 50%，提高最终反应分数 5% 以上；对于煤粉还原铁矿过程，C/O 比的增加可以提高最大反应速率 20% 左右，并略微提高最终反应分数；而 C/O 比的增加对于焦粉还原铁矿过程则没有明显的影响。但是对于试验所用的三种还原剂，C/O 比的增加都基本不会改变气化反应和还原反应的开始温度和结束温度。

D   还原剂种类对含赤铁矿粉混合物还原的影响

图 8-27 是生物质焦粉、无烟煤粉、焦粉与赤铁矿粉的混合物（BC-O 粉、AC-O 粉、

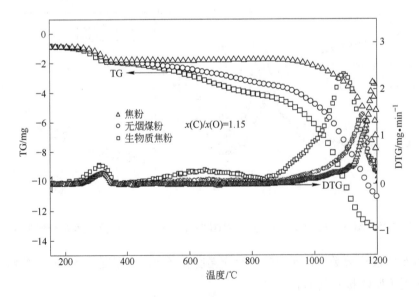

图 8-27   BC-O 粉、AC-O 粉、CE-O 粉自还原的 TG/DTG 曲线（$x(C)/x(O) = 1.15$）

CE-O 粉，C/O 比均为 1.15）分别在惰性气氛中升温自还原的 TG/DTG 曲线。图 8-28 是生物质焦粉、无烟煤粉、焦粉与赤铁矿粉的混合物的反应分数曲线。

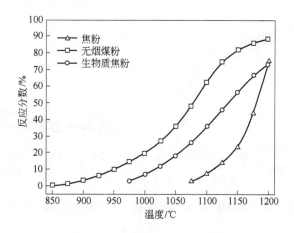

图 8-28 不同还原剂与铁矿粉混合物的反应分数曲线（$x(C)/x(O) = 1.15$）

因此，与无烟煤粉、焦粉相比，生物质焦粉还原铁矿粉可以在较低温度下（100℃以上）迅速进行，且反应速率和最终反应分数均较高。推断其原因是：

（1）生物质焦呈特殊的板片状且结构疏松，其孔隙率和比表面积远高于煤粉和焦粉，自身具备良好的动力学条件。

（2）生物质焦的挥发分含量较高，在其析出过程中可以较好地将热量传递给周围的矿粉，起到预热作用，且挥发分的析出可以进一步形成较多的孔隙并疏松物料，利于之后气化反应的进行和还原气体的扩散。

（3）生物质焦含有一定的矿物质元素，对反应起到催化作用。煤粉还原铁矿粉的反应温度低于焦粉，但是焦粉还原的反应速率更高，这是由于煤粉的挥发分含量高于焦粉，可以在较低温度下反应，而焦粉的气化反应性较低，在 1100℃时的碳转化率还不到 20%，还原气体的积累迟缓，但是在更高的温度和其自身较多矿物质元素催化的条件下，焦粉开始迅速反应。

综合以上分析可知，生物质焦粉还原铁矿具有煤粉和焦粉无法实现的优势，在铁矿还原过程中使用生物质焦粉，可以降低铁矿还原反应的温度，同时加快反应速率，这为生物质焦辅助炼铁提供了有利条件。

E 生物质焦粒度对 BC-O 粉还原过程的影响

在 C/O 比为 1.15 时，0.270 ~ 0.150mm、0.150 ~ 0.074mm、0.074 ~ 0.048mm 和 < 0.048mm 四个粒级的生物质焦粉与铁矿粉混合物的自还原过程的 TG/DTG 曲线如图 8-29 所示。

生物质焦粉粒度的减小基本不改变气化反应和还原反应的温度，但是可以一定程度上增大气化反应和还原反应的速率。在生物质焦粉的粒度大于 0.150mm 时，有必要减小其粒度以促进铁矿还原反应，且此时减小粒度可以取得明显的促进效果；但是当粒度小于0.150mm 之后，粒度对于还原过程的影响逐渐减小，进一步减小粒度能耗较大且效果不够明显。总之，将生物质焦粉的粒度控制在 0.15mm 以下时即可以实现较高的铁矿还原速率。

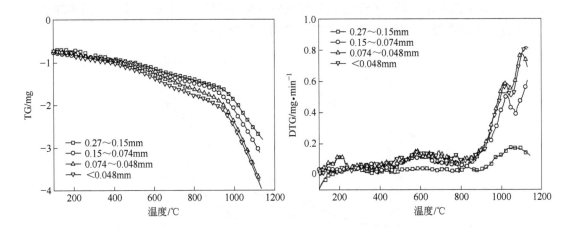

图 8-29   不同粒度生物质焦与铁矿粉混合物的 TG/DTG 曲线$(x(C)/x(O) = 1.15)$

8.4.2   生物质焦粉的铁矿压块的自还原规律

研究配加生物质焦的铁矿压块的还原行为，对于生物质能应用于炼铁工艺具有重要意义。本章还对含无烟煤粉、烟煤粉、焦粉的铁矿压块的自还原过程进行了对比研究，对于深入了解碳基还原过程具有参考意义。

8.4.2.1   试验原料及准备

A   原料

铁矿粉，生物质焦粉（以下用 BC 表示），烟煤（用 C_b 表示），无烟煤（用 C_a 表示）和焦粉（用 C_o 表示）。各种还原剂的成分组成如表 8-5 所示。铁矿粉具体成分分析如表 8-6所示。将各原料分别在 105℃ 条件下干燥后用 200 网目的方孔筛筛分至 0.074mm 以下备用。

表 8-5   各种还原剂的成分组成（ad，质量分数）   （%）

试样	工业分析				元素分析				
	M	A	V	FC	C	H	O	N	S
生物质	4.98	0.45	78.18	16.39	48.04	5.6	39.77	0.37	0.06
BC	1.40	0.94	16.63	81.03	85.15	3.03	9.28	0.25	0.05
C_b	2.14	7.29	34.52	57.52	73.22	4.32	11.81	1.01	0.21
C_a	2.55	11.52	8.26	77.67	79.21	2.52	2.64	0.94	0.62
C_o	0.18	15.75	2.24	81.83	83.94	0.48	0.31	0.44	0.90

表 8-6   试验所用铁矿粉的成分分析（质量分数）   （%）

试样	TFe	FeO	CaO	SiO_2	Al_2O_3	MgO	S	P
H	62.02	0.33	0.052	3.79	2.08	0.066	0.005	0.022
M	65.44	24.5	1.18	4.65	0.94	1.21	0.099	0.021

注：H 代表赤铁矿，M 代表磁铁矿，下同。

B 配料

对于含生物质焦粉的铁矿压块，根据不同的碳氧比（1.0、1.1 和 1.2）计算生物质焦和铁矿粉的质量比。按照配 50g 混合料计算。

对于含其他碳基还原剂的铁矿压块，根据无烟煤、烟煤、焦粉的成分分析，选择还原剂中的固定碳和铁矿粉中的氧含量，按照 C/O 比均为 1.1 的设定条件进行计算和配料，按照配 50g 混合料计算，可以得出各自的质量。

C 压块

对于配加生物质焦的赤铁矿压块，简记为 BC-H，配加生物质焦的磁铁矿压块简记为 BC-M，同理，C_a-H、C_a-M 分别表示配加无烟煤粉的赤铁矿和磁铁矿压块；C_b-H、C_b-M 分别表示配加烟煤的赤铁矿和磁铁矿压块；C_o-H、C_o-M 分别表示配加焦粉的赤铁矿和磁铁矿压块。

8.4.2.2 试验设备及方法

将制备好的含碳压块干燥后置于刚玉坩埚内，并一同放入反应管中，按照约 15℃/min 的升温速率将试样加热至目标温度。在本试验中，自还原温度分别选为 850℃、900℃、950℃、1000℃、1100℃、1200℃等，并根据试验结果随时进行调整。在试样达到设定的还原温度后均保温 5min，之后连同反应管一起取出，在氮气保护下冷却至室温后取出，装入密封袋准备进一步检测。在试验的加热及冷却过程中，从反应管底部通入流量为 5L/min 的保护性氮气，可以实现自还原，并防止还原产物在高温条件下被氧化。

8.4.2.3 含碳压块自还原宏观形貌分析及未还原压块的微观形貌

在未进行加热自还原反应之前，配加各和还原剂的含碳压块的宏观形貌基本一致，均呈表面黑色致密的圆柱状，如图 8-30(a) 所示。在 1100℃还原之后 BC-M 由内到外出现大

(a)　　　　　　　　(b)

(c)　　　　　　　　(d)

图 8-30　不同铁矿压块自还原前后的宏观形貌

量裂纹，已基本看不出原来的形状，结构变得松散易碎，内部呈絮状，如图 8-30（b）所示。C_a-M 在还原之后表面仅出现少量裂纹，形状基本完好，结构较还原之前变得致密坚硬，如图 8-30（c）所示。C_o-M 在还原之后宏观形貌基本未发生明显变化，仅表面变得稍微粗糙，颗粒间空隙稍微变大，但强度比还原之前大大提高，如图 8-30（d）所示。

由图 8-30 可知，生物质焦粉由于气化反应性非常高，还原反应过程中大量气体会迅速产生并扩散，产生较大的应力，致使压块碎裂；无烟煤粉还原基本不会破坏压块原始结构；焦粉在试验条件下无法完全反应，压块仍保持原貌。

图 8-31 为未还原 BC-M 压块及未还原 C_a-M 压块剖面形貌的背散射电子照片，图中灰黑色较暗的物质应为生物质焦颗粒；图中白色的物质应为未还原的磁铁矿粉颗粒。

图 8-31 未还原的 BC-M 压块及未还原的 C_a-M 压块的剖面形貌

8.4.2.4 含碳生物质焦粉铁矿压块自还原过程

在本节的研究中，选用碳氧比为 1.1 的含生物质焦粉铁矿压块（BC-M 压块）。自还原温度分别选为 850℃、900℃、950℃、1000℃、1050℃，保温时间均为 5min，而后将 BC-M 压块冷却取出进行扫描电子显微镜及 XRD 分析。

（1）自还原温度为 850℃ 的压块。BC-M 压块 850℃ 还原后的 SEM 照片及 XRD 图谱如图 8-32 所示。

（2）自还原温度为 900℃ 的压块。BC-M 压块 900℃ 还原后的 SEM 照片及 XRD 图谱如图 8-33 所示。

（3）自还原温度为 950℃ 的压块。BC-M 压块 950℃ 还原后的 SEM 照片及 XRD 图谱如图 8-34 所示。

（4）自还原温度为 1000℃ 的压块。BC-M 压块 1000℃ 还原后的 SEM 照片及 XRD 图谱如图 8-35 所示。

（5）自还原温度为 1050℃ 的压块。BC-M 压块 1050℃ 还原后的 SEM 照片及 XRD 图谱如图 8-36 所示。

（6）其他温度时的还原。BC-M 压块 880℃ 还原后的 XRD 图谱如图 8-37 所示。

综上可知，碳氧比为 1.1 时，在 850~900℃ 范围内，生物质焦便开始将磁铁矿还原成

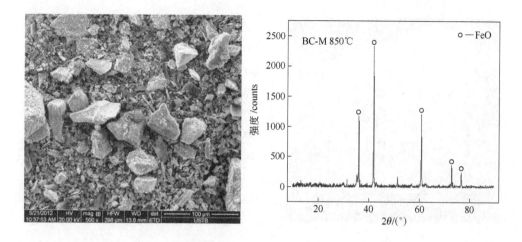

图 8-32　BC-M 压块 850℃还原后的 SEM 照片及 XRD 图谱

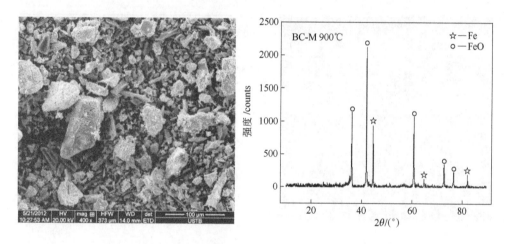

图 8-33　BC-M 压块 900℃还原后的 SEM 照片及 XRD 图谱

图 8-34　BC-M 压块 950℃还原后的 SEM 照片及 XRD 图谱

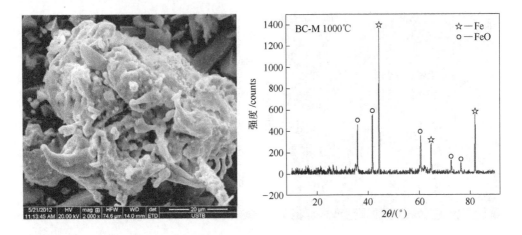

图 8-35　BC-M 压块 1000℃还原后的 SEM 照片及 XRD 图谱

图 8-36　BC-M 压块 1050℃还原后的 SEM 照片及 XRD 图谱

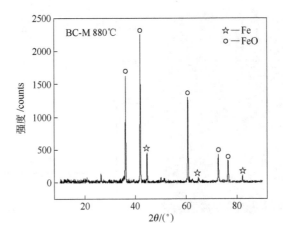

图 8-37　BC-M 压块 880℃还原后的 XRD 图谱

金属铁，在1000~1050℃范围内即可将磁铁矿完全还原成金属铁。为了进一步缩小及确定生物质焦粉将磁铁矿还原出金属铁的温度范围，进行了880℃下BC-M压块还原5min的试验，并对还原后的压块进行XRD分析，结果如图8-37所示，可以看出其中以FeO的衍射峰为主，但是也出现了微弱的金属铁的衍射峰，即此时已有少量的金属铁开始被还原出来。

（7）小结。通过不同温度条件下的BC-M压块（碳氧比为1.1的情况下）的自还原试验，以及对压块进行SEM-BSE-EDS和XRD分析得出：

在850℃还原5min时，磁铁矿即已被完全还原成浮氏体；从880℃左右磁铁矿便开始被还原成金属铁；至900℃时，开始出现熔融、聚集、流动的金属铁，随着温度的升高，还原程度逐渐增大，浮氏体的含量逐渐减少，还原出来的金属铁量逐渐增多；至1050℃时，浮氏体便完全消失，生物质焦将磁铁矿完全还原成金属铁，开始出现明显的渣相；至1200℃时，还原出的金属铁聚集、流动并大片连接，渣铁界限明显，分离程度比较好，整个过程如图8-38所示。

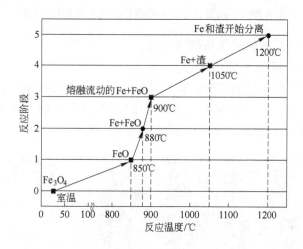

图8-38　BC-M压块($x(C)/x(O)=1.1$)自还原规律

因此，如果将生物质焦应用于直接还原炼铁工艺，则只需要将含铁物料加热至1050℃恒温5min既可以反应完全，并获得比较纯净的直接还原铁。

8.4.2.5　碳氧比及温度对BC-M压块自还原的影响

图8-39是碳氧比分别为1.0、1.1、1.2的BC-M压块在900℃时还原5min之后的XRD分析结果。

由图8-39可以推断出，随着碳氧比的增加，生物质焦还原铁矿的程度有所增加。

为了探究不同碳氧比对反应分数的影响，对900℃还原条件下三组不同碳氧比的生物质焦和磁铁矿的反应分数进行了计算，可以得出随着压块中碳氧比的增加，反应分数也在变大。

对还原温度不同的生物质焦和磁铁矿压块的反应分数进行了计算，可以得出反应温度对含碳球团还原反应的影响是十分显著的，随着温度的升高，反应分数呈增加的趋势。

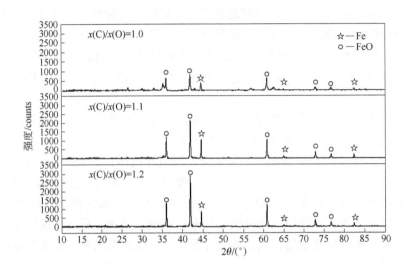

图 8-39　不同碳氧比的生物质焦还原产物 XRD 图谱

8.4.2.6　含其他还原剂磁铁矿压块的自还原

A　含无烟煤粉磁铁矿压块的自还原

选用碳氧比为 1.1 的含无烟煤粉磁铁矿压块（C_a-M）进行自还原试验，并按照之前的方法对试样进行检测和分析。C_a-M 压块 850℃和 950℃还原后的 BSE 照片如图 8-40 和图 8-41 所示，C_a-M 压块自还原后的 XRD 图谱如图 8-42 所示。

图 8-40　C_a-M 压块 850℃还原后的 BSE 照片

综合以上分析可以得出，在 C_a-M 压块的自还原过程中，在 850℃时，铁元素的存在形式是 Fe_3O_4 和 FeO，没有金属铁的生成；900℃时 Fe_3O_4 进一步向 FeO 转化，此时没有出现单质铁的衍射峰；950℃时出现金属铁的衍射峰，表明此时已经开始还原出金属铁；至 1050℃时，压块中的铁氧化物基本还原完全。因此，在此试验条件下，无烟煤粉开始将磁铁矿还原出金属铁的温度范围为 900～950℃。

图 8-41　C_a-M 压块 950℃还原后的 BSE 照片

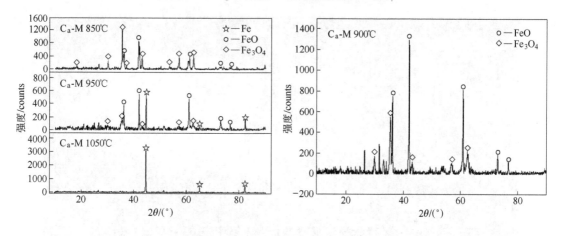

图 8-42　C_a-M 压块自还原后的 XRD 图谱

B　含烟煤磁铁矿压块的自还原

选用碳氧比为 1.1 的含烟煤磁铁矿压块（C_b-M）进行自还原试验，并按照之前的方法对试样进行检测和分析。C_b-M 压块 850℃和 950℃还原后的 BSE 照片如图 8-43 和图 8-44 所示，C_b-M 压块自还原后的 XRD 图谱如图 8-45 所示。

综上可知，在配加烟煤的磁铁矿压块的自还原过程中，在 850℃时铁元素从 Fe_3O_4 向 FeO 形式大量转变，至 880℃时磁铁矿全部被还原成浮氏体，在 900～950℃范围内，浮氏体开始被烟煤进一步还原出金属铁，至 1050℃铁氧化物全部被烟煤还原成金属铁。

C　含焦粉磁铁矿压块的自还原

同样选用碳氧比为 1.1 的含焦粉磁铁矿压块（C_o-M）进行不同温度条件下的自还原试验，并按照之前的方法对试样进行检测和分析。C_o-M 压块 850℃和 950℃还原后的 BSE 照片如图 8-46 和图 8-47 所示，C_o-M 压块自还原后的 XRD 图谱如图 8-48 所示。因此，在配加焦粉的磁铁矿压块的自还原过程中，在 850℃时还原反应尚未开始，至 950℃时初级还

图 8-43 C_b-M 压块 850℃还原后的 BSE 照片

图 8-44 C_b-M 压块 950℃还原后的 BSE 照片

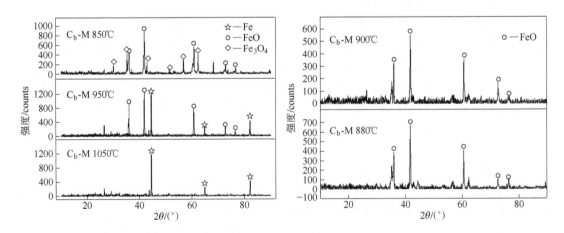

图 8-45 C_b-M 压块自还原后的 XRD 图谱

图 8-46　C_o-M 压块 850℃ 还原后的 BSE 照片

图 8-47　C_o-M 压块 950℃ 还原后的 BSE 照片

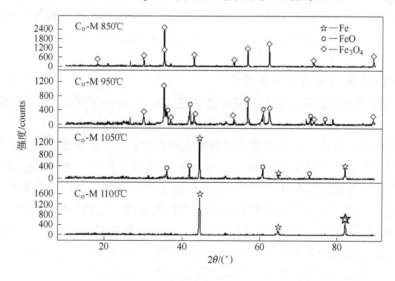

图 8-48　C_o-M 压块自还原后的 XRD 图谱

原反应才逐渐进行，Fe_3O_4 向 FeO 转变，至 1050℃ 左右时金属铁开始逐渐被还原出来，至 1100℃ 还原反应才可以进行的比较彻底，据此推断焦粉将磁铁矿还原成金属铁的起始温度大致在 1000℃，而后生成金属铁的还原反应才迅速发展。

8.4.2.7 还原剂种类对含碳压块自还原的影响

A 温度为 950℃ 时的含碳压块自还原

图 8-49 为配加不同碳基还原剂的铁矿压块在 950℃ 条件下还原 5min 后的 XRD 分析结果。

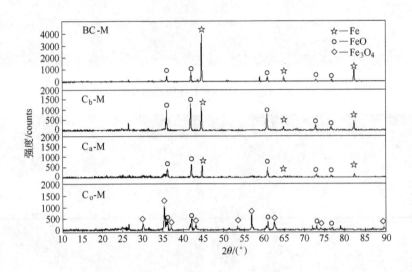

图 8-49 不同还原剂 950℃ 还原产物的 XRD 图谱

根据以上四种还原剂还原磁铁矿的结果分析，从相同温度等还原条件下产生的金属铁量的角度考虑，各种碳基还原剂的还原性由高到低的顺序依次为：生物质焦＞烟煤＞无烟煤＞焦粉。利用化学分析的方法对生物质焦、烟煤、无烟煤、焦粉分别与磁铁矿的还原产物进行金属铁含量分析，表明生物质焦在该温度时还原磁铁矿的能力明显优于烟煤和无烟煤。

B 温度为 1050℃ 时的含碳压块自还原

图 8-50 为配加不同碳基还原剂的铁矿压块在 1050℃ 条件下还原 5min 后的 XRD 分析结果。

由以上分析可以得出，各种碳基还原剂还原铁矿的能力由高到低依次为：生物质焦＞烟煤＞无烟煤＞焦粉。在碳氧比为 1.1 还原 5min 的试验条件下，对于将磁铁矿完全还原成浮氏体的温度，生物质焦在 850℃ 以下，无烟煤在 900~950℃，烟煤在 850~900℃，焦粉在 1000℃ 左右；对于开始将磁铁矿还原出金属铁的温度，生物质焦大致为 880℃，而烟煤和无烟煤为 900~950℃，焦粉在 1000℃ 左右；对于将磁铁矿完全还原成金属铁的温度，生物质焦和煤粉的温度均为 1050℃，焦粉需要 1100℃，如表 8-7 所示。因此，生物质焦粉还原磁铁矿所需的温度最低，其还原所需的温度整体上大致比煤粉低 20~100℃，比焦粉低 120℃ 以上。

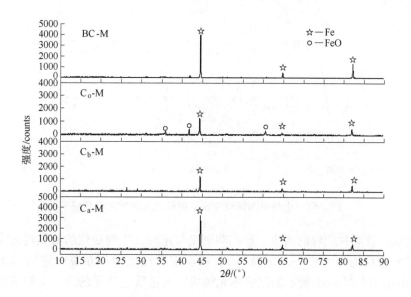

图 8-50 不同还原剂 1050℃ 还原产物的 XRD 谱

表 8-7 配加不同还原剂的磁铁矿压块自还原过程对比 （℃）

过程及阶段	生物质焦	烟 煤	无烟煤	焦 粉
开始还原出 FeO	≪850	<850	<900	<950
完全还原成 FeO	<850	<880	>950	>1000
开始出现金属 Fe	<880	900~950	900~950	>1000
完全还原成金属 Fe	<1050	<1050	<1050	1050~1100

8.4.3 含生物质焦粉的铁矿粉压块的自还原动力学

为深入研究含生物质焦铁矿压块的自还原过程，本节对其控速阶段及动力学等相关内容进行了分析。

8.4.3.1 BC-M 压块自还原过程及假设

根据前一节的研究，认为含生物质焦铁矿压块的自还原过程主要分为两个阶段，即以缓慢进行的固-固反应为主导的初级阶段和之后以迅速发展的气-固反应为主导的关键阶段。本节在研究 BC-M 压块自还原动力学时，只考虑气-固反应阶段。

因此，对于含生物质焦铁矿压块的自还原，按反应的不同可以将其分成两个主要部分，一是固体片状生物质焦的气化反应，二是铁氧化物的间接还原反应，这两部分均属于气-固反应。这样，两种固体反应物之间的反应便通过气相中间产物 CO 和 CO_2 的反应来实现。BC-M 压块内生物质焦颗粒和铁矿颗粒的相互作用过程及气体浓度曲线如图 8-51 所示，图中 r_0、r_h、R_b 分别为矿粉颗粒的初始半径、未反应核的半径及表面气体边界层的半径，C_{COb}、C_{COO}、C_{COh} 分别为距离矿粉颗粒中心 r_0、r_h、R_b 处界面的 CO 浓度。

BC-M 压块自还原动力学的研究基于以下假设：

（1）由于生物质焦粉和铁矿粉均匀混合，假设混合物由大量片状的生物质焦和球形的

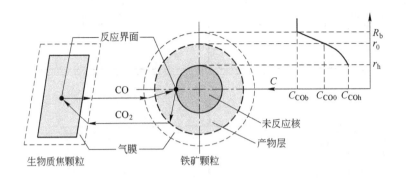

图 8-51   生物质焦颗粒与铁矿颗粒之间的作用示意图

铁矿颗粒组成，且同种颗粒的大小、形态和密度都相同（生物质焦的微粒均为大小一致的片状，铁矿的微粒均为大小一致的球体），各反应颗粒之间存在着一定的间隙。即假设 BC-M 压块由很多个图 8-51 所示的反应单元构成，大量反应单元的总反应构成压块的自还原过程。

（2）反应过程在等温条件下进行。还原过程中不存在生成浮氏体的逐级还原反应，认为磁铁矿直接被还原成金属铁。

（3）反应过程中将球体的未反应铁矿微粒和片状的生物质焦微粒视为无孔固体，而反应后的铁矿颗粒为多孔固体。本研究中破碎后的生物质焦粉的颗粒直径都在 0.074mm 以下，厚度大致为 0.002mm，且片状的表面及厚度方向均未观察到明显的孔隙结构，如图 8-52 所示。因此，可以将生物质焦微粒视为无孔片状固体。

图 8-52   破碎后生物质焦的无孔片状结构

此外，在以往含煤粉等还原剂的含碳压块自还原过程中，通常认为化学反应是速度最慢的控速环节，而在 BC-M 压块的加热自还原的试验过程中，由于气流速度较快，颗粒之间间隙较大，且铁矿颗粒的产物层孔隙率较高，因此可认为在反应过程中生成的气体能够比较迅速地扩散到相应位置。综上分析，本研究假设在配加生物质焦的铁矿压块自还原过程中，气体扩散过程不属于控速环节，而仍是以气-固化学反应为控速环节。至此，本研究中涉及的需要讨论的气-固反应如下：

$$CO_2(g) + C(s) = 2CO(g) \tag{8-17}$$

$$CO(g) + \frac{1}{4}Fe_3O_4(s) = \frac{3}{4}Fe(s) + CO_2(g) \tag{8-18}$$

8.4.3.2 生物质焦颗粒气化反应分析

在 BC-M 压块的加热自还原过程中，假设以生物质焦颗粒的气化反应为控速环节，以下根据化学反应方程（8-17）对其反应速率进行分析。

若对于非球形颗粒且反应过程中颗粒形状没有变化的，则当化学反应控速时，表面化学反应的进行可以认为是 CO_2 的消失导致的，因此总体速率 V_z 可表示为：

$$V_z = k\left(C_F^n - \frac{C_S^m}{K_e}\right) = k\left(C_F - \frac{C_S^2}{K_e}\right) \tag{8-19}$$

式中　V_z——反应速率（单位时间单位表面积上 CO_2 的物质的量）；

k——非均质速率常数；

K_e——平衡常数；

C_F——生物质焦颗粒表面气态反应物即 CO_2 的浓度；

C_S——生物质焦颗粒表面气态生成物即 CO 的浓度。

由于假设反应速率的控制环节是化学反应，因此传质产生阻力可以忽略不计，则反应界面处的成分浓度和颗粒间隙主气流中的浓度相同。此外，根据 CO_2 的反应速率等于生物质焦的消失速率可以得到：

$$V_z = \rho_C \frac{dr_C}{dt} \tag{8-20}$$

令

$$\xi \equiv \left(\frac{A_P}{F_P V_P}\right) r_e \tag{8-21}$$

式中　A_P——生物质焦颗粒原来的表面积；

V_P——生物质焦颗粒原来的体积；

F_P——形状因子，对于可看作平板、长圆柱和球体的颗粒，F_P 取值分别为 1、2和 3；

r_e——生物质焦颗粒几何中心到表面的距离。

对式（8-20）和式（8-21）进行整理，可得到如下的无因次式：

$$\frac{d\xi}{dt'} = -1 \tag{8-22}$$

其中

$$t' \equiv \frac{k}{\rho_C} \frac{A_P}{F_P V_P}\left(C_F - \frac{C_S^2}{K_e}\right) t \tag{8-23}$$

由初始条件 $t'=0$ 时，$\xi=1$，代入式（8-22）得：当 $t'<1$ 时，$\xi=1-t'$；$t'\geq1$ 时，ξ

=0，则反应总程度为：

$$X_C = 1 - \xi^{F_P} \tag{8-24}$$

进一步将 $\xi = 0$ 的有效解代入式（8-24），则可以得到：

$$t' = \frac{k}{\rho_C} \frac{A_P}{F_P V_P} \left(C_F - \frac{C_S^2}{K_e} \right) t$$

$$= 1 - (1 - X_B)^{\frac{1}{F_P}} \tag{8-25}$$

则完全转化的时间为：

$$t_f = \frac{\rho_C \dfrac{A_P}{F_P V_P}}{k \left(C_F - \dfrac{C_S^2}{K_e} \right)} \tag{8-26}$$

即

$$g_{F_P}(X_C) = \frac{t}{t_f} = 1 - \frac{r_i}{r_0} = 1 - (1 - X_C)^{\frac{1}{F_P}} \tag{8-27}$$

由于考虑了颗粒形状的影响，表达式（8-27）适用于各种形状的颗粒。由于在试验中通常采用失重量来表达反应进程，将式（8-27）转化成无因次量表达式，令 $X_C' = \left(\dfrac{r_i}{r_0} \right)^3$，则有：

$$g_{F_P}(X_C') = \frac{t}{t_f} = 1 - (X_C')^{\frac{1}{F_P}} \tag{8-28}$$

根据式（8-28）可以得到同一种物质在颗粒粒度相同的情况下，不同形状对颗粒的反应进行程度或失重率的影响。X_C' 取值范围为 0～1，其值越大则反应的剩余程度越大，进行的程度越小。对于片状、柱状和球形颗粒，分别以 $\dfrac{t}{t_f}$ 作为横坐标，以 X_C' 作为纵坐标，将结果绘制成曲线，如图 8-53 所示。由图 8-53 可以看出，理论上，在相同的反应时间进度条件下，将反应颗粒形状视为球形时，颗粒的反应程度最大，即反应速率最快；而将颗

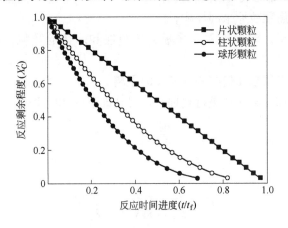

图 8-53　颗粒形状对反应的影响

粒形状视为片状时颗粒的反应程度最小，反应速率最慢。由此可以看出，将反应颗粒控制为球形，会有利于反应的快速进行。

然而，实际上用相同孔径的筛子进行筛分，片状颗粒和球形颗粒之间的体积和表面积仍相差很大，球形颗粒和片状颗粒的当量直径之比通常在 3~15 之间。由扫描电镜分析可以看出，生物质焦粉颗粒可以视为片状结构，而煤粉、焦粉及矿粉颗粒可以视为球形结构。因此，在相同的筛分条件下，反应起始时刻可取：

$$\frac{r_{BC}}{r_{CL}} = \frac{1}{3} \tag{8-29}$$

式中　r_{BC}——片状生物质焦粉颗粒的当量半径；

　　　r_{CL}——球形的煤粉或焦粉颗粒的当量半径。

根据式（8-29）可以得到，对于片状生物质焦颗粒，$F_P = 1$，其反应时间 t_{BC} 可表示为：

$$t_{BC} = \left[1 - (X'_{BC})\right] t_{f_{BC}} \tag{8-30}$$

同样的，对于球形的煤粉等颗粒，$F_P = 3$，其反应时间可表示为：

$$t_{CL} = \left[1 - (X'_{CL})^{\frac{1}{3}}\right] t_{f_{CL}} \tag{8-31}$$

对于在相同条件下反应的生物质焦颗粒及煤粉颗粒，假设两者的 $\frac{\rho_C}{M_C k_r C_b}$ 相同，则根据式（8-31）可得到两者的完全转化时间之间的关系为：

$$\frac{t_{f_{BC}}}{t_{f_{CL}}} = \frac{r_{BC}}{r_{CL}} \tag{8-32}$$

当 $X'_{BC} \neq 1$ 时，联立式（8-29）~式（8-32）可得到生物质焦颗粒及煤粉颗粒反应时间之比值的关系式为：

$$\frac{t_{CL}}{t_{BC}} = \frac{t_{f_{CL}}}{t_{f_{BC}}} \frac{1 - (X'_{CL})^{\frac{1}{3}}}{1 - (X'_{BC})} = 3 \times \frac{1 - (X'_{CL})^{\frac{1}{3}}}{1 - (X'_{BC})} \tag{8-33}$$

在两者的反应进行程度一致时（均为 X'，$0 \leq X' < 1$），则反应所需的时间比为：

$$\frac{t_{CL}}{t_{BC}} = 3 \times \frac{1 - X'^{\frac{1}{3}}}{1 - X'} \tag{8-34}$$

为了便于观察，将式（8-34）作成曲线，如图 8-54 所示。

由图 8-54 可以明显看出，$3 \geq \frac{t_{CL}}{t_{BC}} > 1$。因此，生物质焦颗粒的气化反应速率要高于煤粉，也即其反应性优于煤粉，且越是在反应初期这种差距越明显，这与之前的试验及论述相符合。而正常情况下生物质焦颗粒和煤粉颗粒的当量直径之比在 3~15 之间，由此可以推断出，在反应初期，煤粉达到相同的反应程度所需要的时间最多是生物质焦粉的 3~15 倍，具体的最大倍数取决于两者的当量直径之比。

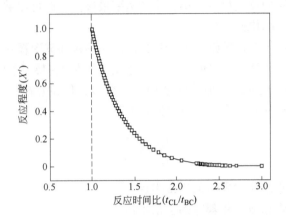

图 8-54　两种颗粒反应时间比与反应程度之间的关系

8.4.3.3　铁矿微粒对生物质焦颗粒气化的作用

在 BC-M 压块中，生物质焦颗粒由于气化反应及还原出的金属铁渗碳而被逐渐消耗，生物质焦颗粒粒度会逐渐变小，厚度逐渐变薄，表面逐渐粗糙。对还原后压块中的残余生物质焦颗粒进行 BSE-SEM-EDS 分析，发现在达到一定的还原温度之后，大部分残余生物质焦颗粒的表面局部出现较多的坑状破损或穿透状的孔洞，且有较多亮白色颗粒物附着在坑状破损内或散落于孔洞周围，经 EDS 分析可知，微小的白色颗粒物主要为还原出来的金属铁颗粒，如图 8-55 所示。

图 8-55　残余生物质焦颗粒表面的破损

对生物质焦颗粒的表面仔细观察，发现其表面十分粗糙，散布着深浅不同的凹陷和坑洞，且孔洞及凹陷处均聚集、附着或镶嵌着大量的微米级金属铁颗粒，如图 8-56 所示。这与未反应的生物质焦颗粒的光滑表面相比变化十分明显。为了确认金属铁颗粒是镶嵌在生物质焦表面上的，进一步放大图 8-56(b)中生物质焦表面的局部区域 1 和区域 2，如图 8-57(a)和(b)所示。

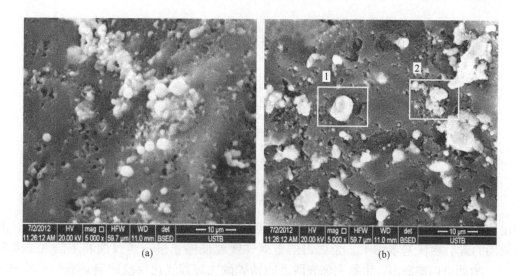

图 8-56 残余生物质焦颗粒表面的孔洞、凹陷及铁粒

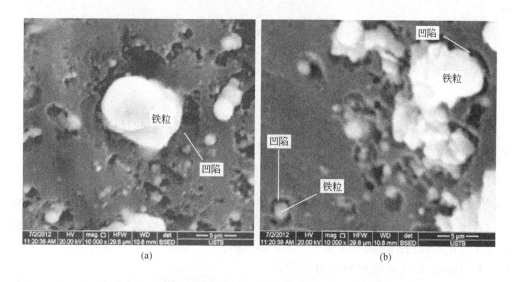

图 8-57 镶嵌在生物质焦颗粒表面的铁粒及周围的凹陷

由图 8-57 可以看出，金属铁颗粒嵌在生物质焦的表面，且部分渗入表面。沿着金属铁颗粒的周围，有一圈或一片明显的颜色较暗的凹陷，很容易判断出这是由于金属铁颗粒周围的生物质焦反应得比别处多而导致的。

因此，进一步推断，生物质焦表面的凹陷及孔洞出现的原因及过程大致如图 8-58 所示。反应开始前先有一部分铁矿粉微粒（Fe_3O_4）附着在生物质焦（BC）的表面或是与生物质焦表面直接紧密接触（图 8-58(a)），随着气-固反应的进行，铁矿粉颗粒作为携带氧原子的还原反应的核心，对周围与之紧密相接触的生物质焦的气化反应起到了促进作用，致使铁矿粉颗粒接触部位的生物质焦气化反应进行的比较迅速，消耗较多，与别处相比就会逐渐出现凹陷，而铁矿粉颗粒（已被部分还原）由于受重力或压力作用随着自身还原的进行和生物质焦的消耗而逐渐下陷（图 8-58(b)），且铁矿粉颗粒由于氧原子的失去，其体

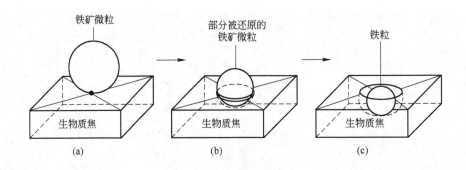

图 8-58　铁矿微粒对生物质焦的影响

积出现一定程度的收缩，直至铁矿粉颗粒被还原完全且还原出的金属铁颗粒渗碳完毕，其对周围的碳消耗便基本结束，还原出的金属铁颗粒便停止进一步收缩和下陷（图 8-58 (c)）。由此可以推断出，生物质焦表面上的铁矿微粒对其气化反应的确具有一定的催化或促进作用，并在其表面形成凹陷坑，而凹陷坑的出现会进一步增大生物质焦的气化反应面积。

实际上，在铁矿微粒与生物质焦的接触界面上会发生以下催化气化反应：

$$Fe_xO_y + C \longrightarrow Fe + CO$$
$$+ \quad \underline{Fe + CO_2 \longrightarrow Fe_xO_y + CO}$$
$$C + CO_2 \longrightarrow CO$$

与之前所研究的 CaO、MgO 等氧化物对生物质焦气化反应催化过程不同的是，铁矿微粒除了作为催化剂之外，其本身还发生着还原反应：

$$Fe_xO_y + CO \longrightarrow Fe + CO_2$$

还原反应的逐渐进行会使得铁矿微粒的催化能力不断降低，当铁矿微粒被还原成金属铁微粒后便失去了催化作用。这也是为何在铁矿微粒被完全还原成金属铁以后，生物质焦表面催化气化导致的凹陷坑不再进一步增大的原因。

8.4.3.4　BC-M 压块自还原的动力学分析

为了获得 BC-M 压块还原过程中的活化能、指前因子及动力学反应机理函数，根据还原过程中压块的失重率，利用非等温失重法进行还原动力学参数的计算。本节选择 BC-M 压块加热到 1200℃的自还原过程进行研究。

利用式（8-35）进行压块还原过程的失重率（x）的计算：

$$x = \frac{m_0 - m_T}{m_0 - m_f} \times 100\% \tag{8-35}$$

式中　m_0——压块的初始质量；

　　　m_T——试验过程中某温度时刻压块的质量；

　　　m_f——试验结束时压块的质量。

计算得到的 BC-M 压块自还原过程的失重率变化如图 8-59 所示。可以看出压块的自还原在900℃之前进行得比较缓慢，从950℃左右（失重率大致为45%）开始，压块的还原

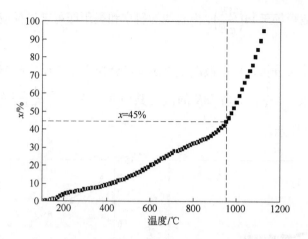

图 8-59 BC-M 压块自还原过程的失重率变化

开始迅速进行，失重率 x 的变化速度基本稳定且明显高于 900℃ 之前 x 的变化速度，在 1150℃ 之前已基本结束，失重率达到最大值。

对于压块的还原动力学，根据有关化学反应速率与温度的 Arrhenius 方程，利用 Coats-Redfern 积分法可以推导出下式：

$$\frac{1-(1-x)^{1-n}}{1-n} = \frac{ART^2}{\varphi E}\left(1-\frac{2RT}{E}\right)e^{-\frac{E}{RT}} \tag{8-36}$$

式中　E——活化能，kJ/mol；

　　　　A——频率因子，s^{-1}；

　　　　φ——升温速率，℃/min；

　　　　R——气体常数，8.314J/(mol·K)；

　　　　T——热力学温度，K；

　　　　x——失重率；

　　　　n——反应级数。

对式（8-36）两边取对数，当 n 取值为 1 时，可推导出：

$$\ln\left[\frac{-\ln(1-x)}{T^2}\right] = \ln\left[\frac{AR}{\varphi E}\left(1-\frac{2RT}{E}\right)\right] - \frac{E}{RT} \tag{8-37}$$

当 n 取值不为 1 时，可推导出：

$$\ln\left[\frac{1-(1-x)^{1-n}}{T^2(1-n)}\right] = \ln\left[\frac{AR}{\varphi E}\left(1-\frac{2RT}{E}\right)\right] - \frac{E}{RT} \tag{8-38}$$

对一般的反应温度及大部分的活化能而言，E 的值远大于 $2RT$，$\ln\left[\frac{AR}{\varphi E}\left(1-\frac{2RT}{E}\right)\right]$ 近似等于 $\ln\left(\frac{AR}{\varphi E}\right)$，为常数。在本研究中，代入升温速率 $\varphi = 15$℃/min，将 $\ln\left[\frac{-\ln(1-x)}{T^2}\right]$ 或者 $\ln\left[\frac{1-(1-x)^{1-n}}{T^2(1-n)}\right]$ 的值对 $\frac{1}{T}$ 作散点图，拟合后可得到一条直线，

其斜率等于 $-\dfrac{E}{R}$，截距等于 $\ln\left(\dfrac{AR}{\varphi E}\right)$，由直线的斜率和截距即可求出反应的活化能 E 和频率因子 A。

根据之前的试验及分析，可以假设压块还原符合相边界未反应收缩核模型，又因为压块为圆柱体，因此取 $n=\dfrac{1}{2}$，计算 $\ln K$ 的值（其中 $K=\dfrac{2[1-(1-x)^{1/2}]}{T^2}$）并将其对 $\dfrac{1}{T}$ 作图，如图 8-60(a) 所示。

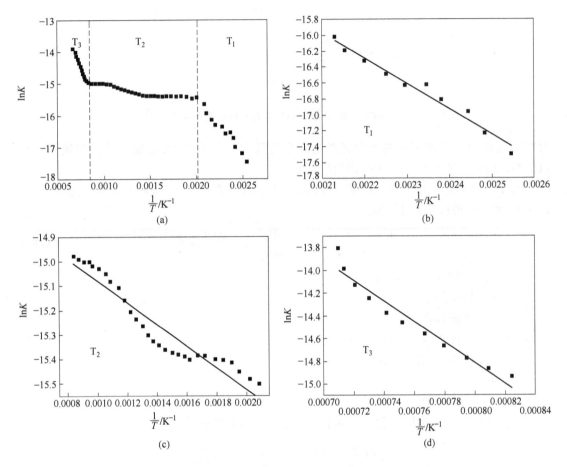

图 8-60　$\ln K$ 与 $\dfrac{1}{T}$ 之间的关系及线性拟合

根据图 8-60(a) 各段斜率的差别，可以大致将整个反应过程分成 3 个温度区间，即 T_1（120~225℃）、T_2（225~910℃）、T_3（910~1200℃），对三个温度区间的动力学参数分别进行计算，线性拟合效果较好，分别如图 8-60(b)、(c) 和（d）所示，结果如表 8-8 所示。因此，可以认为 BC-M 压块的自还原过程符合未反应收缩核模型。

由结果可以看出各个温度区间的活化能和频率因子值相差较大，在 225~910℃ 范围，活化能的值最小，而 910~1200℃ 范围内活化能最大。说明 T_2 温度段内化学反应比较容易进行，可推断出该段内由于铁氧化物微粒的催化作用而使得生物质焦的气化反应活化能降低，气化反应及还原反应比较容易进行；而在温度较高的 T_3 温度段内，由于作为气化反应催化剂的铁氧化物的大量还原，其对气化反应的催化作用逐渐减小，相比于 T_2 温度段该段内气化反应的进行受到一定限制；此外，在 T_3 温度段内铁氧化物逐渐进入由 FeO 到金属铁的最终还原阶段，反应进行的相对困难，这些因素共同导致该温度段的反应活化能较高。

表 8-8　不同温度区间的动力学参数

温度区间/℃	120 ~ 225	225 ~ 910	910 ~ 1200
拟合方程	$y = -9.21686 - 3211.83819x$	$y = -14.63133 - 446.65375x$	$y = -7.55521 - 9074.3461x$
R^2	0.96941	0.90713	0.93998
$-\dfrac{E}{R}$	-3211.83819	-446.65375	-9074.3461
$\ln\left(\dfrac{AR}{\varphi E}\right)$	-9.21686	-14.63133	-7.55521
$E/\text{kJ} \cdot \text{mol}^{-1}$	26.70	3.71	75.44
A/s^{-1}	4.78587	0.00296	71.23612

综上可以推断出，910℃ 以上所发生的化学反应的整体表观活化能为 75.44kJ/mol，是 BC-M 压块自还原过程中的限制性反应环节和关键反应阶段，未反应收缩核模型可以较好地描述该温度范围内 BC-M 压块的自还原反应，如果能够降低该温度段的反应活化能，则对于提高整个还原过程的效率具有重要意义。

8.5　应用生物质能的非高炉炼铁流程

8.5.1　生物质焦应用于直接还原

生物质焦与煤炭相比，具有低硫、低氮、低灰分、高反应性和良好可磨性等优点，是一种优质的燃料和还原剂。将生物质焦应用于转底炉炼铁工艺具有较多优势：可从根本上降低炼铁的煤炭消耗，降低对化石能源的依赖；可大大降低 CO_2、SO_2、NO_x 等污染物的排放，进一步实现绿色清洁生产；可改善工艺热效率及生产效率，提高产品质量。此外，生物质资源成本较低，处理简单，综合利用价值较高。作者课题组提出一种以生物质含碳球团为原料的转底炉炼铁工艺（RHF-B），可以减少煤炭能源消耗、减排 CO_2 并提高产品质量，如图 8-61 所示。

对以生物质含碳球团为原料的转底炉炼铁工艺（RHF-B）的主要工艺过程进行了分析，该工艺主要包括以下步骤：

（1）生物质焦的生产。将空气干燥的生物质（废木料、秸秆、工农业残余物等）装入炭化装置，在 400 ~ 900℃ 条件下无氧炭化 30 ~ 90min，要求脱除大部分挥发分，冷却后得到生物质焦（产率大于 20%，碳含量大于 70%，挥发分含量小于 20%，其余为少量水分和灰分；产率是生物质原料经炭化后获得生物质焦的比率）。炭化过程可由生物质提供能量，排出的热解气体可经处理后作为供热燃料。

（2）生物质含碳球团的制备。将生物质焦破碎、筛分至小于 150μm 后与矿粉按 $x(\text{C})/x(\text{O}) = 1.1 ~ 1.4$ 进行配合，加入合适黏结剂混匀（总水分控制为 6% ~ 8%）并用

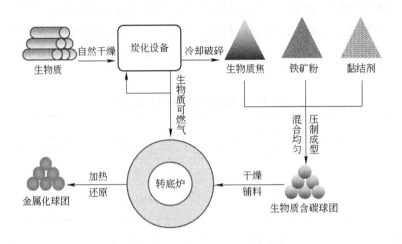

图 8-61　RHF-B 工艺示意图

压球机压制成含碳球团后烘干备用。黏结剂可用膨润土等，配比为 2% ~ 4%。

(3) 生物质含碳球团的还原。在转底炉底部耐材上铺一层厚约 5 ~ 10mm 的生物质焦粉，而后在上面铺上单层配加生物质焦的含碳球团，转底炉可用生物质热解气体或煤气作为燃料进行加热，内部温度为 1250 ~ 1450℃，球团还原时间为 10 ~ 40min，而后可以得到金属化率大于 80% 的金属化球团。

以生物质含碳球团为原料的转底炉炼铁工艺与传统转底炉炼铁工艺相差不大，仅需增加一套简单的炭化装置以生产生物质焦。此外，RHF-B 工艺的能源主要来自于生物质和生物质焦，它们可提供吨铁能耗的 85% ~ 100%。

RHF-B 工艺的主要设备包括：生物质炭化炉、热解气体收集处理设备、混料机、压球机、转底炉等。使用这种以生物质含碳球团为原料的转底炉炼铁工艺（RHF-B）主要有以下特点：

(1) 以废木料、秸秆等工农业残余物为原料和主要能量来源，储量较大，可更新，可实现资源合理利用，基本不消耗煤炭，生产成本低，可以基本实现碳中性循环的清洁生产，如图 8-62 所示。

(2) 生物质焦可磨性好，处理过程类似于煤炭，但是成分组成优于煤粉（低灰分、低硫、低氮等），可实现清洁生产，实现节能减排（减排 CO_2、SO_2、NO_x），并能获得高

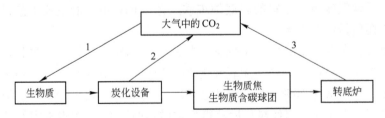

图 8-62　RHF-B 工艺的碳循环示意图
1—生物质的光合作用过程；2—生物质的热解炭化过程；3—生物质焦的氧化和燃烧过程
（过程 1 吸收的 CO_2 量等于过程 2、3 排放的 CO_2 量之和）

质量（低硫、低杂质）的最终产品。

（3）生物质炭化所得气体成分主要为 CO、CO_2、H_2、CH_4，它经简单处理之后可以作为炭化炉或转底炉的燃料用气，也可用来燃烧发电等。

（4）可以使转底炉的生产率得到提高，技术经济指标得到改善，冶炼过程得到全面优化，冶炼效率得到提高，工艺热效率得到改善，还原反应得到促进。

（5）可以解决煤基转底炉炼铁产品硫含量过高、化石能源消耗较大等问题。

总之，将生物质能应用于直接还原工艺，可以在合理利用生物质资源的同时大大降低对煤炭等化石能源的消耗，减排 CO_2，提高直接还原铁的质量。

8.5.2　生物质制氢-直接还原铁技术

中国科学技术大学[24]提出并且研究了生物质制氢—直接还原铁一体化新工艺。以生物质和铁矿石为原料，研究了"生物质快速热裂解制取生物油蒸气→生物油蒸气重整制还原气氛→氧化铁还原制直接还原铁"一体化过程。结果表明，利用生物油重整得到的富氢还原混合气，铁矿石在 850℃还原 1h 后，获得的直接还原铁金属化率达到 93%～97%。并对天然气基、煤基和生物油基三种直接还原铁工艺进行了比较和评估。

该工艺流程如图 8-63 所示，包括：

（1）将原料生物质通入生物质快速裂解反应器进行快速裂解反应；

（2）将形成的生物质裂解尾气通过除尘处理后直接送入生物油电催化重整反应器进行水蒸气重整反应和水位移反应；

（3）产生的混合气体经过冷凝器、CO_2 化学吸收器、干燥器后得到纯氢气；

（4）最后将预热的还原气送入填充有铁矿石粉末或者小球的铁矿还原反应器进行还原，使铁矿石中的氧化铁还原为金属铁，即高品位的直接还原铁。

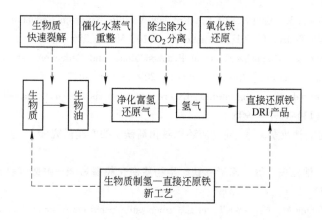

图 8-63　生物质制氢—直接还原炼铁工艺示意图

参 考 文 献

[1]　Lehmann J. A handful of carbon[J]. Nature, 2007, 447(1):143～144.

[2]　Chum H L, Overend R P. Biomass and renewable fuels[J]. Fuel Processing Technology, 2001, 71(1-3):

187 ~ 195.

［3］ Azar C, Lindgren K, Larson E, et al. Carbon capture and storage from fossil fuels and biomass – Costs and potential role in stabilizing the atmosphere［J］. Climatic Change, 2006, 74(1):47 ~ 79.

［4］ Zhou X, Xiao B, Ochieng R M, et al. Utilization of carbon-negative biofuels from low-input high-diversity grassland biomass for energy in China［J］. Renewable and Sustainable Energy Reviews, 2009, 13(2): 479 ~ 485.

［5］ Hanrot F, Sert D, Delinchant J, et al. CO_2 mitigation for steelmaking using charcoal and plastics wastes as reducing agents and secondary raw materials［C］//1st Spanish National Conference on Advances in Materials Recycling and Eco-Energy. 2009: 181 ~ 184.

［6］ Nogami H, Yagi J, Sampaio R S. Exergy analysis of charcoal charging operation of blast furnace［J］. ISIJ International, 2004, 44(10):1646 ~ 1652.

［7］ Machado J, Osório E, Vilela A, et al. Reactivity and Conversion Behaviour of Brazilian and Imported Coals, Charcoal and Blends in View of Their Injection into Blast Furnaces［J］. Steel Research International, 2010, 81(1):9 ~ 16.

［8］ Assis P, De Assis C, Mendes H. Effect of charcoal physical parameters on the blast furnace powder injection ［C］//AISTech 2009-Proceedings of the Iron and Steel Technology Conference. 2009, 1: 345 ~ 353.

［9］ Braga R, Goncalves H T, Santiago R, et al. Injection of Pulverized Charcoal in No. 2 Blast Furnace of Acesita［J］. Metal, ABM, 1986, 42(343):389 ~ 394.

［10］ Nascimento R, Almeida A, Oliveira E, et al. 18 months of charcoal fines injection into Gusa Nordeste's blast furnaces［C］//Proceedings of 3rd International Meeting on Ironmaking and the 2nd International Symposium on Iron Ore. 2008, 3: 845 ~ 856.

［11］ Emmerich F G, Luengo C A. Babassu charcoal: A sulfurless renewable thermo-reducing feedstock for steelmaking［J］. Biomass and Bioenergy, 1996, 10(1):41 ~ 44.

［12］ 胡正文, 张建良, 左海滨, 等. 炼铁用生物质焦的制备及其性能［J］. 北京科技大学学报, 2012, 34(9):998 ~ 1005.

［13］ Konishi H, Ichikawa K, Usui T. Effect of Residual Volatile Matter on Reduction of Iron Oxide in Semi-charcoal Composite Pellets［J］. ISIJ International, 2010, 50(3):386 ~ 389.

［14］ Ueda S, Yanagiya K, Watanabe K, et al. Reaction Model and Reduction Behavior of Carbon Iron Ore Composite in Blast Furnace［J］. ISIJ International, 2009, 49(6):827 ~ 836.

［15］ Strezov V. Iron ore reduction using sawdust: Experimental analysis and kinetic modelling［J］. Renewable Energy, 2006, 31(12):1892 ~ 1905.

［16］ 汪永斌, 朱国才, 池汝安, 等. 生物质还原磁化褐铁矿的实验研究［J］. 过程工程学报, 2009, 9 (3):508 ~ 513.

［17］ 徐颀, 朱国才, 池汝安, 等. 高磷赤铁矿生物质磁化脱磷焙烧—磁选试验研究［J］. 金属矿山, 2010(5):68 ~ 72.

［18］ Matsumura T, Ichida M, Nagasaka T, et al. Carbonization behaviour of woody biomass and resulting metallurgical coke properties［J］. ISIJ International, 2008, 48(5):572 ~ 577.

［19］ Macphee J A, Gransden J F, Giroux L, et al. Possible CO_2 mitigation via addition of charcoal to coking coal blends［J］. Fuel Processing Technology, 2009, 90(1):16 ~ 20.

［20］ Zandi M, Martinez-Pacheco M, Fray T A T. Biomass for iron ore sintering［J］. Minerals Engineering, 2010, 23: 1139 ~ 1145.

［21］ Lovel R, Vining K, Dell'Amico M. Iron ore sintering with charcoal［J］. Mineral Processing and Extractive Metallurgy, 2007, 116(2):85 ~ 92.

[22] Fisher T, Hajaligol M, Waymack B, et al. Pyrolysis behavior and kinetics of biomass derived materials [J]. Journal of Analytical and Applied Pyrolysis, 2002, 62(2):331~349.

[23] Henrich E, Burkle S, Meza-Renken Z I, et al. Combustion and gasification kinetics of pyrolysis chars from waste and biomass[J]. Journal of Analytical and Applied Pyrolysis, 1999, 49(1-2):221~241.

[24] 巩飞艳. 生物质催化转化制备烯烃、苯和直接还原铁的研究[D]. 合肥: 中国科学技术大学, 2012.

9 炼铁工业相关的单元技术

9.1 变压吸附制氧技术（PSA 技术）

9.1.1 历史沿革

氧的应用对于高炉以及非高炉炼铁均有重要的意义，其面临的最大问题是氧气的供应。作为钢铁联合企业，一般而言，制氧厂生产的氧气首先要保证炼钢生产，富余时才供给高炉，由此常常造成高炉富氧率不稳定，对高炉炉况的稳定和喷煤效果的发挥极为不利；而非高炉炼铁工艺，富氧也是经常运用的手段。

制氧技术通常划分为物理制氧、化学制氧两大类。物理制氧方法主要是空分精馏压缩制氧法（包括变压吸附、薄膜分离、低温精馏等）；化学制氧方法包括水的电解、超氧化物、氯酸钠氧烛等。近年来，由于变压吸附法成本较低，迅速得到了广泛应用，这一技术已应用于气体混合物的分离和精制[1]。其相关发展过程如下：

1958 年，斯卡斯通（Skarstrom）首先申请专利并应用此技术分离空气。与此同时，格林和多明（Gerin 和 Domine）也在法国申请专利。两者的差别在于：前者是在床层吸附饱和后，用部分在低压中分离出的产品组分来冲洗解吸；而后者是采用抽真空的办法解吸。

1960 年，大型变压吸附法空气分离的工业装置建成。

1961 年，用变压吸附分离工艺从石脑油中回收高纯度的正构烷溶剂，并命名为 Isosiv 过程。

1964 年，完善了从煤油馏分中回收正构烷烃的工艺。

1966 年，利用变压吸附技术提氢的四塔流程装置建成。

20 世纪 70 年代，采用四塔以上的多塔操作，并向大规模、大型化发展。

1970 年，建成分离和回收氧的工业化装置，用于满足工业污水处理的需要；同时广泛用于从石脑油中提取正构烷烃，再经异构化，将异构化产物加入汽油馏分中，以提高其辛烷值，称之为 Hysomer 过程。

1975 年，试制成功医用富氧浓缩器。

1976 年，开发了用碳分子筛变压吸附制氮的工艺并工业化，随后开发了采用 5A 沸石分子筛抽真空制氮工艺。

至 1979 年为止，约有一半的空气干燥器采用斯卡斯通（Skarstrom）变压吸附工艺，变压吸附用于空气或工业气体的干燥比变温吸附更为有效。

1980 年，开发了快速变压吸附工艺（又称为参数泵变压吸附）。

1983 年，德国推出性能优良的制氮用碳分子筛。

从 20 世纪 90 年代起，由于电能紧张，变压吸附制氧在炼钢等领域占有一席之地。

我国对变压吸附制氧技术的开发起步较早，1966 年开始研究沸石分子筛分离空气制氧技术；20 世纪 70 年代变压吸附分离空气制氧技术在冶金和玻璃窑炉等工业领域已经大量应用。但是由于技术力量分散，相互之间缺少联络，我国的变压吸附制氧技术发展缓慢，同国外的差距越来越大。20 世纪 70 年代是我国变压吸附分离空气制氧技术发展的鼎盛时期，全国有十几个单位相继开展了实验研究，建立了数套工业试验设备。20 世纪 80 年代，研制单位的开发项目相继中止，再次进入低谷。20 世纪 90 年代是我国变压吸附制氧技术突飞猛进向前发展的时期，技术逐渐成熟，有些产品的综合技术经济指标已经接近国外先进水平。而近 10 年中，通过不断地技术革新和研究开发，我国变压吸附制氧技术日新月异，发展迅速，与世界先进水平之间的差距正在不断缩小。

9.1.2　工艺流程

变压吸附法是利用吸附剂在不同的压力下对气体的吸附能力不同，对空气中各种气体进行分离。其工作原理是：空气经加压（高于常压）后穿过分子筛（吸附剂床），利用分子筛（吸附剂床）对氮气的吸附能力远大于对氧气的吸附能力的特点，使空气中的氮气被选择性吸附后，分离出氧气；当分子筛吸附氮气达到饱和状态后，减压使氮脱附，吸附剂再生重复使用；利用两个及两个以上的吸附剂床交替切换工作，便可连续生产出氧气。

变压吸附空分制氧技术的基本步骤[2]一般都包括以下几步：吸附、均压、放空、冲洗与充压等。

（1）吸附（absorption）。原料气从吸附塔入口端进入吸附塔，在一定压力下进行吸附，产品氧气从出口端输出到产品缓冲罐。

（2）均压（pressure equalization）。完成吸附的塔与完成冲洗的塔进行均压，主要目的是回收一部分氧气和机械能，并对氧气浓度的提升起到一定作用。

（3）放空（blowdown）。完成吸附的塔与其他塔均压后进一步降压，大部分被吸附的氮气解吸出来，使吸附剂得到充分解吸。按照放空方式的不同，可以分为逆向放空（countercurrent blowdown）和顺向放空（cocurrent blowdown）。

（4）冲洗（purge）。用一部分产品氧气逆向冲洗床层，使吸附床层得到彻底再生。

（5）充压（re-pressure）。与完成吸附的塔进行均压后，用产品气提高床层压力，将压力充至吸附压力，为下一步吸附做好准备。

变压吸附制氧系统流程如图 9-1 所示。

9.1.3　技术特点

变压吸附空分制氧装置与通常的装置比较，有以下特点[3]：

（1）制取廉价的氧气，能耗低。变压吸附一般在常温下操作，可以省去加热和冷却的能耗，且能耗主要用在压缩机上，因此比低温精馏法经济。

（2）运行操作简单，能做到全自动化操作。

（3）启动快，在短时间内（通常只需要几分钟）就可以达到要求浓度。

（4）装置简单，维护管理方便。

（5）设备运行安全可靠，不必配备有一定技能的专人。

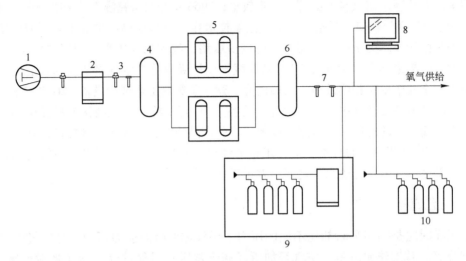

图 9-1　变压吸附制氧系统流程

1—空气压缩机；2—冷冻干燥机；3—空气净化过滤器；4—空气缓冲罐；5—制氧系统；

6—氧气缓冲罐；7—精密除尘除菌过滤器；8—纯度、流量控制系统；

9—增压罐充系统；10—氧气汇流排

（6）设备体积小，占地面积小。

变压吸附装置通常只有程序控制阀是运动部件，而目前国内外的程序控制阀经过多年研究改进，使用时间长，故障率低，而且由于计算机专家诊断系统的开发应用，具有故障自诊断以及吸附塔自动切换等功能，使得装置的可靠性进一步提高。

9.1.4　半工业或工业试验结果

变压吸附制氧经济性及工业应用：

PSA 空分制氧需要消耗大量的能量，能耗主要来源于空压机。随着人们对 PSA 空分制氧的不断深入研究和改进，目前大型制氧机组的电耗已经降到了 $0.8kW \cdot h/m^3$（标态）以下，中小型制氧机组的能耗也在 $1kW \cdot h/m^3$（标态）左右。研究表明，PSA 空分制氧比较经济，能耗逐年下降。

一些学者[4]对中小型 PSA 空分制氧的经济性进行分析，以 PSA 制氧法同国产 $150m^3/h$（标态）小型制氧机组以及进口液氧设备相比较，从使用成本、电耗和投资三个方面进行对比，得出了 PSA 制氧法较经济的结论。冉锐[5]等人以 $1000m^3/h$（标态）（PVSA）制氧机为例，从流程、基建费用、运行控制、维修费用、制氧成本等方面详细对比，指出PVSA法相对于传统的深冷法，还是非常经济的。

9.1.5　小型医用变压吸附制氧技术

我国自主设计、并获专利的小型医用变压吸附制氧技术已经投入生产，这是一种产品质量稳定、工作可靠、结构新颖、成本和能耗低的径向进气类素流智能可调吸附式富氧装置技术。该技术与美国 OGSI 公司生产的产品性能指标相比较，启动时间短，稳定性好，而成本仅为美国产品的 1/2 左右。两者主要性能指标比较见表 9-1。

表 9-1　两种变压吸附产品技术性能比较

氧产量/m$^3 \cdot$ h^{-1}		8	5
氧气输出压力/MPa	OGSI	0.2 ~ 0.4	0.2 ~ 0.4
	我国专利技术	0.2 ~ 0.5	0.3 ~ 0.5
氧气纯度/%	OGSI	≥90	≥90
	我国专利技术	≥93	≥93
单位氧能耗/kW · h · m^{-3}	OGSI	≥2	≥2.5
	我国专利技术	≤1.5	1 ~ 1.5
结构尺寸/mm × mm × mm	OGSI	910 × 1200 × 2110	650 × 660 × 1930
	我国专利技术	900 × 1000 × 1900	500 × 600 × 1850

9.1.6　评价及展望

1960 年斯卡斯通（Skarstrom）[6]等人发明了变压吸附技术后，至 20 世纪 70 年代，PSA 分子筛性能不断提高，吸附工艺不断完善，PSA 制氧工艺的技术经济指标迅速提高，尤其是制氧能耗已经降低至 0.45kW · h/m^3（标态），使 PSA 空分制氧得到了巨大发展。

变压吸附制氧技术已有 40 多年的历史，特别是近 10 多年来，LiX 型分子筛的出现，使变压吸附制氧技术进入了新的发展阶段，无论装置规模、制氧电耗都达到前所未有的水平。近 10 年我国变压吸附制氧技术得到了快速发展，同国外的技术差距逐渐缩小，出现了一批接近和达到国外同类产品的运行装置，形成了大中小型装置规模生产的能力。今后相当长一段时间内，我国仍会以完善、改进现有工艺方案，逐步提高装置综合技术经济指标为主要发展方向。变压吸附制氧技术取得突破性的发展，呼唤性能更为优异的 LiX 新型分子筛的出现。

9.2　CO$_2$ 分离捕集与封存技术（CCS 技术）

CO$_2$ 分离捕集与封存（CCS）技术的发展，一般认为源于化石燃料的使用。化石燃料燃烧后产生 CO$_2$ 气体，而 CO$_2$ 气体大量吸收地球表面辐射的热量，使地表温度升高，从而造成全球温室效应不断加剧，以致全球气候变暖，给人类带来多方面的危害，如严酷的天气变化、生态系统的功能变化、物种灭绝及生物多样性的变化、饮用水的减少、海平面上升造成的陆地减少，乃至于全球平均气温上升等。

目前，全球每年的能源需求量已超过 100 × 10^{8}t（油当量），其中 85% 左右来自储量丰富而价格低廉的化石燃料，燃烧后的废气则几乎全部排入大气，故目前全球的 CO$_2$ 年排放量已达约 290 × 10^{8}t。我国每年的排放量也已达到 30 × 10^{8}t，约占全球总量的 10%，仅次于美国，居全球第 2 位。预测表明，到 2025 年前后我国的 CO$_2$ 排放量将超过美国而居世界第 1 位。

鉴于新能源的开发与应用目前还存在技术及经济方面的巨大困难，专家们普遍预测，在今后 50 年间化石燃料仍将是世界的主要能源，故 CO$_2$ 的排放量还将急剧上升（表 9-2），由此而产生的环境影响不容忽视，认真对待并解决 CO$_2$ 的排放问题则成为当务之急。在此背景下，CO$_2$ 的减排、回收、固定、利用及相关的资源再生问题已成为全球关注的热点课题，联合国气候变化委会（IPCC）已将 CO_2 分离捕集和封存（CCS）作为 2050 年温室气体减排目标最重要的技术方向。

表9-2 全球化石燃料需求量及 CO_2 排放量预测 （t）

年 份	原 油	天然气（油当量）	煤炭（油当量）	CO_2 排放量
2010	41×10^8	28×10^8	27×10^8	275×10^8
2020	49×10^8	35×10^8	31×10^8	335×10^8
2030	57×10^8	43×10^8	36×10^8	380×10^8

9.2.1 CO_2 分离捕集和封存技术发展

CO_2 分离捕集和封存的概念，是从 20 世纪 70 年代初开始的。当时在美国得克萨斯州，油田首次将 CO_2 注入地下地质岩层，以提高石油采集率。也是在 70 年代，人们提出了 CO_2 的地质封存，以作为温室气体减排的可选方案，但其后的研究工作很少开展。直到 20 世纪 90 年代初，通过一些专家和研究小组的工作，这一概念才得到认可。目前，CO_2 地质封存方案，已经从只被少数人注意的概念阶段，发展到现在被大家广泛关注，认为它是一种潜在的、可供选择的 CO_2 减排方案，这有多方面的原因[7]：

首先，研究工作取得了一定的进展，示范性和商业性项目初步取得了成功，技术可信度的水平有了提高。

其次，在认识上有了共识，人们已经普遍认可要促使 CO_2 减排，需要采取多种途径。

第三，地质封存能够大大减少 CO_2 向大气的排放。

但是，这种可能性要变成现实，其技术必须是安全的，在环保上要有持久性，其成本可以接受，并能够被广泛应用。

从长远看，随着我国 CO_2 排放量的增加和在国际上面临的压力，我国也有使用 CO_2 分离捕集和封存技术的需要。作为以化石能源为主要能源和原料的钢铁工业，目前也面临着能耗高、污染大、CO_2 排放量增加等一系列问题，其 CO_2 排放量仅次于电力行业，以我国为例，钢铁行业占全国 CO_2 排放量达到 10% 甚至更高。因此，大规模地分离捕集和储存 CO_2，不失为当前最有效的减排途径，而且钢铁行业 CO_2 的排放具有稳定、集中和量大等特点，这也使其成为采用大规模减排 CO_2 新技术的最佳领域之一。

9.2.2 CO_2 分离捕集和封存技术工艺流程

CO_2 分离捕集和封存技术主要由 3 个环节构成：

（1）CO_2 的分离捕集。指将 CO_2 从化石燃料燃烧产生的烟气中分离出来，并将其压缩至一定压力。

（2）CO_2 的运输。指将分离并压缩后的 CO_2 通过管道或运输工具运至封存地。

（3）CO_2 的封存。指将运抵封存地的 CO_2 注入诸如地下盐水层、废弃油气田、煤矿等地质结构层，以及深海海底、海洋水柱或海床以下的地质结构中。

9.2.3 CO_2 分离捕集技术特点

目前，CO_2 分离捕集技术主要针对的是发电厂，参照发电厂 CO_2 分离捕集技术，相信对非高炉炼铁系统 CO$_2$ 分离捕集技术的发展具有很大的借鉴意义。

目前发电厂的 CO$_2$ 的分离捕集系统主要有 3 类：燃烧后分离捕集系统、富氧燃烧分离捕集系统以及燃烧前分离捕集系统（图 9-2）。

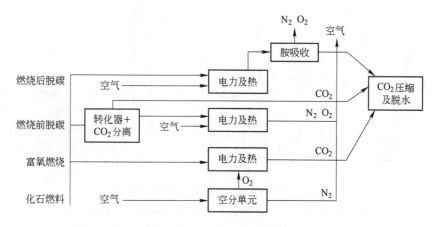

图 9-2　CO$_2$ 分离捕集流程图

9.2.3.1　燃烧后分离捕集系统

燃烧后分离捕集系统主要是将烟气中 CO$_2$ 与 N$_2$ 分离。化学溶剂吸收法是当前最好的燃烧后 CO$_2$ 收集法，具有较高的分离捕集效率和选择性，而且能源消耗和收集成本较低。除了化学溶剂吸收法，还有吸附法、膜分离等方法。

化学溶剂吸收法利用的是碱性溶液与酸性气体之间的可逆化学反应。由于燃煤烟气中不仅含有 CO$_2$、N$_2$、O$_2$ 和 H$_2$O，还含有 SO$_x$、NO$_x$、尘埃、HCl、HF 等污染物。杂质的存在会增加分离捕集系统的成本，因此烟气进入吸收塔之前，需要进行预处理，包括水洗冷却、除水、静电除尘、脱硫与脱硝等。

烟气在预处理后，进入吸收塔，吸收塔温度保持在 40～60℃，CO$_2$ 被吸收剂吸收，通常用的溶剂是胺吸收剂（如一乙醇胺 MEA）。然后烟气进入一个水洗容器以平衡系统中的水分，并除去气体中的溶剂液滴与溶剂蒸气，之后离开吸收塔。吸收了 CO$_2$ 的富溶剂，经由热交换器被抽到再生塔的顶端。吸收剂在温度 100～140℃和比大气压略高的压力下得到再生。水蒸气经过凝结器返回再生塔，而 CO$_2$ 离开再生塔。再生碱溶剂通过热交换器和冷却器后被抽运回吸收塔（图 9-3）。

9.2.3.2　富氧燃烧分离捕集系统

富氧燃烧系统是用纯氧或富氧代替空气，作为化石燃料燃烧的介质。燃烧产物主要是 CO$_2$ 和水蒸气，另外还有多余的氧气（以保证燃烧完全），以及燃料中所有组成成分形成的氧化产物、燃料或泄漏进入系统的空气中的惰性成分等。

经过冷却的水蒸气冷凝后，烟气中 CO$_2$ 含量在 80%～98% 之间。这样高浓度的 CO$_2$ 经过压缩、干燥和进一步的净化可进入管道进行封存。CO$_2$ 在高密度超临界压力下通过管道运输，其中的惰性气体含量需要降低至较低值，以避免增加 CO$_2$ 的临界压力而可能造成管道中的两相流，其中的酸性气体成分也需要去除。此外，CO$_2$ 需要经过干燥，以防止在管道中出现水凝结和腐蚀，并允许使用常规的碳钢材料。

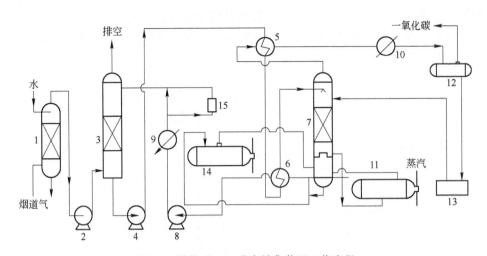

图 9-3　燃烧后 CO_2 分离捕集装置工艺流程

1—冷却器；2—风机；3—吸收塔；4—富液泵；5—冷凝器；6—换热器；

7—再生塔；8—贫液泵；9，10—水冷器；11—再沸器；12—分离器；

13—地下槽，回流泵；14—胺回收加热器；15—过滤器

在富氧燃烧系统中，由于 CO_2 浓度较高，因此捕获分离的成本较低，但是供给的富氧成本较高。目前氧气的生产主要通过空气分离方法，包括使用聚合膜、变压吸附和低温蒸馏。

9.2.3.3　燃烧前分离捕集系统

燃烧前分离捕集系统主要有两个阶段的反应：

首先，化石燃料先同氧气或者蒸汽反应，产生以 CO 和 H_2 为主的混合气体（称为合成气），其中与蒸汽的反应称为"蒸汽重整"，需在高温下进行；对于液体或气体燃料与氧的反应称为"部分氧化"，而对于固体燃料与氧的反应称为"气化"。

然后，待合成气冷却，再经过蒸汽转化反应，使合成气中的 CO 转化为 CO_2，并产生更多的 H_2。

完成上述两个阶段的反应后，将 H_2 从 CO_2 与 H_2 的混合气中分离，干燥的混合气中 CO_2 的含量可达 15% ~ 60%，总压力 2 ~ 7MPa。CO_2 从混合气体中分离并捕获和封存，H_2 被用作燃气联合循环的燃料送入燃气轮机，进行燃气轮机与蒸汽轮机联合循环发电。

这一过程考虑了 CO_2 分离捕集和封存的煤气化联合循环发电（Integrated Gasification Combined Cycle，简称 IGCC）。从 CO_2 和 H_2 的混合气中分离 CO_2 的方法包括变压吸附、化学吸收（通过化学反应从混合气中去除 CO_2，并在减压与加热情况下发生可逆反应，同从燃烧后烟道气中分离 CO_2 类似）、物理吸收（常用于具有高的 CO_2 分压或高的总压的混合气的分离）、膜分离（聚合物膜、陶瓷膜）等。

在 CO_2 的燃烧前分离技术中，总是伴随着制氢的过程，其主要用于发电、制氢或合成燃料、化工产品生产等。现有的燃烧前 CO_2 分离捕集技术，主要是针对天然气和轻质碳氢化合物，故称之为蒸汽重整技术和自热重整技术。该技术通常采用变压吸附（PSA）技术或者胺吸收技术进行重整后的 H_2 和 CO_2 的分离。此外就是针对煤炭、渣油、生物质等固体燃料的气化工艺，通常表现为整体气化联合循环系统（IGCC）。

9.2.4 CO₂ 的运输及经济技术评价

输送大量 CO_2 的最经济方法是通过管道运输。管道运输的成本主要由 3 部分组成：基建费用，运行维护成本，以及其他的如设计、保险等费用。特殊的地理条件，如人口稠密区等对成本很有影响。陆上管道要比同样规模的海上管道成本高出 40% ~ 70%。由于管道运输是成熟的技术[8]，因此其成本的下降空间预计不大。对于 250km 的运距，管道运输的成本一般为 1 ~ 8 美元/t CO_2。当运输距离较长时，船运将具有竞争力，其成本与运距的关系极大。当输送 5Mt CO_2，运距为 500km 时，船运的成本为 10 ~ 30 美元/t CO_2（或 5 ~ 15 美元/(t·250km)）。当输送同样的 CO_2，运距增加到 1500km 时，船运成本将降到 20 ~ 35 美元/t CO_2（或 3.5 ~ 6.0 美元/(t·250km)），与管道运输的成本相当。

9.2.5 CO₂ 地质封存的技术特点

对于捕集下来的 CO_2，当前可行的储存方式有 3 种，即：地下储存，海洋储存，以及森林和陆地生态储存[9]。

（1）地下储存，包括不可采煤层储存、采空的油气层储存、强化采油回注储存、深部盐水层储存等多种方式。总体而言，这些利用天然储层的储存方式比较安全可靠，不仅应用上较灵活，而且也有较充裕的储存能力，这是当前（油气生产企业）重要的开发方向。预计当 CO_2 的储存成本为 20 美元/t 时，地下储存方式的潜力如图 9-4 所示。

（2）海洋储存，尤其是深海储存是有可能实现大规模长期储存 CO_2 的理想方式，但涉及的技术、经济、环境影响等一系列复杂的问题有待解决，故目前尚处于探索阶段。

（3）森林和陆地生态储存，是最理想的廉价储存方式，但一个功率为 500MW 的燃煤电站，约需 2000km² 的森林来捕集其所排放的 CO_2，故此方式不可能作为主要储存方式。

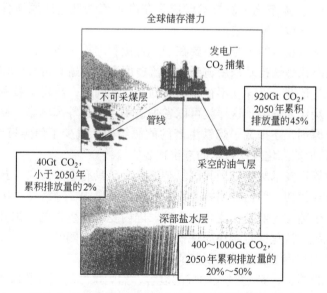

图 9-4　CO₂ 储存成本为 20 美元/t 时的储存能力比较

9.2.6 评价与展望

对于大量分散型的 CO_2 排放源，很难实现碳的收集，因此 CO_2 分离捕集的主要目标是化石燃料集中使用的发电厂、钢铁厂、水泥厂、炼油厂、合成氨厂等 CO_2 排放源。当前世界上针对炼铁工艺的 CO_2 分离捕集技术尚在开发之中，随着世界非高炉炼铁技术的进步，目前已经出现有 HIsarna 熔融还原炼铁技术与 CO_2 分离捕集与封存技术（CCS 技术）相结合的全新非高炉炼铁工艺。因此，CO_2 分离捕集与封存技术与非高炉炼铁技术的结合是可以实现的，且未来将具有广阔的发展前景，这将对世界 CO_2 减排及环境保护做出巨大贡献。

9.3 流态化技术

一般而言，流态化是指固体流态化，又称假液化，它是利用流动的流体作用，将固体颗粒群悬浮起来，从而使固体颗粒具有某些流体的表现特征。利用这种流体与固体间的接触方式实现生产过程的操作，称之为流态化技术。

流态化状态下，颗粒在床层的流化类似沸腾的液体，在床层上下翻滚，使得物料在床内的接触更充分，有利于提高传质、传热速率。流态化技术在反应工程和干燥领域内有着广泛的应用，特别是对于一些低活性的反应类型，在减少催化剂用量以及降低反应温度上更是起着不可替代的作用。

流态化技术现已普遍应用于固体燃料的燃烧、煤的气化与焦化及化工生产中的气固相催化反应、物料干燥、加热与冷切、吸附和浸取、固体物料的输送等领域，成为跨学科发展的应用技术。

非高炉流态化炼铁技术，一般是指应用流态化床，对铁矿粉进行直接还原的炼铁方法。由于流化床中粉矿与气体的接触面远高于等重的块矿，并且床层有良好的混合条件，强化了颗粒与气体间的传热、传质和还原过程，还原反应的动力学条件大幅度改善，促进了生产效率的提高[10]。流态化炼铁技术已成为非高炉炼铁气基还原流程中的一个重要分支，常被称为环保友好型炼铁工艺。

非高炉流态化炼铁技术的优势，主要在于可直接利用粉矿而无需造块，并且可以不用焦炭，这是因为流态化炼铁技术采用适当的气流速度和控制适宜的煤气温度，使铁矿粉在流态化时被高温煤气还原，这样就不存在炉料的透气性问题，故可直接利用粉矿而无需造块，并且不需要焦炭作为骨架，这样就可以省去造块、炼焦等高污染、高耗能工序。与此同时，采用气体还原剂，还拓宽了炼铁生产的能源结构，减少了焦煤资源的消耗和依赖。Finex 流程就是非高炉流态化炼铁技术的杰出代表[11]。

非高炉流态化炼铁技术对于处理我国复杂的共生矿具有重要意义。虽然我国按矿石量计算铁矿储量居世界第四，但已查明的 576 亿吨铁矿储量中，经济型铁矿储量仅为 166.86 亿吨，其余 400 多亿吨皆为低品位复合共生矿。国内复合共生矿的开采和冶炼，需要开发经济、高效的新流程，流化床直接还原炼铁工艺由此具有广阔的前景[12]。

流化床炼铁技术实现工业化的主要障碍在于：

（1）还原气源问题。一般通过天然气的裂解、焦炉煤气的裂解和煤粉不完全燃烧造气等途径，得到富 H_2 和富 CO 的高温还原煤气，再通入流化床进行铁氧化物还原。这需根据当地资源特点进行选择，不同地区的造气成本也不尽相同。

（2）黏结失流问题。由于铁矿粉在流化还原过程中，会出现矿石颗粒黏结成团或颗粒黏附在流化床器壁和分布板上，严重时就会导致完全失去流化状态，床内矿粉形成固定床（或称死床），气流通过床层时易形成短路管道，正常运行的流态化床受到破坏。此为突发过程，而且失流发生后，流态化的恢复一般比较困难，使流程无法连续操作。黏结失流已成为该工艺实现工业化的瓶颈障碍。

关于黏结的原因，科研工作者做了大量研究，当前得出的观点主要有：一是矿物中存在的低熔点混合矿物软化并黏结一起；二是用 CO 做还原剂时生成大量铁晶须将颗粒相互勾连在一起，用 H_2 还原生成的新生态铁具有较高的活性，聚集到一定程度后就会导致黏结；三是在 1123K 以上时的局部过热区，脉石与生成的 FeO 固相反应生成了低熔点物质，出现了液相而导致了黏结。

Hayashi 等人对多种铁矿石在流化床内不同条件下的试验研究发现，导致黏结失流的参数主要有：还原温度、气体流速、还原气种类、铁矿石性质（粒度和脉石种类等）和还原程度等[13]。

在衡量黏结的标准和定量计算黏结的程度方面至今尚无统一的方法，而在实际生产中，人们最关心的还是如何避免黏结或抑制黏结的问题。当前关于抑制措施主要有以下结论：

（1）提高气流速度和降低还原温度。工业中为了减少黏结发生，使矿粉维持流态化，会保持较高的还原气线速度。但其后果是不仅增加了动力成本，而且使还原气一次通过床层的利用率降低。如果对其除尘净化回收，则除尘工序和 CO_2、水蒸气的脱除过程也会造成大量显热流失。此外，还原温度越低，对还原反应动力学条件越不利，从而使得还原速度减慢。

（2）控制铁晶体形态。Hayashi 等人在实验室流化床中对多种矿进行还原发现，在 700~900℃用混有一定量的气态硫的还原气进行还原，在出现金属铁后很快就发生了黏结现象，高温下还伴随着长晶须的出现。在硫含量高于这一浓度值时，会出现短晶须和多孔状或平板状铁，此时可维持低温流化状态，直到得到较高的还原度。因此，通过在还原气中添加不同浓度的气态硫和控制一定的温度范围，可以有效控制还原产物铁的形态，并能对颗粒的黏结程度产生影响。

（3）添加惰性隔离物。Osberg 等人研究发现添加少量添加剂作为隔离物，并且稀释床层，可预防黏结。也有研究发现用 C、SiC、ZrO_2 等作为添加剂有一定的效果。许多含铁物质也可用作抑制剂，如珍珠岩和一些铁合金（锰铁、锆铁、钙-锰-硅铁合金、铬铁、硅铁、钨铁和钒铁合金等），还有某些纯金属如硼、铬、钛、钨、钒、锆等也可选用。如还原产品直接用于生产某些合金钢，希望铁中含有某种合金成分时，可用一些合金粉、金属粉或可还原的金属氧化物粉作为添加剂加入流化床，这样可以一举两得。此外，将矿粉浸入某些氧化物或碳酸盐饱和溶液中，使其表面沉淀出这类化合物，亦可防止黏结[13,14]。

（4）快速循环流化床。此法最早由联邦德国的科学家于 1971 年提出，其特点是床内气体线速度甚高，远超过颗粒的终端流速，使固体不断向上输送，被气体带出，由外旋风器分离收集，再返回床层底部，往复循环。

（5）给矿粉颗粒进行附碳处理。许多研究证明附碳处理是一种既能有效防止黏结又能加速还原的工业上易行的方法。

（6）改进流化床反应器的设计。为了克服黏结，对流化床反应器设备进行了相关研究。曾经先后出现了脉动流化床（间歇式流化床）、喷射流化床和搅拌流化床，还有锥形床等，床层不同构造对于抑制黏结也都有一定的效果。

（7）允许黏结并及时分离。自团聚法是正面利用了颗粒的黏结性，希望将不利因素变为有利因素，使团聚后的金属颗粒不断自团聚长大，形成较大团块，这样便可允许提高气流速度，从而提高还原速率和生产率。

9.4 焦炉煤气（COG）利用技术

焦炉煤气是焦化产业主要的副产品之一，每炼 1t 焦炭，会产生 430m³ 左右的焦炉煤气。焦炉煤气一半用于返回焦炉助燃，另外约 200m³ 必须应用专门的装置回收利用。国家统计局的数据显示，2013 年全国规模以上焦化企业生产焦炭 4.76 亿吨，超过全球焦炭总产量的 50%，如此计算每年产生的焦炉煤气就有 870 多亿立方米，而利用状况却不能令人满意。据了解，目前一些钢铁联合企业焦化厂和一些大型焦化厂由于设备完善，产生的焦炉煤气量比较大，得到了回收利用。一般说来，焦炉煤气可以用于高炉喷吹、生产甲醇等，或者制取还原气用于直接还原炼铁工艺。

9.4.1 焦炉煤气生产甲醇工艺

化学工业第二设计院开发的焦炉煤气制甲醇工艺流程，由焦炉煤气压缩、精脱硫、转化工序、甲醇合成、甲醇精馏、甲醇储存等部分组成，关键技术是将焦炉煤气中的甲烷转化成合成所需的 CO 和 H_2。目前甲烷转化技术主要有蒸汽转化、非催化部分氧化转化、纯氧催化部分氧化等几种工艺。在焦炉煤气制甲醇过程中，多采用纯氧催化部分氧化工艺，其主要特点是流程比较简单，只需要一台转化炉，采用纯氧自热式部分氧化转化，避免了蒸汽转化外部间接加热的形式，反应较蒸汽转化速率快，焦炉煤气利用率高，一次投资省，在投产的焦炉煤气生产甲醇装置中应用的最多。其工艺流程如图 9-5 所示。

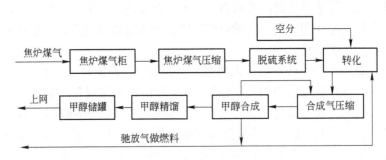

图 9-5　焦炉煤气制取甲醇工艺流程示意图

经净化处理的焦炉煤气进入气柜中缓冲后，进入压缩机压缩至 2.5MPa，然后进入焦炉煤气净化装置，在将焦炉煤气中的硫、氨等杂质脱除后，进入转化工序，使焦炉煤气中的甲烷和高碳烃转化为甲醇合成所需要的有效成分 H_2 和 CO，转化气经过一个合成气-循环气联合压缩机，压缩至 5.5～6.0MPa，进行甲醇合成，生产的粗甲醇经过精馏后可以得到符合标准的精甲醇。

2004 年底，由化学工业第二设计院设计的云南曲靖大为焦化制气有限公司年产 8 万吨焦炉煤气制甲醇项目投产成功，标志着我国焦炉煤气催化部分氧化生产甲醇工艺已经成熟。由于此工艺流程短、技术成熟，相对于天然气制甲醇、煤制甲醇有较强的成本优势，目前国内在建和已建项目中使用这种工艺的已经有 40 多套，生产能力达到 500 万吨以上。

9.4.2 焦炉煤气低温分离生产液化天然气（LNG）联产氢气技术

为了使焦炉煤气利用途径多元化，解决一些中小焦化企业焦炉煤气高效利用问题，中科院理化技术研究所开发出了焦炉煤气低温分离生产液化天然气（LNG）联产氢气工艺。此工艺将膜分离和低温精馏分离技术相结合，利用物理方法将焦炉气中的氢气和甲烷进行分离提纯，同时得到液化天然气和纯净的氢气，从而达到高效利用焦炉煤气的目的。液化天然气是目前市场上稀缺的商品，而氢气用途广泛，可以作为原料供给氧化钛、合成氨、苯加氢精制等装置，如果用于直接还原炼铁工艺，其经济效益较用焦炉煤气发电高得多。这一生产工艺流程如图 9-6 所示。

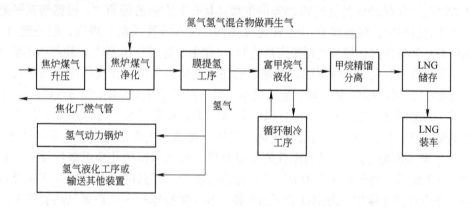

图 9-6　焦炉煤气制取 LNG 联产氢气工艺流程示意图

从焦化厂出来的焦炉煤气压力比较低，经升压至 2.6MPa 后进入净化工序，脱去焦炉煤气中的硫、碳、芳香烃等杂质后，进入膜提氢工序。现在应用的一种方法是将分离出的部分含量高于 90% 的氢气送入氢气动力锅炉，为全厂提供动力和热力，多余氢气可以生产液氢，也可以输送到其他装置作为原料气；另一种是将膜提氢得到的氢气，作为直接还原炼铁工艺的还原剂。

与此同时，膜分离产生的非渗透气富含甲烷、少量的氢气和氮气，进入液化工序，将温度降至 -170℃，然后进入精馏工序，塔底产生的 LNG 产品进入储存工序，塔顶产生的氮气和氢气的混合气体则作为焦炉煤气净化单元的再生气利用，再生后的废气汇入焦化厂的燃气管网[15]。

整个工艺流程简单，对于产量在百万吨以下炼焦企业，其有以下优点：

（1）投资少。较焦炉煤气制甲醇装置，省去了转化工序，省去了空分设备，投资相对较少。

（2）产品有竞争力。采用焦炉煤气作为原料气生产 LNG，动力由副产氢气燃烧提供，生产能耗低，多余的氢气还可以用于其他装置的原料，并且原料成本低，相对于传统的以天然气为原料生产 LNG 装置优势明显。

（3）系统相对独立。装置的氮气循环制冷系统相对独立，装置操作弹性大，基本不受上游气量大小的影响，当焦炭市场行情好的情况下可以高负荷生产，行情不好的时候也可低负荷运行。

（4）经济效益好。中小焦化企业由于产气量小，生产甲醇成本优势不明显，使用此工艺是个不错的选择。

（5）生产技术成熟。中科院理化技术研究所是国内最早研究天然气液化的机构，20世纪 90 年代就研制成功了中国最早的液化天然气装置，最近又先后完成中国第一套国产泰安深燃 $15 \times 10^4 \mathrm{m}^3/\mathrm{d}$ 的 LNG 装置和晋城含氧煤层气液化装置，在液化、精馏分离方面有着成熟的经验。目前，由中国科学院理化技术研究所技术总承包的太原理工天成科技公司焦炉煤气综合利用项目——$80 \times 10^4 \mathrm{m}^3/\mathrm{d}$ 焦炉煤气液化项目已于 2009 年 5 月投产。

9.4.3 焦炉煤气用于直接还原炼铁工艺

焦炉煤气中含有 55% 的氢气和 25% 的甲烷，具有非常强的还原性。根据物料平衡计算结果，在炼焦过程中，炼焦煤有 70% 转化成焦炭，30% 转换成焦炉煤气，但是经过测算，70% 的焦炭与 30% 的焦炉煤气的还原当量是 1:1。这主要是因为 H_2 作为还原剂的还原潜能是 CO 的 19 倍左右，因此，充分利用焦炉煤气的还原性能来进行直接还原炼铁是非常有意义的：一方面可以节省焦煤资源，降低生产成本；另一方面还可大大减少温室气体的排放。

目前，在直接还原技术中，希尔（HYL-ZR）工艺最负盛名，可以在其工艺和设备无需改动的情况下，使用焦炉煤气或煤气化的气体。此技术主要是通过在自身的还原段中，生成还原气体（现场重整），具有最佳的还原效率，而无须使用外部重整炉设备，其工艺流程如图 9-7 所示。将焦炉煤气中的甲烷进行热裂解后，可获得含 H_2 74%、CO 25% 的混合气体，作为直接还原生产海绵铁的还原气体。在关键技术——焦炉煤气热裂解生产合成气技术方面，目前在优化工艺路线方面也取得了突破。

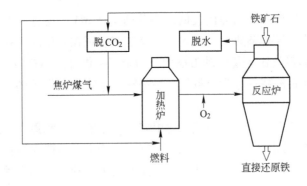

图 9-7 焦炉煤气生产直接还原铁希尔（HYL-ZR）工艺流程

9.4.4 甲烷炉内改质直接还原工艺

甲烷炉内改质直接还原工艺是中冶赛迪公司近来开发的一种气基竖炉直接还原技术。

它是以焦炉煤气（COG）、天然气（NG）等富含 CH_4 的煤气等为原料气，以块矿、球团矿为主要的含铁原料，采用加热和部分氧化的方式使原料气升温至 1000℃ 左右，然后进入竖炉还原铁矿石生产海绵铁。同时，在高温和还原出的金属铁的作用下，原料气中的 CH_4 发生改质，生成 CO 和 H_2，以补充还原铁矿石损失的还原气。

甲烷炉内改质直接还原工艺流程如图 9-8 所示。该工艺由还原竖炉、炉顶煤气处理系统、煤气加热系统、海绵铁冷却小循环系统等部分组成，补充的含 CH_4 的原料气与经除尘、降温、脱碳后的炉顶煤气混合，经煤气加热和部分氧化升温后，进入竖炉还原铁矿石，同时气体中的 CH_4 在竖炉中发生改质，生成 CO 和 H_2。

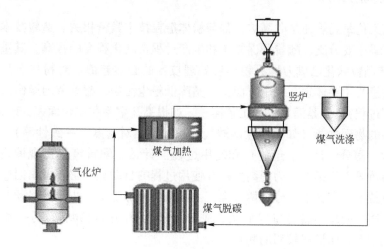

图 9-8 甲烷炉内改质直接还原工艺流程

与传统的高炉流程和直接还原工艺相比，甲烷炉内改质直接还原工艺具有工艺简单、能耗和投资运行费用较低、环境污染大大降低等特点。

表 9-3 为 COG 制甲醇与 COG 制海绵铁的主要消耗及成本比较表，其中 COG 制海绵铁采用甲烷炉内改质直接还原工艺。从表中可以看出，利用 COG 制海绵铁的利润明显高于制甲醇。同时，中国目前海绵铁产量不足，市场空间十分巨大。另外，甲醇工序排放的驰放气也可以采用甲烷炉内改质直接还原工艺生产海绵铁，以避免驰放气利用效率低的不足。

表 9-3 COG 制甲醇与 COG 制海绵铁比较表

序 号	原燃料消耗	单 耗		备 注
		COG 制甲醇	COG 制海绵铁	
1	焦炉煤气	$2200 \sim 2500 m^3/t$	$500 \sim 600 m^3/t$	COG 单价 0.7 元/m^3
2	电	$1000 kW \cdot h/t$	$150 kW \cdot h/t$	
3	铁矿石	无	$1.35 \sim 1.4 t/t$	$w(TFe) > 66\%$
4	驰放气	$1200 m^3/t$	无	驰放气含 H_2 约 75%
5	成本估计	$2400 \sim 2500$ 元/t	$2300 \sim 2400$ 元/t	不含税
6	产品卖价	$2300 \sim 2400$ 元/t	$2900 \sim 3000$ 元/t	不含税
7	销售毛利	<0	>20%	

钢铁联合企业一直以来都习惯将焦炉煤气用作钢铁厂燃料，其中较大部分用于与高炉煤气（BFG）混合成中热值煤气供轧钢加热炉使用，能源利用率不高。近年来，随着蓄热式加热炉技术的推广使用，采用低热值的高炉煤气（BFG）替代混合煤气，可节约出大量的焦炉煤气，将这部分焦炉煤气采用甲烷炉内改质直接还原工艺生产附加价值更高的海绵铁，既改善了钢铁厂的产品结构，同时也优化了钢铁厂的能源结构。

9.5 粉体造粒技术

9.5.1 粉体造粒技术简介

炼铁工艺无论是高炉还是非高炉，都与粉体造粒技术紧密相关。造粒技术作为粉体过程处理的一个最主要分支，随着环保需求和生产过程自动化程度的提高，其重要性日益彰显[16]。粉状产品粒状化已成为世界粉体后处理技术的必然趋势。对粉状产品进行造粒的深度加工，其意义主要体现在 3 个方面：一是降低粉尘污染，改善劳动操作条件（包括生产过程和使用过程）；二是满足生产工艺需求，如提高孔隙率和比表面积，改善热传递等；三是改善产品的物理性能（如流动性、透气性、堆积相对密度、一致性等），避免后续操作过程（干燥、筛分、计量、包装）和使用过程（计量、配料等）出现偏析、气泡、脉动、结块、架桥等不良影响，为提高生产和使用过程的自动化、密闭操作创造条件。

粉体造粒技术从广义上可分为两大类：一类是成型加工法，主要是将粉状物料通过特定的设备和方法，处理为满足特定形状、成分、密度等的团块物料；另一类是粒径增大法，主要是把细粉末团聚成较粗的颗粒。

粉体技术及其装备作为一门专门的学科和独立技术出现，在国外可追溯到 20 世纪 40 年代，在我国则从 20 世纪 80 年代中期由原化工部化工机械研究院粉体工程研究所最早进行专门的系统研究。经过多年的努力，目前，我国粉体造粒技术已有相当的水平，其设备的规模也有较大发展，已能基本满足粉体颗粒化的要求。按照实现小颗粒团聚的基本原理，可以把现有的粉体处理技术分为搅拌法、压力成型法、喷雾和分散弥雾法、热熔融成型法等 4 类[17]。

造粒技术对于钢铁工业具有特殊的意义。烧结和球团都是典型的造粒过程，研究、开发和生产都有悠久的历史，有别于常规的常温造粒技术，形成了独特的学科体系。过去 10 年里，日本钢铁工业在使用廉价低质原料和燃料技术方面取得了新的进步，引进了多种造粒工艺，目前正在研究 MEBIOS 工艺（嵌入式铁矿石烧结技术），即将预造粒的致密颗粒整齐地排列在感应炉中，在标准烧结环境下形成一个理想的空隙网格。值得注意的是，设计或控制空隙网格在烧结饼中形成的位置和尺寸是一项关键技术，它可以控制烧结产物的尺寸分布。JFE 钢铁公司研发了一项新的造粒工艺，该技术通过对铁矿的造粒物料配置，用焦粒并以合适的比率分配石灰石，控制了铁矿粉和石灰石的熔化反应，改善了烧结机生产率及烧结矿的还原能力，现已应用在该公司西日本工厂的 4 台烧结机上，产量达到 1900 万吨/年。

日本钢铁企业致力于烧结过程造粒技术的开发研究，近十年来开发了在烧结原料中添加生石灰技术，以及添加雾状泥浆等有机系黏结剂技术。基于对微粉分散作用重要性的新认识，还开发了分散剂添加技术。关于造粒设备，不仅采用滚筒式混合机进行造粒处理，而且还普及了能使原料颗粒间水分分布更均匀的高速混合机和使颗粒牢固结合的圆盘式造球机。还在六家钢铁公司普及了独立配入个别原料的复合造粒处理方法，以改善烧结矿的还原粉化性、还原性和提高生产率等为主要目的，进行了原料选择分类。原料的分类标准有许多种，有按 CaO 成分分类的，也有按 Al_2O_3 成分、燃料成分、粒度分布或黏结剂性能分类的。此外，造粒过程中，有用高速混合机和滚筒式混合机进行造粒处理的分级造粒法，也有先用高性能筛进行分级处理后再用高速混合机和圆盘式造粒机处理筛下部分的选择造粒法，该方法能更准确地达到设计的颗粒度[18]。

裹覆包衣处理常常是生产加工的后续步骤，同时也可以开拓产品新的应用途径。经过包衣处理的产品，使用性能可以得到明显改善。比如经过包衣后的颗粒可以顺利实现计量、混合、黏结以及固化，减少溶剂危害，缩短施工工期，扩大应用范围，提高生产效率等。

9.5.2　基本造粒方法

现阶段工业上常用的造粒方法主要有以下几种：

（1）团聚式造粒。指在转动、震动、搅拌等作用下，令处于运动中的湿润粉体物料发生凝聚，或利用流化床使干燥的粉状物料通过供给喷淋获得凝聚力，从而成长为适当颗粒的造粒方法。

（2）挤出式造粒。指采用挤出、滚筒挤压、压制等机械加工的方法使干燥的或者含有黏结剂的粉体制成圆柱体、球体或片状物的造粒方法。挤出式造粒的粒径由筛网的孔径大小进行调节，产品颗粒为圆柱形。成品颗粒的质地比较松软，并且松软的程度可以通过加水量或黏结剂的加入量进行调节。

（3）破碎式造粒。指将块状物料粉碎成大小合适的颗粒的造粒方法。破碎式造粒可以分为干式破碎和湿式破碎两种，干式破碎由脱气、压缩、破碎、筛分四个阶段组成，而湿式破碎则由前处理工序、造粒工序和后处理工序三个阶段构成。

（4）熔融式造粒。指将熔融液体通过冷却硬化进行造粒的方法。熔融造粒有两种情况：一种是粉体与熔融液体混合（或粉体与低熔点物质混合），以低熔点物质为黏结剂，通过熔融液黏结粉体物料，待低熔点物料凝固后成粒，这种方法又称为硬化造粒；另一种方法是将低熔点物料加热为熔融液体，通过适当的设备将其分散成小液滴后凝固成粒，这种方法又称为固化造粒。

（5）喷雾造粒。喷雾造粒是将溶液或者液浆用雾化喷雾的方法喷入干燥室内的热气流中，使溶剂在迅速蒸发干燥而制备细小颗粒的方法，由喷雾和干燥两个部分组成。对于微米和亚微米级别的细粒的制造，喷雾造粒几乎是唯一可行的方法。

（6）液相析晶造粒。使物料在液相中析晶的同时，借助液体黏结剂和搅拌作用聚结成球形颗粒的方法。

9.5.3　粉体粒子间的结合力

多个粒子聚结而形成颗粒的过程中，颗粒间的结合力有五种形式：

（1）固体粒子间引力。固体粒子间发生的引力来自分子间引力（范德华力）、静电力以及磁力。这些力在多数情况下虽然很小，但是当粒子的粒径小于 50 的时候，粒子间的聚集现象就非常明显了。这些作用会随着粒径的增大以及颗粒间距离的增加而显著下降。在干法造粒过程中，分子间引力的作用非常显著。

在一定的温度条件下，在颗粒的相互接触点上，由于分子的相互扩散而形成连接两个颗粒的固桥。在造粒过程中，由于摩擦和能量转化所产生的热，也能促使固桥发生化学反应、溶解物质再结晶、熔化的物质固化和硬化。在这些过程中，颗粒与颗粒之间也可以产生连接颗粒的固桥。

十分细小的颗粒可以通过静电力结合，而不需要有固桥的存在。直径小于 1 的颗粒在搅动下有自发形成颗粒的倾向。但是当颗粒的粒径较大时，静电力和分子间引力这两种短距离的力就不足以和颗粒的重力相平衡，故不能发生附着。

（2）可自由流动液体产生的界面张力。流动性液体黏结是通过界面张力形成的。流动性液体将颗粒连接在一起时有三种不同的状态：少量的液体在颗粒的接触点上形成离散的透镜环形，这属于悬垂状态；当液体含量增加时，环形连接起来就形成了液体连接的网状结构，这属于索带状态；当颗粒中所有的空隙都充满液体时，就达到毛细管状态。

可以流动的液体作为架桥剂进行造粒时，离子间的结合力由液体的表面张力产生，因此液体的加入量对造粒的影响很大。

（3）不可流动的液体产生的黏结力。不可流动的液体包括：高黏度液体、吸附于颗粒表面的少量液体层。高黏度的液体表面张力小，易于涂布在固体表面，靠黏附性产生强大的结合力；吸附于颗粒表面的少量液体层能消除颗粒表面的粗糙度，增加颗粒间接触面积或减小颗粒间的距离，从而增加颗粒间的引力。

高黏度的结合介质能够形成类似固体桥的连接，在一定条件下可以形成均匀的类似固体的薄膜层，对细颗粒的结合起着非常巨大的作用。

（4）粒子间固体桥。固体桥的形成机理主要可以从四个方面论述：架桥剂溶液溶剂蒸发后，析出的结晶起到架桥作用；液体状态的黏结剂干燥固化而形成固体架桥；由加热熔融形成的架桥，经过冷却固结形成固桥；烧结和化学反应产生固桥。

造粒中常见的固体架桥发生在黏结剂固化或者结晶析出后，而熔融－冷却固化架桥发生在压片、挤压造粒或者冷却的过程中。

（5）粒子间机械镶嵌。机械镶嵌发生在块状颗粒的搅拌和压缩过程中。机械镶嵌的结合强度较大，但是在普通造粒过程中所占的比例不大。

9.6 环境保护及烟气脱硫脱硝技术

9.6.1 环境保护技术

我国钢铁生产目前受到两个方面的制约：一是资源和能源的制约；二是有限环境容量的制约。为使钢铁生产可持续发展，必须以 3R 为原则（Reduce——"减量化"，Reuse——"再利用"和 Recycle——"再循环"）来指导生产，提高资源利用水平和实现环境保护。铁前系统的污染物排放大约占到钢铁企业总排放量的 2/3，做好铁前系统的环境保护对钢铁企业环保有着重要的意义。

世界工业化进程引起能源大量消耗，导致大气中二氧化碳剧增。从人类已有经验看，二氧化碳对人类社会造成的危害是无法估量的。由二氧化碳等气体带来的温室效应，致使冰川融化、海平面上升、自然生态退化、自然灾害频发，直接威胁着部分地域人类的生存发展。鉴于目前二氧化碳问题日益凸现的事实，世界各国政府都在政策方面加大了二氧化碳减排的支持力度，并逐步形成同盟，共同遏制全球二氧化碳排放量的增加[19]。1997 年 12 月，联合国颁布《气候变化框架公约》，全球 159 个缔约国签署《京都议定书》；2005 年 2 月 16 日，《京都议定书》正式生效。《京都议定书》规定，到 2010 年，所有发达国家二氧化碳等 6 种温室气体的排放量要比 1990 年减少 5.2%。

我国的钢铁工业是能源、水资源、矿石资源消耗大的资源密集型产业，其中煤炭消耗占钢铁生产过程总消耗的 72.19%。有关资料显示，每生产 1t 钢，采用高炉工艺流程将排放出 2.5t 的 CO_2，电炉工艺短流程也要排放 0.5t 的 CO_2。

尽管目前我国并没有设定具体的二氧化硫减排指标，但由于巨大的产量和能源消耗，我国的钢铁工业也承受着减排的严峻压力。对此，在我国钢铁企业制定的"十一五"发展规划中明确指出：按照可持续发展和循环经济理念，着力提高环境保护和资源综合利用水平，节能降耗，最大限度地提高废气、废水、废物的综合利用水平，力争实现"零排放"，建立循环型钢铁工厂。针对我国钢铁产业发展特点，降低能耗、提高能源利用效率、加大废钢重炼以及二氧化碳回收和资源化力度等，都是我国钢铁工业二氧化碳减排的主要途径。此外，充分利用《京都议定书》中提出的清洁发展机制，也是另一实现二氧化碳减排的有效措施，甚至能够改善我国的能源结构。

我国《钢铁产业发展政策》中规定，2010 年全行业吨钢综合能耗、吨钢可比能耗和吨钢耗新水分别降到 0.73t 标准煤、0.685t 标准煤和 8t 以下；2020 年分别降到 0.7t 标准煤、0.64t 标准煤和 6t 以下。在政府方面的推动下，我国的钢铁企业也纷纷积极采取各种措施，力争尽可能多地减少生产过程中的污染物。

所谓环境技术创新，是指一个从节约资源、避免或减少环境污染的新产品或新工艺的设想产生到市场应用的完整过程。自 1994 年 E. Brawn 和 D. Wield 首次提出环保型技术（Environmentally Sound Technology）的概念以来，环保型技术创新在发达国家得到了广泛的实践。早在 2002 年，瑞典环境技术出口已经达到 150 亿克朗，成为环境技术的净出口国。在我国，环境技术创新的实践逐渐受到重视，但多数研究集中在环境技术创新的影响因素、实施过程和手段上（如产品生态设计、生命周期评价）。

环境技术概念的演化为技术的发展指明了目标和方向，同时也说明环境技术的发展是一个动态过程。这主要体现在两个方面：环境技术的创新是一个分步骤逐步实现的过程；技术生态化目标随着社会、经济的发展和环境的变化不断提高。环境技术是在人们反省末端治理的污染控制方式代价昂贵、负担沉重、效果不佳的背景下产生的，其主要内容就是依靠科技进步，改进传统的生产模式，从而节约资源、避免或减少环境污染。环境技术的经济学意义在于，它是实现环境污染外部性内在化的一种有效方法，在意愿上比传统技术更主动，在效果上更显著[20]。环境技术创新，包括新设想的产生、研究、开发、商业化生产到扩散这样一系列的活动。在环境技术创新过程中有八个基本要素：环境改善的理念、人才、资金、硬件环境、政策、信息、市场和管理。这八个基本要素都是实现环境技术创新必不可少的组成部分。

9.6.2 烟气脱硫技术

9.6.2.1 烟气脱硫技术分类

烟气脱硫（FGD）是通过外设脱硫装置来对烧结烟气中的 SO_2 进行脱除的技术手段，

是目前世界上已经大规模应用的脱硫方式和控制 SO_2 排放的有效手段。

常用的烟气脱硫技术有 20 余种，按工艺特点可分为湿法、半干法和干法三类：

（1）湿法脱硫技术。主要包括：石灰—石膏法、氨—硫铵法、镁法、海水法、双碱法、钢渣法、有机胺法、离子液循环吸收法和动力波法等。

（2）半干法脱硫技术。主要包括：密相干塔法、循环流化床法（CFB）、MEROS 法、NID 法、ENS 法、LEC 法、电子束照射法（EBA）和旋转喷雾干燥法（SDA）等。

（3）干法脱硫技术。主要包括：活性炭法等。

9.6.2.2 典型的烧结烟气脱硫技术

A 石灰—石膏法

石灰—石膏法是一种典型的湿法脱硫技术，以石灰石或石灰作为脱硫吸收剂，石灰石经破碎磨细成粉状与水混合搅拌制成吸收浆。当以石灰作为吸收剂时，石灰粉经加水消化处理后搅拌制成吸收浆。在吸收塔内，吸收浆液与烟气混合接触，烟气中的 SO_2 与浆液中的碳酸钙以及鼓入的空气进行氧化反应，最终反应产物为二水石膏（$CaSO_4 \cdot 2H_2O$）。脱硫后的烟气经除雾器除去携带的细小液滴，经气-气换热器（GGH）加热升温后排入烟囱，脱硫石膏浆经脱水装置脱水后回收。

石灰—石膏法具有技术成熟、脱硫效率高的特点，是目前世界上应用最广泛的烟气脱硫技术。但是石灰—石膏法投资高，占地面积大，运行费用高，管路容易出现腐蚀和结垢堵塞现象，同时由于烟气脱硫后温度过低（40 ~ 45℃），已经远低于露点（这也是所有湿法工艺的共同特点），因此在脱硫系统之后需要增加烟气换热系统（GGH）使烟气温度升高到要求的排放温度。

B 氨—硫铵法

氨—硫铵法是一种湿法脱硫技术，采用氨水作为脱硫吸收剂，与进入吸收塔的烟气接触混合。其运行方式与石灰—石膏法相似，烟气中 SO_2 与氨水反应，生成亚硫酸铵，经与鼓入的强制氧化空气进行氧化反应，生成硫酸铵溶液，经过结晶、离心脱水、干燥后成为硫酸铵被回收。

氨—硫铵法脱硫效率高，没有管路堵塞现象，该工艺的副产品能够部分利用，没有废水废渣的排放。但该方法投资高，流程长，目前来看脱硫剂不能使用焦化废氨水，而只能使用外购液氨再稀释后的浓氨水。由于液氨属于化学危险品，运输、存储的安全性要求较高，而且要防范脱硫装置运行时氨气逸出的危险。脱硫产物硫酸铵结晶是复杂的化工过程，管道和设备腐蚀严重，维修量大，能耗高，而且硫酸铵的销路和价格是氨—硫铵法工艺的先决条件，这是由于液氨价格远比石灰石和生石灰高，如果副产品无销路或者销售价格很低，不能抵消大部分吸收剂费用则运行成本会变得很高。脱硫后排放的烟气中可能会夹杂 NH_3 造成二次污染。

C 镁法

镁法是一种湿法脱硫技术，是利用碱土金属元素镁的氧化物、氢氧化物作为烟气中 SO_2 吸收剂的净化处理工艺。系统主要由制浆部分、预洗涤塔、主吸收塔和氧化镁再生系统等组成。来自除尘器的烟气经过升压后进入预洗涤塔，去除 HCl、HF 和飞灰，以避免这些杂质影响再生氧化镁的纯度。烟气从预洗涤塔出来经一级除雾器后直接进入主吸收塔，在主吸收塔内进行 SO_2 的脱除。吸收剂由制浆系统制成 $Mg(OH)_2$ 浆液打入主吸收塔，吸收塔内的浆液抽出送至亚硫酸镁干燥和煅烧回用系统，在这个系统里可再生出氧化镁，回用到脱硫系统。氧化镁再生过程产生的 SO_2 富气可用于制酸。

镁法脱硫工艺简单，脱硫剂活性强，脱硫效率可以达到95%以上，占地面积小，运行维护简便。

D 密相干塔法

密相干塔法是一种典型的半干法脱硫技术，其原理是利用干粉状的钙基脱硫剂，与布袋除尘器除下的大量循环灰一起进入加湿器进行增湿消化，使混合灰的水分含量保持在3%~5%之间，然后循环灰由密相干塔上部进料口进入反应塔内。大量循环灰进入塔后，与由塔上部进入的含 SO_2 烟气进行反应。含水分的循环灰有极好的反应活性和流动性，同时塔内设有搅拌器，不仅克服了粘壁问题而且增强了传质，使脱硫效率可达90%以上。脱硫剂不断循环使用，有效利用率达98%以上。最终脱硫产物由灰仓排出循环系统，通过气力输送装置送入存储仓。

密相干塔法技术成熟，流程简单，占地面积小，设备少，容易操作。密相干塔法是一项具有我国自主知识产权的先进技术，目前已在国内多家烧结厂和电厂得到应用，达到了模块化设计水平。

E 循环流化床法

循环流化床法是一种半干法脱硫技术，它以循环流化床原理为基础，吸收剂、循环灰随烟气一起通过文丘里管从底部进入吸收塔，在文丘里管上部形成循环流化床，颗粒与烟气不断翻滚、掺混。脱硫后的烟气进入除尘器净化后由烟囱排出。除尘器除下的物料大部分由吸收剂循环输送槽返回流化床循环使用，小部分从灰斗排到存储仓。

循环流化床法由于循环流化使吸收剂整体形成较大反应表面，与烟气中的 SO_2 充分接触，脱硫效率较高。此外，循环流化床法还具有流程简单、占地面积小、无废水排放等特点。但是循环流化床法由于烧结烟气量易波动，常会引起吸收剂的流化状态不稳定而出现堵塞、失流、塌床等现象。

F NID法

NID（Novel Integrated Desulphurization，新型一体化脱硫技术）法是法国阿尔斯通公司开发的半干法烟气脱硫工艺。烟气经反应器弯头进入反应器，在反应器混合段和含有大量吸收剂的增湿循环灰粒子接触，通过粒子表面附着水膜的蒸发，烟气温度瞬间降低且相对湿度大大增加，形成很好的脱硫反应条件；在反应段中快速完成物理变化和化学反应，烟气中的 SO_2 与吸收剂反应生成 $CaSO_3$ 和 $CaSO_4$。反应后的烟气携带大量干燥后的固体颗粒进入其后的高效除尘器，固体颗粒被除尘器捕集从烟气中分离出来，经过灰循环系统，补充新鲜的脱硫吸收剂，并对其进行再次增湿混合，送入反应器。如此循环多次，达到高效脱硫及提高吸收剂利用率的目的。脱硫除尘后的洁净烟气通常在水露点温度20℃以上，无须再进行加热，经过增压风机直接排入烟囱。此外，向系统中添加活性炭（微细活性炭粉末通过喷射器被自下而上地喷入 NID 反应器的上游）可以脱除 Hg 等重金属以及二噁英和呋喃等污染物。

NID 法流程简单，占地少，无废水产生，目前已应用于国内外多家电厂。国外应用于烧结烟气脱硫的 NID 系统有法国 SOLLAC 钢厂（572m² 烧结机）一套，于2005年投产，脱硫率超过90%。国内武钢三烧360m² 烧结机 NID 烟气脱硫装置自2009年5月投运以来，脱硫效率大于90%。

G   MEROS法

MEROS（Maximized Emission Reduction of Sintering，烧结最大化减排工艺）法是一种半干法脱硫技术，是西门子奥钢联公司开发的专门针对烧结烟气的处理工艺。在该工艺的第一步，专门的碳基吸附剂和脱硫剂（小苏打或消石灰）被逆向喷吹到烧结废气流中以去除重金属和有机物成分；在第二步，使用消石灰作为脱硫剂时，废气流经过调节反应器（当使用小苏打时，则无需调节反应器），并用双流（水/压缩空气）喷嘴进行冷却和加湿，以加快去除SO_2和其他酸性气体成分的反应速度；在第三步，离开调节反应器的废气流通过特种高性能织物制成的布袋过滤器以分离灰尘。为了提高废气的净化效率和大幅度降低添加剂的成本，布袋过滤器分离的灰尘被返回到气体调节反应器之后的废气流中。灰尘中的一部分从系统中排出并被送至储灰斗。

MEROS法能够同步去除烧结烟气中含有的灰尘、酸性气体、有害金属和有机物成分。世界上第一套MEROS装置（处理奥钢联林茨钢厂$260m^2$烧结机烧结烟气）于2007年8月投入试运行，我国马钢$300m^2$烧结机于2009年建成国内首套MEROS装置。

H   SDA法

SDA（Spray Drying Absorption，旋转喷雾干燥脱硫工艺）法是丹麦Niro公司开发的一种半干法烟气脱硫工艺。一般使用生石灰作为吸收剂，生石灰经过消化后制成消石灰浆液。消化过程被控制在合适的温度，使得消化后的消石灰浆液具有非常高的活性。消石灰浆液通过泵输送至吸收塔顶部的旋转雾化器，在雾化轮接近$10000r/min$的高速旋转作用下，浆液被雾化成数以亿计的$50\mu m$的雾滴。未经处理的热烟气进入吸收塔后，立即与呈强碱性的吸收剂雾滴接触，烟气中的酸性成分（HCl、HF、SO_2、SO_3）被吸收，同时雾滴的水分被蒸发，变成干燥的脱硫产物。这些干燥的产物有少量从吸收塔底部排出，大部分随烟气进入吸收塔后的除尘器内被收集，再通过机械或气力方式输送。处理后的洁净烟气通过烟囱排放。根据实际情况，系统还可以采用部分脱硫产物再循环制浆来提高吸收剂的利用率。

SDA法具有快速适应烟气成分、流量、温度、SO_2浓度变化的特性，并具备脱硫效率高、操作简单、运行可靠、投资低、运行维护成本低、占地面积小等优点。国内鞍钢、沙钢和泰钢选择了SDA烟气脱硫工艺，脱硫效率达90%。

I   活性炭法

活性炭法是一种典型的干法脱硫技术。烟气经增压风机后送往移动床吸收塔，并在吸收塔入口处添加氨气。烟气中的SO_x、NO_x在吸收塔内进行反应，生成硫酸和铵盐被活性炭吸附除去。吸附了硫酸和铵盐的活性炭送入解吸塔，经加热至400℃左右即可解吸出高浓度SO_2。解吸出的高浓度SO_2可以用来生产高纯度硫黄（99.95%以上）或浓硫酸（98%以上），再生后的活性炭经冷却筛去除杂质后送回吸收塔进行循环使用。

活性炭法集除尘、脱硫、脱硝与脱除二噁英四种功能于一体，具有不消耗水、副产物可利用、不产生二次污染等特点。此外，活性炭法在进行烟气处理过程中烟气温度并没有下降，故无需再对处理后的烟气加热来进行排放。目前活性炭法已在太钢$450m^2$烧结机及住友金属鹿岛厂、新日铁名古屋厂、JFE福山厂、韩国浦项制铁等多家国外企业应用。

参 考 文 献

[1] 巩飞艳. 生物质催化转化制备烯烃、苯和直接还原铁的研究[D]. 合肥：中国科学技术大学，2012.

[2] 郭梦骅. 变压吸附制氧技术的研究与经济性分析[J]. 山东能源，1991（2）：8~13.

[3] 杨玉平，岳文元. 变压吸附制氧机经济性分析[J]. 深冷技术，2000（5）：18~19.

[4] 田津津，张玉文，王锐. 变压吸附制氧技术的发展和应用[J]. 深冷技术，2005（6）：7~10.

[5] 冉锐，翁端. 中国钢铁生产过程中的 CO_2 排放现状及减排措施[J]. 科技导报，2006，24(10)：53.

[6] Skarstrom C W. Method and apparatus for fractionating gaseous mixtures by adsorption：US, 2944627 [P]. 1960.

[7] 黄黎明，陈赓良. 二氧化碳的回收利用与捕集储存[J]. 石油与天然气化工，2006，35(5)：354~358.

[8] Benson M. Overview of geologic storage of CO_2[C]//Carbon dioxide capture for storage in deep geologic formations-result from the CO_2 capture project II. Elsevier：2005.

[9] 李琼玖，杜世权，等. 我国燃煤发电污染治理的 CO_2 捕集封存与资源化利用[J]. 化肥设计，2006，48(6)：1~10.

[10] 朱凯苏，胡源申，俞盛义，等. 提高流化床中铁矿粉还原反应速度的研究[J]. 华东冶金学院学报，1989(3)：55.

[11] 徐矩良. 走向21世纪的炼铁技术[J]. 钢铁，1995，30(5)：69.

[12] Komatina M, Gudenau H W. The sticking problem during direct reduction of fine iron ore in the fluidized bed[J]. Metalurgija Journal of Metallrugy, 2004, 10(204)：309.

[13] Shoji H, Yoshiaki I. Factors affecting the sticking of fine iron ores during fluidized bed reduction[J]. ISIJ International, 1990, 30(9)：722.

[14] Gransden J F, Sheasby J S, Bergougnou M A. Defluidization of iron ore during reduction by hydrogenina fluidized bed[J]. Chemical Engineering Progress, Symposium Series, 1970, 66(105)：208.

[15] Gransden J F, Sheasby J S. Sticking of iron ore during reduction by hydrogen in a fluidized bed[J]. Canadian Metallurgical Quarterly, 1974, 13(4)：649.

[16] 李建平，李承政，王天勇，等. 我国粉体造粒技术的现状与展望[J]. 化工机械，2001(5)：295.

[17] 粉体工程研究所. 粉粒体技术及装备[M]. 兰州：化工部化工机械研究所，1990.

[18] Tomas Hellström. Dimensions of environmentally sustainable innovation：the structure of eco – innovation concepts[J]. Sustainable Development, 2007, 15(3)：135~203.

[19] 吕永龙，许健，胥树凡. 我国环境技术创新的影响因素与应对策略[J]. 环境污染治理技术与设备，2000(5)：91~98.

[20] 杨建新，徐成，王如松. 产品生命周期评价方法及应用[M]. 北京：气象出版社，2002.

[21] Koen Meijer, Mark Denys, Jean Lasar, et al. ULCOS：ultra-low CO_2 steelmaking[J]. Ironmaking and Steelmaking, 2009, 36(4)：249~251.

10　我国发展非高炉炼铁的展望

在现有的非高炉炼铁工艺中，尚没有任何一种工艺的能耗可以与现代化超大型高炉匹敌，在一个相当长的历史时期，铁水仍将是炼钢的主要原料，高炉工艺仍然是生产铁水的主导工艺。

研究表明，论及"预还原—熔融还原"炼铁工艺，在一定的预还原度和一定的熔融还原尾气成分条件下，为了同时满足预还原和熔融还原对炭素的需要，应该存在一个炭素的最低值（或一定的最低范围），预还原度高于或低于这一值，碳耗都将增加。初步研究表明，理想条件下，"预还原—熔融还原"的理论最低碳耗大约为600kg/t左右。

如果论及"直接还原—熔化"炼铁工艺，可以认为，在一定条件下，前期的直接还原过程中，首先利用碳的化学能，再利用碳的热能，碳的能量有效利用贯穿在整个工艺过程中，因而总的碳耗较低；如果加上同时采用富氧或空气预热的方式，可以进一步降低工艺能耗。初步研究表明，理想条件下，"直接还原-熔化"工艺的理论最低碳耗可能降到435kg/t左右，当然这还要通过工业试验来验证。

由于我国经济的迅猛发展，直接还原铁的市场容量很大。从钢铁工业的发展及市场需求来看，电炉钢产量占钢铁总产量的比例目前仍然偏低，钢铁产品结构调整和升级换代迫在眉睫，不言而喻，市场对直接还原铁的需求也会更加旺盛。按世界直接还原铁产量占粗钢产量的5.5%计算，或者按直接还原铁产量大约占生铁产量的6.5%计算，中国直接还原铁的年产量应该超过2000万吨。与此同时，中国废钢资源正在快速积累，但由于回收体系尚在建设和完善之中，尤其是目前优质废钢供不应求，仅仅依靠进口DRI/HBI来解决我国电炉钢的优质资源短缺是不现实的，也是不可能的。因此，发挥中国丰富的非焦煤资源优势，同时利用国内外铁矿资源，我国发展直接还原铁的生产十分必要，这也是中国钢铁工业持续发展、实现循环经济、保护环境的重要环节之一。综上所述，众多钢铁业内专家和经济学家预测，在今后一段时间内，中国直接还原铁的生产还有较大的发展空间。汲取中国直接还原工艺在过去50年发展的经验和教训，建设大型直接还原铁生产线，应该在资源和运输条件适宜地区，考虑合理的销售半径，满足优质特钢生产及装备制造业对DRI的需求。

立足于国内资源，采取国内外资源并重的方针来发展中国直接还原铁生产。中国缺乏用于直接还原铁生产的富矿，而国外直接还原用矿不仅价格昂贵且供应紧张，而且还受制于人。利用国内自有技术和资源条件，生产直接还原工艺应用的专用球团，也可以进口国外的直接还原用铁矿/球团，建立稳定畅通的原料供应渠道是目前十分紧迫的任务。

许多专家认为，发展熔融还原是中国钢铁工业实现可持续发展的重要途径之一。首先是传统BF-BOF钢铁生产对环境的污染十分严重，钢铁工业的发展承受环境保护的巨大压力；其次是焦煤资源呈现世界性短缺，供应紧张和价格不断上升已成为影响和制约传统钢铁工业发展的重要因素。中国是世界煤炭储量最多的国家之一，按目前的开采速度，中国的焦煤资源也仅能开采短短几十年，从可持续发展的角度看，改变钢铁生产的能源结构，摆脱焦煤资源对钢铁生产发展的羁绊，已成为中国钢铁工业发展的迫切任务之一。

开发具有自主知识产权的熔融还原技术是我国科技工作者的重要课题。作为世界钢铁第一大国，应该也必须具有自主知识产权的熔融还原技术。在消化引进技术的基础上，完善和改进引进的技术与装备，逐步实现装备和技术的国有化，加强对国外先进技术的跟踪，强化和加速国内熔融还原技术的开发研究，依据中国原燃料的特点，开发适宜中国资源和技术条件的熔融还原技术，是促进中国钢铁工业发展的重要课题。

索　引

冶金工业出版社部分图书推荐

书　名	作　者	定价(元)
热工测量仪表(第2版)(本科国规教材)	张　华	46.00
现代冶金工艺学——钢铁冶金卷(本科国规教材)	朱苗勇	49.00
冶金专业英语(第2版)(本科国规教材)	侯向东	28.00
物理化学(第4版)(本科国规教材)	王淑兰	45.00
冶金物理化学研究方法(第4版)(本科教材)	王常珍	69.00
钢铁冶金学(炼铁部分)(第3版)(本科教材)	王筱留	60.00
钢铁冶金原燃料及辅助材料(本科教材)	储满生	59.00
钢铁冶金原理(第4版)(本科教材)	黄希祜	82.00
冶金与材料热力学(本科教材)	李文超	65.00
冶金物理化学(本科教材)	张家芸	39.00
冶金原理(本科教材)	韩明荣	40.00
炼铁学(本科教材)	梁中渝	45.00
炼钢学(本科教材)	雷　亚	42.00
炼铁工艺学(本科教材)	那树人	45.00
炉外精炼教程(本科教材)	高泽平	40.00
冶金热工基础(本科教材)	朱光俊	36.00
耐火材料(第2版)(本科教材)	薛群虎	35.00
金属材料学(第2版)(本科教材)	吴承建	52.00
连续铸钢(第2版)(本科教材)	贺道中	30.00
轧钢加热炉课程设计实例(本科教材)	陈伟鹏	25.00
冶金工厂设计基础(本科教材)	姜　澜	45.00
炼铁厂设计原理(本科教材)	万　新	38.00
轧钢厂设计原理(本科教材)	阳　辉	46.00
重金属冶金学(本科教材)	翟秀静	49.00
轻金属冶金学(本科教材)	杨重愚	39.80
稀有金属冶金学(本科教材)	李洪桂	34.80
冶金原理(高职高专教材)	卢宇飞	36.00
冶金制图(高职高专教材)	牛海云	32.00
冶金制图习题集(高职高专教材)	牛海云	20.00
冶金基础知识(高职高专教材)	丁亚茹	36.00
高炉炼铁生产实训(高职高专教材)	高岗强	35.00
转炉炼钢实训(第2版)(高职高专教材)	张海臣	30.00
热工仪表及其维护(第2版)(职业技能培训教材)	张惠荣	32.00